第71回セメント技術大会 講演要旨

2017

一般社団法人 セメント協会

第71回セメント技術大会

会期　2017年5月29日(月), 30日(火), 31日(水)

会場　ホテルメトロポリタン（東京都豊島区西池袋）

第 71 回セメント技術大会開催にあたって

　セメント技術大会は、今年で第 71 回を迎えました。

　本大会はセメント・コンクリートに関する基礎研究から、高度化・多様化するユーザーニーズに応える新技術まで、幅広い内容の研究発表の場として、多くの研究者や技術者の皆様にご参加いただき、セメント・コンクリート技術の発展に貢献してまいりました。

　セメント業界にとって昨年は、東日本大震災の復旧工事の終了、技術者不足による工事着工の遅れや工期の長期化、建築構工法の変化によるセメント原単位の低下などの要因が複合的に絡み合った結果、弱含みの展開となりました。しかしながら、今後数年間は、2020 年の東京オリンピック・パラリンピック開催に向け、様々な関連工事が立ち上がってくること、また、被災地で道路、河川等の公共インフラを始め、数多くの復興事業が着実に進められること、大都市圏の再開発工事が活発に進められること、リニア新幹線着工等により、セメント国内需要が比較的堅調に推移することが予想されることから、セメント業界では引き続きセメントの安定供給に努めてまいります。

　さて、今大会の概要ですが一般発表は 133 件となりました。このうちの約 9 割が 20 ～ 30 歳代の若手の方からの発表となっております。以前からセメント技術大会は若手研究者の登竜門といわれておりますが、現在でもその意義は継承されているものと思います。講演申込み時の分類では、塩害・鋼材腐食、凍結・融解、化学的侵食・溶脱などの耐久性が 31 件、次いでセメント、モルタルの性質と物性が 14 件、混合材が 10 件、コンクリート舗装が 8 件等となっています。

　特別講演では東京大学生産技術研究所教授の岸利治様から「"常識"となった"仮定"を超える」と題して、さらに、元・国立科学博物館産業技術史資料情報センター主任調査員の下田孝様から「セメント製造技術の系統化調査報告」と題してご講演いただきます。

　本大会によって、より安全で安心な社会の創造する新材料・新工法の研究開発が推進され、技術者の方が一層研鑽されることを期待しております。また、本大会が人と社会を支えるコンクリートについて多くの方が認識を新たにしていただける場となることを願っております。

一般社団法人　セメント協会
会長　福田　修二

第71回セメント技術大会 講演要旨 2017

目　　次

注：＊印は「セメント協会研究奨励金」関連研究
〇印は発表者

目次は申込書の記載事項より作成しております

特別講演1

セメント製造技術の系統化調査報告「華と開いた日本発の技術貢献」
　　　　　　　元・国立科学博物館産業技術史資料情報センター　主任調査員
　　　　　　　元・太平洋セメント株式会社　取締役常務執行役員
　　　　　　　　　　　　　　　　　　　　　　　　　下　田　　　孝　氏 …… 1

特別講演2

"常識"となった"仮定"を超える
　　　　　　　東京大学生産技術研究所　教　授
　　　　　　　　　　　　　　　　　　　　　　　　　岸　　　利　治　氏 …… 3

講　　演

1101．ヨシに含まれる無機化学成分と有機化学成分の混和材料としての利用性
　　　　　　　鳥取大学　　　〇兵　頭　正　浩　…… 6
　　　　　　　　　　　　　　　秋　冨　里　奈
　　　　　　　　　　　　　　　緒　方　英　彦

1102．籾殻由来のナノ構造体シリカ微粒子を用いたセメントの低アルカリセメントへの適用検討
　　　　　　　日鉄住金セメント株式会社　〇羅　　　承　賢　…… 8
　　　　　　　　　　　　　　　　　　　　　金　沢　智　彦
　　　　　　　大阪大学　　　近　藤　勝　義
　　　　　　　　　　　　　　　梅　田　純　子

1103．シラスを混和したセメントの塩化物イオンとの反応性に関する一考察
　　　　　　　鹿児島工業高等専門学校　〇福　永　隆　之　…… 10
　　　　　　　鹿児島大学大学院　　　武　若　耕　司
　　　　　　　　　　　　　　　　　　審　良　善　和
　　　　　　　　　　　　　　　　　　里　山　永　光

1104．比表面積の異なる乾燥スラッジ微粉末の水和反応が強度に与える影響
　　　　　　　芝浦工業大学　　〇田　篭　滉　貴　…… 12
　　　　　　　　　　　　　　　伊代田　岳　史
　　　　　　　三和石産株式会社　大　川　　　憲
　　　　　　　元芝浦工業大学　吉　成　健　吾

1105. プレキャストコンクリート杭の環境負荷に関する一考察
　　　　　　　　　　　　　　　　　　　　　日本大学　　　○世森　裕女佳　……14
　　　　　　　　　　　　　　　　　　　　　　　　　　　　　鵜澤　正美
　　　　　　　　　　　　　　　　　　　　　日本ヒューム株式会社　井川　秀樹
　　　　　　　　　　　　　　　　　　　　　　　　　　　　　畑　　　実

1106. 高炉徐冷スラグ細骨材を刺激材として用いたスラグ硬化体の強度特性
　　　　　　　　　　　　　　　　　　　　　デンカ株式会社　　○前田　拓海　……16
　　　　　　　　　　　　　　　　　　　　　　　　　　　　　今　　敬太
　　　　　　　　　　　　　　　　　　　　　　　　　　　　　森　泰一郎
　　　　　　　　　　　　　　　　　　　　　　　　　　　　　盛岡　　実

1107. クリンカーの高 C_3A 化がセメントの強さおよび乾燥収縮率に及ぼす影響
　　　　　　　　　　　　　　　　　　　　　三菱マテリアル株式会社　○原田　　匠　……18
　　　　　　　　　　　　　　　　　　　　　　　　　　　　　山下　牧生
　　　　　　　　　　　　　　　　　　　　　　　　　　　　　門田　浩史

1108. モノサルフェートの前処理乾燥および共存物質の種類が遅れエトリンガイト生成に及ぼす影響
　　　　　　　　　　　　　　　　　　　　　新潟大学　　　　○品川　英斗　……20
　　　　　　　　　　　　　　　　　　　　　新潟大学大学院　　佐藤　賢之介
　　　　　　　　　　　　　　　　　　　　　新潟大学　　　　　斎藤　　豪
　　　　　　　　　　　　　　　　　　　　　　　　　　　　　佐伯　竜彦

1109. Ca 溶脱に伴う吸着性能変化を考慮した混合セメント硬化体の物質移動予測モデルの構築
　　　　　　　　　　　　　　　　　　　　　北海道大学大学院　宮本　正紀　……22
　　　　　　　　　　　　　　　　　　　　　　　　　　　　○杉山　卓也
　　　　　　　　　　　　　　　　　　　　　　　　　　　　　胡桃澤　清文
　　　　　　　　　　　　　　　　　　　　　　　　　　　　　名和　豊春

1110. Ca/(Si + Al) 比が C-A-S-H の表面電荷に及ぼす影響
　　　　　　　　　　　　　　　　　　　　　北海道大学大学院　○小林　　創　……24
　　　　　　　　　　　　　　　　　　　　　　　　　　　　　吉田　慧史
　　　　　　　　　　　　　　　　　　　　　　　　　　　　　名和　豊春
　　　　　　　　　　　　　　　　　　　　　　　　　　　　　Elakneswaran Yogarajah

*1111. Ca/Si 比が C-S-H の構造変化及びそれが多種イオンの吸着による表面電荷に及ぼす影響
　　　　　　　　　　　　　　　　　　　　　北海道大学大学院　○吉田　慧史　……26
　　　　　　　　　　　　　　　　　　　　　　　　　　　　　小林　　創
　　　　　　　　　　　　　　　　　　　　　　　　　　　　　Elakneswaran Yogarajah
　　　　　　　　　　　　　　　　　　　　　　　　　　　　　名和　豊春

1112. 混和材を用いたセメント硬化体の圧縮強度に及ぼす Low density C-S-H と High density C-S-H の影響
　　　　　　　　　　　　　　　　　　　　　琉球大学　　　　○須田　裕哉　……28
　　　　　　　　　　　　　　　　　　　　　　　　　　　　　富山　　潤
　　　　　　　　　　　　　　　　　　　　　新潟大学　　　　　斎藤　　豪
　　　　　　　　　　　　　　　　　　　　　　　　　　　　　佐伯　竜彦

1113. 超小角 X 線散乱測定を用いた水熱下の C-S-H 構造の解析
　　　　　　　　　　　　　　　　　　　　　旭化成ホームズ株式会社　○松井　久仁雄　……30
　　　　　　　　　　　　　　　　　　　　　旭化成株式会社　　坂本　直紀
　　　　　　　　　　　　　　　　　　　　　　　　　　　　　松野　信也
　　　　　　　　　　　　　　　　　　　　　　　　　　　　　石川　哲吏

1114. Mgおよび石膏がトバモライトの結晶構造に及ぼす影響
　　　　　新潟大学大学院　　○針貝　貴浩　……32
　　　　　新潟大学　　　　　　斎藤　　豪
　　　　　　　　　　　　　　　佐伯　竜彦
　　　　　新潟大学大学院　　　佐藤　賢之介

1115. ケイ酸カルシウム水和物による硫化水素の吸着機構に及ぼすC/SおよびAl置換の影響
　　　　　新潟大学　　　　　○鶴木　　翔　……34
　　　　　　　　　　　　　　　斎藤　　豪
　　　　　株式会社エコ・プロジェクト　高橋　正男
　　　　　新潟大学　　　　　　佐伯　竜彦

1116. C-S-Hの炭酸化が物質移動性状に及ぼす影響の評価
　　　　　新潟大学大学院　　○小島　　彩　……36
　　　　　新潟大学　　　　　　原田　宗幸
　　　　　　　　　　　　　　　佐伯　竜彦
　　　　　　　　　　　　　　　斎藤　　豪

1117. C-S-H加圧成型体の作製および物質移動性状の評価
　　　　　新潟大学大学院　　○吉田　泰崇　……38
　　　　　新潟大学　　　　　　原田　宗幸
　　　　　　　　　　　　　　　佐伯　竜彦
　　　　　　　　　　　　　　　斎藤　　豪

1118. CSH添加によるトバモライトの炭酸化制御
　　　　　日本大学　　　　　○田村　晟士　……40
　　　　　　　　　　　　　　　梅垣　哲士
　　　　　　　　　　　　　　　小嶋　芳行

1119. ケイ酸カルシウム水和物の促進炭酸化による各種炭酸カルシウムの生成
　　　　　日本大学大学院　　○齋藤　啓太　……42
　　　　　日本大学　　　　　　梅垣　哲士
　　　　　　　　　　　　　　　小嶋　芳行

1201. エーライトの初期水和反応に及ぼす$CaCl_2$の影響
　　　　　北海道大学　　　　○阿部　夢時　……44
　　　　　北海道大学大学院　　小山　達也
　　　　　　　　　　　　　　　森永　祐加
　　　　　　　　　　　　　　　名和　豊春

1202. 高ビーライトセメントの凝結に及ぼすエーライトの固溶成分の影響
　　　　　太平洋セメント株式会社　○溝渕　裕美　……46
　　　　　　　　　　　　　　　大野　麻衣子
　　　　　　　　　　　　　　　細川　佳史
　　　　　　　　　　　　　　　内田　俊一郎

1203. C_3Aの水和反応に及ぼすPortlanditeの影響
　　　　　北海道大学大学院　○梶尾　知広　……48
　　　　　　　　　　　　　　　森永　祐加
　　　　　　　　　　　　　　　Elakneswaran Yogarajah
　　　　　　　　　　　　　　　名和　豊春

1204. 断熱条件下の水和発熱量に及ぼすセメント鉱物組成および粉末度の影響
　　　　　宇部興産株式会社　○境　　徹浩　……50
　　　　　　　　　　　　　　　伊藤　貴康
　　　　　　　　　　　　　　　小西　和夫
　　　　　　　　　　　　　　　高橋　俊之

1205. 中庸熱ポルトランドセメント―膨張材―塩素固定化材系の水和反応と炭酸化反応の利用

    東京工業大学 ○沼波 勇太 ……52
    デンカ株式会社 森 泰一郎
          宮口 克一
    東京工業大学 坂井 悦郎

＊1206. 共沈法によるC-S-Hの合成と低温焼成したβ-C_2Sの水和反応

    新潟大学 田中 彰悟 ……54
    新潟大学大学院 ○佐藤 賢之介
    新潟大学 斎藤 豪
          佐伯 竜彦

1207. $CaO \cdot 2Al_2O_3$を混和した普通ポルトランドセメントの水和に及ぼす環境温度の影響

    デンカ株式会社 ○森 泰一郎 ……56
          藏本 悠太
          宇城 将貴
          盛岡 実

1208. セメントの初期水和反応に及ぼすアルカノールアミンの影響

    島根大学大学院 ○大西 雄大 ……58
          新 大軌
    GCPケミカルズ株式会社 宮川 美穂
    九州大学大学院 小山 智幸

1209. 主成分の異なる混和剤を添加したセメント硬化体の圧縮強度と水和反応に及ぼす影響

    日本大学 ○佐藤 正己 ……60
          小泉 公志郎
          梅村 靖弘

1210. 高C_3Sセメント―フライアッシュ―石灰石微粉末系の水和反応

    東京工業大学 ○向 俊成 ……62
    株式会社デイ・シイ 二戸 信和
    太平洋セメント株式会社 平尾 宙
    東京工業大学 坂井 悦郎

1211. フッ化物による液相組成変化がメタクリル系分散剤の吸着挙動に及ぼす影響

    東京工業大学大学院 ○松澤 一輝 ……64
    東京工業大学 宮内 雅浩
          坂井 悦郎

1212. 異なる吸着媒における櫛形高分子の吸着形態

    北海道大学大学院 ○葛間 夢輝 ……66
          田中 健貴
          名和 豊春

1213. Ca-Al-LDHへのポリカルボン酸系分散剤の吸着・共沈機構

    北海道大学大学院 ○葛間 夢輝 ……68
          森永 祐加
          名和 豊春

1214. AFMによるサファイア表面に吸着したグラフトポリマーの形態観察

    北海道大学大学院 田中 健貴 ……70
    北海道大学 ○竹谷 未来
    北海道大学大学院 葛間 夢輝
          名和 豊春

1215. セメントペーストの流動性に与える非吸着高分子の影響
　　　　　　　　　　　　東京工業大学大学院　　○島崎　大樹　　……72
　　　　　　　　　　　　株式会社日本触媒　　　　川上　宏克
　　　　　　　　　　　　東京工業大学大学院　　　坂井　悦郎

1216. レオグラフを用いた混和材料の影響評価
　　　　　　　　　　　　宇部興産株式会社　　　○宮本　一輝　　……74
　　　　　　　　　　　　　　　　　　　　　　　高橋　恵輔

1217. セメント系材料における粘弾性評価の実用性
　　　　　　　　　　　　宇部興産株式会社　　　○高橋　恵輔　　……76

1218. ペーストフロー特性とレオロジー定数の関係および粘塑性有限要素法に
　　　よるフローシミュレーション
　　　　　　　　　　　　琉球大学　　　　　　　○山田　義智　　……78
　　　　　　　　　　　　琉球大学大学院　　　　東舟道　裕亮
　　　　　　　　　　　　　　　　　　　　　　　上原　義己
　　　　　　　　　　　　琉球大学　　　　　　　崎原　康平

1219. 二次関数形に基づいた二重円筒内の流動速度分布に関する検討
　　　　　　　　　　　　東京大学大学院　　　　○佐藤　成幸　　……80
　　　　　　　　　　　　東京大学　　　　　　　岸　利治

1220. フレッシュモルタルの流動勾配に及ぼす配筋条件および型枠幅の影響に
　　　関する基礎的研究
　　　　　　　　　　　　三重大学大学院　　　　○三島　直生　　……82
　　　　　　　　　　　　　　　　　　　　　　　畑中　重光

1221. 加振下の変形挙動に着目したフレッシュコンクリートの粘性の評価
　　　　　　　　　　　　東京理科大学大学院　　○西村　和朗　　……84
　　　　　　　　　　　　東京理科大学　　　　　増谷　直輝
　　　　　　　　　　　　　　　　　　　　　　　加藤　佳孝

1222. 濃厚系ペーストの流動性に及ぼす粉体充填性と初期水和の影響
　　　　　　　　　　　　東京工業大学　　　　　○佐藤　弘規　　……86
　　　　　　　　　　　　　　　　　　　　　　　相川　豊
　　　　　　　　　　　　　　　　　　　　　　　宮内　雅浩
　　　　　　　　　　　　　　　　　　　　　　　坂井　悦郎

1301. 減水剤添加時の水和遅延効果に及ぼす高炉水砕スラグの化学成分の影響
　　　　　　　　　　　　宇部興産株式会社　　　○高林　龍一　　……88
　　　　　　　　　　　　　　　　　　　　　　　伊藤　貴康
　　　　　　　　　　　　　　　　　　　　　　　小西　和夫
　　　　　　　　　　　　　　　　　　　　　　　高橋　俊之

1302. 高炉スラグ高含有セメントの水和組織
　　　　　　　　　　　　東京工業大学　　　　　○篠部　寛　　……90
　　　　　　　　　　　　株式会社デイ・シイ　　二戸　信和
　　　　　　　　　　　　東京工業大学　　　　　宮内　雅浩
　　　　　　　　　　　　　　　　　　　　　　　坂井　悦郎

1303. 亜硝酸カルシウムを添加した高炉スラグ高含有セメントの水和
　　　　　　　　　　　　東京工業大学　　　　　坂井　悦郎　　……92
　　　　　　　　　　　　　　　　　　　　　　　植田　由紀子
　　　　　　　　　　　　　　　　　　　　　　　相川　豊
　　　　　　　　　　　　株式会社デイ・シイ　　○二戸　信和

1304. 高炉スラグ高含有セメントの高温履歴下での水和反応に及ぼす無水石こうと
　　　石灰石微粉末の影響
　　　　　　　　　　　　　　　　　　　　　　　　前橋工科大学　　　　○佐　川　孝　広　　……94
　　　　　　　　　　　　　　　　　　　　　　　　　　　　　　　　　　九　里　竜　成
　　　　　　　　　　　　　　　　　　　　　　　　鹿島建設株式会社　　石　関　浩　輔
　　　　　　　　　　　　　　　　　　　　　　　　　　　　　　　　　　閑　田　徹　志

1305. 高炉スラグ微粉末を用いた電気伝導率計の圧縮強度推定のメカニズムの検討
　　　　　　　　　　　　　　　　　　　　　　　　芝浦工業大学大学院　○末　木　　　博
　　　　　　　　　　　　　　　　　　　　　　　　芝浦工業大学　　　　伊代田　岳　史　　……96
　　　　　　　　　　　　　　　　　　　　　　　　　　　　　　　　　　森　　　嘉　一

1306. 高炉スラグ微粉末水和固化体の最適なカルシウム刺激材添加率について
　　　　　　　　　　　　　　　　　　　　　　　　東京理科大学　　　　○江　　　詩　唯　　……98
　　　　　　　　　　　　　　　　　　　　　　　　　　　　　　　　　　今　本　啓　一
　　　　　　　　　　　　　　　　　　　　　　　　　　　　　　　　　　清　原　千　鶴

1307. 高炉スラグ超微粉末を添加したセメントの水和反応
　　　　　　　　　　　　　　　　　　　　　　　　島根大学大学院　　　○新　　　大　軌　　……100
　　　　　　　　　　　　　　　　　　　　　　　　島根大学　　　　　　森　川　翔　太
　　　　　　　　　　　　　　　　　　　　　　　　島根大学大学院　　　大　西　雄　大
　　　　　　　　　　　　　　　　　　　　　　　　株式会社デイ・シイ　二　戸　信　和

1308. 高炉スラグ微粉末高置時における三成分系セメントの乾燥収縮に関する検討
　　　　　　　　　　　　　　　　　　　　　　　　芝浦工業大学　　　　○水　野　博　貴　　……102
　　　　　　　　　　　　　　　　　　　　　　　　　　　　　　　　　　伊代田　岳　史

1309. 混和材混入が自己収縮に与える影響の一検討
　　　　　　　　　　　　　　　　　　　　　　　　芝浦工業大学大学院　○太　田　真　帆　　……104
　　　　　　　　　　　　　　　　　　　　　　　　芝浦工業大学　　　　水　野　博　貴
　　　　　　　　　　　　　　　　　　　　　　　　　　　　　　　　　　伊代田　岳　史

1310. 低温焼成型クリンカーを使用した高炉セメントB種のコンクリート性状
　　　　　　　　　　　　　　　　　　　　　　　　株式会社トクヤマ　　○新　見　龍　男　　……106
　　　　　　　　　　　　　　　　　　　　　　　　　　　　　　　　　　茶　林　敬　司
　　　　　　　　　　　　　　　　　　　　　　　　　　　　　　　　　　加　藤　弘　義

1311. フライアッシュのガラス組成が水和反応特性に及ぼす影響
　　　　　　　　　　　　　　　　　　　　　　　　新潟大学大学院　　　○目　黒　貴　史　　……108
　　　　　　　　　　　　　　　　　　　　　　　　新潟大学　　　　　　小　柳　秀　光
　　　　　　　　　　　　　　　　　　　　　　　　　　　　　　　　　　佐　伯　竜　彦
　　　　　　　　　　　　　　　　　　　　　　　　　　　　　　　　　　斎　藤　　　豪

1312. セメント硬化体中のFAの粒子ごとのキャラクタリゼーション
　　　　　　　　　　　　　　　　　　　　　　　　太平洋セメント株式会社　○中　居　直　人　　……110
　　　　　　　　　　　　　　　　　　　　　　　　　　　　　　　　　　引　田　友　幸
　　　　　　　　　　　　　　　　　　　　　　　　　　　　　　　　　　細　川　佳　史
　　　　　　　　　　　　　　　　　　　　　　　　　　　　　　　　　　内　田　俊一郎

1313. フライアッシュの品質変動に関する高エーライトフライアッシュセメント
　　　　を用いたモルタルの強度発現性
　　　　　　　　　　　　　　　　　　　　　　　　電源開発株式会社　　○石　川　　　学　　……112
　　　　　　　　　　　　　　　　　　　　　　　　　　　　　　　　　　石　川　嘉　崇
　　　　　　　　　　　　　　　　　　　　　　　　太平洋セメント株式会社　平　尾　　　宙

1314. 分級により粒度調整したフライアッシュの諸特性
　　　　　　　　　　　　　　　　三菱マテリアル株式会社　　〇土　肥　浩　大　　……114
　　　　　　　　　　　　　　　　　　　　　　　　　　　　　白　濱　暢　彦
　　　　　　　　　　　　　　　　　　　　　　　　　　　　　山　下　牧　生

1315. Formation of three dimensional network in binder using FA and alkaline solution
　　　　　　　　　　　　　　　　Nagoya University　　〇Matsuda Akira　　……116
　　　　　　　　　　　　　　　　　　　　　　　　　　　Maruyama Ippei
　　　　　　　　　　　　　　　　Nihon University　　　Sanjay Pareek
　　　　　　　　　　　　　　　　Kyoto University　　　Araki Yoshikazu

2101. AE法によるバケットエレベータ軸受損傷検知の高精度化
　　　　　　　　　　　　　　　　株式会社トクヤマ　　　〇松　田　弦　也　　……118
　　　　　　　　　　　　　　　　水産研究教育機構水産大学校　太　田　博　光
　　　　　　　　　　　　　　　　株式会社レーザック　　町　島　祐　一

2102. キルン内クリンカ温度計測技術の開発―ダスト濃度分布による測定精度低
　　　　下の改善―
　　　　　　　　　　　　　　　　三菱マテリアル株式会社　〇山　本　光　洋　　……120
　　　　　　　　　　　　　　　　　　　　　　　　　　　　高　田　佳　明
　　　　　　　　　　　　　　　　　　　　　　　　　　　　島　　　裕　和
　　　　　　　　　　　　　　　　岐阜大学大学院　　　　板　谷　義　紀

2103. CaO・(2-n)Al$_2$O$_3$・nFe$_2$O$_3$連続固溶体化合物の生成プロセスのその場
　　　　観察
　　　　　　　　　　　　　　　　デンカ株式会社　　　　〇藏　本　悠　太　　……122
　　　　　　　　　　　　　　　　　　　　　　　　　　　森　　　泰一郎
　　　　　　　　　　　　　　　　　　　　　　　　　　　盛　岡　　　実

＊2104. X線粉末回折法によるイーリマイトの不規則構造解析
　　　　　　　　　　　　　　　　名古屋工業大学大学院　〇市　川　　　聡　　……124
　　　　　　　　　　　　　　　　　　　　　　　　　　　坂　野　広　樹
　　　　　　　　　　　　　　　　　　　　　　　　　　　浅　香　　　透
　　　　　　　　　　　　　　　　　　　　　　　　　　　福　田　功一郎

2105. 各結晶相の積分強度と化学組成から求まる新しい定量分析法：セメント・
　　　　クリンカー定量分析への応用
　　　　　　　　　　　　　　　　株式会社リガク　　　　〇虎　谷　秀　穂　　……126

2106. X線吸収微細構造を用いた高炉スラグ微粉末の還元効果の評価
　　　　　　　　　　　　　　　　日鉄住金高炉セメント株式会社　〇平　本　真　也　……128
　　　　　　　　　　　　　　　　　　　　　　　　　　　大　塚　勇　介
　　　　　　　　　　　　　　　　　　　　　　　　　　　植　村　幸一郎
　　　　　　　　　　　　　　　　　　　　　　　　　　　植　木　康　知

2107. CAH$_{10}$とAH$_3$およびそれらの重水素化物の合成と脱水反応の速度論的解析
　　　　　　　　　　　　　　　　龍谷大学大学院　　　　〇氷　置　　　泰　　……130
　　　　　　　　　　　　　　　　龍谷大学　　　　　　　馬　場　　　悠
　　　　　　　　　　　　　　　　　　　　　　　　　　　田　村　朋　香
　　　　　　　　　　　　　　　　　　　　　　　　　　　白　神　達　也

2108. Effect of hydration stoppage methods and pretreatment on
　　　　sorption test of matured white cement paste
　　　　　　　　　　　　　　　　Nagoya University　　〇Sugimoto Hiroki　　……132
　　　　　　　　　　　　　　　　　　　　　　　　　　　Kurihara Ryo
　　　　　　　　　　　　　　　　　　　　　　　　　　　Maruyama Ippei

2201. 高炉セメント C 種を用いたコンクリートの初期材齢に与える膨張材の影響
　　　　　　　　　　　　　　　　　デンカ株式会社　　○石井　泰寛
　　　　　　　　　　　　　　　　　　　　　　　　　　岩崎　昌浩
　　　　　　　　　　　　　　　　　　　　　　　　　　宮口　克一
　　　　　　　　　　　　　　　　　　　　　　　　　　盛岡　一実　……134

2202. 膨張材と中空微小球を併用したフライアッシュコンクリートの収縮低減効果とスケーリング抵抗性
　　　　　　　　　　　　　　　　　デンカ株式会社　　○本間　一也
　　　　　　　　　　　　　　　　　　　　　　　　　　宮口　克一
　　　　　　　　　　　　　　　　　日本大学　　　　　前島　拓
　　　　　　　　　　　　　　　　　　　　　　　　　　岩城　一郎　……136

2203. 補強繊維を用いた重量コンクリートの自己治癒性能に関する研究
　　　　　　　　　　　　　　　　　日本ヒューム株式会社　○江口　秀男
　　　　　　　　　　　　　　　　　足利工業大学　　　　　横室　隆
　　　　　　　　　　　　　　　　　首都大学東京大学院　　橘　義典
　　　　　　　　　　　　　　　　　日本ヒューム株式会社　井川　秀樹　……138

2204. けい酸塩系表面含浸材施工後のビッカース硬度分布に関する一考察
　　　　　　　　　　　　　　　　　高知工業高等専門学校　○樋口　和朗
　　　　　　　　　　　　　　　　　　　　　　　　　　　　近藤　拓也
　　　　　　　　　　　　　　　　　　　　　　　　　　　　横井　克則
　　　　　　　　　　　　　　　　　金沢工業大学　　　　　宮里　心一　……140

2205. 中性化抑制に及ぼす亜硝酸リチウムの影響に関する基礎的研究
　　　　　　　　　　　　　　　　　福岡大学大学院　　○山田　正健
　　　　　　　　　　　　　　　　　福岡大学　　　　　櫨原　弘貴
　　　　　　　　　　　　　　　　　福岡大学大学院　　添田　政司
　　　　　　　　　　　　　　　　　極東興和株式会社　江良　和徳　……142

*2206. 加熱されたペーストの物理化学的変化が CT 値に及ぼす影響に関する基礎検討
　　　　　　　　　　　　　　　　　近畿大学　　　　　麓　隆行
　　　　　　　　　　　　　　　　　近畿大学大学院　　○裏　泰樹
　　　　　　　　　　　　　　　　　島根大学大学院　　新　大軌
　　　　　　　　　　　　　　　　　群馬大学大学院　　小澤　満津雄　……144

2207. ラテックス改質速硬コンクリートを用いて部分打換えした ASR と疲労により複合劣化した RC 床版の耐疲労性評価
　　　　　　　　　　　　　　　　　太平洋セメント株式会社　○岸　良竜次
　　　　　　　　　　　　　　　　　　　　　　　　　　　　　兵頭　彦郎
　　　　　　　　　　　　　　　　　　　　　　　　　　　　　岩城　一
　　　　　　　　　　　　　　　　　日本大学　　　　　　　　前島　拓　……146

2208. 空中超音波法を適用性したコンクリートの内部探査結果に及ぼす粗骨材および仕上げ材の影響に関する基礎的研究
　　　　　　　　　　　　　　　　　愛知工業大学大学院　○金森　藏司
　　　　　　　　　　　　　　　　　　　　　　　　　　　関　俊力
　　　　　　　　　　　　　　　　　愛知工業大学　　　　瀬古　繁喜
　　　　　　　　　　　　　　　　　　　　　　　　　　　山田　和夫　……148

2209. 非接触型検出器を使用した衝撃弾性波法による鉄筋コンクリートの鉄筋付着不良部探査に関する基礎的研究
　　　　　　　　　　　　　　　　　愛知工業大学大学院　○関　俊力
　　　　　　　　　　　　　　　　　　　　　　　　　　　金森　藏司
　　　　　　　　　　　　　　　　　愛知工業大学　　　　瀬古　繁喜
　　　　　　　　　　　　　　　　　　　　　　　　　　　山田　和夫　……150

2210. Mesoscale examination of the short-term behavior of mortar
subjected to surface re-curing after high temperature exposure
              北海道大学大学院 ○Henry Michael ……152
                     網本　明洋

2301. 超音波法による凝結硬化過程のモルタルの強度推定に関する基礎的研究
              群馬大学 ○山本　哲 ……154
              群馬大学大学院 小澤　満津雄
              丸栄コンクリート工業 阪口　裕紀
              群馬大学 赤坂　春風

2302. 重液を用いた骨材分離によるコンクリート中セメント水和物の非晶質相を
含めた相組成の定量手法
              新潟大学大学院 ○高市　大輔 ……156
              新潟大学 斎藤　豪
              新潟大学大学院 佐藤　賢之介
              新潟大学 佐伯　竜彦

2303. 薄片供試体を用いたモルタル中の塩化物イオンの見掛けの拡散係数試験方
法の検討
              岡山大学大学院 ○藤井　隆史 ……158
                     堀　水紀
                     藤原　斉
                     綾野　克紀

2304. セメント系固化材による改良体の膨張に関する基礎検討（その1）
―膨張率と膨張力の測定結果について―
              一般社団法人セメント協会 ○中村　弘典 ……160
              三菱マテリアル株式会社 清田　正人
              日立セメント株式会社 飯久保　励
              太平洋セメント株式会社 森　喜彦

2305. セメント系固化材による改良体の膨張に関する基礎検討（その2）
―固化対象土の硫酸塩濃度の影響について―
              株式会社トクヤマ ○重田　輝年 ……162
              宇部三菱セメント株式会社 有馬　克則
              三菱マテリアル株式会社 神谷　雄三
              一般社団法人セメント協会 野田　潤一

2306. 周辺土の含水比がセメント系固化材による改良体の強度特性へ与える影響
〜材齢1年〜
              一般社団法人セメント協会 ○泉尾　英文 ……164
              住友大阪セメント株式会社 吉田　雅彦
              三菱マテリアル株式会社 清田　正人
              広島大学 半井　健一郎

2307. 養生温度およびセメント種がセメント改良土の反応および強度増加に及ぼ
す影響
              広島大学大学院 半井　健一郎 ……166
                     ○江口　健太
                     HO Si Lanh
              デンカ株式会社 佐々木　崇

2308. セメント系固化材と多硫化カルシウムを用いた改良土の炭酸化による強度
および六価クロム特性
　　　　　　　　　　　　　　　　　　　　デンカ株式会社　　　　○佐々木　　崇　　……168
　　　　　　　　　　　　　　　　　　　　　　　　　　　　　　　渡辺　雅昭
　　　　　　　　　　　　　　　　　　　　　　　　　　　　　　　盛岡　　実
　　　　　　　　　　　　　　　　　　　　広島大学大学院　　　　半井　健一郎

2309. セシウム吸着ゼオライト固化技術におけるHPC-FA系固化材の物性評価
　　　　　　　　　　　　　　　　　　　　八戸工業高等専門学校　○馬渡　大壮　　……170
　　　　　　　　　　　　　　　　　　　　　　　　　　　　　　　庭瀬　一仁
　　　　　　　　　　　　　　　　　　　　北海道大学　　　　　　佐藤　正知

3101. 早期交通開放型コンクリート舗装の管理供試体の養生方法に関する検討
　　　　　　　　　　　　　　　　　　　　太平洋セメント株式会社　○井口　　舞　　……172
　　　　　　　　　　　　　　　　　　　　株式会社太平洋コンサルタント　石田　征男
　　　　　　　　　　　　　　　　　　　　太平洋セメント株式会社　兵頭　彦次

3102. 新しい疲労設計方法を用いたコンクリート舗装の版厚に関する一検討
　　　　　　　　　　　　　　　　　　　　株式会社NAAファシリティーズ　亀田　昭一　　……174
　　　　　　　　　　　　　　　　　　　　一般社団法人セメント協会　○吉本　　徹
　　　　　　　　　　　　　　　　　　　　広島大学名誉教授　　　佐藤　良一

3103. 早強ポルトランドセメントと高炉セメントB種を混合した1DAY PAVE
の施工
　　　　　　　　　　　　　　　　　　　　株式会社トクヤマ　　　○吉本　慎吾　　……176
　　　　　　　　　　　　　　　　　　　　　　　　　　　　　　　新見　龍男
　　　　　　　　　　　　　　　　　　　　　　　　　　　　　　　加藤　弘義
　　　　　　　　　　　　　　　　　　　　西部徳山生コンクリート株式会社　本居　貴利

3104. 石灰石骨材を用いたコンクリート舗装のひずみ挙動の調査
　　　　　　　　　　　　　　　　　　　　三菱マテリアル株式会社　○木村　祥平　　……178
　　　　　　　　　　　　　　　　　　　　　　　　　　　　　　　森田　浩一郎
　　　　　　　　　　　　　　　　　　　　　　　　　　　　　　　黒岩　義仁
　　　　　　　　　　　　　　　　　　　　　　　　　　　　　　　中山　英明

3105. 石灰石骨材の舗装用コンクリートへの適用に関する検討
―室内試験結果及び試験施工3年目調査結果―
　　　　　　　　　　　　　　　　　　　　一般社団法人セメント協会　○瀧波　勇人　　……180
　　　　　　　　　　　　　　　　　　　　住友大阪セメント株式会社　小林　哲夫
　　　　　　　　　　　　　　　　　　　　明星セメント株式会社　上川　容市
　　　　　　　　　　　　　　　　　　　　東京農業大学　　　　　小梁川　雅

3106. 早期強度発現型舗装用スリップフォーム工法コンクリートについて
　　　　　　　　　　　　　　　　　　　　宇部興産株式会社　　　○佐々木　彰　　……182
　　　　　　　　　　　　　　　　　　　　　　　　　　　　　　　岡田　　裕
　　　　　　　　　　　　　　　　　　　　　　　　　　　　　　　大西　利勝

3107. 一般市道に施工した早期交通開放型コンクリート舗装の版内温度調査
　　　　　　　　　　　　　　　　　　　　宇部興産株式会社　　　○佐藤　喜英和　　……184
　　　　　　　　　　　　　　　　　　　　　　　　　　　　　　　桐山　宏和
　　　　　　　　　　　　　　　　　　　　　　　　　　　　　　　吉田　浩一郎

3108. 舗装路面のテクスチャとすべり抵抗性に関する一検討
　　　　　　　　　　　　　　　　　　　　一般社団法人セメント協会　○泉尾　英文　　……186
　　　　　　　　　　　　　　　　　　　　　　　　　　　　　　　瀧波　勇人
　　　　　　　　　　　　　　　　　　　　　　　　　　　　　　　佐藤　智泰
　　　　　　　　　　　　　　　　　　　　首都大学東京　　　　　上野　　敦

3109. 異なるフレッシュ性状のモルタルが吹付け性状に与える影響
    芝浦工業大学大学院 ○三　坂　岳　広 ……188
            伊　藤　孝　文
    芝浦工業大学   伊代田　岳　史

3110. ラテックス改質速硬コンクリートの構造性能に関する基礎的研究
    宮崎大学   ○井　野　椋　太 ……190
            李　　　春　鶴
            安　井　賢太郎
    太平洋マテリアル株式会社 郭　　　度　連

3111. 超高強度コンクリートの構成相が練混ぜ性に及ぼす影響
    住友大阪セメント株式会社 ○野　村　博　史 ……192
    東京大学大学院   野　口　貴　文

3112. 高温履歴を受けた高炉セメント高強度コンクリートの強度改善に関する一検討
    住友大阪セメント株式会社 ○宮　原　健　太 ……194
            小田部　裕　一
            永　井　勇　也

3113. Analysis of spalling behavior of ring restrained high-strength concrete specimen at elevated temperatures
    Gunma University ○Subedi Parajuli Sirjana ……196
            Ozawa Mitsuo
    Brandskyddslaget AB, Sweden Jansson McNamee Robert
    Taiheiyo Materials Tanibe Toru

3114. Durability optimization of functionally gradient SHCC for chloride ingress under cracking
    Yokohama National University ○Pavel Trávníček ……198
            Tatsuya TSUBAKI

3115. 凍結融解環境下にある飽和したポーラスコンクリートの温度解析に関する基礎的研究
    鳥取大学大学院   ○菊池　史織ラニヤ ……200
    鳥取大学   兵　頭　正　浩
            緒　方　英　彦

3116. セメント代替混和材がコンクリート強度におよぼす影響の比較研究
    山口大学   ○山　本　久留望 ……202
    山口大学大学院   水　島　　　潤
            宮　本　圭　介
            吉　武　　　勇

3201. 深さ方向を対象とした促進中性化後のpHと水和生成物の変化
    芝浦工業大学大学院 ○伊　藤　孝　文 ……204
    芝浦工業大学   伊代田　岳　史

3202. 雨水等の影響を受ける箇所におけるコンクリート片の剥落に対するかぶりと中性化深さの関係性の検証
    東京大学大学院   ○横　山　勇　気 ……206
    東京大学   岸　　　利　治

3203. An electrochemical conditions of conventional steel bars surface in carbonated concrete
　　　　　　　　　　Kyushu University　　○Zeinab OKASHA　……208
　　　　　　　　　　　　　　　　　　　　Hidenori HAMADA
　　　　　　　　　　　　　　　　　　　　Yasutaka SAGAWA
　　　　　　　　　　　　　　　　　　　　Daisuke YAMAMOTO

3204. $CaO・2Al_2O_3$を混和した高炉セメントB種硬化体の塩化物イオン浸透性
　　　　　　　　　　デンカ株式会社　　　○宇城　将貴　……210
　　　　　　　　　　　　　　　　　　　　森　泰一郎
　　　　　　　　　　　　　　　　　　　　保利　彰宏
　　　　　　　　　　　　　　　　　　　　盛岡　実

3205. セメント硬化体の細孔の屈曲度とフラクタル次元を用いた細孔連続性の評価
　　　　　　　　　　北海道大学大学院　　畑中　晶　……212
　　　　　　　　　　北海道大学　　　　○吉田　慧史
　　　　　　　　　　北海道大学大学院　　Elakneswaran Yogarajah
　　　　　　　　　　　　　　　　　　　　名和　豊春

3206. 屋外環境が鉄筋腐食に及ぼす影響についての基礎的研究
　　　　　　　　　　宮崎大学大学院　　○坂元　利隆　……214
　　　　　　　　　　宮崎大学　　　　　李　春鶴

3207. 異なる実環境に暴露したフライアッシュコンクリートの耐久性モニタリング
　　　　　　　　　　電源開発株式会社　○石川　嘉崇　……216
　　　　　　　　　　　　　　　　　　　斎藤　朋子
　　　　　　　　　　　　　　　　　　　石川　学

3208. 環境の違いが7年間屋外暴露したコンクリート中におけるフライアッシュのポゾラン反応の進行度に及ぼす影響
　　　　　　　　　　太平洋セメント株式会社　○曽我　亮太　……218
　　　　　　　　　　電源開発株式会社　　　　石川　嘉崇
　　　　　　　　　　太平洋セメント株式会社　林　建佑
　　　　　　　　　　　　　　　　　　　　　　細川　佳史

3209. 海洋環境における低発熱型高炉セメントを使用したコンクリートの長期耐久性
　　　　　　　　　　日鉄住金高炉セメント株式会社　○大塚　勇介　……220
　　　　　　　　　　　　　　　　　　　　　　　　　植木　康知
　　　　　　　　　　　　　　　　　　　　　　　　　前田　悦孝
　　　　　　　　　　　　　　　　　　　　　　　　　岩井　久

3210. 海洋環境下に10年暴露したシラスを細骨材としたコンクリートの塩害抵抗性
　　　　　　　　　　鹿児島大学大学院　　　○里山　永光　……222
　　　　　　　　　　　　　　　　　　　　武若　耕司
　　　　　　　　　　　　　　　　　　　　山口　明伸
　　　　　　　　　　鹿児島工業高等専門学校　福永　隆之

3211. 長期暴露されたコンクリートにおける非定常電気泳動試験による拡散係数および見かけの拡散係数の比較
　　　　　　　　　　港湾空港技術研究所　　山路　徹　……224
　　　　　　　　　　　　　　　　　　　○与那嶺　一秀
　　　　　　　　　　鹿児島大学大学院　　審良　善和

3212. 高炉スラグ微粉末を多量に用いた長寿命コンクリートの耐塩害性
　　　　　　　　　　　　　　　ゼニス羽田株式会社　　　○石　田　孝太郎　　……226
　　　　　　　　　　　　　　　NPO法人持続可能な社会基盤研究会　辻　　　幸　和
　　　　　　　　　　　　　　　　　　　　　　　　　　　横　沢　和　夫
　　　　　　　　　　　　　　　　　　　　　　　　　　　万　木　正　弘

3213. コンクリート橋梁の耐久性能等と融氷剤排水止水性能等に関する考察
　　　　　　　　　　　　　　　三重大学　　　　　　　○桜　井　　　宏　　……228
　　　　　　　　　　　　　　　株式会社クリテック工業　若　林　勇　二
　　　　　　　　　　　　　　　　　　　　　　　　　　　石　戸　杏　奈
　　　　　　　　　　　　　　　北海道大学名誉教授　　佐　伯　　　昇

3214. コンクリートにおける吸水および塩分浸透に及ぼす養生条件の影響
　　　　　　　　　　　　　　　広島大学　　　　　　○久　堀　泰　誉　　……230
　　　　　　　　　　　　　　　広島大学大学院　　　　半　井　健一郎
　　　　　　　　　　　　　　　　　　　　　　　　　　森　　　優　太

3215. 膨張材を混和したコンクリートのアルカリシリカ反応の特徴とフライアッシュによる抑制効果
　　　　　　　　　　　　　　　金沢大学大学院　　　○菊　地　弘　紀　　……232
　　　　　　　　　　　　　　　北陸電力株式会社　　　久　保　哲　司
　　　　　　　　　　　　　　　株式会社太平洋コンサルタント　広　野　真　一
　　　　　　　　　　　　　　　金沢大学　　　　　　　鳥　居　和　之

3216. 異なる湿度条件下におけるASR反応膨張に関する基礎的研究
　　　　　　　　　　　　　　　名古屋大学大学院　　○小　寺　　　周　　……234
　　　　　　　　　　　　　　　　　　　　　　　　　　丸　山　一　平
　　　　　　　　　　　　　　　株式会社太平洋コンサルタント　小　川　彰　一
　　　　　　　　　　　　　　　国立環境研究所　　　　山　田　一　夫

3217. アルカリシリカ反応に伴う膨張メカニズムに関する一考察
　　　　　　　　　　　　　　　東北大学　　　　　　○大　澤　紀久　　……236
　　　　　　　　　　　　　　　東北大学大学院　　　　五十嵐　　　豪
　　　　　　　　　　　　　　　国立環境研究所　　　　山　田　一　夫
　　　　　　　　　　　　　　　東北大学大学院　　　　西　脇　智　哉

3218. 反応性骨材と遅延性骨材を用いたASRゲルのキャラクタリゼーション及び生成物の予測
　　　　　　　　　　　　　　　北海道大学　　　　　○野　口　菜　摘　　……238
　　　　　　　　　　　　　　　　　　　　　　　　　　森　永　祐　加
　　　　　　　　　　　　　　　北海道大学大学院　　　Baingam Lalita
　　　　　　　　　　　　　　　　　　　　　　　　　　名　和　豊　春

＊3219. 画像相関法によるASRが生じたコンクリートのひずみ分布の可視化に関する基礎的研究
　　　　　　　　　　　　　　　広島大学大学院　　　○寺　本　篤　史　　……240
　　　　　　　　　　　　　　　広島大学　　　　　　　荒　木　風　太
　　　　　　　　　　　　　　　広島大学大学院　　　　大久保　孝　昭

3301. 粗骨材に砂利を使用したコンクリートの強度向上に関する検討
　　　　　　　　　　　　　　　住友大阪セメント株式会社　○永　井　勇　也　　……242
　　　　　　　　　　　　　　　　　　　　　　　　　　小田部　裕　一
　　　　　　　　　　　　　　　　　　　　　　　　　　宮　原　健　太

3302. 非鉄スラグ細骨材を使用したコンクリートの細骨材界面の状況と力学的
性質に関する実験的研究
             東京理科大学大学院 ○原　品　　　武 ……244
             東京理科大学   今　本　啓　一
                      清　原　千　鶴
             一般財団法人建材試験センター 真　野　孝　次

3303. $CaO \cdot Al_2O_3$骨材を用いたコンクリートの物質透過性の検証
             芝浦工業大学   ○中　西　　　縁 ……246
                      伊代田　岳　史

3304. セメントペーストにおける鉛の吸脱着特性に対する接触溶液の影響
             広島大学大学院   ○周　　　少　軍 ……248
             広島大学   山　崎　真　治
             広島大学大学院   小　川　由布子
                      河　合　研　至

3305. セメント硬化体における鉛の吸着特性に対するpHの影響
             広島大学   ○山　崎　真　治 ……250
             広島大学大学院   周　　　少　軍
                      小　川　由布子
                      河　合　研　至

3306. セメント硬化体に生成するカトアイトの検討
             株式会社太平洋コンサルタント 柴　田　真　仁 ……252
                      ○小　川　彰　一
                      青　山　弥佳子
             東京都立産業技術研究センター 渡　邊　禎　之

3307. コンクリート中の硫酸塩およびアルカリ量がDEF膨張に及ぼす影響
             岩手大学   ○昆　　　悠　介 ……254
                      羽　原　俊　祐
                      小山田　哲　也
             岩手大学大学院   田中舘　悠　登

3308. 電気泳動試験を活用した海水中のイオンが空隙構造に与える影響の把握
             東京理科大学   ○直　町　聡　子 ……256
                      加　藤　佳　孝
                      江　口　康　平

3309. コンクリートの硫酸劣化予測に対する流水作用の考慮
             広島大学   ○坪　根　圭　佑 ……258
                      満　島　那奈美
                      小　川　由布子
                      河　合　研　至

3310. 高炉スラグの添加が凍結融解での膨張-収縮に及ぼす影響
             北海道大学   ○森　永　祐　加 ……260
                      堀　江　　　諒
             北海道大学大学院 名　和　豊　春

3311. 点過程としての気泡間距離の特性値とASTM C457法により求められた
気泡間隔係数の一致性
             大成建設株式会社 ○室　谷　卓　実 ……262
             株式会社淺沼組   古　東　秀　文
             金沢大学   五十嵐　心　一

3312. 凍結融解作用により生じる円柱供試体のひび割れと RC はり部材のひび割
れの違い
　　　　　　　　　　　　　　　土木研究所寒地土木研究所　　○林　田　　　宏　　……264

3313. 中空微小球を添加したコンクリートのスケーリング抵抗性に及ぼす練混ぜ
時間の影響
　　　　　　　　　　　　　　　岩手大学大学院　　　　　　　○田中舘　悠　登　　……266
　　　　　　　　　　　　　　　岩手大学　　　　　　　　　　　羽　原　俊　祐
　　　　　　　　　　　　　　　　　　　　　　　　　　　　　　小山田　哲　也
　　　　　　　　　　　　　　　デンカ株式会社　　　　　　　　五十嵐　数　馬

3314. 炭酸化による細孔構造の変化が凍結融解抵抗性に及ぼす影響に関する検討
　　　　　　　　　　　　　　　住友大阪セメント株式会社　　○宮　薗　雅　裕　　……268
　　　　　　　　　　　　　　　東京大学　　　　　　　　　　　岸　　　利　治

3315. サーモグラフィからみたコンクリート表面凹凸品質推定の考察
　　　　　　　　　　　　　　　神戸市立工業高等専門学校　　○高　科　　　豊　　……270
　　　　　　　　　　　　　　　　　　　　　　　　　　　　　　水　越　睦　視

著者名索引　………………………………………………………………272

特　別　講　演

高等教育出版社

第71回セメント技術大会講演要旨 2017

特別講演 1

セメント製造技術の系統化調査報告
「華と開いた日本発の技術貢献」

元・国立科学博物館産業技術史資料情報センター
　　　　　　　主 任 調 査 員

元・太平洋セメント株式会社
　　　　　　　取締役常務執行役員

下田　孝 氏

講師のご紹介

〔経　歴〕

1963 年	東京大学工学部工業化学科卒業
同　年	小野田セメント株式会社入社（中央研究所配属）
	以降、セメント工場、本社生産部、米国事業所などを転任
1996 年	秩父小野田株式会社中央研究所長
2002 年	太平洋セメント株式会社常務取締役
	（研究所・建材事業・セラミックス事業担当）
2006 年	同社取締役常務執行役員退任
2015 年	国立科学博物館産業技術史資料情報センター主任調査員就任
2016 年	同博物館退任

〔講演内容紹介〕

　明治開国以降今日までの、日本におけるセメント製造技術の進化・発展 140 年の歴史を概観・紹介します。

特別講演 1

セメント製造技術の系統化調査報告
「海を渡ったと日本発の技術貢献」

元・国立科学博物館産業技術史資料情報センター
主任調査員

元・太平洋セメント株式会社
取締役常務執行役員

下田 孝光

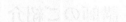

講師のご紹介

略 歴
1963 年 東京大学工学部工業化学卒業
同 年 小野田セメント株式会社入社（中央研究所勤務）
以降、セメント工場、本社主要部、海外事業部門に勤務
1994 年 秩父小野田株式会社中央研究所長
1998 年 太平洋セメント株式会社執行役員就任
（研究・開発・環境、エンジニアリング事業担当）
2004 年 同上取締役常務執行役員退任
2011 年 国立科学博物館産業技術史資料情報センター主任調査員
2016 年 同上退職後現在

【保有資格】
環境計量士（濃度）、公害防止管理者（水質１種、大気１種）、技術士140 年

© 著作権所有 下田孝光

特別講演 2

"常識"となった"仮定"を超える

東京大学生産技術研究所

教 授　岸　利治 氏

講師のご紹介

1992年東京大学大学院工学系研究科土木工学専攻修士課程修了。同年株式会社大林組。1993年東京大学工学部土木工学科助手、1996年同大学大学院工学系研究科社会基盤工学専攻講師、1997年アジア工科大学院（AIT）派遣 Assistant Professor、1999年東京大学大学院工学系研究科助教授、2000年同大学生産技術研究所助教授(2007年准教授)、2009年同研究所教授、2015年より同研究所副所長、現在に至る。

専門分野	：コンクリート工学（材料・施工）
研究テーマ	：コンクリートの機構解明と技術開発、マイクロ・ナノ空間中の物理化学、レオロジーと流体の運動、竣工検査と耐久性検証、ひび割れ自己治癒コンクリート
主な受賞	：土木学会吉田賞、土木学会論文賞、日本コンクリート工学会論文賞、セメント協会論文賞

講　　　演

ヨシに含まれる無機化学成分と有機化学成分の混和材料としての利用性

鳥取大学　農学部　　○兵頭正浩
　　　　　　　　　　秋冨里奈
　　　　　　　　　　緒方英彦

1. はじめに

ヨシ群落は，稚魚や稚貝の生息環境や生長に伴う栄養塩類の吸収同化作用によって水域全体の自浄能力を向上させるといわれている。しかしながら，ヨシは，多年生植物であるため刈取りがなされなければ，立ち枯れしたヨシから栄養塩類が水中に回帰するといった問題がある。よって，水域内の水質浄化に貢献するためには，ヨシの刈り取りなどの適切な管理を促すことが重要となる。

この背景のもとで著者らは，ヨシの有効利用法に関する検討をしている。表1に示すように，500°かつ2時間で燃焼したヨシの無機化学成分は，大部分がSiO_2で占められており，そのSiO_2はアモルファスであることを確認している。つまり，ヨシは，燃焼することでポゾラン材料となることを確認している[1]。

一方，表2に示すとおり，ヨシにはセルロースや，リグニンなどの有機化学成分が含まれている[2]。ここで注目すべきは，リグニンである。工業的に合成されたリグニンスルホン酸塩は，コンクリート用混和剤の減水剤として流動性を改善するため，ヨシに含まれるリグニンが流動性を改善する可能性が考えられる。そこで，本研究では，ヨシからリグニンを抽出し，抽出後のヨシ残渣を用いてポゾラン材料となりうるかを検討した。

2. 実験概要
2.1 リグニンの抽出方法

材料の割合は，ヨシ0.6gに対して溶液30mLであり，浸漬条件は24時間45℃一定の温湯に浸した。有機化学的成分の抽出後は，ヨシの残渣と液体に分離するため，ガラスフィルター（1μm）でろ過を行い，濃度変化を防ぐために100mLまでフィルアップした。本工程で得られた残渣をヨシ灰，液体を練混ぜ水として利用する。なお，リグニン抽出後のヨシは乾燥後，微粉砕機により粉砕し，メッシュを75μm間隔にした。また，溶媒は蒸留水とし，ヨシの分解を促進することを目的に，酵素もしくは硫酸を添加した。このため，本研究は蒸留水によるヨシ成分の抽出と，ヨシの分解促進を目的として酵素，硫酸を添加した合計3条件の溶液で実験を行った。溶液の濃度は下記のとおりである。

酵素は，セルラーゼを使用し，3.73mg/mLに調整したものを溶液とした。セルラーゼは，ヨシを構成しているセルロースをグルコースに分解するため，細胞壁内にあるリグニンの抽出量が増加すると考えられる。硫酸は，濃度を3%に調整したものを溶液とした。抽出後は，NaOHを使用しpHを7以上とした。

2.2 モルタルフロー値の測定方法

流動性を評価する方法として，モルタルフロー値の測定が挙げられる。使用するモルタルの作製方法及びフロー値の測定方法は，セメントの物理試験方法（JIS R 5201）に準拠して測定を行った。

2.3 フェノールおよびグルコースの測定方法

基本骨格にフェノール性水酸基を持つリグニンは，フェノール類として定量した。また，ヨシの有機化学構成成分の7～8割を占めている糖類は，コンクリートの初期強度の低下を引き起こす可能性があることから，グルコースについても併せて定量した。フェノールおよびグルコースは，紫外可視分光光度計により測定した。

2.4 練混ぜ水の品質基準適合性評価方法

水道水以外の水を練混ぜ水として利用する場合は，懸濁物質の量，溶解性蒸発残留物の量，塩化物イオンの量，水素イオン濃度（以下pHと表記する）の4項目の基準を満たす必要がある。懸濁物質及び溶解性蒸発残留物の量は，レディーミクストコンクリート（JIS A 5308:2014）の附属書Cに準拠して測定を行った。塩化物イオンの量は200mg/L以下であるが，ヨシには微量しか含まれていない[3]ため省略した。

表1　500°で2時間燃焼したヨシの無機化学成分　　　(%)

条件	Na_2O	MgO	Al_2O_3	SiO_2	K_2O	CaO	MnO	Fe_2O_3	ZnO
500□・2時間	0.76	2.28	0.15	83.28	8.83	4.06	0.39	0.19	0.08

表2　ヨシに含まれる主な有機化学成分

セルロース	ヘミセルロース	リグニン	水抽出物	灰分

pHは，比較電極法により測定した。

2．5　SiO_2の結晶構造評価方法

ヨシ灰がポゾラン反応性を有するためには，ヨシ灰に含まれるSiO_2の結晶構造が非晶質となる必要がある。既往の研究[1]より500℃で燃焼することが適切であることが確認されているため，本実験で得られた残渣を500℃かつ2時間で燃焼した後に，X線回折装置により半値幅を測定した。

3．結果と考察
3．1　モルタルフロー値の測定結果

モルタルフロー値の測定結果を図1に示す。全ての結果は，基準である蒸留水よりもフロー値が高くなる傾向にあり，流動性を改善する可能性が確認された。

3．2　流動性が改善した要因に関する考察

フェノールは，酵素溶液には2.08mg/L，蒸留水溶液には2.25mg/L，硫酸溶液には5.24mg/Lが含まれていることを確認した。またグルコースに関しては，酵素溶液，蒸留水溶液ともに100mg/L以下であったが，硫酸溶液に関しては2,761mg/L含まれていることがわかった。表3に練混ぜ水品質基準の測定結果を示す。特記事項としては，硫酸溶液の溶解性蒸発残留物が非常に高い値を示していることである。これは，硫酸溶液を中性領域とする際に生成したNa_2SO_4が蒸発乾固したためであると考えられる。

以上の結果をまとめると，フェノールの抽出という観点からは，硫酸溶液が最も適しているが，グルコースや硫化物イオンによるセメントの硬化阻害，溶解性蒸発残留物の観点から硫酸溶液の利用は適していないことが考えられた。一方，酵素溶液と蒸留水溶液では，フェノール，グルコース，懸濁物質，溶解性蒸発残留物において大きな違いは生じることはなく，フロー値も同等の値を示していた。つまり，現段階においてヨシに含まれているフェノールを利用するためには，蒸留水溶液が最も適していることが判断された。

3．3　ヨシ灰の結晶構造の分析

それぞれの溶液から回収したヨシを500℃，2時間で燃焼したヨシ灰のX線回折の結果を図2に示す。SiO_2の評価は2θ＝21°付近がとなるが，すべての溶液で半値幅が8付近となり，アモルファスであることが確認された。よって，全ての溶液から得られたヨシ灰は，ポゾラン反応を期待できることが考えられた。

4．まとめ

本研究では，ヨシの無機及び有機化学的性質を用いたコンクリート用混材材料として，モルタルの流動性とSiO_2の結晶構造の観点から利用性について検討した。得られた結果を以下にまとめる。

1) 蒸留水溶液，酵素溶液，硫酸溶液を練混ぜ水として

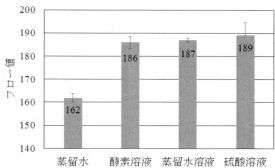

図1　モルタルのフロー値

表3　品質基準の結果

項目	懸濁物質(g/L)	溶解性蒸発残留物(g/L)	pH
酵素溶液	0.3	2.4	4.5
蒸留水溶液	0.4	1.7	5.5
硫酸水溶液	0.7	74.1	7.1
規定値	2g/L以下	1g/L以下	5.8～8.6

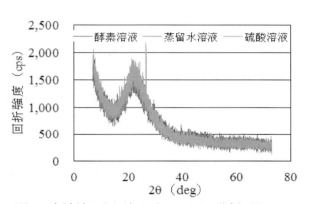

図2　各溶液から回収したヨシ灰の分析パターン

利用した際は，標準フロー値と比較して20程度上昇する傾向が確認された。

2) フェノールを利用するためには，フェノール，グルコース，懸濁物質，溶解性蒸発残留物の観点から蒸留水溶液が適していることが考えられた。

3) ヨシ残渣は，500℃，2時間で燃焼することでポゾラン反応を期待できることがわかった。

【参考文献】

1) 兵頭正浩，緒方英彦，原一生：異なる燃焼温度で作製したヨシ灰のポゾラン反応に関する研究，コンクリート工学年次論文集，38 (1)，pp.1767-1772 (2016)

2) 細川恭史，三好栄一，古川恵太：ヨシ原による水質浄化の特性，港湾技術研究所報告，30　(1991)

3) 兵頭正浩，吉井莉菜，緒方英彦：ヨシ灰の化学成分の同定とコンクリート用混和材としての利用性に関する基礎的研究，農業農村工学会論文集，298，pp.Ⅱ__83-Ⅱ__88 (2015)

籾殻由来のナノ構造体シリカ微粒子を用いたセメントの低アルカリセメントへの適用検討

日鉄住金セメント（株）　製品開発部　製品開発課　○羅承賢

金沢智彦

大阪大学　接合科学研究所　近藤勝義

梅田純子

1．はじめに

高レベル放射性廃棄物処分場の建設において、高アルカリ性を示すセメント系材料は放射性物質を封鎖する多重バリアシステムとして機能する岩盤やベントナイト系材料を変質させることが懸念されている。この様な背景から、セメントにポゾラン質材料を混和した低アルカリセメントの実用化に向けて研究・開発が進められている。

岩盤やベントナイト系材料への影響はpH≦11であれば軽減できることが知られている。このpHは、フライアッシュなどをセメントに多量に混合することで、ポゾラン反応が進行し、その結果、セメントの水和で生成する水酸化カルシウムを消費されていくことで次第に低くなりpH≦11に達する。

しかしながら、フライアッシュの様なポゾラン質材料を多量に使用した材料は配合によってはポゾラン反応が緩慢でpHの低下までに必要以上に時間を要したり、若材齢の強度発現性が不十分となったりする場合がある。

岩盤やベントナイト系材料への影響や工期短縮の観点からは、早期に水和反応が進行して低アルカリ性を示し、速やかに強度発現することが望ましい。

本論文では、クエン酸洗浄処理によりアルカリ不純物を除去した籾殻由来のナノ構造体シリカ（NSS）粒子を用いたセメントの低アルカリセメントへの適用性について論述する。

2．実験概要
2．1　使用材料

使用材料を表1に示す。NSSは、籾殻をクエン酸1%溶液への浸漬により、アルカリ不純物を除去し、600℃で焼成した後に、平均粒子径4～5μmとなるよう粉砕して試製した。NSSの特徴は、二酸化珪素含有量が多く、多孔質かつナノ細孔を有することから比表面積が大きく、非晶質であることからポゾラン反応性に富む材料である。（表2、図1および写真1参照）

2．2　配合

配合を表3に示す。配合は水結合材比(W/B)65%のセメントペーストまたはモルタルとした。モルタルについては結合材と砂の比を1:3とした。NSSの置換率は0、30および60wt.%とした。また、比較用にシリカヒューム（SF）を用いた。

2．3　試験方法

pH試験は、次に示す手順で行った。①直径5cm、高さ10cmのセメントペースト供試体を材齢28日まで20℃で水中養生、②供試体を厚さ10mmで切断して容器に入れ、20℃のイオン交換水（液固体比5:1）に所定の期間まで浸漬、③材齢毎に1枚ずつ円板状供試体を取り出し、24時間の気中乾燥後、100μm以下に微粉砕、④微粉砕した試料をイオン交換水（液固体比5:1）に浸漬、⑤48時間経過後浸漬液のpHを測定した[1]。圧縮強度試験は、JIS R 5201に準じて4×4×16cmの供試体を用い、材齢3、7、28、56日に圧縮強度測定を行った。塩分浸透深さは、材齢7日まで水中養生した後、温度20±2℃、塩分濃度10%溶液に浸漬して硝酸銀噴霧法により求めた。中性化深さは、材齢7日まで水中養生した後、温度20±2℃、相対湿度60±5%、CO_2濃度5±0.5%の条件下に曝してフェノールフタレイン噴霧法により求めた。

表1　使用材料

材料	種類	品質
セメント(HPC)	早強ポルトランドセメント	比表面積4700 cm²/g 密度3.14g/cm³
シリカ(HSS)	ナノ構造体シリカ	平均粒径4～5μm
シリカヒューム(SF)	シリカフューム(Zr)	平均粒径1～2μm
細骨材	勇払産陸砂	表乾密度2.67g/cm³、吸水率1.75%、粗粒率2.55
化学混和剤	高性能AE減水剤(SP)	ポリカルボン酸系
	空気連行剤(AE剤)	アルキルエーテル系陰イオン界面活性剤

表2　NSSの化学成分

化学成分	分析値(%)
SiO_2(%)	98.01
Na_2O(%)	0.04
MgO(%)	0.10
K_2O(%)	0.32
CaO(%)	0.65
Al_2O_3(%)	0.09

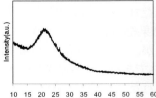

図1　NSSのXRD分析結果　写真1　NSSのSEM画像

表3　配合

記号	W/B (%)	結合材B(%)			混和剤(B*wt.%)		練り上がり性状		
		HPC	NSS	SF	SP	AE剤	フロー (mm)	単位容積質量 (kg/m³)	空気量 (%)
NSS0	65	100	0	0	0.000	0.010	265	2160	4.0
NSS30	65	70	30	0	0.250	0.005	191	2110	3.4
NSS60	65	40	60	0	1.000	0.000	150	2090	3.7
SF30	65	70	0	30	0.250	0.000	260	2150	3.6

3. 実験結果および考察
3.1 pH試験結果

セメントペーストのpHの経時変化を図2および表4にそれぞれ示す。図2より、いずれの浸漬期間においてもNSSの置換率の増加に伴いpHは小さくなり、60%置換した配合（NSS60）においては、浸漬期間14日で岩盤やベントナイト材料への変質を軽減できるpH11以下に達した。また、SFに比べNSSのpHは低い値を示していることから、NSSはSFよりもセメントの水和反応で生成する$Ca(OH)_2$を多く消費していると考えられる。

3.2 圧縮強度試験結果

圧縮強度試験結果を図3に示す。図3（a）より、NSSを置換した配合はいずれの材齢においてもHPCと同程度あるいはそれ以上の強度発現性を有していることがわかる。材齢7日までは置換率が大きいほど強度が高い傾向を示した。それ以降の材齢では置換率30%が最も強度が高く、HPCと置換率60%が同程度となった。この強度発現は2つの作用が関係していると考えられ、一つは初期材齢ではNSSが多孔質故に吸水することから置換率が大きくなるほど見掛けの水結合材比が小さくなり強度が高くなった。もう一つは、ポゾラン反応により置換率30%の強度が顕著に増進したことである。

図3（b）より、NSSはSFと比較し、高い強度を示している。NSSは多孔質で比表面積が大きいことからポゾラン反応がSFよりも速く進行し、強度が増進したと考えられる。

3.3 中性化深さ

中性化深さ測定結果を図4に示す。図4（a）より、NSSの置換率の増加に伴い、中性化深さは大きくなる傾向を示した。図4（b）より、SFに比べNSSの中性化深さは小さくなっていることが認められた。中性化深さが大きくなった要因として、材齢7日経過後に中性化促進環境下に暴露したことから、ポゾラン反応による緻密な組織形成が不十分であったことが考えられる。これについては養生期間を長くすることや水結合材比を小さくすることで改善されるものと推測される。

3.4 塩分浸透深さ

塩分浸透深さ測定結果を図5に示す。図5より、塩分浸透深さはNSS置換率の増加に伴い、小さくなる傾向が認められ、HPCおよびSFに比べて極めて高い遮塩性を示した。塩分浸透抑制はNSSの比表面積が高いことに加え、負に帯電していることから、卓越した電気的斥力により塩化物イオンの浸透を抑制したと考えられる。

4. まとめ

本研究の成果を以下に列挙する。
1) pHは浸漬期間14日でpH≦11に達する。
2) 圧縮強度はHPCと同程度あるいはそれ以上の強度発現性を有する。
3) 中性化深さはHPCよりも大きくなるが、養生期間を長くすることや水結合材比を小さくすることで改善可能と考えられる。
4) 塩分浸透深さはHPCやSFに比べ小さく、遮塩性に優れる。

以上の結果より、NSSを用いたセメントは低アルカリセメント用途に適用可能である。

表4 pH試験結果

	浸漬材齢（日）		
	14	28	56
NSS0	12.8	12.7	-
NSS30	12.4	12.2	-
NSS60	11.0	10.9	10.8
SF30	12.6	12.5	-

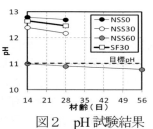

図2 pH試験結果

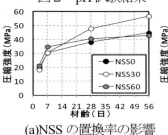
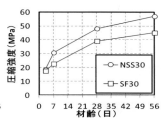

(a) NSSの置換率の影響　　(b) SFとの比較

図3 圧縮強度試験結果

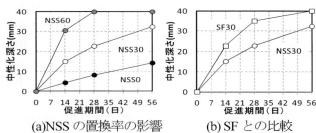

(a) NSSの置換率の影響　　(b) SFとの比較

図4 中性化深さ測定結果

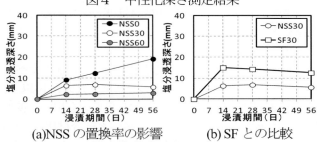

(a) NSSの置換率の影響　　(b) SFとの比較

図5 塩分浸透深さ測定結果

謝辞

本研究は、生研センター「革新的技術創造促進事業（異分野融合共同研究）」の支援を受けて行ったもので関係者各位に感謝致します。

【参考文献】

1) 日本原子力研究開発機構：幌延地層研究計画における低アルカリ性セメントの適用性に関する研究（Ⅲ）報告書、pp.19-20（2009）

シラスを混和したセメントの塩化物イオンとの反応性に関する一考察

鹿児島工業高等専門学校　　　　○福永隆之
鹿児島大学　大学院理工学研究科　武若耕司
　　　　　　　　　　　　　　　　審良善和
　　　　　　　　　　　　　　　　里山永光

1. はじめに

鹿児島県では、シラスを建設分野で活用するために、シラスを細骨材や混和材として用いる研究[1),2)]が行われている。そのなかで、シラスを細骨材として利用したコンクリートは、海洋暴露環境下で優れた遮塩性能を有することが報告されている[1)]。そこで本研究では、シラスと塩化物イオンとの反応を確認するため、鹿児島県各地から採取したシラスを用いて作製したセメントペースト供試体で塩水浸漬試験を行い、シラスの塩化物イオン反応性について検討を行った。

2. 実験概要

2.1 使用材料

表1に実験で使用した材料を、図1に採取したシラスの粉末エックス線回折(XRD)パターンを示す。本研究で使用したシラスは、堆積地や火砕流の起源となるカルデラが異なるものを採取し使用した。阿多シラスは、他のシラスよりも堆積時期が7万年ほど早いため、風化が進行しており、カオリン鉱物の一種であるハロイサイトを含んでいる。吉田シラスは、火砕流が湖や河川などに直接堆積したものであるため、全体的に非晶質で構成されている。横川シラスと串良シラスは、火砕流の発生源からの距離が異なるが、鉱物組成はほぼ一緒であることが確認できる。

2.2 試料作製

水和試料は、結合材と練混ぜ水を用いて作製したペーストとした。結合材は、普通ポルトランドセメント(以下、OPC)に各シラスを20 mass%混和したものを用い、練混ぜ水には蒸留水を使用した。なお、水結合材比は、0.5とした。各シラスおよび蒸留水を養生温度と同じ温度に調整し、ペーストの練混ぜを行った。練混ぜ後は、ブリージングがなくなるまで定期的に練返しを行い、ブリージングが確認されなくなった後、ペーストをφ5×10 cmのモールド缶に詰め、上面に封を施した。練混ぜ開始から7日後に脱型を行い、材齢28日まで封緘養生を行った。

2.3 塩水浸漬試験

所定の材齢に達した供試体を厚さ1cmに切断した。切断した供試体は、塩水浸漬前にデシケータにおいて乾燥

表1　実験に使用した材料

材料	特徴	推定堆積時期
OPC	普通ポルトランドセメント 密度 3.15 g/cm³　比表面積 3370 cm²/g	—
阿多シラス	陸地堆積材料、 密度 2.44 g/cm³　比表面積 5344 cm²/g	約10万年前
串良シラス	陸地堆積材料、 密度 2.49 g/cm³, 比表面積 5171 cm²/g	約3万年前
横川シラス	陸地堆積材料、 密度 2.48 g/cm³　比表面積 4486 cm²/g	約3万年前
吉田シラス	湖堆積材料、 密度 2.37 g/cm³　比表面積 5984 cm²/g	約3万年前

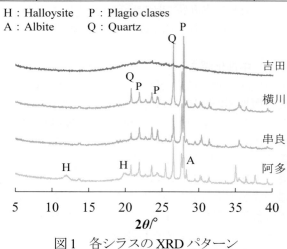

図1　各シラスのXRDパターン

させ、塩水により供試体を真空飽和した。その後、所定の日数(1日、3日、7日および28日)まで、塩水に浸漬させた。塩水のNaCl濃度は、3 mass%とした。

2.4 水和生成物の同定

所定の日数に達した供試体はアセトンを用いて水和停止し、減圧乾燥後、粉砕して粉末X線回折（XRD）法により、水和生成物を同定した。

3. 実験結果および考察

図2に各浸漬期間におけるOPCのXRDパターンを示

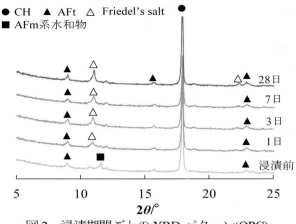

図2 浸漬期間ごとのXRDパターン(OPC)

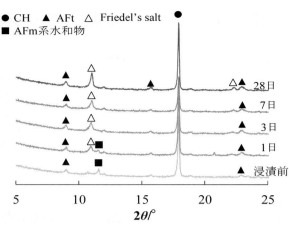

図3 浸漬期間ごとのXRDパターン(吉田シラス)

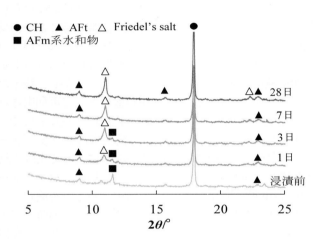

図4 浸漬期間ごとのXRDパターン(阿多シラス)

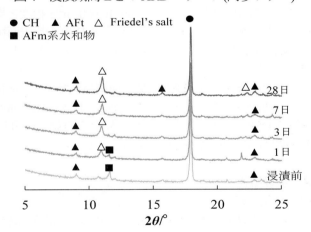

図5 浸漬期間ごとのXRDパターン(串良シラス)

す。図2より、浸漬前において、2θ=11.6°にカルシウムアルミネート系水和物(以後、AFm相と記す)の生成を確認した。浸漬1日以降において、AFm相のピークが減少し、フリーデル氏塩の生成を確認した。これより、AFm相が塩化物イオンと反応し、フリーデル氏塩が生成したと考えられる。

図3、4および5には、それぞれ、吉田シラス、阿多シラスおよび、串良シラスを混和した供試体のXRDパターンを示す。図3、4および5より、シラスを混和した配合は、OPCのみの配合と同じ反応が起きていると考えられる。なかでも、阿多シラスを用いた配合は、AFm相が最も多く生成されており、浸漬日数が3日を経過しても、AFm相のピークが確認できる。これは、阿多シラスに含まれているハロイサイトがセメントと反応することにより、AFm相が多く生成されたと推察される。そのため、AFm相が塩化物イオンと長期にわたって反応し、フリーデル氏塩が生成されていると考えられる。

4．まとめ

シラスを混和材として利用したセメントペーストに塩水浸漬を実施し、セメント組成物を評価し、以下の結論を得た。

1. 全ての配合において、2θ=11.6°にカルシウムアルミネート系水和物の生成を確認した。この水和物が塩化物イオンと反応し、フリーデル氏塩が生成されたと考えられた。
2. シラスの種類によって大きな変化は確認できなかった。
3. 阿多シラスを混和した配合は、全ての配合のなかでアルミネート系水和物が最も多く生成されている。これは、阿多シラス中のカオリン鉱物の一種であるハロイサイトがセメントと反応したためだと考えられる。そのため、長期にわたり塩化物イオンと反応すると考えられる。

【参考文献】
1) 大園理貴ほか：実海洋環境下で長期暴露を行ったシラスコンクリートの防食性能、コンクリート工学年次論文集、No36、Vol.1、pp.988-993（2014）
2) 武若耕司：しらすを利用したコンクリート用混和材の開発に関する研究、材料、Vol.48、No.11、pp.1300-1307、（1999）

[1104]

比表面積の異なる乾燥スラッジ微粉末の水和反応が強度に与える影響

芝浦工業大学　建設工学専攻　　○田篭滉貴
芝浦工業大学　土木工学科　　　伊代田岳史
三和石産株式会社　　　　　　　大川憲
元芝浦工業大学　土木工学科　　吉成健吾

1. はじめに

近年、生コンクリート業界で問題となっている事象の一つに、残コン・戻りコンの処理が挙げられる。残コン・戻りコンは、施工現場でコンクリートを連続的に打ち重ねる必要があることから余分な量を注文することや、受入検査での不合格により発生してしまう。残コン・戻りコンは洗浄処理工程を行うことで、回収骨材とスラッジ水はJIS規格で再利用が認められている。しかし、残ったスラッジケーキの一部は、再生路盤材として再利用されているが、その他は固めて廃棄処分されている。そこで、大川ら[1]は残コン・戻りコンから発生するスラッジケーキに着目し、破砕・乾燥処理をすることによって生成された乾燥スラッジ微粉末(以下DSPと称す)を、コンクリート用混和材や地盤改良材として活用することを検討している。DSPの特徴として、生コンプラントで出荷してから、残コン・戻りコンとして戻ってきたコンクリートを粉砕・乾燥処理まで行われる時間が異なることによって、生成されるDSPの比表面積が6,000~10,000cm²/g程度と異なることが挙げられ、既往の研究[1]よりDSPの比表面積と圧縮強度には相関関係があるとされている。しかし、DSPの水和反応に関しての研究はほとんどされていない。

そこで本研究では、DSPの比表面積が異なれば、水和反応の進行が異なると考えたことから、様々な比表面積を持つDSPを収集し、比表面積の異なるDSPの水和反応が強度に与える影響を確認することとした。

2. 実験概要

(1) 使用材料

表-1に本研究で使用した材料を示す。比表面積の異なるDSPを6種類用意し、強度や水和反応を比較検討することとした。セメントの比表面積は、ブレーン空気透過装置を用いて測定されたものである。また、比表面積5430は処理工程の際に遅延剤を混入している。

(2) 圧縮強度試験

セメントの物理試験方法(JIS R 5201)に準拠して圧縮強度試験を実施した。W/C：50%で、測定材齢は7, 28日とした。材齢日まで恒温恒湿室(温温：20℃, 湿度：60%)に静置し、封かん養生を行った。

表-1　使用材料

項目	DSP					
	①	②	③	④	⑤	⑥
比表面積(cm²/g)	5430	6030	6070	7410	8920	10590
密度(g/cm³)	2.98	2.91	2.74	2.81	2.58	2.46
処理時間(h)	5	2.5	4	8	12	24

(3) 強熱減量試験

接水前の状態(原紛)と接水後の材齢7, 28日の試料を粉砕し、重さが1gとなるよう電子天秤で計量後、耐熱性のるつぼに移し、1000℃の電気炉で15分間強熱した。その後、強熱後のDSPの質量を計量し、式[1]からig.lossを算出した。

$$\text{ig.loss} = \frac{m - m'}{m} \times 100 \quad [1]$$

ig.loss：強熱減量(%)
m：試料の質量(g)　m'：強熱後の試料の質量(g)

(4) 水酸化カルシウムの定量分析

示差熱重量分析装置を使用し、接水前の状態(原紛)と材齢7, 28日で試料中の水酸化カルシウム(以下CHと称す)の量を定量評価した。

(5) 水和反応熱

W/C：55%とし、DSPと水の重さが4gとなるように電子天秤で計量し、注水後30秒間練混ぜした。その後、コンダクションカロリーメーターを用い、一定温度(20℃)で注水直後から材齢48時間までの水和発熱を計測した。

3. 実験結果及び考察

3.1 圧縮強度試験

図-1に比表面積ごとの圧縮強度試験の結果を示す。比表面積が小さくなるほど、圧縮強度が高い傾向があり、この結果は、既往の研究とも同様の傾向を得られたが、しかし6030と6070のDSPの圧縮強度を比較すると、比表面積が同程度であるにも関わらず、6070では約28%強度が低下した。また、処理時間が8時間の比表面積7410と12時間の8920では、約37%強度が大きく低下していることが確認できた。

3.2 強熱減量と水酸化カルシウムの関係

図-2に原紛, 材齢7, 28日の強熱減量と水酸化カルシ

ウムの関係を示す。強熱減量の増加とともに、CH量も増加しており原紛、水和後に関係なく相関関係が見られた。このことから、DSPの水和度にはCHの生成量の影響が大きいことがわかる。また、強度発現の小さいDSPは材齢をおっても、水和度の伸びが小さいことも確認できた。このことから、強度発現の小さい8920や10590は処理時間が長いため、水和が進行しCHなどの水和化合物が生成されていることにより、未水和鉱物の量が減少していることが要因だと考えられる。

3．3 水和反応熱

図-3に比表面積ごとの水和反応熱の結果を示す。グラフのピークの値はC_3S(エーライト)の水和反応活性の挙動を示している。比表面積が小さくなるほどピークの値は大きくなり、強度発現の小さい8920や10590では、水和反応活性の挙動がほとんどみられないのを確認した。比表面積5430は、処理工程で遅延剤が混入しているためピークの値が他のDSPに比べ遅くなり、初期の水和反応を抑えられているのがわかる。OPCに着目すると、接水から12時間でピークを迎えていることから、残コン・戻りコンがOPCから生成されたDSPは、水和反応が活性化する12時間後以前になる前に処理工程を行うことで、強度発現の大きいDSPを生成することができると考えられる。

3．4 水和ポテンシャルと圧縮強度の関係

図-4に水和ポテンシャルと圧縮強度の関係を示す。水和させた試料のig.lossから初期を差引き水和の進行を検討した。

$$\text{DSPの水和ポテンシャル(\%)} = \frac{(\text{DSP 材齢28日のig.loss} - \text{DSP 原紛のig.loss})}{\text{DSP 材齢28日のig.loss}} \times 100 \quad [2]$$

DSPの水和ポテンシャルは式[2]から算出した。水和ポテンシャルが高いほど、圧縮強度も高くなる相関関係を得ることができた。このことから、DSPの水和ポテンシャルを算出することで、強度発現性を評価することができると考えた。

4．まとめ

本研究で得られた結果を以下に示す。
（1）DSPの比表面積が小さいほど、圧縮強度は大きくなる傾向が確認できたが、外れ値もあった。
（2）ig.lossとCHには相関関係が見られ、強度発現の小さいものは、未水和鉱物が少なく水和反応が小さい。
（3）圧縮強度の小さいDSPほど、水和反応活性が小さい。
（4）DSPの水和ポテンシャルを算出することで、強度発現を評価できると考えられる。

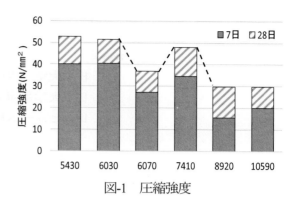

図-1　圧縮強度

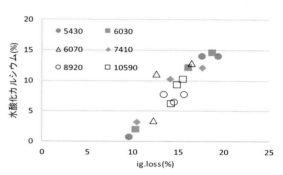

図-2　強熱減量と水酸化カルシウムの関係

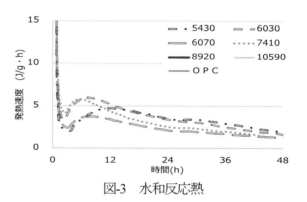

図-3　水和反応熱

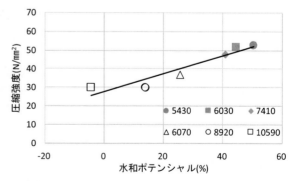

図-4　水和ポテンシャルと圧縮強度の関係

【参考文献】

1) 大川憲ほか：生コンスラッジ乾燥微粉末の諸特性、第36回土木学会関東支部、V-27（2009）

[1105]　　　　　　　　第71回セメント技術大会講演要旨 2017

プレキャストコンクリート杭の環境負荷に関する一考察

　　　日本大学　生産工学研究科　土木工学専攻　　　　○世森裕女佳
　　　日本大学生産工学部　環境安全工学科　　　　　　　鵜澤正美
　　　日本ヒューム株式会社　技術研究所　　　　　　　　井川秀樹
　　　　　　　　　　　　　　　　　　　　　　　　　　畑　実

1. はじめに

　現在、地球規模での環境問題、省エネルギー・循環、社会資本の長寿命化への対応からプレキャストコンクリート（以下 PCa）工法が見直されている。これは PCa に後述する様々なメリットがあり環境負荷を低減できることによる。事実、建設業が環境問題に与える影響は大きく、建設に関係する CO_2 排出量は全産業の約 1/3 に達するとの試算[1]もある。また、鉄筋コンクリート（以下 RC）造の建物は 60 年以上の耐久性があると言われているにも関わらず、日本の建築物ではその半分の約 30 年で解体され更新されているという報告[1]がある。このような建設工事は、スクラップアンドビルドという考えの下に型枠材等の建設用資材を大量に消費し、廃棄物を多量に発生してきた。

　しかし、建物寿命を 35 年から 100 年に延ばせば、ライフサイクル CO_2 は約10％減ずることができるとされている[1]。無駄をなくし、環境破壊を最小限に抑えることにより、地球環境保護を方針だけでなく実際に機能させ積極的な取り組み姿勢を世界に広くアピールすることが可能となる。また、基本設計の段階から将来の変化を見据え、改修して長く使用していくこと、環境に十分配慮した建物を設計していくことが一層必要である。そのため、最近の建設工事では、労務事情の悪化や省力化にも配慮してできる限り PCa 工法の工事を行い現場での型枠使用量を削減していくことなど環境に配慮した工事の選択が必要不可欠となってきている。

　プレキャスト部材は、工場という効率化された環境の下で鋼製型枠を繰り返し用いて製作されるため、産業廃棄物の発生を最小限まで抑えることができる。工場での生産は分別が容易なため不要物のリサイクルがしやすい。また、工期が短縮され現場での作業も格段に少なくなるので近隣住民に及ぼす影響も格段に小さくなるなどのメリットがある。前述したように、資源を有効に無駄なく利用し、維持補修にエネルギーを費やさない構造に対し、現状の建設システムが地球環境にとって望ましくないことは明らかである[1]。したがって、工場で作って現場で組み立てることが可能な PCa は、環境負荷を最小限に抑えさらにはコストダウンも図ることができる資源節約型コンクリートであると言える。

　本研究では、PCa 杭製造における CO_2 排出量の算出とその工事を現場杭工法で行った場合の計算上の CO_2 排出量を比較した。さらに PCa の環境への優位性についても考察し取り纏めた。

2. 工事の概要
2.1 使用材料と配合

　5 つの工事での PCa 杭の各種使用材料および燃料量を合算した値を表1に示す。なお、この工事物件は実工事であって、内訳は RC 造の 4F 建て物流倉庫、市場施設、PC 造の 5F 建て冷蔵倉庫、RC 造の 6F 建て物流倉庫、RC 造の 6F 建て工場兼倉庫である。また CO_2 排出量の算定に使用した各種材料に対するデータを表2に示す。このデータは、国土技術政策総合研究所が取り纏めた社会資本LCA用環境負荷原単位一覧表の社会資本LCA用投入産出表に基づく環境負荷原単位一覧表にある「二酸化炭素排出量_2005年版（2012.05.16公開）」[3]から抜粋した。

表1　PCa 杭と現場杭の 5 現場積算使用材料

使用材料／工法の分類	PCa 杭	現場杭
普通ポルトランドセメント（t）	13,085	16,108
高炉スラグ微粉末（t）※1	3,272	0
細骨材量（t）	16,910	37,619
粗骨材量（t）	20,444	46,763
鉄筋量（t）※2	2,185	8,502
鉄筋量（t）※3	931	0
A 重油量（ℓ）	496,017	0

※1：PCa 杭で使用している混和材（高炉スラグ微粉末），置換率は C×20%　※2：鉄筋カゴ（普通鋼小棒）
※3：PCa 杭の端板（普通鋼鋼板）

2.2 杭の配合の検討および PCa 杭の製造条件

　PCa 杭については、実工場にて製造している杭の配合を用いた。養生は蒸気養生のみ実施するオートクレーブ未実施の製品である。また、杭径によって配合が変わる

表2 CO₂排出原単位（kg-CO₂/単位）[3]

ポルトランドセメント (t)	898
高炉スラグ微粉末 (t)	-6.13
砂利・採石 (t) （細骨材として使用）	18.3
砕石 (t) （粗骨材として使用）	9.94
普通鋼小棒 (t)	817
普通鋼鋼板 (t)	1,970
A 重油 (ℓ)	2.91

表3 工法別CO_2排出量の算定値

使用材料／工法の分類	Pca 杭	現場杭
普通ポルトランドセメント	11,750	14,465
高炉スラグ微粉末 ※1	-20	0
細骨材量	309	688
粗骨材量	203	465
鉄筋量 ※2	1,785	6,946
鉄筋量 ※3	1,834	0
A 重油量	1,443	0
合計（kg-CO_2）	17,306	22,564

※1：PCa杭で使用している混和材（高炉スラグ微粉末），置換率はC×20%　※2：鉄筋カゴ（普通鋼小棒）
※3：PCa杭の端板（普通鋼鋼板）

ため杭径ごとに計算を行い、全体の平均値から各使用量を算出した。現場打ちコンクリート工法における各種使用量は、現場打ちコンクリート杭の配合を推定して算出した。設計基準強度はFC27、FC30を選定した。土木学会標準示方書[2]によるとこの強度水準のコンクリートは、単位セメント量の最小値を350kg/m³、単位水量の上限値を175kg/m³、W/Cは55%以下とするよう記述されていることから、単位セメント量350kg/m³、単位水量175kg/m³とし、水セメント比はW/C=175/350=50%とした。また、空気量およびs/aは、PCa杭の配合を参考にした。重油使用量は気温の寒暖による影響を受け時期によって使用量が上下するため、年間の平均値を計算に用いた。鉄筋量には端板の重量を含むこととした。なお、端板は、PCa杭の端部に取り付ける板であり、現場打ちコンクリート杭にはない部材である。

3. CO_2排出量の算定結果

PCa杭工法と現場杭使用時のCO_2排出量の算定結果を表3に示す。表3は表1の使用材料と表2の原単位一覧表から算出している。表3から明らかなように、全体としてみた場合PCa杭のほうがCO_2排出量が23.3%少ないことが分かる。これは表1から明らかなように、現場杭では鉄筋量（※2 鉄筋カゴに使用する普通鋼小棒）が多くなっていることが主因として挙げられる。鋼材はCO_2インパクトの大きな建設資材であることから、適切な使用を目指す必要がある。PCa杭でも鉄筋は使用しているが、適切な量と種類の選択が可能であるPCa工法の特長が示されているといえる。またPCaでは燃料としてA重油を使用しているが、CO_2排出原単位は少ないため養生時に加熱してもCO_2排出量にはあまり大きなインパクトは与えていない。

4. これからのコンクリート杭のあるべき姿

PCaは前述のように杭を例にした場合、CO_2排出量を約2割削減できることが計算によって明らかとなった。PCaの特徴として、①工場で生産されるため品質を高度に管理できる。②検査によって強度などの物性も確認して出荷できるなど信頼性が高い。③工場内で生産するため、不要物の分別が容易でリサイクルしやすい。④加熱養生によって製品の短時間養生による効率的生産も可能である。などが挙げられる。しかしPCaでは長尺物の杭が必要な場合には運搬時のデメリット、大口径の製造が難しいことなど諸問題もある。現場打ち杭ではこれらを解決できる長所はあるものの、環境負荷の低減を進める場合にPCaは一つの重要な製造方法になりうることは確かである。日本はCOP21に先立ち約束草案として「2030年度に2013年度比-26.0%（2005年度比-25.4%）」のCO_2削減を公約している。パリ協定にも批准した今、これまでとは違ったアプローチを真剣に検討しながら次の世代に進んでいくことが、持続可能な社会実現につながると考えている。

5. まとめ

5 現場のプレキャストコンクリート杭と現場打ち杭のCO_2排出量を比較し、さらにプレキャスト製品の優位性を検討した。その結果、次のことが明らかになった。

1) 実現場を参考に現場打ち杭の材料使用量からCO_2排出量計算した結果、プレキャスト杭のほうが23.3%のCO_2排出量を削減できる計算値となった。
2) プレキャスト製品は、品質管理上も信頼性が高く、リサイクルもしやすい環境負荷を低減できるコンクリート製品の製造方法である。

【参考文献】
1) 社団法人日本建築構造技術者協会：PC建築, 技報堂出版株式会社, pp.21-22（2002）
2) 公益社団法人土木学会：コンクリート標準示方書[規準編] JIS規格集, 一般社団法人日本規格協会, p.771（2013）
3) 国土技術政策総合研究所：社会資本LCA用環境負荷原単位一覧表（2005年版）

[1106]

高炉徐冷スラグ細骨材を刺激材として用いたスラグ硬化体の強度特性

デンカ株式会社　セメント・特混研究部　　○前田拓海
今敬太
森泰一郎
盛岡実

1. はじめに

近年、我が国の産業界ではCO_2排出量の抑制による環境負荷の低減が求められている。土木・建築業界に限ると、環境負荷の低減にはポルトランドセメントに比べてCO_2排出量の少ない高炉水砕スラグ微粉末や、フライアッシュなどのコンクリート用混和材の配(調)合が有効であり、セメントを一切使用せず、高炉水砕スラグ微粉末を主たる結合材とした環境配慮型コンクリートの研究開発が進められている[1]。

製鉄所で発生するスラグには溶融スラグを水冷して得られる高炉水砕スラグと、高炉から溶融スラグを放流後に徐冷して得られる高炉徐冷スラグに大別される。高炉水砕スラグは潜在水硬性を有することから、混合セメント用の原料やコンクリート用混和材として広く普及している。これに対し、高炉徐冷スラグは主に路盤材として使用されており、近年では再生骨材の使用が優先される現状も鑑みて新たな用途開発が望まれている。

これに関連して、高炉徐冷スラグを微粉末化し、石灰石微粉末の代替材料として利用する研究も行われている。高炉徐冷スラグ微粉末は、石灰石微粉末に比べて流動性の保持効果や中性化に対する抑制効果を有し、加えて、六価クロムの還元効果も発揮するなど、機能性材料としての付加価値も見出されている[2,3]。しかし、高炉徐冷スラグを骨材として使用し、高炉水砕スラグの刺激材として検討した例は見当たらない。

高炉水砕スラグ微粉末を多量に使用した硬化体は、ポルトランドセメントに比べると初期の強度発現性が乏しい点や、凝結時間が長いなどの課題が挙げられ、改善が望まれている。高炉水砕スラグ微粉末は刺激によって硬化する材料であり、その硬化後の性状は刺激材によって大きく異なることから、適正な刺激材の検討が必要とされる。また、既往の研究より、高炉水砕スラグ微粉末の刺激材に消石灰や石灰石微粉末を混合した硬化体については報告されている[4]が、骨材を活用した検討は充分に行なわれていない。

そこで本研究では、広く一般的に用いられる天然川砂に比べてpHが強い高炉徐冷スラグ骨材に着目し、高炉徐冷スラグ骨材を用いた硬化体の強度特性を評価した。

2. 実験概要

2.1 使用材料

本研究に使用した材料の化学組成と密度を表1に示す。結合材には普通ポルトランドセメント(OPC)と高炉水砕スラグ微粉末(BFS)を用い、刺激材として特号消石灰(CH)を用いた。また、細骨材はJIS A 5011に規定される粒度分布の範囲内となるように調整した徐冷スラグ細骨材(CFS)と、密度2.59 g/cm³の新潟県姫川水系の天然川砂(NS)を使用した。供試体の配合を表2に示す。

2.2 試験方法

(1) コンシステンシー

コンシステンシーは、JIS R 5201に準じて、15打フローを測定した。

(2) 圧縮強度

圧縮強度は、JIS R 5201に準じて、材齢1および3日で測定した。

(3) pHおよび溶出イオン

90μm以下の同一粒度に粉砕したCFSとNSをそれぞれ水粉体比1:10(質量)の割合で調整し、24時間撹拌後、上澄み液を吸引ろ過したものを用いた。上澄み液のpHと骨材から溶出されたカルシウム(Ca^{2+})イオン量を原子吸光法で分析した。

表1　使用材料

材料	化学成分 (mass%)						密度 (g/cm³)
	CaO	Al_2O_3	SiO_2	Fe_2O_3	SO_3	MgO	
OPC	64.5	5.2	20.2	2.9	2.1	0.9	3.15
BFS	41.8	13.9	32.3	0	1.3	4.9	2.89
CH	73.2	0.2	0.5	0.1	0	1.1	2.21
CFS	40.6	13.8	34.4	0.4	0.2	7.4	2.96

表2　供試体の配合

	(%)	(g)				
	W/P	W	BFS	OPC	CH	CFS	NS
BFS+CFS	50	225	445.5	—	4.5	1350	—
BFS+NS			445.5	—	4.5	—	1350
OPC+CFS			—	450	—	1350	—
OPC+NS			—	450	—	—	1350

3. 試験結果および考察

3.1 コンシステンシー

図1に、各供試体のフロー値を示す。結合材や骨材の違いに関わらず、フロー値に大きな差は認められなかった。

3.2 圧縮強度

結合材にOPCとBFSを用いた系の圧縮強度比を図2、図3にそれぞれ示す。骨材にNSを用いた硬化体の圧縮強さを100％とした場合の相対値で比較した。

結合材にOPCを用いた系に着目すると、骨材にCFSを用いたOPC+CFSの圧縮強度は、OPC+NSよりも高い値を示した。この理由として、CFSの密度はNSのそれよりも大きいため占有体積が小さく、この結果、結合材／骨材体積比が大きくなることが影響していると考えられる。

一方、結合材の一部にBFSを用いた系の強度発現性に着目すると、OPC系と同様、骨材にCFSを用いたBFS+CFS場合は、BFS+NSよりも高い値を示した。ただし、BFS系だとOPC系よりもCFSを使用した際に強度増進の効果が大きい。これは、CFSがBFSの潜在水硬性を刺激したためと考えられる。BFS系ではCFSを用いた際の強度増進が特に大きく、材齢1日において、その圧縮強度比はNSに対して198％であった。

3.3 高炉徐冷スラグ骨材の解析

表3に、微粉化した骨材から採取した液相中のpHと溶出イオン濃度を示す。液相のpHを見ると、CFSで11.6、NSで8.9を示し、CFSのpHはNSに比べて2.7高い値を示した。CFSはNSよりも強塩基性を示す骨材であることがわかる。次に液相中の溶出Ca^{2+}イオン量を見ると、CFSはNSに比べて極めて高い値を示した。Ca^{2+}濃度はそれぞれCFSで344mg/L、NSで13mg/Lであり、CFSからはNSに対して約30倍多くCa^{2+}が溶出されることがわかる。図-3で、BFS系のCFSによる強度増進の効果が大きかったのは、CFSから溶出されるCa^{2+}の刺激を受けてBFSの水和反応が促進されたためと考えられる。これらの結果から、BFSを多量に含む骨材にCFSを用いることで、初期強度が増加する可能性が示唆された。

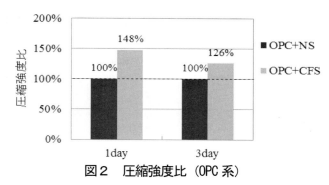

図2 圧縮強度比（OPC系）

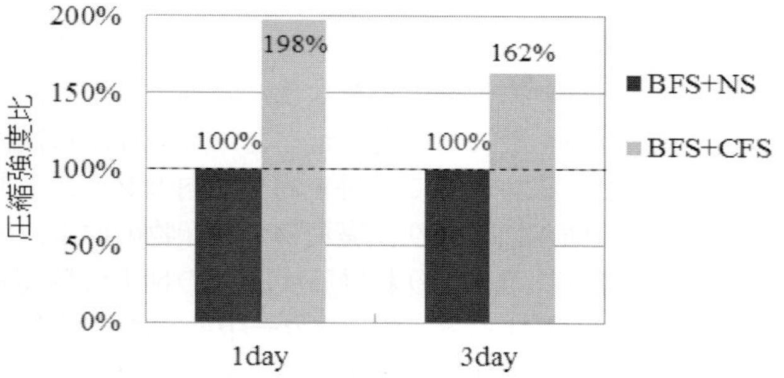

図3 圧縮強度比（BFS系）

表3 骨材から採取した液相中のpHと溶出イオン

	pH	Ca^{2+} (mg/L)
CFS	11.6	344
NS	8.9	13

4. まとめ

CFSは高炉水砕スラグ微粉末やフライアッシュに対する刺激材として振舞うことで、BFSの水和反応が促進されて初期強度を増進する可能性が示唆された。骨材にCFSを用いることで、BFSは初期の強度発現性が低いという技術課題を解消する提案となり得ることが分かった。

【参考文献】

1) 齋藤賢、藤原浩己、丸岡正知、小倉恵里香：クリンカーフリーコンクリートの基礎性状に関する研究、コンクリート工学年次論文集、Vol.32、No.1、pp.497-502 (2010)

2) 盛岡実、鯉渕清、坂井悦郎、大門正機：徐冷スラグ微粉末の高流動コンクリートへの検討、セメント・コンクリート論文集、No.54、pp.44-49 (2000)

3) 盛岡実、山本賢司、坂井悦郎、大門正機：高炉徐冷スラグ微粉末を混和した高流動コンクリートの中性化とその機構、コンクリート工学論文集 Vol.13、No.2、pp.44-49 (2002)

4) 近藤連一、床宗澤、後藤誠史、大門正機：種々の刺激剤による高炉水砕スラグの潜在水硬性、鐵と鋼、第13号、pp.1825-1829 (1979)

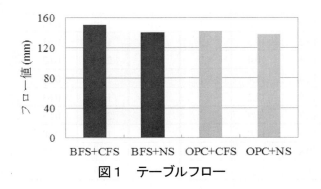

図1 テーブルフロー

[1107]

クリンカーの高C_3A化がセメントの強さおよび乾燥収縮率に及ぼす影響

三菱マテリアル㈱　セメント研究所　　〇原田匠
　　　　　　　　　　　　　　　　　　山下牧生
　　　　　　　　　　　　　　　　　　門田浩史

1. 緒言

セメント産業ではその製造プロセスにおいて、他産業から発生する廃棄物・副産物を大量に処理しており、それらは天然資源や最終処分場の延命という観点から継続が期待されている。一方で、将来的な国内のセメント需要は低下が予期されており、廃棄物・副産物の原単位は増えると推測される。とりわけ石炭灰等の粘土代替廃棄物の原単位が上昇すると、クリンカー中のC_3Aが増加するため、セメントの物性が変化すると考えられる[1]。本研究では、C_3Aを14%まで高めたクリンカーを用いて、圧縮強さや乾燥による収縮への影響を調査し、またC_3A増加による物性変化の緩和因子として、SO_3も変化させた場合の影響も検討した。

2. 実験概要

試製したクリンカーの材料には、セメント工場のフィード原料および市販の純薬を用いた。クリンカーの鉱物組成はBogue式によるC_3A量が10～14%とし、C_3Aの増分はC_2Sの減分により調整した。SO_3量は1.2～2.4%として同一C_3A水準でモジュラスが一定となるよう、またアルカリ量が0.61±0.02%となるよう調整した。十分に混合し成形した調合原料を、電気炉にて1000℃で60分間仮焼成し、1450℃で120分間本焼成した後、直ちに空冷してクリンカーを得た。図1に得られたクリンカーのC_3AおよびSO_3の水準を、表1にクリンカーのモジュラス、Bogue式による鉱物組成および化学成分を示す。

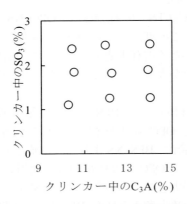

図1　クリンカーのC_3AおよびSO_3の水準

試製したセメントは、全水準においてクリンカーに純薬の二水せっこうをSO_3換算で1.2%分添加し、ボールミルにて微粉砕してブレーン値を3320±20cm²/gに調整した。クリンカーの鉱物組成は、粉末X線回折(XRD)/リートベルト法により定量した。セメントの圧縮強さおよびモルタル作製は、JIS R 5201:2015「セメントの物理試験方法」、モルタルの乾燥収縮率はJIS A 1129-3:2010「モルタル及びコンクリートの長さ変化測定方法第3部：ダイヤルゲージ方法」および同附属書Aに準拠し測定した。

表1　クリンカーのモジュラス(-)、Bogue式による鉱物組成(%)および化学成分(%)[*1]

記号 (設計C_3A%-SO_3%)	HM	SM	IM	C_3S	C_2S	C_3A	C_4AF	f.CaO[*2]	SO_3	Na_2Oeq
10 - 1.2	2.17	2.39	1.87	61.8	14.9	10.2	9.5	0.6	1.12	0.59
10 - 1.8	2.16	2.37	1.93	60.6	15.2	10.5	9.3	0.6	1.86	0.61
10 - 2.4	2.17	2.38	1.93	60.3	15.1	10.4	9.2	0.6	2.39	0.62
12 - 1.2	2.18	2.19	2.16	62.6	12.4	12.2	9.1	0.6	1.27	0.59
12 - 1.8	2.17	2.16	2.16	61.5	12.8	12.2	9.2	0.6	1.83	0.63
12 - 2.4	2.18	2.21	2.16	61.4	12.7	11.9	9.0	0.7	2.46	0.63
14 - 1.2	2.17	1.98	2.39	62.0	11.0	14.0	9.2	0.6	1.28	0.60
14 - 1.8	2.17	1.98	2.39	61.8	10.8	13.9	9.1	0.7	1.91	0.63
14 - 2.4	2.16	1.95	2.38	60.6	11.3	14.0	9.2	0.7	2.49	0.62

[*1] JIS R 5204:2002「セメントの蛍光X線分析方法」、※2 JCAS I-01:1999「遊離酸化カルシウムの定量方法」による。

3. 結果および考察
3.1 クリンカーの鉱物組成

図2にXRD/リートベルト解析によるクリンカーの鉱物組成を示す。C_3A量を増加させたクリンカーは設計通りアルミネート増加分が概ねビーライトの減少となり、エーライト量の変化は少なかった。一方でSO_3量の増加によりエーライト量が減少し、ビーライト量が増加した。

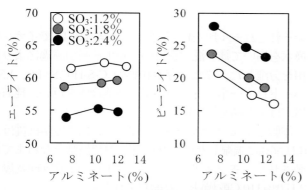

図2 リートベルト解析による鉱物組成

3.2 圧縮強さ

図3にクリンカー中のC_3AおよびSO_3量とセメントの圧縮強さの関係を示す。C_3A量が増加すると材齢3日の強さは増加し、材齢が経つほど低下した。また、SO_3量が増加しても材齢3日の強さは増加し、長期材齢では低下した。強さの低下量はSO_3量が増えるほど大きかった。これは両者の増加により初期の水和反応が増進され、長期材齢の硬化体の組織に影響を及ぼしたと推測する。

3.3 乾燥収縮

図4にクリンカー中のC_3AおよびSO_3量と乾燥収縮率の関係を示す。クリンカーのC_3A量が増加すると収縮が増大し、SO_3量が増加すると抑制された。また、試験結果(n=9)から収縮率を目的変数、C_3A量、SO_3量を説明変数として重相関解析をした。修正済決定係数0.9457で得られた重回帰式を式[1]に示す。C_3Aの増加による収縮の増大を抑制するにはC_3A量の1%増加につきSO_3量を0.46%増加させればよい。

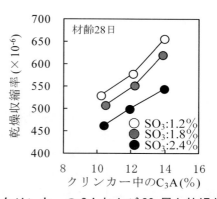

図4 クリンカーのC_3AおよびSO_3量と乾燥収縮率

[収縮率] = 32.33×[C_3A(%)] − 69.53×[SO_3(%)] + 285.82   [1]

4. 結言

クリンカー中のC_3AおよびSO_3を高め、せっこう添加量を一定にしたセメントの物性を調査したところ、以下が判明した。

（1）クリンカーのC_3A量が増加すると初期強さが増加し長期強さは低下したが、変化量はSO_3量で異なる。

（2）クリンカーのC_3A量が増加すると乾燥収縮率は増大し、SO_3量が増加すると抑制される。C_3Aの1%増加による収縮率の増大は、SO_3を0.46%高めることで抑制できる。

【参考文献】

1) 中西陽一郎ほか：高SO_3高C_3Aクリンカーから作製したセメントの基礎的物性、セメントコンクリート論文集、No.61、pp.79-85（2007）

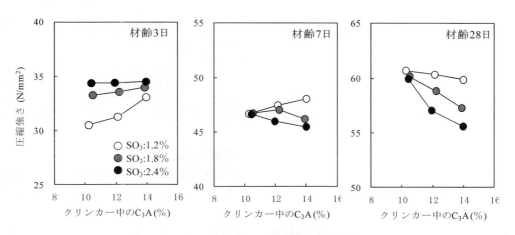

図3 クリンカー中のC_3AおよびSO_3量と圧縮強さの関係

モノサルフェートの前処理乾燥および共存物質の種類が遅れエトリンガイト生成に及ぼす影響

新潟大学　工学部建設学科　　○品川英斗
新潟大学　大学院自然科学研究科　佐藤賢之介
新潟大学　工学部建設学科　　斎藤豪
　　　　　　　　　　　　　　佐伯竜彦

1.はじめに

近年硫酸塩によるコンクリートの膨張劣化が国内外で問題となっており、その主要因として遅れエトリンガイトの生成が挙げられている。通常のセメント水和において生成されたエトリンガイト($C_3A \cdot 3CaSO_4 \cdot 32H_2O$)は、液相の硫酸イオン濃度の低下とともにモノサルフェート($C_3A \cdot CaSO_4 \cdot 12H_2O$)へと転化する。海水や土壌由来の外来硫酸塩により硫酸イオンが供給された場合、モノサルフェートが硫酸イオンと反応し、再びエトリンガイトが生成する。これを"遅れエトリンガイト"と呼び、周囲の物質を押しのけて成長することで、コンクリートのひび割れや膨張を引き起こしているものと考えられている。しかしながら、遅れエトリンガイトには膨張性を示さないものがあることも報告されており、その原因は未だ明らかにされていない。

その一方で、Famyら[1]は周囲に存在するC-S-Hなどの共存水和物の性質が遅れエトリンガイトの膨張性状に密接に関連していると指摘している。また、著者ら[2]の検討結果では、セメント由来の遅れエトリンガイト増加量と膨張量に一定の関係があることが示された。セメント由来のC/S比の高いC-S-Hと、混和材由来のC/S比の低いC-S-Hが共存している場合とでは、膨張性状が異なったことから、共存する水和物の性質が、遅れエトリンガイトの生成量や膨張性状に影響するものと考えられる。

また、モノサルフェートやC-S-Hは、乾燥条件によって密度が変化することが報告されており、水分状態の違いが物理的性質の違いとなって遅れエトリンガイト生成に影響を及ぼすことも想定される。

そこで本研究では、遅れエトリンガイト生成に、モノサルフェートの前処理乾燥の違い、および共存物質の違いがそれぞれどのような影響を及ぼすかを実験的に把握することを目的として、合成水和物を使用した単純な系を用いて検討を行った。

2.実験概要
2.1 モノサルフェートおよび共存物質の作製

モノサルフェートは、炭酸カルシウムと酸化アルミニウムを用いて純薬合成したアルミネート相と、二水石膏をそれぞれモル比1:1で混合し、水結合比10でイオン交換水を用いて練り混ぜを行い、養生後吸引濾過により固相を分離した。また共存水和物のC-S-H(C/S=1.0、1.5)、ハイドロガーネットについても純薬合成を行い、珪石微粉末は市販品を用いた。

作製したモノサルフェートおよび上記共存物質は、R.H.66%に調湿したデシケーター内で恒量となるまで乾燥させた。モノサルフェートに関しては前処理乾燥をR.H.0%(110℃乾燥)とした試料も作製した。

2.2 硫酸ナトリウム水溶液による水和

表1に、硫酸ナトリウム水和試料の配合を示す。恒量となった試料を90μm以下に粉砕し、モノサルフェート単体およびモノサルフェートに共存物質を質量比1:1で混合した各配合について、粉体:溶液=1:2(質量比)として0.5mol/L硫酸ナトリウム水溶液を用いて練り混ぜを行い、スチロール瓶に打設した。その後、20℃環境下で1日養生し、アセトンにより水和停止を行った。水和停止後、アセトンを乾燥させ、試料を90μm以下に粉砕し、R.H.11%で恒量となり次第分析に用いた。

2.3 生成水和物の定量

水和前(R.H.0%とR.H.66%恒量)のモノサルフェートおよび硫酸ナトリウム水和後の試料について、XRD/Rietveld解析により水和物の定量を行い、遅れエトリンガイト生成量を比較した。

表1　配合一覧表

略記	合成モノサルフェート量 (mass%)	共存物質量 (mass%)
Ms(R.H.0%)	100%	-
Ms(R.H.66%)	100%	-
Ms+Q	50%	珪石微粉末50%
Ms+HG	50%	ハイドロガーネット50%
Ms+C-S-H 1.0	50%	C-S-H(C/S=1.0)50%
Ms+C-S-H 1.5	50%	C-S-H(C/S=1.5)50%

3.実験結果と考察
3.1 前処理乾燥によるモノサルフェートの変化

図1に、R.H.66%およびR.H.0%で前処理乾燥を行ったモノサルフェートのXRDパターンを示す。10°付近のモノサルフェートのピークに着目すると、R.H.0%のピーク

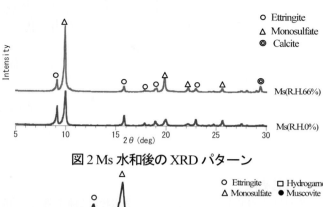

図1 Ms 水和前の XRD パターン

図2 Ms 水和後の XRD パターン

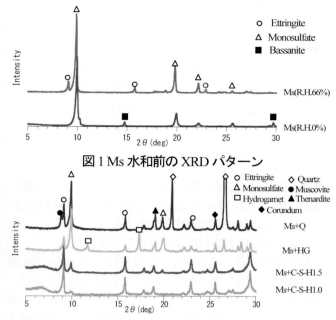

図3 Ms+共存物質 水和後の XRD パターン(5°～30°)

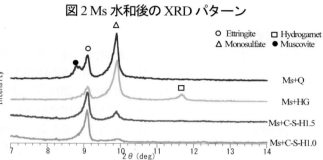

図4 Ms+共存物質 水和後の XRD パターン(7°～14°)

がR.H.66%と比較して広角側にシフトしたことが確認された。Baquerizoら[3]は、モノサルフェートの乾燥条件が異なる場合、結合水量が12から10.5に変化することで、ピークがシフトすると報告している。本研究においても、前処理乾燥の違いによって、モノサルフェートの結合水量が異なり、結晶構造が変化したものと推察される。

図2に水和後の2種類の乾燥条件のモノサルフェートのXRDパターンを示す。R.H.66%の場合、水和前後でエトリンガイトのピークにほとんど変化は見られず、モノサルフェートのピーク低下も生じなかった。一方で、R.H.0%の場合、モノサルフェートのピークが減少し、エトリンガイトのピークが確認された。モノサルフェートの前処理乾燥によって結晶構造が異なる場合、遅れエトリンガイト生成量が変化するものと推察される。

3.2 共存物質が遅れエトリンガイト生成に及ぼす影響

図3、4に、モノサルフェートに共存物質を混合し、硫酸ナトリウム水溶液で水和させた試料の XRD パターンを示す。硫酸ナトリウムと反応を示さない珪石微粉末を共存させた場合は、R.H.66%乾燥のモノサルフェート単体の水和後と同様に、エトリンガイトのピークが、モノサルフェートのピークよりも小さくなった。また、ハイドロガーネットを共存させた場合においても、同様のピーク比となったことから、ハイドロガーネットが共存している場合は遅れエトリンガイトが生成されにくいと考えられる。その一方、C-S-H をモノサルフェートと共存させた配合では、モノサルフェートのピークが大幅に減少し、9°付近のエトリンガイトのピークが増大した。したがって、C-S-H が共存した場合には、遅れエトリンガイト生成量が大幅に増大する可能性が示唆された。また、

C-S-H(C/S=1.0)を共存させた場合では、C-S-H(C/S=1.5)を共存させた場合よりも、モノサルフェートのピーク減少量は多いものの、エトリンガイトのピークはほぼ同等となった。しかしながら、他のアルミを含む結晶相が XRD で確認されなかったことから、C-S-H(C/S=1.0)を共存させた場合は、モノサルフェート由来のアルミが非晶質相に取り込まれたものと推察されるが、非晶質相の組成については、今後詳細な検討が必要である。

4. まとめ

(1) モノサルフェートは前処理の乾燥条件が異なる場合、結合水量の変化により、結晶構造が異なることが示唆され、前処理の乾燥条件が異なるモノサルフェートを硫酸ナトリウムで水和させた場合、遅れエトリンガイト生成量が変化するものと考えられた。

(2) R.H.66%で前処理乾燥した場合、モノサルフェートとC-S-Hが共存した場合には、遅れエトリンガイト生成量が大幅に増大する結果が示された。

【参考文献】

1) H.F.W.Taylor et al. : Dilayed Ettringite Formation, Cement and Concrete Research vol.31, pp.683-693(2001)

2) 佐藤賢之介ほか：エトリンガイトの生成量および生成起源が長期硫酸塩に浸漬した高炉セメント系材料の耐硫酸塩性に及ぼす影響、セメント・コンクリート論文集、Vol.68、pp.396-403(2014)

3) Luis G Baquerizo et al. : Methods to determine hydration states of minerals and cement hydrates, Cement and Concrete Research, vol65, pp.85-95(2014)

Ca溶脱に伴う吸着性能変化を考慮した混合セメント硬化体の物質移動予測モデルの構築

北海道大学　大学院工学院　　　　宮本正紀
　　　　　　　　　　　　　　　　○杉山卓也
北海道大学　大学院工学研究院　　胡桃澤清文
　　　　　　　　　　　　　　　　名和豊春

1. はじめに

放射性廃棄物処分施設において放射性核種を外部に漏洩させないための隔壁としてセメント硬化体の使用が検討されており、その収着性能と低拡散性に期待が寄せられている。放射性廃棄物処分施設では数万年オーダーという長期間において外部への漏出を防ぐ必要がある。処分施設は地下300m以深での建設が予定されており、長期間において地下水に暴露される環境ではセメント硬化体はカルシウム溶脱を生じる。したがって、放射性廃棄物処分施設の適切な設計と安全評価のために長期に及ぶセメント硬化体の物質移動予測モデルが必要である。

セメント硬化体内部には異なるスケールの鉱物が存在するため、未水和セメントを中心に二種の異なるC-S-Hが層をなしていると考え、本研究ではStoraらの手法[1]に基づき、有効媒質近似により拡散係数を予測する手法を適用した。この手法により2種類の異なるC-S-Hが考慮できるだけでなく、溶脱したC-S-Hに関しても層をなしているとして考慮することができる。

すなわち有効媒質近似による拡散変化予測からCa溶脱した硬化体内部への塩化物イオンの浸透量を推定することを目的とした。

2. モデル概要

本モデルでは青山ら[2]の手法に従い、イオン移動、Ca溶脱による空隙の増加を考慮した。

拡散性能の変化は有効媒質近似の考えに基づき[1]、C-S-Hの連結性、含有物(水酸化カルシウム(CH)、毛細管空隙(CP)、未水和セメント(UH)やC-S-Hの層構造を考慮して全体の拡散係数を算出した。塩化物イオンの硬化体への固定性能は既往の研究[3]に基づき、溶脱による固定性能変化を考慮した。

2.1 イオン移動式

Nernst-Plank式、Debye-Hückel理論及び電気的中性条件を用いた。これらの式を組み合わせ、拡散則と電気泳動則を同時に考慮し、かつ共存イオンが着目イオンの移動に与える影響を考慮したイオン移動式を導いた。

2.2 Ca固液平衡および空隙増加

セメント硬化体からのCa溶脱は固液平衡に従う。本研究ではBuilら[4]が提案しているセメントペースト中Ca濃度と細孔溶液中Ca濃度の平衡関係を用いた。その際、1molのCaが溶出すると1molのCHの結晶の体積分だけセメント硬化体の空隙が増加するとした。

2.3 有効媒質近似による拡散係数変化予測

有効媒質近似とは不均質系の物理的性質の複合則を考える過程で発生したもので、セメント硬化体でいえば、UHやC-S-Hが混合している。未水和セメント粒子が水によく分散されてから固化しているため、中心相が必ず外部相に囲まれていると考えられる。このような構造は複合球集合体とよばれ、n+1層の球集合体全体の拡散係数算出式はBaryら[5]によって示されている。

また、CHやCPが含有物として存在しており、この埋め込みによる拡散係数の変化をSelf-Consistent法から考慮できる。これらの含有物は外部C-S-H内に含有されると考えられ、Torquatoら[6]が示した式で表される。

さらに、C-S-H内にはゲル空隙と呼ばれる微小空隙が含まれており、空隙の連結性を表すパラメータfによりStoraら[1]による混合複合球集合体モデルから内部、外部生成物それぞれの拡散係数が算出できる。

溶脱に伴う拡散変化を表現するために、溶脱領域として溶脱C-S-H層を提案した(図1)。溶脱層はGeorgiosら[7]による弾性係数を参考に空隙率を設定し、その空隙では自由水と同等の拡散性を持つとした。溶脱層を適用して算出される拡散係数と空隙率の関係の例を図2に示す。

3. 実験概要

3.1 使用材料と試料作製

本研究ではOPC(W/C=0.4)、BFS(E/B=0.4、BFS置換率70%)、FA(W/B=0.5、FA置換率30%)の3試料を対象とした。養生条件はOPC,BFSで20℃91日、FAで40℃91日とした。

カルシウムが溶脱したセメント硬化体について検討を行うために、促進溶解試料を作製した。円柱状試料の側面と底面をエポキシ樹脂で覆い、6mol/Lの硝酸アンモニウム水溶液400mLに浸漬した。

3.2 Ca溶脱距離測定

3.1で作製した促進溶解試料を浸漬方向に沿って切断し、表面を研磨してEPMAにより元素濃度をマッピングした。本研究ではCa/Siカウント比によって評価する。

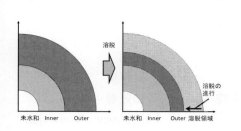

図1 溶脱層の模式図

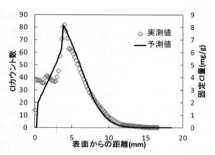

図2 溶脱層適用によるOPC拡散係数変化の一例

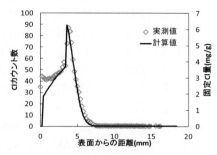

図3 OPC試料のCa/Si比の予測結果

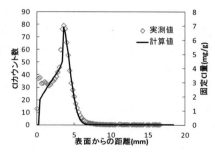

図4 OPC試料の塩化物イオン分布の予測結果　　図4 BFS試料の塩化物イオン分布の予測結果　　図4 FA試料の塩化物イオン分布の予測結果

3．3 塩化物イオン浸透量測定

作製した促進溶解試料をNaCl水溶液(0.5mol/L)に2週間浸漬した。その後浸漬方向に沿って切断し、表面を研磨してEPMAにより塩化物イオン浸透量を測定した。

4．実験結果およびモデル結果

4．1 Ca溶脱距離

OPCを例としてEPMAによる実測値とモデルによる計算値のCa/Si比を図3に示す。図に示した計算値は純粋浸漬1100日時点のものであり、4mm付近の変化点(CH変質フロント)が一致したものとして、以降の塩化物イオン浸漬予測においては1100日浸漬した後の試料をNaCl水溶液に浸漬するように取り扱う。BFS、FA試料においても同様にCH変質フロントが一致した時点のCa/Si比分布を用いてNaCl浸漬計算を行った。

4．2 塩化物イオン浸透量

図4,5,6に塩化物イオン浸透量の実測値と予測値を示す。CH変質フロント前後の挙動の違いを、塩化物イオン吸着量の変化により再現できた。ただし表面付近では実測値と若干推定値が異なったため今後モデルの改善を行う必要がある。

5．まとめ

有効媒質近似法において溶脱層を導入することで、溶脱に伴う拡散係数の変化を再現することができた。また、溶脱に伴うCl吸着量の低下に関してもイオン拡散と同時に計算することによって実測値と同様の傾向を示す結果を得ることができた。

【参考文献】

1) Eric Stora et al.：On Estimating the Effective Diffusive Properties of Hardened Cement Pastes, Transp Porous Med (2008) 73:279–295
2) 青山琢人ほか：カルシウム溶脱を考慮したセメント硬化体の物質移動予測モデルの構築、セメント・コンクリート論文集、Vol.66、pp.311-318 (2012)
3) 宮本正紀ほか：フライアッシュセメント硬化体の塩化物イオン吸着性能に及ぼすカルシウム溶脱の影響、セメント・コンクリート論文集、Vol.70(発行中)
4) Buil, M.et al.：A Model of tlrc Attack of Pure Water or Under Saturated Line Solution on Cement, ASTM STP 1123, pp. 227-241 (1992)
5) B.Bary et al.：Assessment of diffusive and mechanical properties of hardened cement pastes using a multi-coated sphere assemblage model, Cement and Concrete Research, Vol.36, pp.245-258 (2006)
6) Torquato S：Random heterogeneous materials. Microstructure and macroscopic properties. Springer, New York(2001)
7) G. Constantinides et al.：The effect of two types of C-S-H on the elasticity of cement-based materials: Results from nanoindentation and micromechanical modeling, Cement and Concrete Research, Vol.34, pp.67-80 (2004)

Ca/(Si+Al)比が C-A-S-H の表面電荷に及ぼす影響

北海道大学　大学院工学院　　　　○小林創
　　　　　　　　　　　　　　　　　吉田慧史
北海道大学　大学院工学研究院　　　名和豊春
　　　　　　　　　　　　　　　　　Elakneswaran Yogarajah

1. はじめに

コンクリート構造物の早期劣化の要因として塩害が問題となっている。これを抑制する作用として、セメント硬化体内でのCl^-の固定化が知られており、高炉スラグ添加により多くの固定化が生じる。これは高炉スラグ添加により、Al が C-S-H に取り込まれて C-A-S-H に変化し、物理吸着量が増加することで生じる。しかしながら、C-A-S-H における物理吸着形態は未解明な部分が多い。

著者らの研究グループでは、Al 添加率を変えた C-A-S-H を合成し、pH 変化時のζ電位を測定することによって、C-A-S-H における物理吸着形態の解明を試みてきた。既報[1]においては Ca/(Si+Al)比を 1.0 で一定としていたが、本研究ではこれを変化させることで Ca/(Si+Al)比が C-A-S-H の表面電荷に及ぼす影響を考慮し、物理吸着形態のより詳細な検討を行った。

2. 実験概要
2.1 試料材料および配合

使用試料は Ca/(Si+Al)=0.8,1.0,1.4 となるように調整し、それぞれ SiO_2 を $CaAl_2O_4$ と 2,4,8,16%置換させ合成を行った。以下、Ca/(Si+Al)=x かつ $CaAl_2O_4$ 置換率が y%の試料を CASH-x-Ay のように記す。合成の出発原料には、純薬の $Ca(OH)_2, SiO_2, CaCO_3, Al_2O_3$ を用い、焼成 CaO, SiO_2、焼成 $CaAl_2O_4$ を水粉体比 45(ml/g)となるよう化学量論比に従い蒸留水と混合した。その後 N_2 ガスを封入し、80℃の恒温槽にて 5 週間養生を行い、1 週間に 2 回（最初の 3 時間は 1 時間に一度）容器を振り混ぜた。表 1 に配合比を示す。CaO 及び $CaAl_2O_4$ は既報[1]と同様に焼成した。回収は吸引濾過にて行い、蒸留水とエタノールを 1:1 に混合した液体にて 1 度洗浄し、1 日間凍結乾燥させた。

2.2 ζ電位測定

既報[1]と同様に、$NaNO_3$ にてイオン強度を調整し、NaOH 及び $Ca(OH)_2$ の濃度をそれぞれ 3 種類に調整してζ電位測定を行った。ただし本研究では、各濃度での測定回数を 5 回、1 測定当たりの計測回数を 3 回とし、計 15 回の計測結果について既報[1]と同様の解析を行った。

3. 実験結果及び考察

ζ電位測定の解析結果を図 1,2 にまとめて示す。NaOH 浸漬時及び $Ca(OH)_2$ 浸漬時ともに、Ca/(Si+Al)比及び Al 添加率によらず同様の電荷が観察された。一部の試料において 2 つのζ電位のピークが認められ、異なる表面電荷を有する部位が存在することが確認された。2 つのピークが確認された試料では、片方のピーク強度がかなり低く、その頻度は 10%未満であった。これを「CASH-0.8-A2 low」のように記す（1%未満のものは無視した）。

C-S-H においては 2 種類の SiOH 基 (Q^1, Q^2_b) が表面基となることが知られており、SiOH 基は pH によって H^+ の解離度が異なるため、これに伴って C-S-H 表面における電荷が変化する。また、Q^1 サイトは 1 個の Si^{4+} と酸素原子 O を介在して結合しているのに対し、Q^2_b サイトは 2 個の Si^{4+} と酸素原子 O を介在して結合していることから、両サイトの電荷量が異なると予測される。さらに、C-A-S-H では Q^2_b において Si^{4+} から Al^{3+} へ同形置換が生じ、SiOH 基の換わりに AlOH 基が形成されることにより、その差分の電荷が生じると考えられる。これらの表面基はそれぞれ異なる脱プロトン化の解離定数を持っており、H^+ が解離することで負電荷を帯び、表面サイトとなる。そして、脱プロトン化したサイトに Ca^{2+} が吸着することによって正電荷を帯び、Cl^- の吸着サイトとなる。

NaOH 浸漬時のζ電位は pH によらず一定の値（約

表1　各試料の配合比

Sample	CaO	SiO2	CaAl2O4
CASH-0.8-A2	0.78	0.96	0.02
CASH-0.8-A4	0.76	0.92	0.04
CASH-0.8-A8	0.72	0.84	0.08
CASH-0.8-A16	0.64	0.68	0.16
CASH-1.0-A2	0.98	0.96	0.02
CASH-1.0-A4	0.96	0.92	0.04
CASH-1.0-A8	0.92	0.84	0.08
CASH-1.0-A16	0.84	0.68	0.16
CASH-1.4-A2	1.38	0.96	0.02
CASH-1.4-A4	1.36	0.92	0.04
CASH-1.4-A8	1.32	0.84	0.08
CASH-1.4-A16	1.24	0.68	0.16

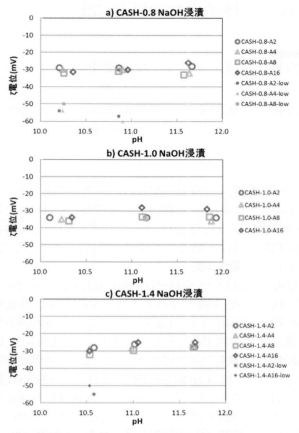

図1　NaOH 浸漬時のζ電位測定結果

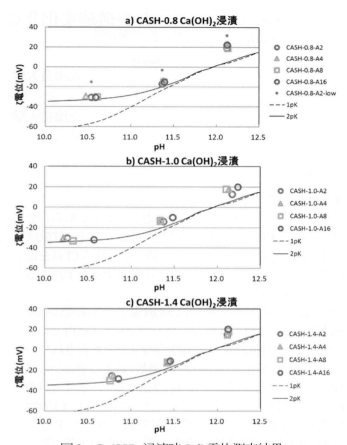

図2　Ca(OH)$_2$ 浸漬時のζ電位測定結果

-30mV）となった。これにより、観察された表面電位は、Ca/Si 比の増加に伴い生じる Q_b^2 の欠落の影響、及び Q_b^2 における Si^{4+} から Al^{3+} への同形置換による影響を受けない、すなわち Q^1 由来の表面電荷であると示唆される。また、Churakov ら[2]は、H^+ の解離が Q^1 よりも Q_b^2 で生じやすく、解離の起きやすいサイト Q_b^2 は、pH=9 以上では全て脱プロトン化していることを示唆した。このことからも、本研究で観察された表面電位は、Q^1 における SiOH 基からの H^+ の解離により生じたと推定される。

一方、Ca(OH)$_2$ 浸漬時のζ電位は、pH の増加に伴って負から正へと上昇した。これにより、pH の増加と共に H^+ が解離して生じた SiO$^-$ サイトに、Ca^{2+} が吸着して SiOCa$^+$ サイトが生じていることが確認された。この挙動は、図2に示す、Churakov ら[2]の述べた分子動力学に基づく C-S-H のシミュレーション結果（1pK：解離定数が1種類、2pK：解離定数が2種類）のうち、2種類の解離定数をもつ SiOH 基の挙動（2pK）に一致した。すなわち SiOH 基は、観察された電荷は1種類であるものの、解離定数を2種類持つと示唆された。また、Ca/(Si+Al) 比によらず同様の電位が観察されたことから、Q_b^2 における Si^{4+} から Al^{3+} への同形置換による影響はないことがわかる。これにより、Ca(OH)$_2$ 浸漬時のζ電位は Q^1 由来の表面電荷であると示唆される。また、この表面電荷は SiOH 基と AlOH 基との差や Q^1 と Q_b^2 とのによる差ではなく、SiOH 基及び AlOH 基の解離のし易さの違いにより生じるものであると示唆された。

4．まとめ

本研究は、Ca/(Si+Al) 比の異なる C-A-S-H を合成し、ζ電位測定の結果と C-A-S-H の構造から、C-A-S-H の物理吸着の表面サイトを担う SiOH 基及び AlOH 基の区別、及び電気的性状の解明を図ったものである。

NaOH 及び Ca(OH)$_2$ 浸漬時のζ電位測定により、C-A-S-H の表面電荷は Ca/(Si+Al) 比によらず同様の値が観察された。これにより、ζ電位測定において観察される表面電荷は、Q^1 由来の SiOH 基によるものであると示唆された。また、SiOH 基及び AlOH 基の解離のし易さの違いにより、2種類の解離定数をもつと示唆された。

【参考文献】

1) 小林創ほか：Ca/Si 比及び Al 添加率が C-(A)-S-H の構造及び表面電荷に及ぼす影響、セメント・コンクリート論文集、Vol.70 (2016)

2) Sergey V. Churakov et al.: Intrinsic Acidity of Surface Sites in Calcium Silicate Hydrates and Its Implication to Their Electrokinetic Properties, The journal of physical chemistry C, 118, pp.11752−11762 (2014)

Ca/Si 比が C-S-H の構造変化及びそれが多種イオンの吸着による表面電荷に及ぼす影響

北海道大学	大学院工学院	○吉田慧史
		小林創
北海道大学	大学院工学研究院	Elakneswaran Yogarajah
		名和豊春

1. はじめに

コンクリートの劣化原因の1つとして塩害がある。セメント中の Cl^- により鉄筋の腐食が起こる。Cl^- の拡散は固定化の影響を強く受けるため、固定化される Cl^- 量を正確にモデル化する、特に C-S-H への物理吸着を予測することが重要である。

C-S-H への Cl^- の物理吸着は SiOH 基との表面錯体の形式で生じるとされ、SiOH 基にはシラノール基(Q^1)とシランディオール基(Q^2_b)の2種類が存在すると報告されている[1]。さらに近年では ≡Si-O-H の結合角度の違いから4種類の SiOH 基を仮定する例も存在する[2]。これらが表面電荷に及ぼす影響を考慮することができれば、Cl^- の物理吸着量予測のさらなる向上が見込まれる。また、Richardson[3]は、Ca/Si 比の増加に伴い、Q^2_b の欠落が生じると報告している。これにより、Q^2_b の存在割合が変化すると、表面電荷及び吸着性能に影響が及ぼされると考えられる。

そこで、本研究では、Ca/Si 比の異なる C-S-H を合成し、^{29}Si MAS NMR 測定及び ζ 電位測定を行うことで、Ca/Si 比の変化に対する C-S-H の SiOH 基のキャラクタリゼーションを行い、Cl^- の物理吸着と関連付けることを試みた。

2. 実験概要
2.1 試料材料及び配合

本研究には Ca/Si=0.8, 1.0, 1.5 の合成 C-S-H（以下 CSH-0.8, 1.0, 1.5）を用いた。合成は、Ca(OH)$_2$（関東化学社製、特級試薬）と SiO$_2$（日本エアロジル社製、AEROSIL200）を、液固比 20(mL/g)となるよう化学量論比に従って蒸留水と混合した後 N$_2$ ガスを封入し、50℃の恒温槽にて 10 日間養生した。吸引濾過によって回収し、蒸留水を用いて3回洗浄を行った後に2日間凍結乾燥を行った。この時、洗浄後の Ca/Si 比を XRF 測定により測定した。

2.2 実験方法
（1）^{29}Si MAS NMR

^{29}Si スペクトルの測定は、基準物質に[Si(CH$_3$)$_3$]$_8$Si$_8$O$_{20}$ を用い、90°パルス幅 5μs、待ち時間 45s とし、7mm MAS プローブを用いて回転数 4kHz で行った。測定したスペクトルは、ローレンツ関数を用いて分解し、得られたピーク面積から、Q^1, Q^2_p, Q^2_b の存在比率を算出し、C-S-H の平均鎖長（以下 MCL）を既往の研究[3]より算出した。

（2）ζ 電位測定

CSH-0.8, 1.0, 1.5 を、それぞれ固液比 0.1248g/L, 0.6759g/L, 2.3340g/L の懸濁液となるように、NaOH 水溶液及び Ca(OH)$_2$ 水溶液に 1 日、CaCl$_2$ 水溶液に 14 日間浸漬させた後に ζ 電位測定を行った。CSH-0.8 及び CSH-1.0 は Ca(OH)$_2$ と CaCl$_2$ の混合溶液を用意し、CaCl$_2$ の濃度を変化させた。なお、Ca(OH)$_2$ の濃度はそれぞれ 0.795mM 及び 4.44mM で一定とした。CSH-1.5 は Ca(OH)$_2$ を加えずに CaCl$_2$ のみ濃度を変化させた。各懸濁液をレーザードップラー法を用いて 5 回測定した。また、各懸濁液の pH を 3 回測定し、各平均をそれぞれの溶液濃度に対する pH とした。

3. 実験結果
3.1 構造解析結果

^{29}Si MAS NMR スペクトル解析結果及び XRF 測定結果を表1に示す。Ca/Si 比の増加に伴って Q^2_b の存在比率が減少し、MCL が減少することが確認された。これは Ca/Si 比の増加に伴って、Ca(OH)$_2$ の割合に対して SiO$_2$ が減少し、架橋部分である Q^2_b が形成されなくなることで、シリケート鎖が短くなったためであると考えられる。XRF 測定において、CSH-1.5 のみ測定 Ca/Si 比が目標 Ca/Si 比よりも低い値となった。これは合成時の Ca(OH)$_2$ の割合が多いため、Ca(OH)$_2$ が反応せずに固相に残存し、洗浄の際に残存 Ca(OH)$_2$ が溶け出したためだと考えられる。

構造解析をもとに C-S-H におけるサイト密度の算出を行った。表1の MCL 及び Ca/Si 比から C-S-H の構造を推定し、Terrisse ら[4]の報告した3つの SiO$_4$ 四面体が占有するカルシウムシートの面積が 41Å^2 であることとあわせてサイト密度を算出した。結果を表1に併せて示す。

3.2 ζ 電位測定結果

図1～4 に各懸濁液における ζ 電位、pH 変化を示す。NaOH 浸漬時では表面錯体反応として式(1)が生じ、pH 変化に伴い ζ 電位が減少している。また、Ca(OH)$_2$ 浸漬

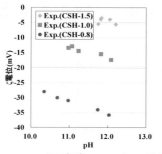
図1 NaOH浸漬時のpHとζ電位

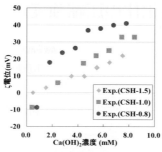
図2 Ca(OH)$_2$浸漬時のζ電位

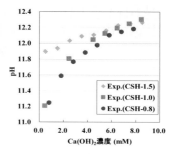
図3 Ca(OH)$_2$浸漬時のpH

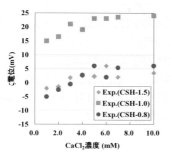
図4 CaCl$_2$浸漬時のζ電位

表1 ^{29}Si MAS NMR スペクトル解析、XRF 測定、サイト密度

sample	^{29}Si MAS NMR				XRF Ca/Si ratio	site density (sites/nm^2)		
	Q^1	Q^2_b	Q^2_p	MCL		total	Q^1	Q^2_b
CSH-0.8	17.7	28.1	54.2	11.3	0.802	6.64	1.62	5.02
CSH-1.0	43.0	18.8	38.2	4.65	1.03	4.01	2.13	1.89
CSH-1.5	78.6	7.01	14.4	2.54	1.25	3.83	3.51	0.32

時では溶液濃度の増加に伴って、式(2)によりCa^{2+}と内圏錯体を形成することによってζ電位の値が増加している。図1及び2よりCa/Si比の低下に伴うζ電位の絶対値の増加が確認された。表1より算出されたサイト密度はCa/Si比の低下に伴い増加していることから、ζ電位の絶対値の増加はサイト密度の増加に寄与すると考えられる。図3のpH測定結果より、CSH-0.8及びCSH-1.0のpHの差が小さいことが確認された。CSH-1.5は低Ca(OH)$_2$濃度では他の試料と比べpHが高いが、Ca(OH)$_2$濃度が高くなるに従いpHが同程度となった。表1より、Q^1, Q^2_bに存在するSiOH基の密度が変化しており、シリケート鎖中のQ^1, Q^2_bに配置されているSiOH基が大きく寄与するのであれば、Ca/Si比の変化に伴いpHに差が生じると考えられる。いずれのCa/Si比の試料もpHが同程度となったことから、SiOH基はQ^1, Q^2_bという配置による違いではなく、結合角度によって解離のしやすさが異なると示唆される。また、CaCl$_2$浸漬時においては、各Ca/Si比の試料においてもCaCl$_2$濃度の上昇に伴い、Ca^{2+}量が増加しているにも関わらず、ζ電位の大きな増加は確認されなかった。これはCl$^-$が式(3)の反応によりSiOH基に外圏錯体として吸着し、Ca^{2+}量の増加に伴うζ電位の増大が緩和されていると考えられる。

$$\equiv SiOH \Leftrightarrow \equiv SiO^- + H^+ \qquad [1]$$

$$\equiv SiOH + Ca^{2+} \Leftrightarrow \equiv SiOCa^+ + H^+ \qquad [2]$$

$$\equiv SiOH + Ca^{2+} + Cl^- \Leftrightarrow \equiv SiOCaCl + H^+ \qquad [3]$$

4．まとめ

構造解析に基づいたサイト密度の算出を行うことで、ζ電位と密接に関係することが確認された。また、Ca(OH)$_2$浸漬時のpH測定結果から、結合角度によって解離の程度が異なるSiOH基が存在すると示唆された。

【参考文献】

1) Pointeau et al. : Measurement and modeling of the surface potential evolution of hydrated cement pastes as a function of degradation, Journal of colloid and interface science 300.1, pp.33-44 (2006)

2) Sergey V. Churakov et al. : Intrinsic Acidity of Surface Sites in Calcium Silicate Hydrates and Its Implication to Their Electrokinetic Properties, The journal of physical chemistry C, 118, pp.11752−11762 (2014)

3) Richardson: Tobermorite/jennite- and tobermorite/calcium hydroxide-based models for the structure of C-S-H, Cement and Concrete Research 34, pp.1733–1777 (2004)

H´el`ene Viallis-Terrisse et al.: Zeta-potential study of calcium silicate hydrates interacting with alkaline cations, Journal of Colloid and Interface Science 244, pp.58–65 (2001)

混和材を用いたセメント硬化体の圧縮強度に及ぼす Low density C-S-H と High density C-S-H の影響

琉球大学　工学部　○須田裕哉
　　　　　　　　　　富山潤
新潟大学　工学部　　斎藤豪
　　　　　　　　　　佐伯竜彦

1. はじめに

近年、コンクリートの各種性能をセメント硬化体の構成相である水和物の観点から評価する試みが行われている。セメント水和物であるケイ酸カルシウム水和物（C-S-H）は、硬化体中で生成量がもっとも多いにも関わらず未だ未解明な点が多く存在しており、C-S-H に関する様々な検討が盛んに行われている。Jennings[1]は C-S-H の微細構造に着目し、その構造の違いから low density C-S-H（LD）と high density C-S-H（HD）の2種類の C-S-H を提案し、セメント硬化体の諸性質との関係を評価している。また、Haji ら[2]や Vandamme ら[3]は Jennings によって提案された LD、HD C-S-H の観点から乾燥収縮やクリープ特性に及ぼす LD, HD C-S-H の影響を明らかにしている。本研究では、混和材から生成される低 Ca/Si 比の C-S-H に着目し、混和材の有無による LD、HD C-S-H の生成量の変化とセメント硬化体の圧縮強度との関係を明確にすることを目的として検討した。

2. 実験概要
2.1 材料および配合

セメント硬化体は、結合材として普通ポルトランドセメント（NC）、普通ポルトランドセメントの一部を高炉スラグ微粉末（BFS）、フライアッシュ（FA）、シリカフューム（SF）で置換した試料を用いた。セメント硬化体の配合は、水結合材比、混和材置換率を変化させた。

2.2 水和試料および養生条件

水和試料はペーストとした。練混ぜ水にはイオン交換水を使用し3分間の練混ぜを行った。練混ぜ後のペーストは、スチロール棒瓶（相組成）およびφ50×100mm の型枠（圧縮強度）に詰め、所定材齢まで20℃で養生した。

水和試料が所定の材齢に達した後、相組成測定用の試料は 5mm 程度に粗砕し、アセトン浸漬により水和を停止した。乾燥は相対湿度11%下で行った。乾燥後、ボールミルにて試料を粉砕し 90μm ふるいを全通させ、再度相対湿度11%環境下で2週間静置し分析試料とした。

2.3 セメント硬化体の相組成の測定

相組成は、熱重量測定装置および粉末X線回折/リートベルト解析により測定した。高炉スラグ微粉末の反応率は、スラグの結晶化により定量した。フライアッシュおよびシリカフュームの反応率は、選択溶解法により定量した。また、相組成は物質収支によって決定した。

2.4 セメント硬化体の圧縮強度の測定

圧縮強度測定の試験体は、測定日に脱型を行い、表面を研磨した。試験は、同一配合の試料に対して3本の試験体で行い、平均値を試験結果とした。

3. 実験結果
3.1 Ca/Si 比と LD C-S-H、HD C-S-H の関係

図1に、Missana ら[4]によって報告されている合成 C-S-H の Ca/Si 比と窒素（N_2）比表面積の関係を示す。N_2 比表面積は、Ca/Si 比の低下によって増加する傾向を示した。ここで、Jennings はセメント硬化体中の C-S-H に対して、N_2 が浸入できる LD と N_2 が浸入できない HD の2種類を提案し、LD の N_2 比表面積は 250m²/g と仮定している。したがって、図1より、低 Ca/Si 比の C-S-H ほど LD の生成割合が多いものと考えられる。本研究では、Ca/Si 比と N_2 比表面積の関係を最小二乗法による回帰によって求め、得られた結果を LD の比表面積 250m²/g で除すことで、Ca/Si 比と LD 生成量の関係を求めた。式［1］に両者の関係式を示す。

$$M_{LD} = \frac{151 \cdot (Ca/Si)^{-1.577}}{250} \quad [1]$$

$$M_{HD} = 1 - M_{LD} \quad [2]$$

ここに、M_{LD}, M_{HD}：LD、HD の生成量（g/g of C-S-H）

図2に、式［1］、［2］の Ca/Si 比と LD、HD の質量比の関係から C-S-H の密度を考慮し体積比の関係で表した結果を示す。なお、LD、HD の体積比は、C-S-H の組成と密度および LD と HD の packing density[3] を考慮し、LD と HD の密度を求め算定した。図より、Ca/Si 比の低下に伴い LD の生成量は増加し、HD の生成量は減少した。

3.2 セメント硬化体の相組成

図3に、水結合材比55%の NC と NC+BFS（50%置換）の相組成を示す。なお、C-S-H の HD、LD の生成割合は相組成から評価される Ca/Si 比より、式［1］、［2］に基

づき算定した。LD と HD の割合に着目すると、NC と比較して、NC+BFS では、C-S-H 中に占める LD の生成割合が多く、長期的に LD の生成量が増加する結果となった。これらは、BFS の置換による低 Ca/Si 比の C-S-H の生成が反映された結果である。

3．3 LD C-S-H、HD C-S-H と圧縮強度の関係

C-S-H の LD と HD が、セメント硬化体の圧縮強度に及ぼす影響を評価するため、図3の LD、HD の生成量と毛細管空隙量を用いて検討を行った。圧縮強度 (σ_C) は、次式で示される LD、HD の生成量と毛細管空隙量の関係を説明変数とした重回帰分析によって評価した。

$$\sigma_C = a \cdot V_{LD,p} + b \cdot V_{HD,p} + c \quad [3]$$

$$V_{LD,p} = \frac{V_{LD}}{V_{LD} + V_{HD} + V_{cap.}}, \quad V_{HD,p} = \frac{V_{HD}}{V_{LD} + V_{HD} + V_{cap.}} \quad [4]$$

ここに、V_{LD}, V_{HD}：LD、HD の生成量 (vol./vol. of paste)
$V_{cap.}$：毛細管空隙量 (vol./vol. of paste)

式[3]による評価により、それぞれの係数は a：139.8、b：89.1、c：-37.2 となった。式 [3] によって評価した圧縮強度の推定結果を図4に示す。図より、決定係数 R^2 は 0.889 であり、LD と HD を考慮することで材料や配合の違いによらず、セメント硬化体の圧縮強度を評価できることが示された。なお、本研究で求めた係数 a と b は、LD と HD の個々の圧縮強度を表すものではないが、HD と比較して LD の強度の影響が大きいことが示された。LD は水和物の中で外部水和物として寄与することから、LD が毛細管空隙中に析出し空隙が緻密化することでLD の強度の影響が大きくなったものと考えられる。これらについては、圧縮強度だけでなく物質移動も含めて包括的な検討を行う必要があるため、今後の課題である。

4．まとめ

セメント水和物である C-S-H 中の LD と HD に生成割合に対して、その組成変化に着目し検討を行った。その結果、C-S-H の LD と HD の生成割合は Ca/Si 比の違いによって変化することが示された。また、セメント硬化体の相組成から圧縮強度を評価し、HD と比較して LD が圧縮強度に及ぼす影響が多大きいことが示唆された。

【謝辞】
本研究は、科学研究費補助金：26820181 により行ったものであることを付記し、ここに謝意を表します。

【参考文献】
1) H. M. Jennings: Colloid model of C-S-H and implications to the problem of creep and shrinkage, Materials and Structures, Vol. 37, pp. 59-70, 2004

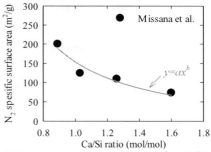

図1 Ca/Si 比と N_2 比表面積の関係

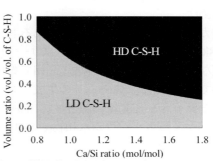

図2 Ca/Si 比による LD C-S-H と HD C-S-H の変化

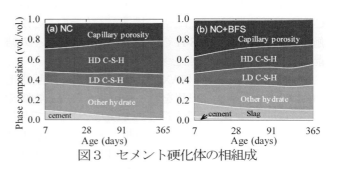

図3 セメント硬化体の相組成

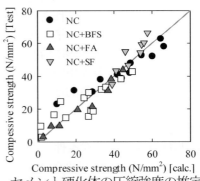

図4 セメント硬化体の圧縮強度の推定結果

2) Haji et al.: Impact of two types of calcium silicate hydrate on drying shrinkage of Portland cement paste: 第70回セメント技術大会講演概要集, pp.22-23, 2016.

3) Vandamme et al.: Nanoindentation investigation of creep properties of calcium silicate hydrate, Cement and Concrete Research, Vol.52, pp.38-52, 2013

4) Missana et al.: Analysis of barium retention mechanisms on calcium silicate hydrate phases, Cement and Concrete Research, Vol.93, pp.8-16, 2017

超小角X線散乱測定を用いた水熱下のC-S-H構造の解析

旭化成ホームズ（株）住宅総合技術研究所　〇松井久仁雄
旭化成（株）基盤技術研究所　坂本直紀
　　　　　　　　　　　　　　松野信也
　　　　　　　　　　　　　　石川哲吏

1. はじめに

ケイ酸カルシウム水和物のひとつであるトバモライト($5CaO \cdot 6SiO_2 \cdot 5H_2O$)は、軽量気泡コンクリート(ALC)やケイカル板などの建築材料の主構成結晶相であり、工業的にも極めて重要な物質である。その生成プロセスにおいて、トバモライトの生成量や結晶性は、前段に生成する低結晶質のケイ酸カルシウム水和物(C-S-H)の構造に強く依存することが明らかになっている。さらに、層間が1.4nmのトバモライトは、C-S-Hを構成する成分のひとつと考えられ研究対象となっている。しかしながら、C-S-Hが低結晶質であること、構造が不安定なことから解析が困難であり、C-S-Hの構造やトバモライトへの結晶化機構などに不明な点を多く残している。

X線小角散乱測定（SAXS）および中性子散乱測定（SANS）は、様々な形状を持った粒子から成る物質や多相から成る物質の構造を探る上で強力なツールであり、多孔質材料の解析やポリマーの解析で多くの実績を上げてきた。筆者らは大型放射光設備を用い、超小角領域から広角領域のX線散乱を統一的に解釈できる解析モデルを提示した[1~3]。本報告では、これまでの解析範囲を小角領域に拡張すること、および粒子形状の影響のない板状試料を用いることにより、さらに精度の高い解析方法を確立すること、およびそれを用いてトバモライトの生成機構を明らかにすることを目的とした。

2. 実験の概要
2.1 使用原料と試験体作製条件

原料は高純度粉砕珪砂(SiO_2純度99.4%)と試薬$Ca(OH)_2$と水のみを用いた。珪砂は平均粒径2.2 μm(Q-A)、4.2 μm(Q-B)の2種類のシリカ原料を用いた。これらと試薬$Ca(OH)_2$と水を、Ca/Siモル比0.84、水/固体比1.7にて混合した後、スラリー状態のまま圧力容器中にセットして、飽和蒸気圧下150℃、170℃、190℃での反応を行った。昇温速度は1℃/minとし、所定の温度に到達したと同時に急冷して解析試料とした。

2.2 小角X線散乱測定

SPring-8の放射光設備を利用することで、散乱ベクトル$q (= 4\pi \sin\theta/\lambda) < 0.1 nm^{-1}$の超小角領域の測定が可能で

ある。本報告ではSPring-8の放射光設備を用いて、3つの散乱角領域を別々に測定してデータの統合を行った。なお今回の超小角領域(USAXS)の測定では、SPring-8のBL19B2ビームライン($\lambda = 0.07$ nm, カメラ長42 m)を新たに用いることにより、超小角の測定範囲を$q = 0.005$ nm^{-1}まで拡張した。小角および広角領域は同じくBL03XUビームラインにおいて、$\lambda = 0.06$ nm, カメラ長3223 mmおよび244 mmにて測定を行った。試料は既報[1,2]では粉体試料を用いたが、本報告では硬化体を0.2 mm厚にスライスして用いることにより、粉砕による粒子形状の影響を排除した。試料環境は大気中において測定を行った。

2.3 散乱データの解析方法

2次元検出器により測定された散乱パターンは円環積分することにより1次元散乱プロフィールに変換した。これを試料厚み補正、吸収補正、装置定数補正を行い最終的なプロフィールとした。解析方法はChiangら[4]がC-S-Hの中性子散乱解析に用いた手法に準じた。

$$I(q) = c \langle P(q) \rangle_{\beta,l,r} S(q) \quad [1]$$

ここで、cは定数、$\langle P(q) \rangle$は形状因子、$S(q)$は干渉因子である。形状因子として本研究では既報[1~3]と同様に内部が均一な円柱を仮定した式を用いた。

[1]式において干渉因子とは、粒子間の相互作用を表す式であり、Chiangら[4]はC-S-Hの凝集構造に質量フラクタル構造を仮定して次の[2]式を用いている。本研究でもこれを使用した。

$$S(q) = 1 + \left(\frac{\xi}{Re}\right)^D \Gamma(D+1) \times \frac{\sin[(D-1)\tan^{-1}(q\xi)]}{(D-1)[1+(q\xi)^2]^{(D-1)/2} q\xi} \quad [2]$$

Dは質量フラクタル次元、ξはフラクタル構造の最大値(cutoff length)、$\Gamma(x)$はガンマ関数である。Reは凝集構造を球とみなした場合の等価半径($=(3/4 r^2 l)^{1/3}$)である。

これまでの解析では、フラクタル構造の上限値ξは測定領域よりもかなり大きいと予想されたため、$\xi=100000$

nmに固定して解析を行ってきた[1,2]。本報告では、超小角領域の測定範囲を拡張したことにより、ξもフローティングパラメータとしてフィッティングを行うこととした。解析モデルとしては、ディスクとロッドの両方を用いて計算を行った。

3. 結果と考察

超小角、小角、広角領域を統合したプロフィールを図1に示す。$q = 0.03〜1$ nm^{-1}の範囲において特徴的な散乱が認められ何らかの構造を反映している。また既報にない測定領域である$q < 0.01$ nm^{-1}の領域においても散乱プロフィールの傾きが継続していることが認められ、フラクタル構造が大きい領域まで続いていると解釈できる。

これらプロフィールに、ディスクモデルをフィッティングした散乱プロフィールを図1に併せて示す。いずれの試料においても良好なフィッティング曲線が得られた。この時得られた各パラメータを表1に示す。ディスク構造を仮定した場合の質量フラクタル次元は既報[1,2]と異なり3に近い値となった。これは解析範囲を拡張してξを未知数としたことに由来するが、この絶対値の妥当性についてはさらに詳細な解析が必要と考えられる。

等価球半径と温度の関係を図2に示す。ロッドモデルを用いた解析結果も併せて示す。その後の190℃養生でもトバモライトを生成しないQ-A組成系において[1]、190℃にて急激にReが増大していることがわかる。特にロッド解析においてその傾向が顕著である。トバモライト生成機構と何らかの関係が推定される。

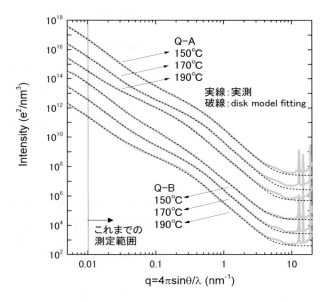

図1 X線散乱プロフィールとフィッティング曲線

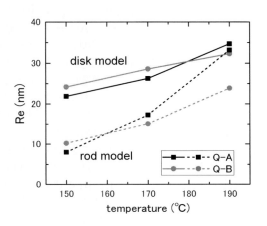

図2 温度と等価球半径

表1 モデルフィッティング結果 (disk)

	直径 $2r_0$ (nm)	厚み l_0 (nm)	Re (nm)	Fractal 次元
Q-A 150℃	111	5.2	21.9	2.7
Q-A 170℃	147	5.2	26.3	2.8
Q-A 190℃	175	8.9	34.7	2.9
Q-B 150℃	95	11.0	24.2	2.8
Q-B 170℃	156	6.0	28.6	2.6
Q-B 190℃	178	6.7	32.3	2.9

4. まとめ

放射光設備のX線散乱装置を用いて、水熱下のC-S-Hの凝集構造を精度良く解析する手法を構築した。$q = 0.005$ nm^{-1}の超小角まで測定を拡張することで、数100 nm以上のサイズまで質量フラクタル性が存在することが確認された。さらに、トバモライトを生成しない微粒珪石系において、170℃から190℃にかけて、凝集構造が増大するという特徴的な結果も再現できた。

【参考文献】

1) 松井久仁雄ほか:超小角X線散乱を用いたトバモライト生成過程におけるC-S-Hの解析、セメント・コンクリート論文集、Vol.68、pp.53-59（2014）
2) 松井久仁雄ほか:超小角X線散乱を用いたトバモライト生成過程におけるC-S-Hの解析:CaO-SiO$_2$-H$_2$O系におけるγ-Al$_2$O$_3$および石膏添加の影響、セメント・コンクリート論文集、Vol.69、pp.61-68（2015）
3) I. Maryama et al. : Microstructural changes in white Portland cement paste under the first drying process evaluated by WAXS, SAXS, and USAXS, Cem.Concr.Res., Vol.91, pp.24-32 (2017)
4) W. Chiang et al. : Microstructure determination of calcium-silicate-hydrate globules by small angle neutron scattering, J. Phys.Chem. C, Vol.116,pp.5055-5061(2012)

[1114]   第71回セメント技術大会講演要旨 2017

Mg および石膏がトバモライトの結晶構造に及ぼす影響

新潟大学　大学院自然科学研究科　　〇針貝貴浩
新潟大学　工学部　建設学科　　　　斎藤豪
　　　　　　　　　　　　　　　　　佐伯竜彦
新潟大学　大学院自然科学研究科　　佐藤賢之介

1. はじめに

近年、地中などで供用されるコンクリート構造物は硫酸塩の浸食による化学的劣化事例が多く報告されており、深刻な問題となっている[1]。そこで地中供用コンクリート構造物には高い物理化学的安定性を付与する手法として手法として、セメントマトリクス中にトバモライト($5CaO・6SiO_2・5H_2O$)を生成させる手法に着目した。

本研究ではトバモライトの生成を促進させる添加材としてオケルマナイト($2CaO・2SiO_2・H_2O$)と石膏($CaSO_4$)に着目した。添加材の選定理由として、斎藤らの研究報告より、オケルマナイトを添加しAC養生を実施することによりトバモライト生成量が増加し、硫酸塩浸漬試験における長さ変化率の抑制が確認され、さらにオケルマナイト中のMgがトバモライト構造中に入り込むことで、トバモライトの重合度を高めることが示唆されている[2]。また、オケルマナイトは産業副産物である製鋼スラグから生成可能であることから環境負荷低減についても考慮している。一方、石膏を添加することでもトバモライト生成量を増加させる効果も報告されており[3]、Mgを含むオケルマナイトと同時添加による相乗効果でトバモライト生成量および重合度の増大が期待できることから、以上の二つをトバモライト生成における添加材として選定した。よって本研究では、Mgおよび石膏がトバモライトの結晶構造に及ぼす影響について検討を行った。

2. 実験概要
2.1 試料の配合

原料にはケイ石微粉末(試料中のSiO_2含有量は90％以上、以下：Q)とフリーライム(CaO)を用いた。試料のCa/Siモル比は0.8とした。使用する珪石は比表面積がそれぞれ異なる3500cm^2/g(以下:Q-1)、4200cm^2/g(以下:Q-2)の2種類を用いた。Mg添加としてオケルマナイトを用い、添加量はMg/(Ca+Mg)モル比が0、0.01、0.02、0.03、0.05および0.10となるようにそれぞれ添加した。石膏添加は無水石膏を用い、添加量は紛体(CaO+Q+A)に対し0％または6mass％とした。

2.2 試料の養生・乾燥条件

試料の水/粉体比はすべて1.3とし、材料混合後すぐにACにセットし190℃20時間の条件下でAC養生を施した。昇温条件は0.5℃/minとし、途中110℃に達したところで脱気操作を行い飽和蒸気環境とした。養生終了後は速やかに水和停止処理を行った。その後試料を90μm以下に粉砕し、20℃・RH11％の真空デシケータ内で恒量となるまで乾燥させた。

2.3 粉末X線回折

乾燥させた試料を用いて、粉末X線回折(以下：XRD)により反応生成物の同定を行った。X線源はCu-Kα、管電圧40kV、管電流30mAとして、5~70°の範囲を走査速度0.2°/minにて分析を行った。

2.4 遠赤外領域のFT-IRを用いた物性評価

測定方法は、ヌジョール法を用いて測定を行った。測定する試料とヌジョール(流動パラフィン)を混ぜ合わせ、薄く伸ばしたものを測定装置にセットし波数：70-600cm^{-1}の領域において分解能4cm^{-1}、積算回数80回の条件下で測定を行った。

2.5 中赤外領域FT-IRを用いた反応生成物の評価

測定方法はKBr錠剤法により分析を行った。分析試料の作成法は、試料に対して200倍のKBr錠剤を加えメノウの乳鉢で混合した後にハンドプレス機により試料の成型を行った。それを計器にセットし、分解能4cm^{-1}、積算回数16回の条件下で測定した。

3. 実験結果と考察
3.1 X線回折パターン

図1,2にMg添加およびMg,石膏同時添加試料のXRDパターンを示す。図1において、Mg低添加試料(図1(b)~(d))はMg無添加試料(a)に比べ残留珪石を示すQのピーク強度が強く珪石の反応率が減少している。一方で、トバモライトのシート構造を示す(220)面ピークは同等かそれ以上のピーク強度を示した。通常トバモライトの生成には珪石の反応が不可欠であるため、この結果よりMgがトバモライト生成に何らかの作用を及ぼしたことが示唆される。さらにMg高添加試料(図1(e)~(f))では珪石の反応が律速となり、トバモライトの(220)面の発達に加え積層構造を示す(002)面の発達が促進された。

図2に示すMg,石膏同時添加試料では、Mg低添加試料(図2(a)~(d))で珪石の反応が律速となり、トバモライト生成量も増加した。しかし、Mg高添加試料(図2(e)~(f))では珪石の反応が減少しトバモライト生成量も減少したことから、石膏中に含まれるS原子がMgより選択的にトバモライト構造へ取り込まれる可能性を示唆し、トバモライト中へ取り込まれなかったオケルマナイトが液相

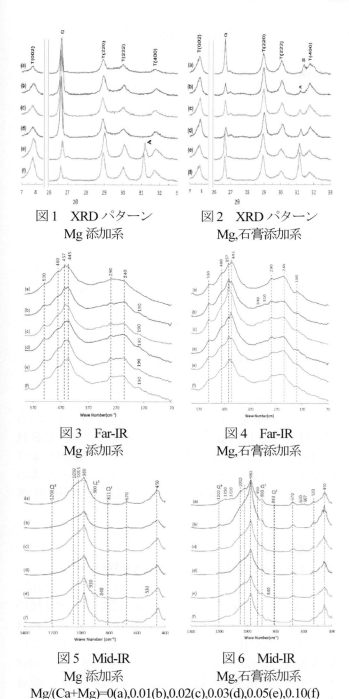

図1 XRDパターン Mg添加系
図2 XRDパターン Mg,石膏添加系
図3 Far-IR Mg添加系
図4 Far-IR Mg,石膏添加系
図5 Mid-IR Mg添加系
図6 Mid-IR Mg,石膏添加系
Mg/(Ca+Mg)=0(a),0.01(b),0.02(c),0.03(d),0.05(e),0.10(f)

中に存在していることで珪石の反応を抑制したと考察した。

3．2 Ca結合状態の評価

図3,4にMg添加およびMg,石膏同時添加試料の遠赤領域IRの測定結果を示す。図3よりMgを添加することでCaとSiの結合を示す240cm^{-1}付近のピークおよびCa同士の結合を示す290cm^{-1}付近のピークが明らかに明瞭となっていることから、Mg添加によりCaO層の形成およびCaO層とシリケート鎖の結合を促進することを示唆した。また、190cm^{-1}付近にMg添加試料にのみピークを観察することができる。

一方、図4に示すMg,石膏同時添加試料ではMg無添加試料(a)においても240cm^{-1}と290cm^{-1}のピークが明瞭であることから、石膏に関してもトバモライトのCaO層の形成およびCaO層とシリケート鎖の結合を促進する作用があることが示唆された。

3．3 Si結合状態の評価

図5,6にMg添加およびMg,石膏同時添加試料の遠赤領域IRの測定結果を示す。この範囲におけるピークは主に450 cm^{-1}付近、670 cm^{-1}付近、800~1200 cm^{-1}の三つに分類できる。450 cm^{-1}付近のピークはO-Si-O結合のdeformation振動またはbendin振動に由来し、670 cm^{-1}付近のピークはSi-O-Si結合のdeformation振動に由来する。そして、800~1200 cm^{-1}に存在する複合ピークはSi-O結合stretching振動に由来する。図5よりMgの添加率増加に伴いトバモライト結晶中のシリケート鎖の伸長に寄与する900 cm^{-1}のQ_2のピークや980 cm^{-1}、1050 cm^{-1}のピークがより明瞭となり、さらにMg高添加試料(図5(e)~(f))では、シリケート鎖同士の結合位置のスペクトルであるQ_3(1200 cm^{-1})のピークも出現している。これはXRDの結果より、Mg高添加試料において珪石の反応が増加していることを踏まえると、Mg添加率の増加により珪石の反応量が増加したことで伸長したシリケート鎖同士が結合しトバモライトの3次元構造が形成されたと考えられる。一方図6に示すMg,石膏同時添加系では、Mg低添加試料(図6(a)~(d))でQ_2およびQ_3スペクトルが増加し、Mg添加率の増加に伴い二つのピークが減少する結果となった。

4．まとめ

Mgおよび石膏がトバモライト結晶構造に与える影響について、XRD、遠赤外領域IRおよび中赤外領域IRを用いて分析を行った。その結果Mg低添加試料において添加したMgがトバモライト生成に作用し、特にトバモライトのシート構造形成に影響することが明らかとなった。さらにMg添加率を高めることで、珪石の反応率が増加しトバモライト積層構造の著しい発達が確認された。一方Mg,石膏同時添加の場合、Mg高添加試料において珪石の反応が抑制されトバモライト生成量が減少したことから、石膏に含まれるS原子がMgより選択的にトバモライト構造へ取り込まれる可能性が示唆された。

参考文献

1) 吉田夏樹ほか：硫酸塩を含む土壌に建築された住宅基礎コンクリートの劣化, 第61回セメント技術大会講演要旨, pp.302-303, 2007
2) 斎藤豪ほか：Ca-Mg-Si系材料を混和しオートクレーブ養生したセメント系材料の水和反応解析および硫酸塩劣化抑制機構に関する研究, セメント・コンクリート論文集, Vol.68, pp.2~9, 2014
3) 松井久仁雄ほか：その場X線回折と個体NMRによるトバモライト生成過程の解析: CaO-SiO2-H2O系におけるγ-Al2O3および石膏添加の影響, セメント・コンクリート論文集, Vol.67, pp.10~17, 2013

ケイ酸カルシウム水和物による硫化水素の吸着機構に及ぼす C/S 比および Al 置換の影響

新潟大学　工学部建設学科　　　〇鶴木翔
　　　　　　　　　　　　　　　斎藤豪
株式会社エコ・プロジェクト　研究所　高橋正男
新潟大学　工学部建設学科　　　佐伯竜彦

1. はじめに

生コン工場のミキサーやアジテーター車を洗浄する際に発生する洗い水や戻りコン、残コンなどの処理により発生する生コンスラッジは、年間発生量が約 300 万 m^3 と見積もられ、そのほとんどが埋立処分されているのが現状である。しかし、埋立処分場の不足に伴い処理費用が増大していることや、産業副産物利用の観点から、生コンスラッジの有効利用が強く望まれている。

そのため、現在までに多くの研究がなされ、生コンスラッジには硫化水素吸着能力があることが明らかになってきている。しかし、強アルカリ性で六価クロムを含むことから取り扱いが難しいため、硫酸鉄塩やシリカ、アルミナ化合物を含む Fe-Si-Al 系の酸性固化材を添加し、中性化処理を行うことによって、六価クロムの還元とともに硫化水素吸着能力を向上させる方法が提案されている。図1に活性炭、山砂、生コンスラッジの中性化処理土について静的硫化水素吸着試験を行った結果を示す。図より、生コンスラッジの中性化処理土は活性炭以上の硫化水素吸着能力を示し、短時間でほとんどの硫化水素を吸着していることがわかる。そのため、中性化処理した生コンスラッジは覆土材としての有効利用が検討されている。特に産業廃棄物処分場では $CaSO_4$ などの硫酸塩を含む廃棄物(石膏ボードなど)の受け入れなどから硫酸イオンが高濃度で存在するため、硫化水素ガスが発生しやすく、硫化水素吸着能力の高い中性化処理した生コンスラッジ土の利用が強く望まれている。

以上のように中性化処理した生コンスラッジは高い硫化水素吸着能力を示すが、その吸着機構については不明な点が多い。生コンスラッジ中には、ケイ酸カルシウム水和物(以下 C-S-H とする)をはじめとしたセメント水和物を多く含んでいるため、吸着機構においても影響を及ぼしているものと予想されるが、硫化水素の吸着状態や吸着量といった機構の解明には至っていない。また、C-S-H の CaO/SiO_2 mol 比(以下 C/S 比とする)が変化すると、結合水量や比表面積などが変わることが既往の研究より明らかになっているが、それらの変化が硫化水素の吸着量にどのような影響を及ぼすかは未だ検討されていない。加えて、上記、酸性固化材中の Al を含んだ C-A-S-H の吸着量および吸着機構に関する検討も未だ

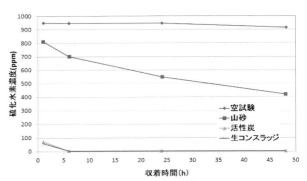

図1　静的吸着試験による硫化水素の吸着量

行われていない。

そこで本研究では生コンスラッジの主成分である C-S-H に着目し、Al の有無や C/S を変化させた C-S-H を合成した後、硫化水素の吸着実験を行い、結晶および凝集構造の変化や比表面積などの観点から、硫化水素の吸着機構に及ぼす C-S-H の C/S 比および Al 置換の影響について検討を行った。

2. 実験概要

2.1 試料作製および硫化水素吸着試験

C-S-H および C-A-S-H は純薬を用いてゾルゲル法により合成した[1]。C/S 比は 0.8、1.0、1.25、1.5 の 4 種類とし、Al/Si 比を 0.05、0.10 とした C-A-S-H も C-S-H と同様の C/S 比で作製した。合成した C-S-H および C-A-S-H は、温度 110℃のもと乾燥させ恒量とし、同試料を用いて硫化水素の動的・静的吸着試験を行い、吸着性能評価を行った。

2.2 硫化水素吸着機構解明のための分析項目

硫化水素の動的・静的吸着試験前後の試料を用いて、XRD および熱重量分析を行い、水和物の構造変化と水和物量の評価を行った。また FT-IR による原子結合状態の評価を併せて行った。加えて、水蒸気吸脱着試験による吸脱着等温線を得ることで、水和物微細構造の評価および BET 理論による比表面積の算出を行った。

3. 実験結果および考察

3.1 硫化水素吸着量に及ぼす C/S 比および Al/Si 比の影響

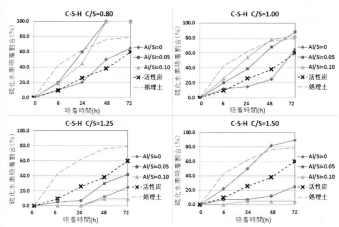

図2 静的硫化水素吸着試験による硫化水素の吸着割合

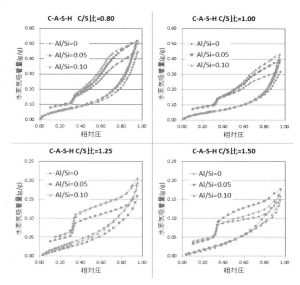

図3 水蒸気吸着試験

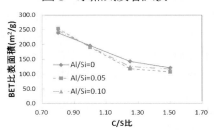

図4 C-A-S-Hの比表面積

図2に静的吸着試験によるC-S-HおよびC-A-S-Hの硫化水素吸着割合の経時変化を示す。参考のため活性炭および中性化処理した生コンスラッジ土のデータも併せて付記する。中性化処理した生コンスラッジ土は、水洗を行わずに、110℃で乾燥した後、300℃にて焼成を行ったものを使用した。また、縦軸に硫化水素吸着割合（%）を、横軸に吸着時間（h）を示した。これより、C/S比が低下すると吸着量が増加することがわかる。またAlを添加させた場合にも、硫化水素吸着量は概ね増加する傾向となり、BET比表面積が大きい活性炭（約1120m²/g）と比較しても吸着性能が大きく向上した。この理由を解明するべく、水蒸気吸脱着及び比表面積の測定を行った。

3.2 C/S比およびAl/Si比の違いによる水蒸気の吸脱着挙動および比表面積の変化

図3にC/S比毎にAl/Si比を変化させて行った水蒸気吸脱着試験の結果を、図4にC/S比毎にAl/Si比を変化させ求めた比表面積の結果を示す。図3より、同一のC/S比ではAl/Si比の増加に伴って、特にメソ孔の吸着量が増加し、全吸着量も増加する傾向が見られるのに対し、比表面積の結果（図4）を見ると、同一のC/S比ではAl/Si比を変化させても比表面積に大きな差が見られなかった。そのため、Al置換による吸着量の増加は、比表面積の増加といった物理的要因ではなく、C-S-Hの表面性状の変化が主な要因であると推察される。C-S-HにおいてAlは、bridging位置のSi四面体で、$Si^{4+} \rightarrow Al^{3+}$の同型置換を生じさせ[2]、置換したAlOH基にはCa^{2+}が吸着した$AlOCa^+$サイトが多く生じるため、陰イオン吸着サイトが多く生成されることにより吸着量が増加したものと考えられる。このことは、硫化水素の吸着サイトとしても働くため、硫化水素吸着量の増加に繋がったものと考えられる。

4. まとめ

本研究では生コンスラッジの主成分であるC-S-Hに着目し、Alの有無やC/S比を変化させたC-S-Hを合成した後、硫化水素の吸着実験を行い、結晶および凝集構造の変化や比表面積などの観点から、硫化水素の吸着機構に及ぼすC-S-HのC/S比およびAl置換の影響について検討を行った。その結果、C/S比の低下により、C-S-H比表面積が増加し、硫化水素吸着量は増加した。また、Alを添加することでC-S-Hの表面性状が変化し、$AlOCa^+$の吸着サイトが生じることで硫化水素吸着量が増加したものと考察した。

【参考文献】

1) 中村明則ほか：ケイ酸カルシウム水和物による塩化物イオン,硫酸イオンおよびリン酸イオンの収着、日本化学会誌、No.6、pp.415-420、1999

2) Richardson, I G.、Tobermorite/jennite- and tobermorite/calcium hydroxide-based models for the structure of C-S-H: Applicability to hardened pastes of tricalcium silicate, β-dicalcium silicate, Portland cement, and blends of Portland cement with blast-furnace slag, metakaolin, or silica fume、Cement and Concrete Research、34(9)、1733-1777、2004

C-S-Hの炭酸化が物質移動性状に及ぼす影響の評価

新潟大学　大学院自然科学研究科　　○小島彩
新潟大学　工学部建設学科　　　　　原田宗
　　　　　　　　　　　　　　　　　佐伯竜彦
　　　　　　　　　　　　　　　　　斎藤豪

1. はじめに

コンクリートは実環境下において、様々な環境作用を受ける。そのうちの一つとして、空気中の二酸化炭素による炭酸化があげられる。既往の研究では、セメントペースト硬化体を用いた炭酸化実験により、C-S-Hの空隙構造の変化に伴う物質移動性状の変化が報告されている[1]。しかし、これらのセメント硬化体を用いた実験では、C-S-H以外の水和物が存在しておりC-S-Hのみの影響を評価することは難しい。また、合成C-S-Hの粉体では物質移動性状を直接評価することはできない。そこで本研究では、合成C-S-Hを圧縮し成型体とすることで今まで行うことができなかった物質透過性試験を行い、炭酸化によるC-S-Hの変化が物質移動性状に及ぼす影響を評価することを目的とした。

2. 実験概要
2.1 使用材料
(1) C-S-Hの合成

C-S-Hは、部分加水分解によるゾル-ゲル法によって純薬合成した。目標C/S比は1.0、1.2、1.4の3種類とし、水酸化カルシウム飽和溶液とケイ酸エチルを所定のC/S比となるように混合した。合成したC-S-HをRH11%で恒量となるまで乾燥させ90μmのふるいを通過した試料を利用した。

(2) 合成C-S-Hの炭酸化

合成C-S-Hは気中暴露または、促進中性化試験装置内暴露により炭酸化させた。暴露はRH11%で恒量になった試料を用いた。気中暴露では、CO_2濃度0.04%、20℃、RH65%の条件下に静置し所定の期間暴露を行った。促進中性化の条件は、CO_2濃度5%、20℃、RH60%で、pH13.2に調整したNaOH水溶液中に合成C-S-Hを沈殿させ24時間暴露を行った。炭酸化処理後に直ちに濾過し、液相のpHおよびCaとSiのイオン濃度を測定した。暴露後の試料は、50℃で恒量に達した後に各種試験に用いた。

2.2 C-S-H成型体の作製

50℃恒量後の試料を粉末成型機により金型一軸圧縮(Φ20)で仮成型したのち、真空パッキングし、冷間静水圧成型機により圧縮し成型体とした。加圧力は、金型圧縮では30MPa、静水圧成型では200MPaとし、加圧時間はそれぞれ1分間とした。

2.3 試験方法
(1) $CaCO_3$量

炭酸化試料中の$CaCO_3$の量は50℃乾燥後の試料を用いてTG-DTAにより求めた。物質収支によりC-S-Hの組成の補正を行った。C-S-H中の全CaOが炭酸化した場合を100%とした炭酸化の進行割合を炭酸化率とした。試料中の全CaOから$CaCO_3$中のCaを差し引いたCaを全SiO_2の割った値を平均C/S比とした。

(2) 水蒸気吸脱着等温線

水蒸気吸脱着試験には、定容法を用いた。成型前のC-S-H粉体を、0.2g程度分取し、前処理として110℃3時間の真空加熱処理を行った。動的平衡判定時間は120sとした。比表面積の算出には試験から測定された吸着曲線に対して、BET式を適用した。

(3) 空隙率

粉体のC-S-Hの真密度の測定はヘリウムガス置換式密度計を用いて行った。測定した粉体の真密度と成型体の質量、体積から計算し、成型体の空隙率を求めた。

(4) 細孔径分布

水銀圧入試験によりC-S-H成型体の細孔径分布の測定を行った。成型体は50℃で恒量になるまで乾燥させ、試験を行った。細孔径分布の測定範囲は6nm～10μmである。

(5) 酸素拡散試験

酸素拡散係数は、JCI-DD5「酸素の拡散係数試験方法(案)」に準拠して測定した。C-S-H成型体を、前処理として50℃で恒量になるまで乾燥させ、試験を行った。空隙構造の複雑さを表す指標である屈曲度は、菊地らの研究[2]を参考にし、酸素拡散試験の結果から式[1]によって逆算した。

$$D_{oxy} = \frac{1}{\tau_{oxy}^2} D \quad [1]$$

ここに、D_{oxy}：酸素拡散係数(cm^2/s)
　　　　τ_{oxy}：酸素拡散における屈曲度
　　　　D：孔内有効拡散係数(cm^2/s)

3. 試験結果および考察

図1および図2に、C-S-Hの炭酸化率と平均C/S比の経時変化を示す。気中暴露と促進中性化の比較を行うと、初期C/S比が1.2、1.4のC-S-Hでは3週間の気中暴露と促進中性化装置内暴露で炭酸化率、平均C/S比が同程度であった。一方、初期C/S比1.0のC-S-Hにおいては4週間の気中暴露よりも促進装置内暴露試料での炭酸化が進行していた。また、図2より気中暴露では、初期C/S比によらず、暴露期間が長くなるにつれて平均C/S比が同程度になる傾向がみられた。

図3に、酸素拡散係数と平均C/S比の関係を示す。炭酸化後は炭酸化の進行に伴い酸素拡散係数が大きくなる傾向がみられる。図4に、空隙率あたりの屈曲度τと炭酸化率との関係を示す。既往の研究において、フライアッシュや高炉スラグ微粉末などの混和材の使用によりC/S比が低下し、C-S-H比表面積の増加により拡散経路長が増加することで物質移動性の低下が確かめられており[2]、本研究におけるC-S-H成型体を用いた実験でも炭酸化していない場合には同様の傾向がみられた。しかし、炭酸化の進行に伴い屈曲度τが低下した。これは、未炭酸化のC-S-HではC/S比の低下に伴い空隙構造が複雑化するのに対し、炭酸化によるC/S比の低下では拡散経路が単純化したものと考えられる。よってセメントペースト硬化体を用いた実験では、炭酸化に伴い細孔量、細孔径分布が変化するため屈曲度のみでは物質移動性状を評価することはできない。しかし、本実験では炭酸化後のC-S-Hを加圧成型し供試体としているため、炭酸化の影響が細孔量や細孔径分布に表れない。そのため、屈曲度の変化が、直接物質移動性状を表しているといえる。また、本研究の範囲においては、CO_2濃度が異なっていても、炭酸化率と空隙率あたりの屈曲度の関係に違いはみられなかった。

図5に初期C/S比1.4の未炭酸化C-S-H、気中暴露1週間、4週間、促進装置内暴露後のC-S-Hの水蒸気吸脱着等温線の測定結果を示す。炭酸化の進行に伴い吸着量および比表面積の減少がみられた。既往の研究[2]により、C-S-H比表面積と物質の拡散経路長の相関が確かめられていることから、炭酸化による比表面積の低下は拡散経路長が減少したためと考えられる。

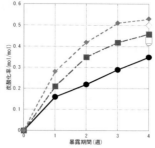
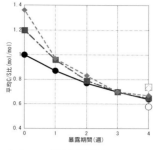

図1 C-S-Hの炭酸化率　　図2 暴露期間とC/S比

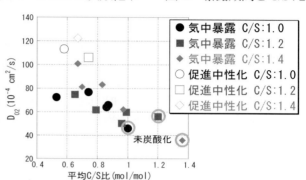

図3 C-S-HのC/S比と酸素拡散係数

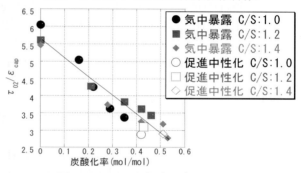

図4 C-S-Hの炭酸化率と$\tau_{O2}/\varepsilon_{cap}$

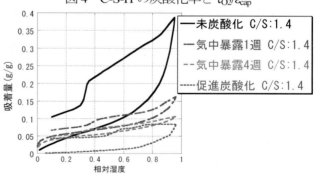

図5 水蒸気吸着等温線

4．まとめ

(1) 純薬合成したC-S-Hを炭酸化後、加圧成型して供試体を作製し、酸素拡散試験を行った。
(2) C-S-Hの炭酸化が進行し、C/S比が低下するほど屈曲度が低下した。
(3) 空隙率あたりの屈曲度は、C/S比、CO_2濃度によらず炭酸化率で評価できた。

【参考文献】
1) 笠見智大ほか：フライアッシュを用いたセメント硬化体の炭酸化進行に及ぼす影響に関する基礎的研究、Vol.34、No.1、2012
2) 菊地道生ほか：酸素および塩化物イオンの実効拡散係数によるセメント系硬化体におけるイオン移動性状の評価、No.64、pp.346-353、2010

[1117]

C-S-H加圧成型体の作製および物質移動性状の評価

新潟大学　大学院自然科学研究科　〇吉田泰崇
新潟大学　工学部　原田宗
新潟大学　工学部建設学科　佐伯竜彦
斎藤豪

1. はじめに

コンクリートは骨材の影響を除いた場合、セメントと水との水和反応により生成される水和物の集合体であるため、コンクリートの性質は水和物の種類と量によって決定される。なかでもC-S-Hは一般的なセメント硬化体における全水和物の半分以上を占めることから、その性質はコンクリートの各種性能に大きな影響を及ぼすと考えられる。したがって、C-S-Hの物理的・化学的性質とそれらが硬化体に及ぼす影響が明らかになれば、より正確にコンクリートの性能を評価することが可能となると考えられる。既往の研究においては、C-S-HのCaO/SiO$_2$モル比（以下C/S比）は材料、配合、材齢によって変化し、これによってC-S-Hの性質が変化することが明らかになっている[1]。例えば、C/S比の低下に伴いC-S-Hの密度は減少し、比表面積が増大する[1]。このため、セメント硬化体においては、低C/S比のC-S-Hであるほど空隙率が減少し、空隙構造が複雑化するため、物質移動抵抗性が向上することが示唆されている[2]。

しかし、セメント硬化体を用いた実験では、C-S-H以外の水和物が混在しており、他の水和物の影響により、C-S-Hが硬化体に及ぼす影響を正確に評価することができない。

そこで本研究では、純薬合成したC-S-Hを加圧成型して供試体を作製し、物質透過性試験を行うことによってC-S-H以外の水和物の影響を排除した検討を行うことを目的とした。

2. 実験の概要

2.1 使用材料

C-S-Hは、部分加水分解によるゾル-ゲル法によって純薬合成した。C-S-Hの目標C/S比は0.8、1.0、1.2、1.4の4種類とし、水酸化カルシウム飽和溶液とケイ酸エチルを所定のC/S比となるように混合した。合成したC-S-HをR.H.11%のもとで恒量となるまで乾燥させ、目開き90μmのふるいを通過した試料を利用した。

2.2 C-S-H加圧成型体の作製

R.H.11%恒量後の試料を粉末成型機により金型一軸圧縮（Φ20）で仮成型した後、真空パッキングし、冷間静水圧成型機により圧縮成型して加圧成型体とした。加圧力は、金型圧縮では30MPa、静水圧成型では200MPaとし、加圧時間はそれぞれ1分間とした。

2.3 試験方法

(1) 空隙率および空隙径分布の測定

直径15mm、厚さ4mm程度の成型体を用い、ケロシンで真空飽和処理を行った後、表乾質量および油中質量を測定した。その後、50℃で恒量となるまで乾燥させ、乾燥前後の質量差を求め、アルキメデス法により空隙率を算出した。

空隙径分布の測定は、水銀圧入式ポロシメータを用い行った。成型体をR.H.11%で恒量となるまで乾燥させ、乾燥試料を粒径5mm程度に粗砕して測定を行った。

(2) 酸素拡散係数の測定および屈曲度の算出

成型体をR.H.11%において恒量となるまで乾燥し、白川らの手法[3]を参考に酸素拡散試験を行った。酸素拡散係数は、白川らの提案式[1]を用い算出した。窒素および酸素ガス流量は130mL/minとし、境界膜厚さは窒素側、酸素側共に白川らと同じ2.1mmとした。

$$D_{O_2} = \frac{R_N \cdot (C_N - C_b) \cdot (L + \delta_N + \delta_O)}{\left\{1 - \frac{R_N}{R_O}\left(\frac{M_O}{M_N}\right)^{1/2} \cdot (C_N - C_b) - C_N\right\} \cdot A_C} \quad [1]$$

ここに、D_{O_2}：酸素拡散係数(cm^2/s)
C_N：窒素ガス中の酸素濃度(%)
C_b：窒素ガスボンベ中の酸素濃度(%)
R_N、R_O：窒素および酸素のガス流量(cm^3/s)
M_N、M_O：窒素および酸素分子量(g/mol)
L：固化体厚さ(cm)
A_C：固化体断面積(cm^2)
δ_N、δ_O：窒素ガス側、酸素ガス側の境界膜厚さ

酸素拡散係数における屈曲度τ_{O_2}は次式[2]により逆算して求めた。

$$D_{O_2} = \frac{1}{\tau_{O_2}^2} D \quad [2]$$

ここに、D_{O2}：酸素拡散係数(cm^2/s)
　　　　τ_{O2}：酸素拡散における屈曲度
　　　　D：孔内有効拡散係数(cm^2/s)

3. 試験結果および考察

アルキメデス法によって求めた成型体の空隙率を図1に示す。図より、各C/S比において空隙率に多少のばらつきが見られるもののほぼ同じ密度の成型体となっていることが確認できた。また、図2に成型体と硬化体の空隙径分布を示す。図より、セメント硬化体と同様の空隙構造をもつ成型体が得られた。

図3に試験により得られた成型体の酸素拡散係数とC/S比の関係を示す。図より、C/S比が小さくなるほど酸素拡散係数が小さくなる傾向が見られる。これはC/S比の小さいC-S-Hほど比表面積が大きく、空隙構造がより複雑になったと考えられ、既往の研究[2]と同様の結果が得られた。

図4に、毛細管空隙率あたりの屈曲度と供試体の単位体積あたりの水和物表面積の関係を示す。ここで、屈曲度を毛細管空隙率で除した値を用いたのは、毛細管空隙率の影響を排除し、水和物の表面積が屈曲度に与える影響を検討するためである。図より、セメント硬化体ではC-S-H以外の水和物があり、それらはC-S-Hより比表面積が小さいため水和物の表面積が小さい値となっている。また、水和物表面積が大きくなるほど、屈曲度が大きくなっていることがわかる。水和物表面積と$\tau_{O2}/\varepsilon_{cap}$の関係はセメント硬化体とC-S-H成型体とで同一曲線上にあり、C-S-Hの表面積が屈曲度ひいては拡散係数を決定していると考えられる。

4. まとめ

純薬合成したC-S-Hを用いて加圧成型体を作製し、酸素拡散係数を測定した。試験結果より、酸素拡散係数はC/S比と相関があることが確認された。さらに、酸素拡散における屈曲度は、C-S-H表面積によって評価でき、両者の関係はセメント硬化体とC-S-H成型体で同一であることから、硬化体の物質移動性はC-S-Hの表面積に支配されることが確認できた。

【参考文献】

1) 須田裕哉ほか：C-S-Hの組成と物理的性質に関する基礎的研究、土木学会論文集、E Vol.66 No.4、pp.528-544 (2010)
2) 菊地道生ほか：酸素および塩化物イオンの実効拡散係数 によるセメント系硬化体におけるイオン移動性状の評価、セメント・コンクリート論文集、Vol.64 No.1、pp.346-353 (2010)
3) 白川敏夫ほか：セメント硬化体中への気体の拡散係数測定方法の提案、日本建築学会構造系論文集、第515号、pp.15-21 (1999)

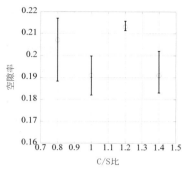

図1　成型体の空隙率

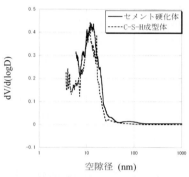

図2　硬化体と成型体の空隙径分布の比較

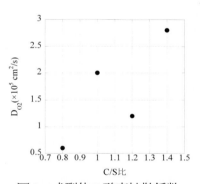

図3　成型体の酸素拡散係数

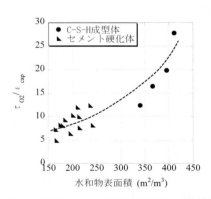

図4　屈曲度と水和物表面積の関係

CSH添加によるトバモライトの炭酸化制御

日本大学　理工学部　　○田村晟
梅垣哲士
小嶋芳行

1. はじめに

セメントを水和させるとケイ酸カルシウム水和物(CSH)が生成する。このCSHは低結晶性であるが、水熱処理などをして結晶性のトバモライト、ゾノトライトなどに転移させることが可能である。トバモライト($Ca_5Si_6O_{16}(OH)_2 \cdot 4H_2O$)は、建材として広く用いられる軽量気泡コンクリート(ALC)の主成分である。現在、ALCは炭酸化による経年劣化が問題視されている。また、ALCの製造では、オートクレーブにて190℃以上で10時間以上の養生を行っている。そのため合成に高エネルギーが必要であることも課題である。トバモライトの合成過程においてまずCa/Si原子比の低いCSHが生成し、その後徐々に原子比の高いCSHが生成する。Ca/Si原子比1.5付近まで増大すると急激に原子比は低下してトバモライトが生成する。このように、トバモライトの生成過程においてCSHを経由することを利用して、促進剤としてCSHを用いることでトバモライトの生成を促進させ、低エネルギーで炭酸化しにくいトバモライトを合成できると考えた。本研究では、炭酸化しにくいトバモライトの低温度合成を目的とし、Ca/Si原子比0.83から1.4のCSHを所定量添加して合成したトバモライトの結晶性とその炭酸化率について検討を行った。

2. 実験の内容
2.1 CSHの合成

はじめに添加剤とするCSHの合成を行った。500cm^3の純水にアエロジル(SiO_2)を$0.2 mol \cdot dm^{-3}$となるように加えた。この溶液に対し、Ca/Si原子比が0.83、1.0、1.4となるように調製した水酸化カルシウム懸濁液を500cm^3混合し、温度80℃、撹拌速度230rpmで2時間反応させた。その後、ろ過、乾燥を行いCSHを得た。

2.2 トバモライトの合成

水/固体重量比40、Ca/Si原子比0.83となるように、純水480cm^3に対し水酸化カルシウム6.20gおよび粒径0.8μmの二酸化ケイ素を5.80g加え撹拌し、懸濁液とした。CSHを添加する際には、この懸濁液に0.1～0.4gの添加を行った。これをオートクレーブにて温度170℃で5時間、撹拌速度420rpmで水熱反応させ、ろ過、乾燥を行うことで試料を得た。

2.3 キャラクタリゼーション

合成した試料は、X線回折(XRD)、赤外分光法(IR)、エネルギー分散型X線分析(EDX)、走査型電子顕微鏡(SEM)、レーザ回折式粒度分布測定装置によって組成、結晶および粒子の形状について測定を行った。

2.3 トバモライトの炭酸化試験

合成した試料を300cm^3の純水に3.00g加え撹拌し、1mass%の懸濁液とした。ここに10%CO_2-N_2混合ガスを1時間、CO_2流量140$dm^3 \cdot min^{-1}$となるように吹き込み炭酸化を行った。炭酸化後、試料を乾燥させ、熱分析(TG-DTA)による測定を行い、炭酸化率を求めた。

3. 実験結果
3.1 CSHの合成

Ca/Si原子比0.83～1.4の全ての条件において、得られたCSHにはIRおよびX線回折の結果より原料である水酸化カルシウムは検出されなかった。さらに、IRによる測定の結果、アエロジルに起因する吸収がみられなかったことから、いずれのCa/Si原子比においてもCSHの単一相が得られたと考えられる。さらに、EDXにて合成したCSHのCa/Si原子比を測定した結果を表1に示す。

表1　合成したCSHのCa/Si原子比

単位 /-

初期値	0.83	1.0	1.4
測定値	0.88	1.01	1.43

初期Ca/Si原子比0.83で得られたCSHの測定値は0.88とわずかに大きくなったが、全体として初期値と測定値は近い原子比を示した。また、いずれの測定値でも初期値よりCa分が多い結果となった。

3.2 CSHを添加したトバモライトの合成

各Ca/Si原子比で合成したCSHをトバモライトの合成時に添加した。添加量は0.1～0.4gであり、これは全仕込み量の0.83～3.3 mass%に相当する。一例としてCa/Si原子比0.83を用いて合成したトバモライトのX線回折図形を図1に示す。無添加に対してCSHを0.1gでも添加

するとトバモライトの結晶性は向上した。しかしながら、CSHを0.4g添加するとトバモライトの生成はみられず、CSHのみが生成された。このように、わずかな添加量でもトバモライトの生成に影響を与えることが確かめられた。なお、Ca/Si原子比1.4のCSHを用いた場合、0.4g添加してもトバモライトの生成が観察された。また、トバモライトが生成していた試料ではトバモライト特有の薄板状結晶が集合したカードハウス構造をもつ、粒径30～40μm程度の二次粒子がSEMにて観察された。

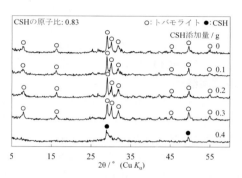

図1　CSHを添加して合成した試料のX線回折図形

3．3　トバモライトの炭酸化

これらのトバモライトを用いて炭酸化試験を行った。なお CSH を添加せず合成したトバモライトの炭酸化率は30.8%であった。各原子比のCSHを各量添加して合成した試料の炭酸化率を表2に示す。

表2　各原子比のCSHの添加量と炭酸化率

単位 / %

		CSH 添加量(g)			
		0.1	0.2	0.3	0.4
CSH のCa/Si 原子比(-)	0.83	33.0	29.6	30.9	-
	1.0	30.0	29.1	35.8	29.6
	1.4	26.2	27.0	26.1	31.5

添加量によって、どのCSHを添加した場合においても炭酸化の抑制がみられ、最も炭酸化率が低かったのは原子比1.4のCSHを0.1g添加した場合であった。

3．4　炭酸化率と粒径の関係

トバモライトの二次粒子の粒径が大きくなると、生成したトバモライト結晶の物性にかかわらず炭酸化率が低下することが考えられる。そこで、試料懸濁液の入ったビーカーに超音波洗浄機にて1分間照射を行って粒度分布を測定した。その結果、照射前の試料では炭酸率が高いほど平均粒径が大きくなる傾向がみられたが、照射後では炭酸化率が高い試料でも平均粒径の差はほぼみられなかった。

3．5　炭酸化率とピーク強度比

トバモライトの層間である(002)面に起因する7.9°の回折ピーク強度を、最強ピークである29.1°のピークとの強度比で比較を行った。炭酸化率との関係を図2に示す。図より、とくにCa/Si原子比1.4のCSHを添加した試料において、炭酸化率が低い試料ほど7.9°/29.1°強度比が高い傾向がみられた。

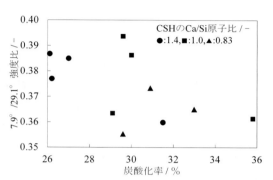

図2　トバモライトの炭酸化率と強度比の関係

さらに、層間である(002)面に起因する7.9°と、それと直角に交わる(400)面を示す32°のピーク強度比を測定した[1]。炭酸化率との関係を次の図3に示す。この強度比と炭酸化率の関係をみると、強度比が低いほど炭酸化しにくいことが確かめられた。また、2本の直線が引けるがこれについては現在検討中である。

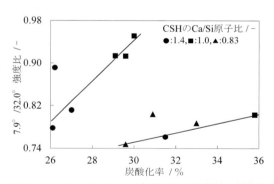

図3　トバモライトの炭酸率と強度比の関係

1．まとめ

Ca/Si原子比の異なるCSHを合成し、これがトバモライトの促進剤となることを明らかにした。得られたトバモライトの結晶性は添加したCSHのCa/Si原子比により異なった。炭酸化を抑制する因子について検討を行い、トバモライトの二次粒子の大きさ、X線回折から求めるピーク強度比について検討を行い、後者が炭酸化に影響を及ぼすことが示唆された。

5．参考文献
1) 荒井康夫：セメントの材料化学、p.143(1984)

ケイ酸カルシウム水和物の促進炭酸化による各種炭酸カルシウムの生成

日本大学　大学院理工学研究科　〇齋藤啓太
日本大学　理工学部　　　　　　梅垣哲士
　　　　　　　　　　　　　　　小嶋芳行

1. はじめに

セメント硬化体内部の毛細管空隙には、セメント化合物の水和によって生成した水酸化カルシウム($Ca(OH)_2$)やケイ酸カルシウム水和物(CSH)が存在することにより、pHはアルカリ性に保たれている。しかしながら、これらセメント水和物が外部から侵入したCO_2によって炭酸化することで、溶解度の低い炭酸カルシウム($CaCO_3$)が生成する。$CaCO_3$の生成はコンクリート内部のpHを低下させ、鉄筋コンクリートにおいては、鉄筋の腐食、ひび割れの原因となる。$CaCO_3$には3つの結晶多形が知られており、カルサイト、アラゴナイトおよびバテライトが存在する。一般的に$Ca(OH)_2$を炭酸化すると、熱力学的に最も安定な、カルサイトが生成する。一方、汎用的なセメントであるポルトランドセメントとケイ石微粉末の水熱処理によって得られた硬化体の促進炭酸化では、$CaCO_3$のすべての結晶多形が生成することが報告されている。[1] しかしながら、セメントの炭酸化による各種$CaCO_3$の生成メカニズムについては未だ不明な部分も多い。そこで、本研究では、複数あるセメント水和物の中で、水和初期に生成する低結晶性CSHの炭酸化に着目した。本研究では、CSHの炭酸化における各種$CaCO_3$の多形制御およびその生成メカニズムの解明を目的とし、異なるCa/Si原子比のCSHを用いて湿式および乾式法による各種$CaCO_3$の生成条件について検討を行った。

2. 実験の概要
2.1 CSHの合成

出発物質には試薬特級$Ca(OH)_2$、アエロジル(BET比表面積$46 m^2 \cdot g^{-1}$)を使用した。このとき、合成した際のCa/Si原子比が0.8～1.4となるように、水/固体比83.2としたアエロジル懸濁液に、各々の原子比をとるような$Ca(OH)_2$懸濁液を添加し、懸濁液を温度80℃、撹拌時間120分間、撹拌速度230rpmにて反応させた。これをアセトンにて洗浄、吸引ろ過することでCSHの白色粉末を得た。

2.2 湿式炭酸化

湿式法による炭酸化では、懸濁液濃度が1mass%となるようなCSH懸濁液を調製した。ここに$CO_2(10\%)$－$N_2(90\%)$混合ガスを流量10、50、90 $cm^3 \cdot min^{-1}$にて、60分間吹き込み続けることによって促進炭酸化を行い、適宜サンプリングした懸濁液をアセトンにて洗浄、吸引ろ過することで$CaCO_3$とシリカゲルを得た。

2.3 乾式炭酸化

乾式法では、室温下で水の張ったデシケータ内(相対湿度100%)に作製したCSHを静置し、ここに$CO_2(1\%)$－$N_2(99\%)$混合ガスを流量10 $cm^3 \cdot min^{-1}$にて毎日60分間の吹き込み、これを10日間実施することで促進炭酸化を行い、湿式法同様、$CaCO_3$とシリカゲルを得た。

2.4 測定方法

得られた試料のキャラクタリゼーションは、X線回折、熱分析(TG-DTA)、電気伝導率計および走査型電子顕微鏡(SEM)を用いて行った。

3. 試験結果
3.1 湿式法によるCSHの炭酸化

合成した各Ca/Si原子比のCSHについてX線回折を行った。Ca/Si原子比1.4に限り、合成時間60分間の時点でCSHのピークに加えて、出発物質である$Ca(OH)_2$のピークが確認された。合成時間の延長を試みたところ、120分間合成では$Ca(OH)_2$のピークが消失し、また、TG-DTAの結果からも$Ca(OH)_2$に起因する挙動が確認されなかった。このことから、CSHの単一相が得られたものと判断した。この結果を踏まえ、本研究では、いずれのCa/Si比においてもCSHの単一相が得られる120分間による合成を合成時間とした。得られたCSHはSEM観察にて、いずれのCa/Si比においてもCSHに起因する繊維状の凝集体が観察された。

各Ca/Si比のCSH懸濁液に、所定量の混合ガスを60分間吹き込むことで湿式法による炭酸化を検討した。一例として、図1にガス流量90 $cm^3 \cdot min^{-1}$の条件下で各Ca/Si比のCSHを60分間炭酸化した際のX線回折図形を示す。ガス流量90$cm^3 \cdot min^{-1}$での炭酸化では、Ca/Si比1.4でカルサイト、Ca/Si比0.8でアラゴナイトの単一相が得られた。中間となるCa/Si比0.9および1.0ではカルサイトとアラゴナイトの混合相が得られ、この領域においてカルサイト104面のピーク強度が大きく変化した。

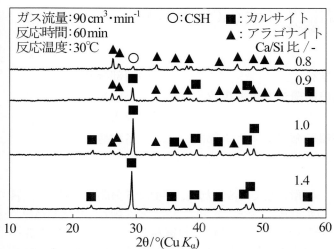

図1 炭酸化60分間後における生成物のX線回折図形

そこで、生成物に大きな変化の見られた Ca/Si 比 1.4 および 0.8 の炭酸化時における pH および電気伝導率の変化に着目した。ガス流量 90 $cm^3·min^{-1}$ にて炭酸化を行った際の測定結果を図2に示す。

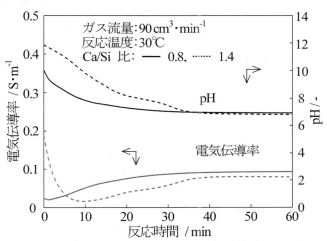

図2 湿式炭酸化時における pH および電気伝導率変化

CSH を懸濁させた際の pH は、Ca/Si 比 1.4 の値が Ca/Si 比 0.8 と比較して、塩基性側であった。また、アラゴナイトが生成した Ca/Si 比 0.8 では、Ca/Si 比 1.4 よりも狭い範囲での pH 降下がみられた。いずれの CSH においても pH は 35 分間後に 6.8 で平衡となった。電気伝導率についても Ca/Si 比 1.4 の値が 0.8 よりも大きな値を示し、CO_2 ガスの吹き込みを開始すると、Ca/Si 比 1.4 では一度降下したのち、緩やかに上昇したが、Ca/Si 比 0.8 では降下することなく、炭酸化直後より数値が上昇した。TG-DTA より、炭酸化時に適宜サンプリングした試料における炭酸化率を算出した。いずれの原子比においても、炭酸化率は指数関数的に増加し、反応 60 分間後では約 85% で平衡に達した。炭酸化した CSH について SEM による観察を行った結果、炭酸化開始から 60 分間後の試料では Ca/Si 比 1.4 で、およそ 3 μm の菱面体状のカルサイト結晶、Ca/Si 比 0.8 では長径およそ 2 μm の針状のアラゴナイト結晶が凝集する様子が観察された。

3.2 乾式法による CSH の炭酸化

乾式法による炭酸化の検討を行った。CO_2 ガス吹き込み 10 日目における試料の X 線回折図形を図3に示す。

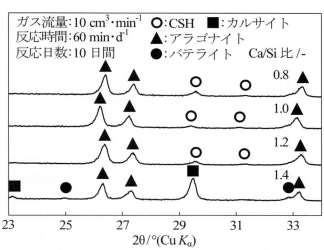

図3 炭酸化 10 日目における生成物の X 線回折図形

Ca/Si 比 1.4 の炭酸化では、湿式法ではカルサイトの単一相が得られたが、乾式法では、カルサイトに加え、アラゴナイト、わずかにバテライトの生成も確認された。一方で、Ca/Si 比 1.0 以下においてはアラゴナイトの単一相が得られた。SEM 観察では、長径およそ 5 μm のアラゴナイト結晶が観察され、湿式法によって生成したアラゴナイトと比較してアスペクト比の大きい針状結晶が確認された。また、TG-DTA の結果より、今回の CO_2 吹き込み条件ではいずれの CSH においてもおよそ1週間で炭酸化率が平衡に達した。

4．まとめ

以上の実験によりつぎのことが明らかとなった。

1) CSH の湿式法による促進炭酸化では、高 Ca/Si 比側でカルサイト、低 Ca/Si 比側でアラゴナイトが生成しやすい傾向が得られた。カルサイトが生成した高 Ca/Si 比では、炭酸化開始直後に電気伝導率の大きな低下が確認された。

2) CSH の乾式法による促進炭酸化では、Ca/Si 比 1.4 でバテライトの生成が確認された。Ca/Si 比 1.0 以下ではアラゴナイトの単一相が得られた。

【参考文献】

1) 斎藤豪ほか：γ-2CaO·SiO_2 含有ケイ酸カルシウム水和物固化体の炭酸化反応とバテライトの生成機構、Journal of the Society of Inorganic Materials, Japan、15、pp.284-292 (2008)

エーライトの初期水和反応に及ぼす$CaCl_2$の影響

北海道大学	工学部	環境社会工学科		○阿部夢時
北海道大学	大学院	工学院	環境循環システム専攻	小山達也
				森永祐加
北海道大学	大学院	工学研究院環境循環システム部門		名和豊春

1. はじめに

　油田開発や地熱発電などの地下開発において、セメントは掘削穴の壁面固化に使用されている。地下深くでは高温、高圧条件下となり、セメントの水和反応速度は定常とは大きく異なり、その水和反応速度を正確に制御する必要がある。そのため、セメントの水和反応機構の解明が必要とされる。

　C_3Sを用いた膨大な既往の研究により、発熱が観測されない誘導期の発生メカニズムについて、C_3Sの粒子表面への準安定な水和生成物の析出[1]や表面のプロトン化による溶解性の減少、電気二重層の形成などが考えられている[2]。これらの共通点として、粒子表面に何らかの相が出現することにより、各種イオンの拡散や液相中濃度へ影響を与えることが挙げられる。近年の研究で、JenningsらはC-S-Hの[CaO]と[SiO_2]に関する溶解度曲線を用いて、2種類のC-S-Hが存在することを報告しており、Gartnerらはこれを準安定なC-S-Hと安定なC-S-Hと分類している[1,3]。Gartnerらは準安定なC-S-Hから安定なC-S-Hへ転移することで誘導期から加速期へと移行するとしたが、誘導期の発生機構について詳細は未だ解明されていない。

　そのため、本研究では促進剤である塩化カルシウムをC_3Sへ添加して、水和反応速度を変化させた試料を作製して、粉末X線解析（以下XRD）や^{29}Si固体核磁気共鳴（以下^{29}Si MAS NMR）による固体分析とICP発光分光分析法（以下ICP-AES）やイオンクロマトグラフィーによる液相分析など多面的に分析を行い、添加物の作用機構について検討した。

2. 実験概要
2.1 試料合成方法

　本実験では太平洋コンサルタント社製のC_3Sを使用して、添加剤として和光純薬工業株式会社製の塩化カルシウムを用いた。Table 1に本研究で用いたC_3Sリートベルト解析による鉱物組成を示す。練り混ぜ水には室温にした蒸留水を使用して、水粉体比（Water(g)/powder(g)）が2.5となるように秤量した。練り混ぜる際に、C_3Sに対して重量比で5、30%となるよう塩化カルシウムを蒸留水へ溶解させてC_3Sに加え、手動で5分間練り混ぜた。練り混ぜ後にペーストをプラスチック製容器へ流し込み、窒素を封入して20°Cで封緘養生した。養生中はC_3Sペーストのブリーディングを防ぐため、養生終了まで撹拌を続けた。所定の材齢に達した試料はメンブレンフィルターを用いて固相と液相に分離した後、固相試料はアセトンに1日以上浸漬して、40°C乾燥炉にて8時間乾燥を行った。乾燥した試料はメノウ製の乳鉢を用いて手動で5分間粉砕し、XRD及びNMR測定を行った。液相試料はpH測定後、所定の希釈倍率に調整してICP-AES及びイオンクロマトグラフィー測定を行った。

2.2 実験方法
(1) XRD

　C_3Sの水和反応率や溶脱層厚を定量するために、Rigaku Multi Flex用X線発生装置を用いて測定を行った。測定条件はターゲットCuKα、管電圧40kV、管電流40mA、走査範囲5～70（°2θ）、サンプリング幅0.02（°2θ）、走査速度6.5（°2θ/s）とした。解析にはSIROQUANT Version4.0を用いた。

(2) ^{29}Si MAS NMR

　C_3Sの水和反応率や溶脱層厚の定量をするため、Bruker MSL 400を使用した。測定にはジルコニア製の7mm試料管を用いて、測定周波数は60.6MHz、測定帯域を2.5MHz、30°パルス幅（1.7μs）を使用し、緩和時間を1（s）として積算回数を4000回とした。

(3) ICP-AES

　水和試料から分離した液相試料内のCa、Si濃度を測定した。Ca濃度測定試料は各水準それぞれ1000~100000倍の希釈を行い、Si濃度測定試料は100倍希釈後測定に使用した。また、ICP測定中の沈殿物生成を避けるため0.14mol/Lの硝酸を試料に対して1%添加した。

表1 本実験に使用したC_3Sの鉱物組成

C_3S (Monoclinic)	C_3S (Triclinic)	Amorphous phase
0.1	75.5	24.4

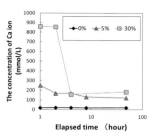 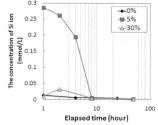 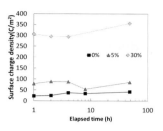 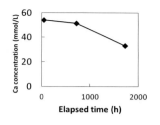

図1 塩化カルシウム添加系における液相イオン濃度

図3 エーライトの表面電荷密度

図4 ショ糖添加系における液相のCa濃度

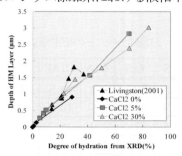

図2 Livingstonらの算出した膜厚との比較

（4）イオンクロマトグラフィー

水和試料から分離した液相試料中のCl濃度を測定した。本実験で使用する試料は100μ(mol/L)程度になるよう5%系は10000倍、30%系は100000倍希釈を行った。

3．実験結果
3．1　塩化カルシウム添加系の液相分析

図1にICP-AESによって定量した液相のCa濃度及びSi濃度を示す。Ca濃度に比べてSi濃度が極端に少なく、SiはC$_3$Sの粒子表面もしくはその近傍にに存在していることが確認された。既報で服部らが示したXRD-NMR法により、算出したHydrated silicate monomer(HM)を膜厚に変換して、Livingstonらが核反応分析により測定したSiゲル層と水の浸透領域（Leaching Layer）を合わせた層厚の比較を図2に示した[4]。その結果、HM層とLivingstonらの層厚が一致し、HM層はCaが溶脱したSi層と水が浸透した層を合わせた層であると確認された。なお、この結果は先に述べた液相分析におけるSi濃度の結果とも一致した。

3．2　塩化カルシウム添加系の表面電荷密度

液相分析およびpH測定の結果より求めたC$_3$S表面電荷密度を図3に示す。その結果C$_3$Sの粒子表面は正電荷を有しており、電荷密度は塩化カルシウムの添加量に従い、増大した。これは液相中のCa濃度及びCl濃度が増加し、液相のイオン強度が増大することでC$_3$Sの溶解速度が増加した結果、C$_3$Sの粒子表面へのCaイオンの再吸着量が増大したと考えられる。このCa吸着量増加に伴い、粒子表面近傍のpHが上昇してSiの溶解を促進し、再吸着したCaとの反応性を上昇させることが予想され

る。C-S-H生成時のpHは生成するC-S-HのCa/Si比（以下C/S）に影響することが知られており、pHが上昇するとC/Sは高くなる。また、塩化カルシウムを添加したエーライト系では高C/SのC-S-Hの割合が無添加系に比べて、増加することが既報で報告されている。[5] これは先ほど述べた塩化カルシウム添加によるC$_3$S表面へのCa吸着量の増加により、C-S-H生成領域のpHの上昇によるものであると解釈できる。

4．まとめ

塩化カルシウム添加によるC$_3$Sの水和反応の促進は「液相中のイオン強度が増大することによる溶解の促進」と「C$_3$S粒子表面へのCaイオンの吸着量の増加によるC-S-H析出の促進」によるものであることが、固相及び液相分析より考察できる。また、考察された促進機構はC-S-HのC/SとpHの関係及び、塩化カルシウム無添加系と添加系で生成されるC-S-HのC/Sの差異について、矛盾なく説明できるものであると考える。

【参考文献】

1) 利根太郎、筑後次男：クリンカーの焼成条件に関する研究、セメント製造技術シンポジウム報告集、No.53、p.18（1996）
2) 筑後次男：セメントの種類と水和に関する研究、セメント・コンクリート、No.580、pp.23-29（1996）
3) 吉野左武郎ほか：化学専門委員会報告I-30、セメント協会（1980）
4) R.A.Livingston et al.：Characterization of induction period in tricalcium silicate hydration by nuclear resonance reaction analysis, JMR, MRS, 16, pp. 687-693 (2001)
5) 粟村友貴ら：CaCl$_2$の添加がエーライトの水和反応に及ぼす影響、セメントコンクリート論文集、vol.67、p.67－71　（2013）

高ビーライトセメントの凝結に及ぼすエーライトの固溶成分の影響

太平洋セメント株式会社　中央研究所　　○　溝渕裕美
大野麻衣子
細川佳史
内田俊一郎

1. はじめに

高ビーライトセメントは、エーライト（C_3S）およびカルシウムアルミネート（C_3A）の含有量を低減することで、水和熱を抑えたセメントである。しかし、一般に C_3S および C_3A は凝結への影響が大きく、普通ポルトランドセメントに比して C_3A 量が少ない高ビーライトセメントでは、凝結に及ぼす C_3S の影響が C_3A よりも相対的に大きくなることが懸念される。近年のセメント産業における廃棄物受け入れ量の増大を背景に、少量・微量成分のクリンカーへの固溶がクリンカー鉱物の水和活性に影響を及ぼすことが明らかとなってきており[1]、高ビーライトセメントでは、圧縮強さへの影響が大きいビーライト（C_2S）に対する少量・微量成分の固溶について多くの検討例がある[2]。しかし、凝結への影響が大きい C_3S を対象に少量・微量成分の固溶の影響を検討した例は少ない。本研究では、高ビーライトセメントの C_3S に着目し、C_3S に固溶する少量・微量成分が凝結に与える影響について検討した。

2. 実験

2.1 セメントの試製

本研究では、工場で製造した C_3S 量の異なる中庸熱および低熱クリンカーを入手し、それらを用いて試製したセメントを検討対象とした。各クリンカーに対して SO_3 が 2.04mass% となるように排脱二水石膏を添加し、ブレーン比表面積が $3350\pm100\,cm^2/g$ となるまでボールミルで粉砕し、セメントを試製した。表1に、粉末X線回折（XRD）/リートベルト解析により測定した試製セメントの鉱物組成を示す（XRD 測定には、Bruker axs 社製 D8 ADVANCE を使用し、プロファイルのフィッティングには同社製リートベルト解析ソフト TOPAS ver.2 を使用）。

2.2 クリンカーおよびセメントの特性評価

(1) 物理特性

微少熱量計により、試製セメントの水和発熱速度を測定した。また、JIS R5201 に基づき凝結の始発、終結時間を測定した。

表1　試製セメントの鉱物組成 (mass%)

水準	C_3S	C_2S	C_3A	C_4AF	f.MgO	二水石膏
M-1	49.5	29.3	2.4	14.5	0.1	3.9
M-2	47.7	33.2	1.5	14.0	0.2	2.6
M-3	45.5	32.4	2.9	15.2	0.1	3.8
M-4	43.7	39.4	1.6	12.8	0.1	1.9
L-1	29.1	56.7	1.6	10.4	0.0	2.1

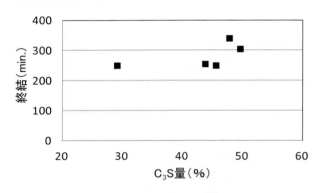

図1　C_3S 量と終結の関係

(2) 化学成分

クリンカー中の各鉱物の化学成分は、走査型電子顕微鏡（SEM）（JEOL 製 JSM-7001F）および微小部元素分析計（EDS）（OXFORD INSTRUMENTS 製 INCA Energy ver.3.04）を用いて測定した。

3. 結果と考察

図1に試製セメントの C_3S 量と終結との関係を示す。一般に C_3S 量が増加すれば終結は短くなると考えられるが、図1では両者の間に明確な相関性は認められず、C_3S 量が増えても終結は短くならなかった。微少熱量計で測定した水和発熱速度の経時変化を図2に示す。C_3S の水和に起因する発熱ピークの大小も、ここでは終結の場合と同様に C_3S 量との相関性は認められなかった。C_3S の水和発熱が活発になる材齢の範囲はセメントの終結の範囲と一致していることから、セメントの終結は C_3S の水和に依存して変化すると考えられる。しかし、図1及び図2の結果を考慮すると、本検討で使用したクリンカー

表2 クリンカー中のC₃Sの化学成分 （mass%）

水準	CaO	SiO₂	Al₂O₃	Fe₂O₃	MgO	SO₃	Na₂O	K₂O	P₂O₅
M-1	70.50	25.29	0.83	0.83	0.93	0.06	0.11	0.12	0.11
M-2	71.99	25.56	0.94	0.67	1.17	0.14	0.09	0.09	0.42
M-3	70.51	25.51	0.76	0.79	0.68	0.07	0.10	0.12	0.04
M-4	72.38	25.55	0.94	0.66	0.82	0.22	0.12	0.08	0.29
L-1	71.85	25.39	0.94	0.76	0.66	0.18	0.09	0.08	0.04

の組成範囲では、C₃Sの量は必ずしも凝結の主たる支配因子ではないと考えられた。そこで、各試製セメントのC₃Sの発熱ピークからC₃Sの量の効果を除去し、C₃Sの水和活性のみを表す指標として、式[1]で表されるC₃Sの水和活性を定義し、凝結との関係を考察した。

$$C_3S の水和活性 = H_p / (t_p \times W_{C3S}) \quad [1]$$

ここに、H_p：C₃Sの発熱ピークの最大値（J/(g·h)）
　　　　t_p：C₃Sの発熱ピークがH_pとなるときの時間(h)
　　　　W_{C3S}：セメント中のC₃S含有率（%）

図3に試製セメントのC₃Sの水和活性と終結との関係を示す。凝結とC₃S量との間に相関性がないことを先に述べたが、図3においては、終結とC₃Sの水和活性とに明確な相関性が認められており、高ビーライトセメントの凝結が、C₃S量よりもC₃Sそのものの水和活性から大きな影響を受けることが確認された。

そこで、C₃Sの水和活性に影響を及ぼす要因を明らかにするために、C₃Sの化学成分について検討した。SEM/EDSで測定した各クリンカー中のC₃Sの化学成分（15点の点分析の平均値）を表2に示す。クリンカー水準間で濃度に有意差がある固溶成分はP₂O₅、SO₃およびMgOであったが、それらのうち、C₃Sの水和活性と明確な相関関係を有していたのはMgOであった。図4にC₃S中のMgOの濃度（固溶量）とC₃Sの水和活性との関係を示したが、MgOの固溶量が増加する程C₃Sの水和活性が低下する傾向が確認された。以上から、本検討のクリンカーの範囲では、C₃SへのMgOの固溶量の変動によってC₃Sの水和活性が変化し、それによって高ビーライトセメントの凝結が変動するものと考えられた。

4．まとめ

本研究では、高ビーライトセメントのC₃Sに着目し、C₃Sに固溶する少量・微量成分が凝結に与える影響について検討を行った。その結果、本検討で使用したクリンカーの範囲では、C₃Sの量は必ずしも凝結の主たる支配因子ではないこと、凝結はむしろC₃Sの水和活性から大きな影響を受けること、C₃Sの水和活性にはC₃S中のMgO固溶量が大きな影響を及ぼし、MgO固溶量の増

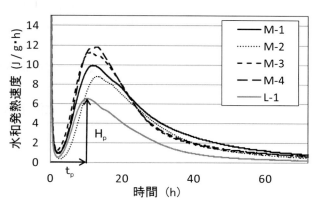

図2　試製セメントの水和発熱速度の経時変化

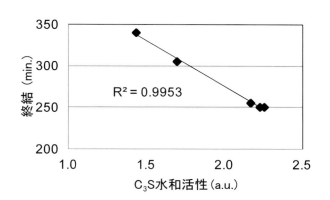

図3　C₃Sの水和活性と終結の関係

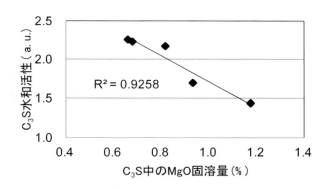

図4　C₃S中のMgOの固溶量とC₃Sの水和活性との関係

加によりC₃Sの水和活性が低下して、凝結が遅延しうることが推察された。

【参考文献】

1) 金谷宗輝ほか：クリンカーの品質に及ぼすリンの影響、セメント・コンクリート論文集、No.53、pp.10-15(1999)
2) 新島瞬ほか：製造条件がC₂S固溶体の水和活性に与える影響, セメント・コンクリート論文集、Vol.68、pp.96-102(2015)

C_3A の水和反応に及ぼす Portlandite の影響

北海道大学　大学院工学院　　　○梶尾知広
　　　　　　　　　　　　　　　　森永祐加
北海道大学　大学院工学研究院　Elakneswaran Yogarajah
　　　　　　　　　　　　　　　名和豊春

1. はじめに

軟弱地盤の改良や汚染土壌への対策として、セメント系固化材を用いた土壌処理が挙げられる。特に、有害陰イオンの収着を目的とした特殊土用セメント系固化材は、C_3A 由来の水和生成物である Ettringite や Monosulfate を多く生成することが知られており[1]、これらの有益な水和生成物量の評価及び予測が必要となる。

石川ら[2]は水粉体比(以下 W/S)を 0.6 とした C_3A-Gypsum-Portlandite 系について、相平衡モデルと表面錯体モデルを用いて水和反応解析を行った。しかし、Portlandite 添加及び液相条件の変化が C_4AH_{13} の生成や C_3A 水和反応に与える影響については不明な点が多く、詳細な研究が必要とされている。

そこで本研究では、W/S を 10 とした C_3A 水和試料を対象に、固相液相分析を行い Portlandite 及び W/S が C_3A の水和反応に及ぼす影響について考察した。

2. 実験概要
2.1 使用材料
C_3A は太平洋コンサルタントより購入したものを用いた。試料は XRD 測定により C_3A(cubic)単体であることを確認した。Gypsum、Portlandite は関東化学社製特級試薬を用いた。

2.2 試料作製
C_3A、Gypsum 及び Portlandite をそれぞれ 3:2:0、3:2:0.1、3:2:1(mol 比)とし、W/S は全て 10 とした。秤量した水及び粉体を 50mL 遠沈管に入れ、窒素を封入した後、撹拌状態を保ちながら 20℃環境下で封緘養生した。所定の材齢に達した試料は吸引濾過により固液分離したのち、固相は 40℃恒温槽に 3 時間静置し乾燥させ、メノー乳鉢を用いて粉砕した。

2.3 水和発熱量測定
2.2 節で定めたものと同量の水及び粉体を秤量し、東京理工社製マルチマイクロカロリーメーターを用いて水和発熱量を測定した。撹拌は水滴下後 5 分間行った。

2.4 XRD・Rietveld 解析
XRD 測定は Rigaku 製の Multi Flex 用 X 線発生装置を用い、Rietveld 解析には Sietronics 社製の Siroquant Version 4.0 を用いた。また Rietveld 解析に際しては、C_3A(cubic)、Gypsum、Portlandite、Ettringite、Monosulfate、Katoite(C_3AH_6)、Corundum(α-Al_2O_3)の 7 種類の鉱物を対象とした。水和試料の鉱物量は Rietveld 解析より得られた定量値に、既報[3]に従って強熱減量補正を行い算出した。

2.5 ^{27}Al MAS NMR 測定
^{27}Al MAS NMR 測定には JEOL ECA-600 II を使用した。NMR の測定はジルコニア製(φ=4mm)の試料管を用い、外部磁場 16.4T、測定周波数 182.4MHz で行った。MAS 測定は試料回転周波数 12.5kHz、フリップ角 18°、パルス幅 1.6μs、待ち時間 0.5s で行った。化学シフトの基準物質は $AlCl_3$ 飽和水溶液(-0.1ppm)を用いた。また、本研究では既報[3]において示した XRD+NMR 法を用いて結晶質、非晶質の化合物組成を算出した。

2.6 溶液イオン濃度の測定
溶液中のカルシウムイオン濃度及びアルミニウムイオン濃度を ICP-AES により、硫酸イオン濃度をイオンクロマトグラフにより測定した。ICP-AES 測定には島津製作所社製 ICPE-9000 を、イオンクロマトグラフ測定には Thermo Scientific 社製 ICS-90 を使用した。

2.7 pH 測定
アズワン社製精密 pH 計 AS800 を用いて溶液の pH を測定した。同一溶液について三回の pH 測定を行い、その平均値を実測値とした。

3. 実験結果及び考察
図 1 に示した水和発熱量測定結果より、Portlandite の添加によって発熱時期が後期へシフトする傾向が見られた。また、図 2 に示した C_3A 水和率の算出結果より、Portlandite 添加系が無添加系と比較して材齢 1 時間時には高い水和率を示すものの、それ以降では水和反応が停滞し、長期に渡って未水和の C_3A が残存していることが確認された。Portlandite 無添加系においては水和率 60%付近において水和反応が停滞するものの、その後再び上昇し材齢 32 時間で水和率が約 100%に達することが確認された。以上より、Portlandite 添加により材齢 1 時間以降の C_3A の水和反応が遅延する結果となった。

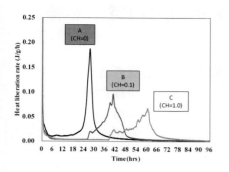

図1 Portlandite 添加時の水和発熱曲線変化

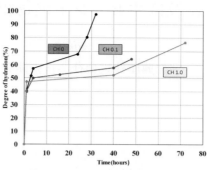

図2 ^{27}Al MAS NMR 測定より算出した Portlandite 添加時の C_3A 水和率変化

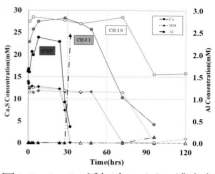

図3 Portlandite 添加時のイオン濃度変化

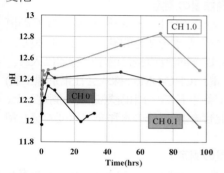

図4 Portlandite 添加時の pH 変化

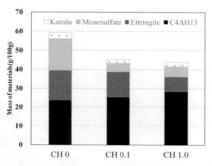

図5 Portlandite 添加時の非晶質物質中の化合物組成変化(材齢1時間)

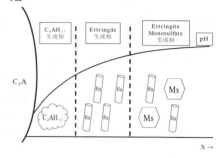

図6 C_3A 粒子表面からの距離と水和生成物相の関係

　図3に示した溶液中のイオン濃度測定結果、図4に示した pH 測定結果より、Portlandite 添加によって溶液中のカルシウムイオン濃度及び pH が上昇していることが確認された。

　XRD+NMR 法により求めた、材齢1時間における非晶質物質中の化合物組成を図5に示す。Portlandite 添加により C_4AH_{13} の生成量が増加することが確認された。また、Gabrisova ら[4]はカルシウムサルホアルミネート水和物の安定性が pH や溶液中のカルシウムイオン濃度に依存することを示し、低 pH かつ高カルシウム濃度をとる領域において C_4AH_{13} が安定に存在するのに対し、pH の上昇及びカルシウム濃度の低下に伴って Ettringite や Monosulfate の存在が認められたことを報告している。

　そのため、C_3A の水和系においても、低 pH かつ高カルシウムイオン濃度を示す C_3A 粒子近傍では C_4AH_{13} が生成し、粒子から遠ざかるにつれて Ettringite や Monosulfate の生成相が存在することが考えられる。図6に、想定される C_3A 粒子表面からの距離と水和生成物相の関係を表した模式図を示す。図6より、pH が上昇することで C_4AH_{13} 生成相及び Ettringite 生成相が粒子近傍に引き寄せられる形で狭められることが分かる。Portlandite 添加によって生じるカルシウムイオン濃度の上昇が C_4AH_{13} の生成量増加を引き起こし、同時に pH の上昇を受け C_4AH_{13} の生成領域が狭まることから、C_3A 粒子表面に生成する C_4AH_{13} が高密度化しイオンや水に対する遮蔽効果が高まることで水和反応の遅延、停滞を引き起こすことが示唆された。

【参考文献】

1) 社団法人セメント協会:セメント系固化材による地盤改良マニュアル、第4版(2012)
2) 石川玲奈ほか:熱力学平衡論に基づく C_3A-Gypsum-Portlandite 系の水和反応解析、セメントコンクリート論文集(2016)
3) 梶尾知広ほか:^{27}Al MAS-NMR 及び XRD・Rietveld 法を用いた C_3A-Gypsum-Portlandite 系の水和反応解析、セメントコンクリート論文集(2016)
4) A.Gabrisova et al : Stability Of Calcium Sulfoaluminate Hydrates In Water Solutions With Various pH Values, CEMENT and CONCRETE RESEARCH, vol21, pp. 1023-1027(1991).

[1204]

断熱条件下の水和発熱量に及ぼすセメント鉱物組成および粉末度の影響

宇部興産株式会社　技術開発研究所　　〇境徹浩
伊藤貴康
小西和夫
高橋俊之

1. 背景

近年、温度ひび割れやエトリンガイト遅延生成(DEF)を抑制する観点から、コンクリートの断熱温度上昇特性の制御に関心が高まっている。

その一方で、C_3A量を高めた省エネルギー型セメントの開発[1]や、混合セメントの初期強度改善を目的としたクリンカーの高C_3S化の研究[2]が進められている。

しかしながら、このようなクリンカー鉱物組成の変更が、断熱条件下での水和発熱特性にどのように影響するか系統的に調べた報告は少ない。

本研究では、セメントの鉱物組成が断熱条件下の水和発熱に及ぼす影響を粉末度の効果も含めて検討した。

2. 実験方法
2.1 使用材料

実験に用いた供試セメントの鉱物組成と粉末度を表1に示す。供試セメントは、鉱物組成が大幅に異なる市販の普通セメント(N)、早強セメント(H)、中庸熱セメント(M)および耐硫酸塩セメント(SR)を用いた。また、これらを数種類混合して、C_3A6%固定でC_3S量と粉末度を変えた試製セメントも用いた。砂はコンクリート用砕砂を用いた。

表1　供試セメントの鉱物組成と粉末度

	鉱物組成(Bogue、%)				SO_3 (%)	ブレーン値 (cm^2/g)
	C_3S	C_2S	C_3A	C_4AF		
N	56	17	10	9	2.0	3200
H	65	10	9	8	2.9	4540
M	35	45	3	10	2.2	4000
SR	58	21	1	14	1.9	3340
試製1	63	13	6	10	2.6	4150
試製2	59	16	6	11	1.9	3240
試製3	50	27	6	9	2.6	4260
試製4	46	31	6	10	2.2	3660

2.2 発熱特性の評価

発熱特性は、20℃一定条件下での水和発熱量と、断熱条件下の温度上昇量（終局断熱温度上昇量(Q_∞)）により評価した。それぞれの測定方法を以下に記す。

(1) 20℃での水和発熱量の測定

測定はW/C=0.5のセメントペーストを用い、20℃の恒温室内で供試セメントと水を2分間練り混ぜて作製した。セメントペーストは、練混ぜ直後に所定の容器に入れ、セメント水和熱熱量計(CHC-OM6：株式会社東京理工製)を用いて、20℃一定条件下での水和発熱速度を測定した。水和発熱量は、練混ぜ後1h以降の水和発熱速度の値を積算して算出した。

(2) 断熱温度上昇量の測定

測定はW/C=0.5および砂／セメント比2.5のモルタルを用いた。断熱養生下での温度上昇量は、既報[3]と同じ少量モルタルサンプル型の断熱熱量計を用いた。20℃に保持した断熱熱量計に、練混ぜ直後のモルタルを入れ、断熱温度上昇し、得られた温度上昇曲線から下記の近似式[1]を用いて、Q_∞を算出した。

$$Q(t)=Q_\infty[1-\exp\{-\gamma(t-t_0)\}] \quad [1]$$

ここに　$Q(t)$　：断熱温度上昇量(℃)
　　　　Q_∞　：終局断熱温度上昇量(℃)
　　　　t　：材齢(d)
　　　　t_0　：発熱開始材齢(d)
　　　　γ　：温度上昇速度に関する定数

3. 実験結果
3.1 各種セメントの水和発熱特性

図1に各種セメントの水和発熱量、図2に断熱温度上昇量を示す。20℃一定での水和発熱量(72h後)は、Hが最も高く、SR、N、Mの順に低くなった。また、断熱温度上昇量は、Hが最も高く、N、SR、Mの順に低くなり、20℃一定の水和発熱量に比べると、Mに対してNやSRの温度上昇量(48h後)の差異が1.4倍大きくなった。

これらから、20℃一定での水和発熱の差異よりも、断熱条件下での水和発熱の方が、セメント品種間での差異が顕著になることがわかった。

3.2 各種セメントの水和発熱特性

断熱養生下の水和発熱に及ぼす各因子の影響度を調べ

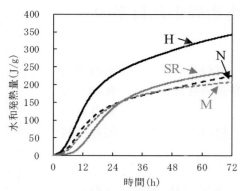

図1 各種セメントの水和発熱量（20℃一定）

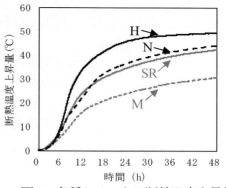

図2 各種セメントの断熱温度上昇量

るため、終局断熱温度上昇量($Q_∞$)と各種セメントの鉱物組成および粉末度との関係を整理した。

図3にC_3S量と$Q_∞$の関係、図4にC_3A量と$Q_∞$の関係、図5にブレーン値と$Q_∞$の関係を示す。図4には、過去の検討結果[4]であるC_3A量12%(C_3S量=57%、ブレーン値=3200±50cm^2/g、SO_3=2%)およびC_3A量15%(C_3S量=58%、ブレーン値=3200±50cm^2/g、SO_3=2%)のデータも併記した。

図3～5をみると、C_3S量の増加に伴い$Q_∞$が高くなる傾向が最も強く認められた。また、C_3A量およびブレーン値の影響はそれほど大きくはなかった。ただし、C_3A量が12%以上の範囲では$Q_∞$が高くなる傾向があり、これは過去の研究結果[4]でSO_3不足によるものであり、石膏量を増やすことで抑制可能とされている。

4．まとめ

断熱温度上昇にはC_3S量が最も影響する。また、C_3A量は12%未満ではそれほど影響せず、C_3A量に応じて石膏量を増やせば温度上昇の抑制が可能である。ブレーン値は、温度が高くなると反応率が高まるためか、断熱温度上昇にはあまり影響しなかった。

【参考文献】
1) 安藝朋子ほか：省エネルギー型汎用型セメントの開発、セメント・コンクリート論文集、No.68、pp.103-109（2014）
2) 新杉匡史ほか：混合セメントにおける高エーライトクリンカーの利用、セメント・コンクリート論文集、No.68、pp.212-217（2014）
3) 丸屋英二ほか：少量サンプル用断熱熱量計によるコンクリートの品質管理手法の開発、セメント・コンクリート論文集、No.61、pp.86-91（2007）
4) 丸屋英二ほか：間隙相量を増大したセメントの断熱温度上昇特性、セメント・コンクリート論文集、No.62、pp.68-74（2008）

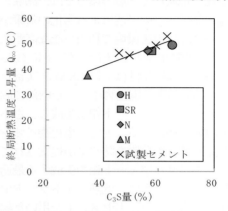

図3 C_3S量と$Q_∞$との関係

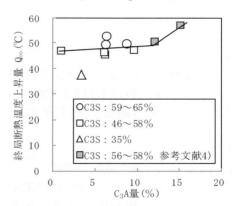

図4 C_3Aと$Q_∞$との関係

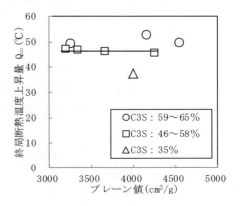

図5 ブレーン値と$Q_∞$との関係

中庸熱ポルトランドセメント–膨張材–塩素固定化材系の水和反応と炭酸化反応の利用

東京工業大学　物質理工学院　材料系　　○沼波勇太
デンカ株式会社　セメント・特混研究部　　森泰一郎
　　　　　　　　　　　　　　　　　　　　宮口克一
東京工業大学　物質理工学院　材料系　　　坂井悦郎

1. はじめに

海岸や融雪剤を撒く地域などの塩害環境では、鉄筋コンクリートへの塩化物イオンの浸透による劣化の対策が必要となる。既に筆者らは塩害環境で利用可能な高耐久セメント材料として、低熱ポルトランドセメントに石灰-エトリンガイト複合系膨張材(以下 CSA)と $CaO \cdot 2Al_2O_3$(以下 CA_2)を加える事で塩化物イオンを内部に固定することができるモノサルフェート相を生成し、さらに表面を炭酸化し緻密な層にすることで、塩化物イオンの浸透とカルシウムイオンの溶脱を防ぐ系が提案されている。本研究では、モノサルフェート相を生成する最適な SO_3/Al_2O_3 を検討するとともに、低熱ポルトランドセメントに代えて中庸熱ポルトランドセメントを用いた場合についても検討を加えた。

2. 実験概要

2.1 使用材料

本実験で使用した中庸熱ポルトランドセメント(以下 MHC)と低熱ポルトランドセメント(以下 LHC)、CA_2、および CSA の物理的性質および化学組成を表1に示す。

2.2 実験方法

(1) セメント-CSA-CA_2 系の水和生成物の同定

LHC-CSA-CA_2 系の混合比を表2に示し、MHC-CSA-CA_2 系の混合比を表3に示す。ともに W/P=0.5 とし7日と28日湿空養生したのち、XRD 測定により、水和生成物を同定した。

表2　LHC 系試料の混合比

試料	配合(mass%)			SO_3/Al_2O_3
	LHC	CA_2	CSA	mole ratio
1	85.7	9.3	5.0	0.402
2	89.0	6.0	5.0	0.537
3	91.7	3.3	5.0	0.729
4	93.6	1.4	5.0	0.962
5	95.0	0	5.0	1.250

表3　MHC 系試料の混合比

試料	配合(mass%)			SO_3/Al_2O_3
	MHC	CA_2	CSA	mol ratio
1	89.0	6.0	5.0	0.475
2	90.5	4.5	5.0	0.551
3	92.0	3.0	5.0	0.654
4	95.0	0.0	5.0	1.021

(2) 表面炭酸化層の生成物

MHC について MHC:CSA:CA_2=89.0:6.0:5.0、W/P=0.5 となるよう混合した系を7日湿空養生した後、JIS A 1153「コンクリートの促進中性化試験方法」に準拠し、温度20℃、相対湿度60%、二酸化炭素濃度5%で7日間促進炭酸化養生を行った。養生後、炭酸化部と未炭酸化部に分離し、XRD 測定により、生成物を同定した。

表1　使用材料の物理的性質および化学組成

	真密度 (g/cm^2)	ブレーン比表面積 (cm^2/g)	化学組成 (mass%) 湿式分析				
			CaO	Al_2O_3	SiO_2	Fe_2O_3	SO_3
中庸熱ポルトランドセメント (MHC)	3.22	3210	63.7	3.6	23.2	4.5	2.1
低熱ポルトランドセメント (LHC)	3.26	3680	63.1	3.1	26.0	3.2	2.3
石灰-エトリンガイト系膨張材 (CSA)	3.02	4200	67.7	4.8	3.7	1.0	18.8
塩素固定化材 (CA_2)	2.99	3500	19.9	68.1	0.0	2.6	0.1

（3）カルシウム溶脱量測定

（2）と同様の組成、養生条件で7日炭酸化させた試料と湿潤養生7日させた試料を作製し、硬化体の表面積1cm^{2}あたり5mLの蒸留水が作用するように浸漬し、1週間ごとに作用水を取り換えた。作用水中の溶出カルシウムイオン量を、イオンクロマトグラフィーにより求めた。

3．結果および考察

3．1 セメント-CSA-CA_2系の水和生成物

LHC-CSA-CA_2系の主な水和生成物を表4にMHC-CSA-CA_2系の主な水和生成物を表5に示す。

表4 LHC系の主な水和生成物

試料	1	2	3	4	5
AFm	○	○	△	×	×
AFt	×	×	△	○	○

表5 MHC系の主な水和生成物

試料	1	2	3	4
AFm	○	○	×	×
AFt	×	×	○	○

原料の出発組成はいずれの場合もモノサルフェート相が主に生成する組成となっている。LHC系では、CA_2無添加とCA_2添加量1.4mass%ではエトリンガイトが主に生成しているが、それ以外ではいずれの場合もCA_2を添加するとモノサルフェート相を生成している。MHCの方がLHCよりC_3Aが少ないので、MHCではCA_2は4.5mass%でもモノサルフェート相が主に生成している。なお、出発組成ではモノサルフェート相の生成組成になっているがそれぞれの反応率を求めて議論する必要がある。

3．2 炭酸化による生成物とカルシウム溶脱量

炭酸化したMHC-CSA-CA_2系の表面には主にカルサイトが生成しモノサルフェート相は確認できなかった。内部の未炭酸化部にはモノサルフェート相が確認された。このことから、MHC-CSA-CA_2系では炭酸化によって炭酸化部分での塩化物イオンの固定は期待できないが、内部では固定が可能であると考えられる。また、MHC-CSA-CA_2系のカルシウム溶脱量を図1に示す。表面を炭酸化した系の方がカルシウム溶脱量が炭酸化していないものより減少している。これは、表面にCHよりも溶解度の小さいカルサイトが生成したことで組織が緻密化したことが理由であると考えられる。MHC-CSA-CA_2系でも炭酸化により溶脱抵抗性は向上し内部にはモノサルフェート相が生成したと考えられるが詳しく検討が必要である。

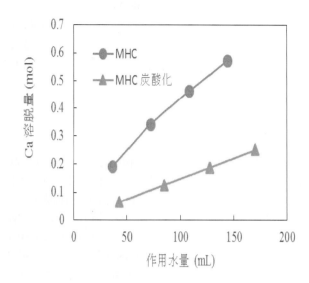

図1 蒸留水へのカルシウム溶脱量

4．まとめ

（1）LHC-CSA-CA_2系では$CA_2$6.0mass%、MHC-CSA-CA_2系では$CA_2$4.5mass%でモノサルフェート相が生成し塩化物イオンの固定の可能性が示された。

（2）MHC-CSA-CA_2系においてもLHCを用いた場合と同様に表面を炭酸化することによって、カルシウムイオン溶脱抑制効果が確認された。また、内部の未炭酸化部分にモノサルフェート相の存在が確認された。以上よりMHC-CSA-CA_2系も塩害環境で利用可能なセメント材料として期待できることが分かった。

謝辞:本研究の一部は内閣府総合科学技術・イノベーション会議の「SIP インフラ維持管理・更新・マネジメント技術」（管理法人：NEDO）によって実施されたものです。関係者各位に感謝いたします。

共沈法による C-S-H の合成と低温焼成した β-C₂S の水和反応

新潟大学	工学部、建設学科	田中彰悟
新潟大学	大学院自然科学研究科	○佐藤賢之介
新潟大学	工学部、建設学科	斎藤豪
		佐伯竜彦

1. はじめに

近年、セメント産業においては循環型社会形成のため、省資源・省エネルギー・低炭素化への取り組みがなされている。その中で、原料由来の CO_2 発生量を削減することを目的としてセメント中のビーライト($β-C_2S$)量を増加させる検討がなされている。しかし、$β-C_2S$ は水和速度が遅く、初期強度の発現に課題があることから実現には至っておらず、CO_2 およびエネルギーを大幅に低減するような革新的技術は未だに提唱されていない。

一方、石田ら[1]は、ヒレブランダイト(C/S=2.0 の結晶性 C-S-H の一種)から、高活性 $β-C_2S$ を生成する研究を行っている。この高活性 $β-C_2S$ の焼成温度は 600℃ と、通常の $β-C_2S$ の焼成温度である 1400℃ よりも大幅に低い温度で生成可能であり、水和させたときの反応速度が非常に高く、水和生成物中に水酸化カルシウムが存在しないことが報告されている。この報告に従うと、高活性 $β-C_2S$ の水和によって生成する化合物は C/S=2.0 の C-S-H だけとなる。つまり、水和によって生成した C/S=2.0 の C-S-H を再び 600℃ で焼成することで、再び高活性 $β-C_2S$ を得ることができ、理論上では永遠に再生可能なセメントになり得る。このことは、原材料および焼成エネルギーに由来する CO_2 を大幅に削減することにつながり、循環型社会形成の一翼を担うことが期待される。

しかし、従来の合成方法では C/S 比 1.5 以上の C-S-H を生成することは難しく、また非晶質の C-S-H を用いて $β-C_2S$ の生成を検討した事例はない。そこで本研究では、C/S 比 2.0 の非晶質 C-S-H と、高活性 $β-C_2S$ からなる再生セメントのサイクルを確立することを目的とし、高 C/S 比の C-S-H の合成条件について検討を行った。また、合成した C-S-H からの $β-C_2S$ の生成と、$β-C_2S$ を水和させた際の生成物についても検討を行った。

2. 実験概要
2.1 C-S-H の合成

本研究では、水溶液同士を反応させる共沈法を用いて C-S-H の純薬合成を行った。Ca 源である $Ca(NO_3)_2・4H_2O$ と、Si 源であるケイ酸ナトリウム(メタ・オルト)をイオン交換水を用いて、目標 C/S 比となるようにそれぞれ所定の濃度の水溶液を作製した。また、シリカの反応性を変化させるために、HNO_3 水溶液や NaOH 水溶液を加えて pH 調整を行ったものも作製した。作製した水溶液は 40℃ または 80℃ に保ちつつ 1 時間撹拌させた後、ケイ酸ナトリウム(メタ・オルト)水溶液を撹拌させながら $Ca(NO_3)_2・4H_2O$ 水溶液を滴下した。滴下終了後、40℃ または 80℃ に保ちながら 1 日熟成させ、熟成後吸引濾過において固相を分離し、110℃ で恒量となるまで乾燥させた。乾燥後、ボールミルを用いて粉砕し、90μm ふるいを全通した C-S-H を試料として用いた。

2.2 C-S-H の焼成と水和

生成した C-S-H はプレス機によって成形し、電気炉を用いて 600℃ で 3 時間焼成した。焼成後、ボールミルを用いて粉砕し、90μm ふるいに全通したものを試料とした。上記のようにして得た試料を、水セメント比 80% として、20℃ 環境下で 7 日間水和させた後、アセトンにより水和を停止させた。水和停止後、アセトンを乾燥させ、90μm ふるいに全通したものを試料とした。

2.3 分析方法

合成した C-S-H に対し、XRD/Rietveld 解析、TGA により固相の生成物を分析し、加えて濾液の分析を行い、C-S-H の平均 C/S 比を算出した。また、焼成後および水和後の試料に対しても XRD/Rietveld 解析を行い、生成物の定量を行った。

3. 実験結果および考察
3.1 共沈法における C-S-H の合成と平均 C/S 比

図 1 に、合成 C-S-H の XRD パターンを示す。いずれの試料においても既往の研究と同様の C-S-H の回折パターンを確認することができた。また、$Ca(OH)_2$ のピークである 18°付近に着目してみると、いずれにおいてもピークが確認されず、$Ca(OH)_2$ が生成されていなかった。このことは TGA による熱重量分析の結果からも確認することができた。次に、表 1 に各種条件において合成した C-S-H の平均 C/S 比を示す。目標 C/S 比を 2.0 としても、高 C/S 比の C-S-H を生成することはできず、目標 C/S 比をより高くした場合においても合成した C-S-H の平均 C/S 比は上昇しなかった。しかしながら、目標 C/S

表1 C-S-Hの合成条件と平均C/S比

試料名	Si源	目標C/S (mol/mol)	pH Ca	pH Si	撹拌・熟成温度(℃)	固相C/S (mol/mol)
CSH-No.1	メタ	3.0	6.0 (調整なし)	12 (調整なし)	40	0.60
CSH-No.2	メタ	2.5	6.0 (調整なし)	12 (調整なし)	40	0.63
CSH-No.3	メタ	2.25	6.0 (調整なし)	12 (調整なし)	40	0.60
CSH-No.4	メタ	2	6.0 (調整なし)	12 (調整なし)	40	0.85
CSH-No.5	メタ	1.5	6.0 (調整なし)	12 (調整なし)	40	0.85
CSH-No.6	メタ	1.2	6.0 (調整なし)	12 (調整なし)	40	0.85
CSH-No.7	メタ	0.8	6.0 (調整なし)	12 (調整なし)	40	1.16
CSH-No.8	オルト	2.0	6.0 (調整なし)	13 (調整なし)	40	1.36
CSH-No.9	メタ	2.0	2.0	12.0	40	0.86
CSH-No.10	メタ	2.0	12.0	12.0	40	1.12
CSH-No.11	メタ	2.0	6.0	13.0	40	1.45
CSH-No.14	オルト	2.0	1.2	13.0	40	1.26
CSH-No.15	オルト	2.0	6.0	13.0	40	1.55

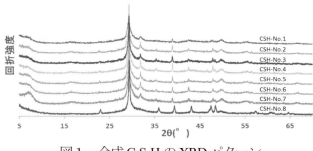

図1 合成C-S-HのXRDパターン

比の一番小さい0.8で、最も高い平均C/S比を得ることができた。また、シリカ源としてのオルトケイ酸ナトリウムの使用や、水溶液のpH調整を行って合成したC-S-Hの平均C/S比は、やや増大したが、C/S比2.0程度とはならなかった。以上のように、XRDではC-S-Hの生成が確認されたものの、平均C/S比が高いC-S-Hを得ることはできなった。

3.2 $\beta\text{-}C_2S$の生成と水和反応

図2に、pH未調整のC-S-Hを600℃で焼成した試料のXRDパターンを示す。いずれの試料においても、Wollastonite($Ca_3Si_3O_9$)、$\alpha\text{-}C_2S$の生成と、30〜35°付近に$\beta\text{-}C_2S$のピークを確認することができた。前述のように、焼成前のC-S-Hの平均C/S比は低い値であったが、焼成後に$\beta\text{-}C_2S$の生成が確認されたことから、本研究で得られたC-S-HはC/S比2.0のC-S-Hと低C/S比のC-S-Hが混合していた可能性が示唆された。

また、図3に600℃焼成における水和前後のXRDの結果を示す。水和前後においてWollastonite($Ca_3Si_3O_9$)のピークに変化がない一方で、水和後に$\beta\text{-}C_2S$のピークである30〜35°のピークが減少したことから、$\beta\text{-}C_2S$が反応したものと考えられる。さらに、水和後も18°付近のCa(OH)$_2$のピークが確認されなかったことから、本研究において生成された$\beta\text{-}C_2S$はCa(OH)$_2$を生成しない高活性$\beta\text{-}C_2S$である可能性が考えられた。

4. まとめ

(1) C-S-Hを合成することはできたが、平均C/S比の高いものは得ることができなかった。
(2) 平均C/S比の低いC-S-Hを焼成したところ、$\beta\text{-}C_2S$の生成が確認されたことから、C/S比2.0のC-S-Hが一部生成されていることが示唆された。
(3) 焼成後の試料を水和させたところ、$\beta\text{-}C_2S$が反応したにもかかわらず、Ca(OH)$_2$は生成されなかった。

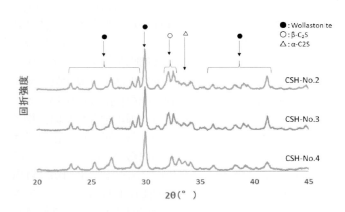

図2 600℃焼成した合成C-S-HのXRDパターン

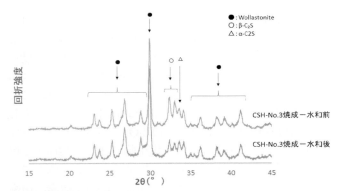

図3 600℃焼成試料の水和前後におけるXRDパターン

【謝辞】

本研究は、2016年度のセメント協会研究奨励金の交付を受けて行ったものであり、ここに感謝の意を表します。

【参考文献】

1) 石田秀輝ほか：高活性$\beta\text{-}C_2S$の低温合成と水和反応ならびに生成ジェル、鉱物学雑誌、第26巻、第3号、135〜146 (1997)

[1207]

CaO・2Al$_2$O$_3$を混和した普通ポルトランドセメントの水和に及ぼす環境温度の影響

デンカ株式会社　セメント・特混研究部　　〇森泰一郎
藏本悠太
宇城将貴
盛岡実

1. はじめに

我が国における鉄筋コンクリート構造物の劣化の主要因は塩害である。塩害は、海洋からの飛来塩分や凍結防止剤に由来する塩化物イオンがコンクリート中に拡散し、鉄が腐食生成物を生じる際の体積膨張によって劣化する現象である。このコンクリート硬化体中の塩化物イオンには、硬化体中を自由に移動可能な可溶性塩化物イオンと、セメント水和物などによって固定化された塩化物イオンの二種類が存在する。このうち、可溶性塩化物イオンが塩害の主要因であることが明らかになっている。既往の研究[1]によると、モノサルフェート型水和物は自由塩化物イオンを 3CaO・Al$_2$O$_3$・CaCl$_2$・10H$_2$O（フリーデル氏塩）などの複塩として結晶構造内に固定し、鉄筋腐食に直接影響しない固定化塩化物イオンとすることが知られている。

これに対して盛岡らは、ポルトランドセメントに対してCaO・2Al$_2$O$_3$（以下、CA$_2$と略記）を混和することにより、可溶性塩化物イオンを減少させ、塩害対策に有効な技術となることを見出した[2]。その塩害抑制のメカニズムとして、CA$_2$はポルトランドセメントの水和反応によって生成する水酸化カルシウムと式[1]のように反応して 3CaO・Al$_2$O$_3$・Ca(OH)$_2$・12H$_2$O で示されるハイドロカルマイトを多量に生成し、塩化物イオンが共存する場合には式[2]のように自由塩化物イオンを取り込んでフリーデル氏塩を生成すること、またこの時に組織の緻密化が生じることを明らかにされている[3]。

$$7Ca(OH)_2 + CaO \cdot 2Al_2O_3 + 19H_2O$$
$$\rightarrow 2(3CaO \cdot Al_2O_3 \cdot Ca(OH)_2 \cdot 12H_2O) \quad [1]$$

$$3CaO \cdot Al_2O_3 \cdot Ca(OH)_2 \cdot 12H_2O + 2Cl^-$$
$$\rightarrow 3CaO \cdot Al_2O_3 \cdot CaCl_2 \cdot 12H_2O + OH^- \quad [2]$$

つまり、CA$_2$の混和による塩化物イオンの拡散抑制は、フリーデル氏塩の生成による塩化物イオンの化学的作用と、組織緻密化による物理的作用の複合効果によってもたらされる。

他方、CaO-Al$_2$O$_3$-H$_2$O 系の状態図を見ると、液相中のCaO や Al$_2$O$_3$ のイオン濃度によって生成するカルシウムアルミネート系水和物は変化するため、環境温度が変化した時に自由塩化物イオンを取り込むキャプチャーとして働くハイドロカルマイトの生成挙動を把握することは重要なことである。

そこで本研究では、CA$_2$を混和したポルトランドセメントで生成する水和物に与える環境温度の影響を調査した。

2. 実験の概要

2.1 使用材料

普通ポルトランドセメント（以下、OPC と略記）は、市販品を用いた。また、混和材としてCA$_2$、混練水として水道水を使用した。なお、CA$_2$ は工業原料の炭酸カルシウムと酸化アルミニウム、それに酸化鉄（III）を原料とし、CaO/(Al$_2$O$_3$+Fe$_2$O$_3$)のモル比が 0.5、Fe$_2$O$_3$ が全量に対して内割りで 6mass%添加となるように計量、粉砕混合を行い、水分を適量加えて造粒した後、内部温度を 1750℃～1850℃に保持したロータリーキルンにて焼成することで合成した。徐冷して得られたクリンカーはブレーン値 3000cm^2/g に粉砕した。表1に使用した材料の物理的性質、化学組成を示す。

2.2 試験方法

（1）水和試料の作製

合成した CA$_2$ は、OPC に対して内割りで 10mass%添加となるように混合した。5、20、30、40℃の各環境下、この混合粉体を水粉体比0.5で練り混ぜ、そのまま材齢1、3、7日まで封かん養生した。所定の環境温度、材齢で水

表1　使用材料の物理的性質と化学組成

材料	密度 (g/cm^3)	ブレーン値(cm^2/g)	化学組成 (mass%)					
			CaO	Al$_2$O$_3$	SiO$_2$	Fe$_2$O$_3$	SO$_3$	R$_2$O
OPC	3.15	3300	64.8	5.3	20.1	2.9	2.1	0.46
CA$_2$	2.99	3500	21.4	70.4	0.5	6.0	0.2	0.96

和させた試料は、多量のアセトンを用いて水和停止した。
(2) CA_2 と水和生成物の同定

各材齢で水和停止した試料について、CA_2 と水和生成物の種類を粉末X線回折法（XRD、リガク社製、Multiflex型）で同定した。

2．3 試験結果および考察

各環境温度下で作製した水和試料のうち、材齢7日後の水和試料で CA_2 有無を XRD から調べた。図1に、CA_2 の最強ピーク（$2\theta=25.5°$）に着目した XRD 図形を示す。5℃環境下だと材齢7日以後にも、CA_2 のブロードなピークが同定された。これに対し、20℃と30℃環境下で養生した水和試料からは CA_2 が同定されなかった。環境温度の低下にともない、CA_2 は緩やかに反応するためこの様な結果を示すものと考えられる。なお、合成した CA_2 のピークは低角側にシフトしているが、これは CA_2 の結晶構造中に焼成温度の低下を目的に添加した Fe_2O_3 を由来とする Fe^{3+} が固溶したためである[5]。

図2に各環境温度下で作製した水和試料のうち、材齢7日後の水和試料について水和生成物を XRD から同定した XRD 図形を示す。5℃環境下を見ると、水和生成物としてエトリンガイト、ハイドロカルマイト、ヘミカーボネート、それにポルトランダイトが同定された。これに対して20℃環境下になると、エトリンガイトのみ消失して新たにモノサルフェートとハイドロガーネットが同定された。さらに40℃環境下で生成する水和物を見ると、20℃環境下で生成する水和物と変わらなかった。

環境温度の変化にともなうハイドロカルマイトのピーク強度の推移を見ると、5℃から20℃にかけて大きくなっていた。これら点を踏まえると、5℃から40℃の環境下ではハイドロカルマイトが生成して自由塩化物イオンを取り込めることが示唆された。

3．まとめ

以上の実験により次のことが明らかになった。
(1) 5℃環境下だと CA_2 は緩やかに反応するため、材齢7日後にも CA_2 のブロードなピークが同定された。これに対し、20℃と30℃環境下で養生した水和試料からは CA_2 が同定されなかった。
(2) 5℃環境下を見ると、材齢7日後の水和生成物としてエトリンガイト、ハイドロカルマイト、モノカーボネート、それにポルトランダイトが同定された。これに対して20℃と40℃環境下になると、同じくハイドロカルマイト、エトリンガイトは消失して新たにモノサルフェートとハイドロガーネットが同定された。
(3) 環境温度の変化にともなう材齢7日時点でのハイドロカルマイトのピーク強度の推移を見ると、5℃から20℃にかけて大きくなっていた。

【参考文献】

1) 盛岡実ほか：セメント混和材及びそれを用いたセメント組成物、特開 2005-104828 号公報（2005）
2) 田原和人ほか：$CaO \cdot 2Al_2O_3$ を混和した種類の異なるセメント硬化体の水和挙動及び塩化物イオン固定化能力、セメント・コンクリート論文集、No.65、pp.427-434（2011）
3) 盛岡実ほか：$CaO \cdot 2Al_2O_3$ の塩化物イオンの拡散抑制効果とその機構、土木学会コンクリート技術シリーズ No.89、混和材料を使用したコンクリートの物性変化と性能評価研究小委員会（333委員会）報告書、No.2、pp.443-448(2010)
4) H.F.W.Taylor : Cement chemistry 2nd edition, p.178(1997)
5) 森泰一郎ほか：$CaO \cdot (2-n)Al_2O_3 \cdot nFe_2O_3$ 連続固溶体化合物の合成に与える焼成温度の影響、セメント・コンクリート論文集、Vol.70（2016）

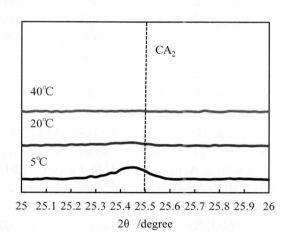

図1 各環境下で作製した材齢7日後の水和試料について CA_2 に着目した XRD 図形

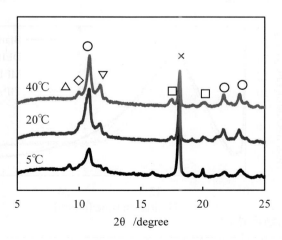

図2 各環境下で作製した材齢7日後の水和試料の XRD 図形
（△：Ettringite、◇：Monosulfate、○：Hydrocalmite、▽：Hemicarbonate、□：Hydrogarnet、×：Portlandite）

セメントの初期水和反応に及ぼすアルカノールアミンの影響

島根大学大学院　総合理工学研究科　　〇大西雄大
新大軌

GCPケミカルズ株式会社　　宮川美穂

九州大学大学院　人間環境学研究院　　小山智幸

1. はじめに

混合セメントはセメント産業における循環型資源の利用量増大と CO_2 削減に有効であり、混合セメントの利用拡大は昨年5月閣議決定の「地球温暖化対策計画」にも織り込まれている。しかし、混合セメントは混合材の置換率増加に伴い初期強度が低下するという問題点がある。その例として、フライアッシュセメントは現在 JIS に規格があるが、ほとんど使用されていない。

一方で、アルカノールアミンの一種であるトリイソプロパノールアミン(以降 TIPA)を粉砕助剤として使用したセメントで初期水和反応が促進され、初期強度が増進することが Gartner らによって指摘されている。[1] TIPA よりも更に初期水和反応の促進に有効な構造を持つアルカノールアミンを選定し、混合セメントに初期強度増進剤として添加すれば、ベースセメントの初期水和が活性化され、混合セメントの初期強度の改善が可能になると期待できる。

本研究では3種類のアルカノールアミンが C_3A, C_4AF および C_3S の初期水和反応に与える影響について検討すると共に、水和生成物量に及ぼすアルカノールアミン類の影響についても検討を加えた。

2. 実験の概要

2.1 使用試料

本研究では研究用普通ポルトランドセメント（以降、研究用 OPC と記す）、アルカノールアミン類は、ジエチルイソプロパノールアミン(以降、DEIPA)、メチルジエタノールアミン(以降、MDEA)、比較対象としてトリイソプロパノールアミン(以降、TIPA)を用いた。

2.2 硬化体の作製

各アルカノールアミンを粉体× 0.04(mass%)として添加した蒸留水と研究用 OPC を水粉体比(W/C)=0.4、10分間手練りで作製した。

2.3 実験方法

(1) 水和発熱速度の測定

6点式コンダクションカロリーメーターを用いて各アルカノールアミンの添加による水和発熱速度の変化ついて検討した。

(2) 間隙相(C_3A, C_4AF)および、C_3S の反応率

所定の期間養生した硬化体を粉砕し、水和停止処理を行った後に粉末 X 線回折内部標準法(標準物質として MgO を内割で10%置換)により未反応量を定量し算出した。定量に使用したピークは C_3A: $2\theta=33.28°$ [440], C_4AF: $2\theta=12.16°$ [020], C_3S: $2\theta=51.78°$ [620] と $51.97°$ [040] である。

(3) 水和生成物の生成量の算出

測定試料の示差熱分析(TG-DTA)を行い、405~515℃における減量を $Ca(OH)_2$、165~190℃における原料を AFm ($3CaO \cdot Al_2O_3 \cdot CaSO_4 \cdot 12H_2O$) 中の $2H_2O$ の脱離と仮定し[2]、生成量を算出した。

3. 実験結果・考察

3.1 初期水和反応に及ぼすアルカノールアミンの影響

図1に各アルカノールアミン添加と無添加 (Blank)の水和発熱速度の比較を示す。アルカノールアミンを添加

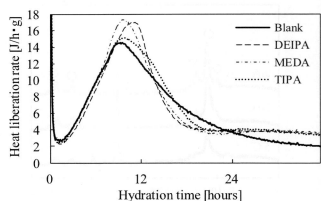

表1　セメントの鉱物組成

	R.H.Bogue (mass%)					Density (g/cm³)	ig.loss (mass%)	比表面積 (cm²/g)
	C_3S	C_2S	C_3A	C_4AF	$CaSO_4$			
研究用 OPC	60	16	8.2	10	3.4	3.16	0.84	3500

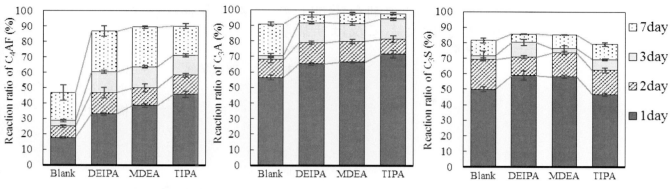

図2　間隙相およびC_3Sの反応率

した試料ではいずれもBlankと比較して12時間付近の発熱ピークが高くなり、特にDEIPAやMDEAを添加したものでは水和発熱ピークがBlankと比較して高くなっており、DEIPAやMDEAを添加した場合ではTIPAよりもC_3Sの初期水和反応が促進しているものと考えられる。また全てのアルカノールアミンを添加した場合で24時間以降に緩やかなピークが認められるようになっており、これはAFm生成由来の発熱ピークと考えられ、アルカノールアミンの添加により間隙相の水和反応が促進され、AFmの生成が促進されていると考えられる。

3.2 アルカノールアミン添加による間隙相およびC_3Sの反応率の変化

各アルカノールアミンの添加とBlankにおける間隙相および、C_3Sの反応率の比較を図2に示す。材令1～7日で間隙相の反応率は全てのアルカノールアミンで増加しており、特にTIPAでは約3倍程度増加した。しかし、材令1～7日でのC_3Sの反応率はDEIPA,MDEAで増加したが、TIPAでは減少した。市川やGartnerによればTIPAは材令28日目において間隙相の水和反応を促進し、付随してC_3Sの水和を促進させるとされている[1)3)]。しかし、今回の研究結果からTIPAは材令1～7日目程度のような初期材令で間隙相は促進するが、C_3Sの水和反応は遅延することが明らかとなった。したがって初期強度増進剤としてアルカノールアミンを使用するためにはTIPAよりもDEIPAやMDEAの方が有効であると考えられる。TIPAによるC_3Sの初期水和反応の遅延の原因については今後詳細な検討が必要である。

3.3 水和生成物に及ぼすアルカノールアミン添加の影響

AFmおよびCHの生成量を図3に示す。AFmの生成量は材令7日目において全てのアルカノールアミンの添加で約3倍程度に増加するという結果となり、これはアミン添加による間隙相の反応促進によるものと考えられる。

また、CHの生成量は材令7日目においてDEIPAやMDEAはBlankと比較して同程度であったがTIPAはや

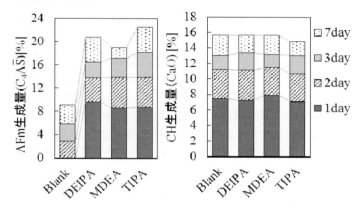

図3　AFmおよびCHの生成量

や減少する結果となり、これはTIPAによるC_3Sの反応遅延によるものと考えられる。今後、混合セメントの初期強度増進剤として、アルカノールアミンを使用するために普通ポルトランドセメントの長期（28日以降）水和反応性に及ぼす影響を検討していく予定である。

4．まとめ

(1) すべてのアルカノールアミンにおいて間隙相の初期水和反応が促進した。しかし、TIPAではC_3Sの初期水和反応が遅延する傾向があるため、TIPAよりDEIPAやMDEAの方が混合セメントの初期強度増進剤として有効であると考えられる。

(2) アルカノールアミンの添加により材令1～7日目におけるAFmの生成量が増加したことにより初期強度増進が期待できる。

【参考文献】
1) E.Gartner : CBA Processing Addition for Ordinary and Blended Portland Cement a Technology Update, W.R. Grace&Co.WashingtonReasarchCenter ,pp.1-7,(1996)
2) 白神達也ほか：ダイナミックTGによるエトリンガイトとモノサルフェートの個別定量, Cement Science and Concrete Tecnology,No.62,(2008)
3) 市川牧彦ほか：セメントのキャラクターとトリイソプロパノールアミンによる強度増進効果の関連性, セメント・コンクリート論文集No.50,(1996)

主成分の異なる混和剤を添加したセメント硬化体の圧縮強度と水和反応に及ぼす影響

日本大学　理工学部　　〇佐藤正己
小泉公志郎
梅村靖弘

1. はじめに

近年、要求性能の向上のためにコンクリートに減水剤の添加をすることは必要不可欠なものとなっている。減水剤の主成分の違いにより、セメントの分散性の違い、凝結遅延の影響により、強度や空隙構造が異なることが報告されている[1]。また、著者らの研究[2]では、主成分の異なった減水剤を用いたセメント硬化体の物性変化、C-S-Hのケイ酸構造の違いについても報告している。そこで本研究では、減水剤がセメント硬化体の長期性状に及ぼす影響を明らかにするため、主成分の異なる減水剤がセメント硬化体の圧縮強度発現性とセメント水和反応、C-S-Hのケイ酸構造に着目し検討した。

2. 研究概要

2.1 使用材料・配合条件

表1に使用材料、表2にモルタル配合、表3に使用したセメントの諸元を示す。配合条件はW/C=30%とし、減水剤無添加(PL)、各減水剤の標準添加量を添加した。なお、セメントペースト配合は、モルタル配合の細骨材を除いたものとした。空気量は消泡剤を使用し3.0%以下に調整した。セメントペースト供試体は打設後、硬化するまで材料分離を防ぐためローテーターを使用し、硬化後材齢ごとに切り分けアルミテープで所定材齢まで室温20℃にて封緘養生を行った。分析は、所定材齢で粉砕し、アセトンによる水和停止を行った試料を用いた。試験材齢は1、7、28、91、181、365日とした。

2.2 実験方法

(1) 圧縮強度測定：モルタル圧縮強度の測定はϕ50mm×100mmの円柱供試体を使用しJIS A 1108(コンクリートの圧縮試験方法)に準拠した。なお、各配合により流動性が異なるため、供試体作成時のエントラップトエア量が若干異なる。そのためモルタル供試体の密度より見かけ空気量を算出し、PLを基準として空気量1%の増減に対し圧縮強度を5%補正し補正圧縮強度を求めた。

(2) 間隙水量の測定：水和停止を行う前の試料を105℃の乾燥炉で乾燥させ、その減量より間隙水量を算定した。

(3) 水酸化カルシウムおよび炭酸カルシウムの定量：水和停止した試料を熱重量示差熱分析計(TG-DTA)により1000℃まで測定し、水酸化カルシウム(CH)量、炭酸カルシウム($CaCO_3$)量を定量した。

(4) セメント鉱物量と標準物質および非晶質の測定：佐藤ら[1]が行った方法を参考にXRD/リートベルト法(α-Al_2O_3 10mass%添加による内部標準法)にて各配合のセメント鉱物量、非晶質量(C-S-H)を定量した。

(5) 水和物の反応率および生成量：(2)～(4)までの測定結果から相組成を求め、鉱物の反応率およびC-S-Hの生成量を算出した。

(6) C-S-Hのケイ酸鎖長分布：佐藤らのTMS法[3]により、所定材齢の各試料のC_3S、C_2SおよびC-S-Hの総シリケート相のケイ酸鎖長分布を測定した。その結果をセメント由来のケイ酸鎖長分布(本研究にて使用したNCは単量体：80.8%、二量体：14.9%、三量体：1.9%、約0.4%の四量体以上の微量成分で構成)による補正を行いC-S-Hのケイ酸鎖長分布を求めた。

表1 使用材料

種類	記号	諸元
普通ポルトランドセメント	C	強さ試験用標準セメント物質(ρ=3.15g/cm³)
水	W	蒸留水
細骨材	S	強さ試験用標準さ(ρ=2.64g/cm³)
高性能AE減水剤	P1	ポリカルボン酸系高性能AE減水剤
高性能AE減水剤	P2	ポリカルボン酸系高性能AE減水剤
高性能減水剤	N	ナフタレンスルホン酸系高性能減水剤
AE減水剤	L	リグニンスルホン酸系AE減水剤
消泡剤	DEF	ポリエーテル系抑泡剤

表2 モルタル配合

種類	W/C (%)	単位量(kg/m³) W	単位量(kg/m³) C	単位量(kg/m³) S	減水剤量 C×%	消泡剤 C×%
PL	30	238	793	1347	0	0.2
P1	30	238	793	1347	0.9	0.2
P2	30	238	793	1347	1.4	0.2
N	30	238	793	1347	2.6	0.2
L	30	238	793	1347	0.6	0.2

表3 セメントの諸元

ig.loss (%)	化学組成(mass.%)							鉱物組成(mass.%)						
	CaO	SiO_2	Al_2O_3	Fe_2O_3	MgO	SO_3	Na_2Oeq	C_3S	C_2S	C_3A	C_4AF	Calcite	Ggypsum	Bassanite
2.61	63.82	20.17	5.48	2.37	2.1	2.1	0.7	55.6	14.1	13.8	3.0	6.4	2.8	2

3. 実験結果および考察

3．1 モルタルの補正圧縮強度

図1に空気量を補正したモルタルの補正圧縮強度を示す。補正圧縮強度試験は、PL、N、Lの約80MPaに対しP1、P2が100MPaを超え、15～20MPa程度高くなった。この結果より減水剤の主成分の違いによる影響が認められた。杉山ら[1]によると初期の分散性の違いは、材齢28日までの結果では凝集構造の影響を与える続けるとしており、長期材齢まで影響を及ぼすことが示唆された。ただし、ポリカルボン酸系(P1、P2)は、材齢182日から365日にかけて強度低下が認められ、今後の長期材齢について検討予定である。

3．2 セメントの反応率およびC-S-H生成量

図2にセメント反応率、図3にC-S-H生成量を示す。セメント反応率およびC-S-H生成量は、減水剤の主成分に関わらず材齢1日から材齢365日までほぼ同等であった。セメントの反応量とそれに伴うC-S-H量(非晶質水和物量)への減水剤の主成分の影響は、標準添加量の範囲内では凝結遅延も生じず、確認できなかった。

3．3 C-S-Hのケイ酸鎖長分布

図4にTMS法により求めたC-S-Hの多量体量(二～六量体)を示す。二量体量に着目すると材齢91日までは若干ばらついているが、減水剤の主成分に関わらず材齢182日まで緩やかに増加し、材齢182日以降の長期材齢でほぼ同等となった。著者らの研究[2]では、二量体の生成は、減水剤の添加により材齢3日まで遅延が生じるが、それ以降で無添加を上回るとしているが、若材齢での遅延は生じず、長期材齢でも差が認められなかった。

杉山ら[1]は、圧縮強度と細孔量には正の相関があるが、ポリカルボン酸系の添加量を増加させると細孔量が小さくなるが圧縮強度が小さくなるといった現象があるとしており、その原因は不明であると報告している。本研究でも減水剤の主成分の違いにより図1に示した圧縮強度の明確な差が認められ、その要因として水和物量やC-S-Hのケイ酸構造が関連してくると考えていたが、明確な差は認められず原因究明に至らなかった。

4. まとめ

(1) 空気量を補正した補正圧縮強度はポリカルボン酸系が無添加、ナフタレンスルホン酸系、リグニンスルホン酸系に比べてポリカルボン酸系は20MPa程度高い結果となった。

(2) セメントの水和反応、C-S-Hについては、減水剤の主成分の違いに関わらず反応率、生成量、C-S-Hのケイ酸構造ともにほぼ同等となった。

謝辞：本研究の一部は、日本学術振興会科学研究費補助金(基盤研究C(一般)、課題番号15K06170、研究代表者：梅村靖弘)により実施しました。ここに謝意を表しま

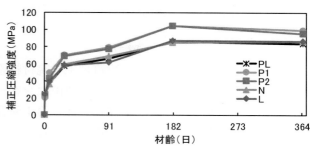

図1　モルタルの補正圧縮強度

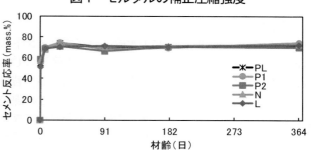

図2　セメント反応率

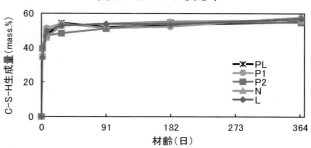

図3　C-S-H生成量

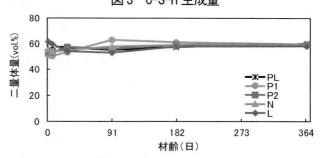

図4　C-S-H中の多量体量(二～六量体)

【参考文献】

1) 杉山知巳、魚本健人：ポリカルボン酸系高性能AE減水剤を用いたモルタルの強度発現性および空隙構造、土木学会第58回年次学術講演会講演概要集、pp.343-344(2003)

2) 小泉公志郎ほか：水和セメントのケイ酸構造に及ぼす化学混和剤の影響、セメント・コンクリート論文集、No.60、pp.25-30(2006)

3) 佐藤正己ほか：熱養生履歴が超高強度コンクリート中のセメントおよびシリカフュームの水和反応および水和物のケイ酸構造へ与える影響、セメント・コンクリート論文集、Vol.68、pp.480-487(2014)

高 C_3S セメント-フライアッシュ-石灰石微粉末系の水和反応

東京工業大学　物質理工学院材料系	○向俊成
株式会社デイ・シイ　技術センター	二戸信和
太平洋セメント株式会社　第1研究部　セメント技術チーム	平尾宙
東京工業大学　物質理工学院	坂井悦郎

1. はじめに

フライアッシュ（FA）や高炉水砕スラグでセメントの一部を置き換えた混合セメントは、セメント産業のCO_2排出量の削減と廃棄物の再資源化に有効であるが、若材齢での強度が小さいという課題を抱えている。この課題を解決するため長年にわたり多くの研究がなされてきた。その中で我々は安芸らが報告した高C_3Sセメントにフライアッシュと石灰石微粉末(LSP)を混合したセメント[1]に注目した。このセメントは材齢3日から56日において既存のフライアッシュセメントを上回る強度が報告されているが、セメントの水和生成物や空隙構造、長期耐久性などはまだ検討されていない。我々は高C_3SセメントにFAとLSPを混合したセメントの空隙構造と水和生成物に注目し検討した。

2. 実験

少量混合成分を含まない普通セメントと高C_3Sセメントを実験に用いた。使用材料の化合物組成と物理的特性を表1に示す。これらの材料を表2に示す質量割合で混合し、水粉体比0.4で練り混ぜペーストを作成した。Nは普通セメント、Fはフライアッシュ B 種に相当する組成であり、Aは高C_3SセメントにFAとLSPを混合したセメントである。作成したペーストは材齢2日で脱型し所定の材齢まで20℃湿空で養生した。養生したペーストは多量のアセトンで水和停止ののち、試料を粉砕し粉末XRDによる生成相の同定およびTG-DTAにより試料中の$Ca(OH)_2$の定量を行った。水和停止した試料にD-乾燥を行い水銀圧入法により細孔径分布を求めた。ゲル部分の化学組成をSEM-EDSにより求めた。

3. 結果と考察
3.1 空隙径分布

水銀圧入法による測定結果より空隙直径を 5-10 nm、10-50 nm、50-100 nm、100-1000 nm、1000 nm 以上の5つに区分し累積表示した各セメントペーストの空隙径分布を図1に示す。一般に 50 nm 以下の空隙はセメントペーストマトリックスに生成する微細な空隙に、50 nm 以上の空隙はセメントが十分水和していない部分に見られる粗大な空隙に相当する[2]とされ硬化体の強度に大きな影響を与えると言われている。全空隙量は全ての試料で材齢の経過とともに減少し、FAの混合によって増加した。また、高C_3Sセメントを用いたAは普通セメントを用いたFと比べ全空隙量は材齢7日で減少したが、28日、91日では差異は見られなかった。

50 nm 以上の空隙量は材齢7日において N では 8.8 vol%、F で 10.0 vol%、A で 8.8 vol%と高C_3SセメントとLSPの利用により空隙の減少が見られた。高C_3Sセメントにフライアッシュと石灰石微粉末を混合したセメントで見られた若材齢での強度の向上は空隙の減少が原因の1つであると考えられる。一方で材齢91日において50nm以上の空隙量はNでは0.3 vol%、Fでは0.6 vol%、Aは0.8 vol%と水和反応の進行に伴い空隙量の差異はごくわずかになった。

3.2 生成物の組成

材齢28日試料の粉末XRDによる測定結果を図2に示す。FAを混合したFはNに比べモノサルフェートの生成量が増加した。また、FAとLSPを混合したAはモノサルフェートが消失しエトリンガイトとモノカーボネー

表1　使用材料の化合物組成および物理的特性

	化合物組成　mass%					Ig.loss	ブレーン
	C_3S	C_2S	C_3A	C_4AF	f.CaO	mass%	cm²/g
普通セメント	61.1	12.2	9.1	9.6	0.6	0.96	3350
高C_3Sセメント	64.4	8.8	9.5	8.9	1.1	0.90	4200
FA	-	-	-	-	-	2.6	3580
LSP	-	-	-	-	-	43.5	5270

トが生成した。

SEM-EDSにより測定されたゲル部分のCa/Si比とTG-DTAにより測定されたTG曲線の400℃付近の減量を定量することにより得られたCa(OH)$_2$生成量を表3に示す。ゲル部分のCa/Si比は組成のばらつきを考慮し200点について測定を行い宮原らが報告した多点分析[3]により算出した。材齢7日でのゲル部分のCa/Si比は全ての試料でほぼ一定の1.43程度であったが、材齢の進行に伴いFAを混合した試料ではセメントの組成にかかわらずCa/Si比が低下し材齢28日では1.3程度まで低下した。一方でFAを混合していないNはCa/Si比が増大し材齢28日で1.55となった。これはFAのポゾラン反応によりFA中のケイ素が溶出しCa/Si比の低いC-S-Hが形成されたためであると考えられる。

TG曲線から得られるCa(OH)$_2$量は材齢7日ではFAの混合により122 mg/gから107 mg/g程度まで減少した。これはFAの混合によりセメント量が少なくなる希釈効果であると考えられる。また、材齢28日においてNでは108.4 mg/g、Fでは83.4 mg/g、Aでは100.3 mg/gとなり、FAを混合した試料間で用いたセメントによる差異が見られた。高C$_3$Sセメントの使用により増加したCa原子がC-S-HゲルではなくCa(OH)$_2$の結晶として存在しているものと考えられる。

4．まとめ

本研究の範囲で得られた知見を以下に示す。

- 材齢7日において高C$_3$Sセメントにフライアッシュと石灰石微粉末を混合したセメントは現行のフライアッシュB種に比べ50nm以上の空隙量を減少させた。
- FAとLSPの混合によりエトリンガイトとモノカーボネートが生成した。
- SEM-EDSによる測定の結果、FAの混合は若材齢でのゲルのCa/Si比に影響しないが、材齢の進行に伴いゲルのCa/Si比を低下させた。
- 高C$_3$Sセメントの利用は材齢28日でのCa(OH)$_2$生成量を増加させた。

謝辞：本研究はフライアッシュセメント研究会の一環として行ったものであり、ご協力いただいた関係各位に感謝の意を示します。

【参考文献】
1) 安藝朋子ほか：基材に用いたセメントの特性がフライアッシュセメントの強度発現性に及ぼす影響、セメント・コンクリート論文集、Vol. 70、印刷中
2) 小早川真ほか：フライアッシュを内割・外割でセメントに混合しモルタル硬化体の空隙・組織構造、コンクリート工学年次論文報告集, Vol. 20, No. 2pp.739-744 (1998)
3) 宮原茂禎ほか：炭酸ナトリウムを刺激剤としたスラグセメントのC-S-Hの組成、セメント・コンクリート論文集、Vol.69、pp.69-75 (2015)

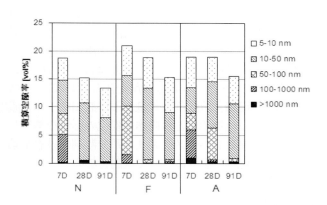

図1　セメントペーストの区分細孔径分布

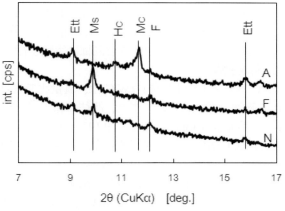

図2　材齢28日試料のXRDパターン（Ett：エトリンガイト、Ms：モノサルフェート、Hc：ヘミカーボネート Mc：モノカーボネート F:フェライト）

表2　混合セメントの配合　[mass%]

試料名	普通	高C$_3$S	FA	LSP
N	100	-	-	-
F	82.0	-	18.0	-
A	-	78.3	18.0	3.7

表3　Ca/Si比、Ca(OH)$_2$生成量の測定結果

	Ca/Si比		Ca(OH)$_2$量 [mg/g]	
試料名	7日	28日	7日	28日
N	1.43	1.55	122.6	108.4
F	1.45	1.24	107.9	83.4
A	1.41	1.27	105.9	100.3

フッ化物による液相組成変化がメタクリル系分散剤の吸着挙動に及ぼす影響

東京工業大学　大学院理工学研究科　　○松澤一輝
東京工業大学　物質理工学院材料系　　宮内雅浩
　　　　　　　　　　　　　　　　　　坂井悦郎

1. 緒言
　フッ化物イオンは、鉱化剤を用いたセメントの低温焼成に際してセメントペースト中に溶出する可能性が高いイオンである。著者らは、フッ化物イオンが混入するとアリルエーテル系のポリカルボン酸系分散剤を含んだセメントペーストの流動性が著しく低下し、これはフッ化物添加によって生成した微粒子への分散剤の特異吸着が原因と推察される事を報告した[1]。アリルエーテル系分散剤は、吸着官能基としてマレイン酸系のカルボキシル基を持ち、マレイン酸の強いキレート形成能が特異吸着の原因と推察される。一方、メタクリル系のポリカルボン酸系分散剤は吸着官能基としてメタクリル酸系のカルボキシル基を持ち、キレート形成能が弱い事から特異吸着しにくいと予想されるが、フッ化物添加系におけるメタクリル系分散剤の吸着挙動は従来検討されていない。本研究では、メタクリル系分散剤を含んだOPCペーストの粉体比表面積、分散剤吸着量および液相中イオン濃度に対するフッ化物添加と水粉体比変化の影響を整理し、液相組成に注目しつつメタクリル系分散剤の吸着挙動に対するフッ化物の影響について検討を加えた。

2. 実験方法
2.1 実験材料
　分散剤として、メタクリル系のポリカルボン酸系櫛形高分子(TI-5、株式会社日本触媒製、M_w=10000 g/mol)を用いた。フッ化物イオンの添加には$KF \cdot 2H_2O$を用いた。また、KClを用いて$KF \cdot 2H_2O$と同様に実験を行った。

2.2 実験手順
　OPCペーストの水粉体比(W/C)は、質量比で0.32から1.0の範囲で変化させた。また、既往の報告[1]を参考に、TI-5の添加量はOPCに対して0.192 mass%とした。KFおよびKClの添加量は、低温焼成における鉱化剤使用量を参考に、OPCに対して0.128 mol/kgで固定した。
　分散剤濃度とKF濃度を調整した溶液をOPCに添加し、セメントペーストを作製した。20℃で水和時間を5分とし、ペーストにアセトンを加えて水和反応を停止して、遠心分離(10分間、8200 m/s^2)でペースト中の固形分を沈降させて回収した。その後、固形分を減圧乾燥し、BET法で比表面積を測定した。分散剤吸着量の測定では、20℃で吸着時間を5分とし、遠心分離(10分間、8200 m/s^2)でペーストから液相を抽出した。全有機炭素量測定装置で液相中の分散剤濃度を測定し、吸着前後の濃度差から粉体に対する吸着量を求めた。また、抽出した液相のイオン濃度を、イオンクロマトグラフィによって測定した。

3. 実験結果
3.1 粉体比表面積に対するフッ化物添加の影響
　KF無添加の際は、W/Cに拘らず比表面積は約1.35 m^2/gと一定であった(図は略)。0.128 mol/kgのKFが添加された際は、W/C=0.32で比表面積は1.91 m^2/gであり、W/C増大とともに比表面積は減少してW/C>0.50では約1.75 m^2/gと一定になった。この様に、W/Cに拘らずKF添加によって比表面積は0.40 m^2/g以上増大し、フッ化物添加に伴う微粒子生成は既往の報告[1]と同様に確認された。

3.2 吸着挙動に対するフッ化物添加と水粉体比の影響
　図1に、フッ化物添加に伴う単位質量当たりの粉体に対する分散剤吸着量の変化を示す。W/C=0.32では、KF無添加系の吸着量は1.07 mg/g、0.128 mol/kgのKFを添加した際の吸着量は0.97 mg/gであり、KF添加に伴って吸着量は減少した。これは、生成微粒子に特異吸着しやすいアリルエーテル系分散剤とは異なる結果[1]であり、既往の研究[2]で報告されている硫酸イオンによる分散剤の吸着阻害と同様の現象である。一方、W/C=1.0では、KF無添加系の吸着量は0.92 mg/gであったが、KF添加系の吸着量は1.24 mg/gであり、高水粉体比ではKF添加に伴って吸着量は増大して特異吸着性が見られた。

3.3 液相組成に対するフッ化物添加と水粉体比の影響
　吸着サイトに関係する液相中のCa^{2+}濃度および分散剤の吸着阻害をもたらす液相中のSO_4^{2-}濃度をイオンクロマトグラフィによって測定した。F濃度も測定したが、KF添加の有無に拘らず測定限界以下の濃度であった。
　図2に、セメントペースト液相中のCa^{2+}濃度を示す。同じW/Cで比べると、無機塩無添加系よりKF添加系のCa^{2+}濃度は小さく、KF添加によってCa^{2+}濃度は減少した。一方、KCl添加によってCa^{2+}濃度は増大した。KFとKClの差異から、KF添加に伴うCa^{2+}濃度減少はK^+ではなく

Fの影響に由来する。また、無機塩添加の有無に拘らず、W/C増大とともにCa^{2+}濃度は増大し、W/C=0.80→1.0では濃度は若干減少したが、基本的に W/C 増大によってCa^{2+}濃度は増大する傾向が見られた。

図3に、セメントペースト液相中のSO_4^{2-}濃度を示す。同じW/Cで比べると、無機塩無添加系よりKF添加系のSO_4^{2-}濃度は大きく、KF添加によってSO_4^{2-}濃度は増大した。一方、KCl添加ではSO_4^{2-}濃度は変化しなかった。ここで自由エネルギー変化(ΔG)を計算すると、Na_2SO_4とFの反応はΔGが負であるが、Cl^-との反応はΔGが正である。同様に、$CaSO_4 \cdot 2H_2O$とFの反応はΔGが負であるが、Cl^-との反応はΔGが正である。したがって、KF添加によってSO_4^{2-}濃度が増大した原因は、セメント中のNa_2SO_4や$CaSO_4 \cdot 2H_2O$とFの反応によってSO_4^{2-}の溶出が促進された事であると推察され、KCl添加でSO_4^{2-}濃度が変化しなかった理由はNa_2SO_4や$CaSO_4 \cdot 2H_2O$がCl^-と反応しないためと推察される。なお、W/C増大に伴ってSO_4^{2-}濃度は概ね反比例の関係で減少しており、SO_4^{2-}総量は変わらず希釈によって濃度が減少したと推察される。

以上からフッ化物添加による TI-5 吸着量の変化を W/C で場合分けをして考察すると、W/C=0.32 の低水粉体比ではフッ化物イオン添加に伴うCa^{2+}濃度減少によって吸着サイト数が減少するとともにSO_4^{2-}濃度が増大した事で、TI-5は吸着阻害の影響を著しく受け、そのために吸着量が減少して特異吸着が見られなかったと推察される。一方、W/C>0.50 の高水粉体比では、W/C増大に伴うCa^{2+}濃度増大とSO_4^{2-}濃度希釈によってフッ化物添加に伴う液相組成変化の影響が相殺され、そのために吸着阻害効果が弱まって特異吸着性が現れたと推察される。

4. 結論
(1) メタクリル系分散剤を含んだOPCペーストにKFを添加すると、水粉体比に拘らず粉体比表面積は増大し、微粒子状物質が生成したと推察される。
(2) 低水粉体比ではKF添加によってメタクリル系分散剤の吸着量は減少し、特異吸着性は見られなかった。一方、高水粉体比ではKF添加によってメタクリル系分散剤の吸着量は著しく増大し、特異吸着性が確認された。
(3) セメントペースト液相中のCa^{2+}濃度はKF添加によって減少し、SO_4^{2-}濃度はKF添加によって増大した。水粉体比の増大に伴ってCa^{2+}濃度は増大する傾向があり、SO_4^{2-}濃度は希釈されて減少した。これらの事から、低水粉体比ではフッ化物イオン添加に伴って液相組成が変化して吸着阻害効果が働く事でメタクリル系分散剤の吸着量は減少するが、一方で高水粉体比ではフッ化物イオン添加に伴う液相変化の影響が相殺される事で吸着阻害効果が弱くなり特異吸着性が現れると推察される。

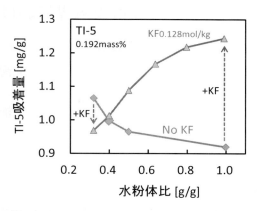

図1　フッ化物添加に伴う分散剤吸着量の変化

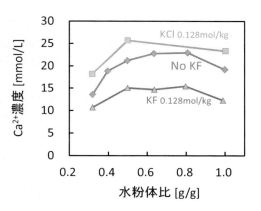

図2　液相中のCa^{2+}濃度

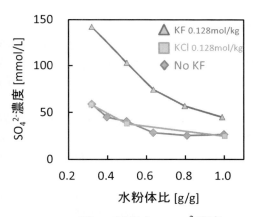

図3　液相中のSO_4^{2-}濃度

5. 参考文献
1) K. Matsuzawa et al.: Cement and Concrete Research、Volume 91, January 2017, pp. 33-38
2) 根岸久美ほか: セメント・コンクリート論文集、No. 52、pp.152-157(1998)

6. 謝辞
本研究に用いた分散剤を提供いただきました株式会社日本触媒様に感謝の意を表明します。

異なる吸着媒における櫛形高分子の吸着形態

北海道大学　大学院工学院　　○葛間夢輝
　　　　　　　　　　　　　　　田中健貴

北海道大学　大学院工学研究院　名和豊春

1. はじめに

高濃度サスペンションとして挙げられるセメント系材料やコンクリートは、輸送や成型の際に流動性を保持する必要がある。その際に流動性改善を目的としてポリカルボン酸系分散剤(以下、PCと表記)が広く用いられている。PCは懸濁粒子表面に吸着したCaイオンとの相互作用により吸着し、側鎖の立体反発力により懸濁粒子が分散し流動性が改善すると言われている。

森田ら[1]及び安藤ら[2]はそれぞれ炭酸カルシウム、αアルミナを吸着媒として用いてPCの吸着挙動について検討を行った。しかし複数の吸着媒に対するPCの吸着形態を明らかにしたものはない。そこで本研究ではそれらの研究結果を用いて、特異吸着イオンであるCaイオンの添加濃度に着目し、吸着媒に対するPCの吸着モデルを構築することで、2つの異なる吸着媒におけるPCの吸着挙動を評価することを目的とした。

2. 使用材料

森田ら及び安藤らが使用したPCの物性値及び化学構造を表1及び図1に示す。PC(A-B)の表記において、A、BはそれぞれPC(1-1)を基準としたときの側鎖長、主鎖長の相対比を表す。

吸着媒に関しては、備北粉化工業株式会社製の重質炭酸カルシウム(比表面積 $13.0m^2/g$、体積平均粒径 $1.1\mu m$)を、昭和電工社製のα-Al_2O_3粒子(比表面積 $1.1m^2/g$、体積平均粒径 $2.3\mu m$)を用いた。

Caの添加は$Ca(NO_3)_2$により行い、以下$Ca(NO_3)_2$の添加量をCa添加量と表記する。液相の条件は、pH=12、イオン強度 0.35mol/l としてある。

表1　PCの化学組成

PC (側鎖-主鎖)	分子量 M_w	重合度		
		SMAA数 p	nPEG数 q	PEG n
PC(0.5-1)	15700	67.3	16.9	9
PC(1-2.5)	62500	155.4	41.0	23
PC(1-1)	24300	62.8	15.7	23
PC(1-0.5)	13900	36.8	8.9	23
PC(2-1)	42500	66.4	16.9	45

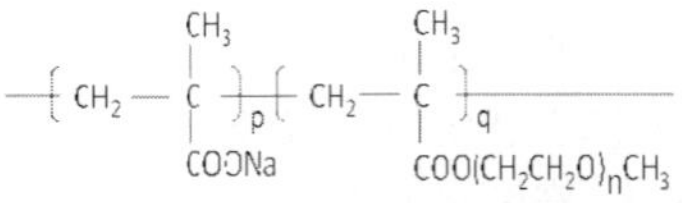

図1　PCの化学構造

3. 吸着モデルの概要

高分子はセグメントを基本単位とする繰り返し構造とよく見立てられる。そこでPCも同様にモノマーを基本単位とする繰り返し構造と考え、格子模型に対してPCの主鎖及び側鎖を配置することでPCの吸着形態としてPC1分子当たりの占有面積を導出するモデルを構築した。

主鎖及びPEGモノマーの有効セグメント長がそれぞれ0.251nm、0.276nmである[3]ことから、PCの主鎖及びPEGモノマーの有効セグメント長が単位格子の大きさと等しいものとして単位格子の1辺の長さを0.25nmとした。また、PCの主鎖モノマーの全ては格子に吸着することと仮定し、主鎖モノマーはランダムに屈曲する(つまり90°に折れ曲がる)こととした。このときPC1分子が格子模型を占める平均格子数は次式で表される。

$$N_{ave} = m + \frac{3}{2}Kmn + 2Kn^2 \quad [1]$$

ここに N_{ave}：占有平均格子数
　　　 m(=p+q)：主鎖重合度
　　　 K：側鎖の平面範囲補正値

本モデルでは格子に対して主鎖だけではなく側鎖も配置することを考えた。しかしCa添加量の増加に伴いPCの主鎖が吸着媒表面に強く吸着するため側鎖がより液相に伸長すると考えられる。同時に側鎖が吸着媒表面を占める範囲が縮小すると仮定した。このとき側鎖が吸着媒表面を占める範囲がPEG重合度の値からどれだけ縮小するかを補正した値をKと定め、それをnが寄与する第2項及び第3項に乗じた。これよりKはnとCa添加量に依存する変数となる。このときN_{ave}に対して単位格子面積を乗じることでPC1分子あたりの占有面積Q_{model}を

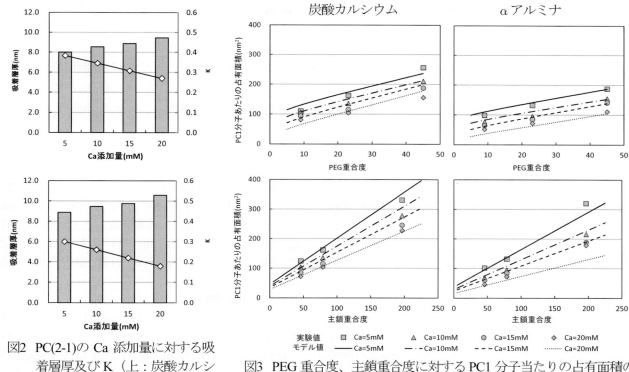

図2 PC(2-1)のCa添加量に対する吸着層厚及びK（上：炭酸カルシウム、下：αアルミナ）

図3 PEG重合度、主鎖重合度に対するPC1分子当たりの占有面積の実験値及びモデル値

算出することができる。

$$Q_{model} = N_{ave} \cdot 0.0625 \qquad [2]$$

4．結果及び考察

先行研究[1,2]の結果からPC1分子当たりの占有面積を算出し、以下それを実験値と呼ぶこととする。この実験値に対して、PEG重合度、主鎖重合度及びCa添加量を説明変数とする重回帰分析を行った。その結果からPCの占有面積の予測式を導出し、その予測式とQ_{model}から各Ca添加量、各PCにおけるKを算出した。図2(折れ線)に2つの吸着媒におけるPC(2-1)のCa添加量に対するKの変化を示す。Ca添加量の増加に伴いKが減少していることが確認された。また、Nawaら[4]が提案したグラフト鎖伸長モデルによりPC(2-1)の吸着層の厚さを算出し、Ca添加量に対する吸着層厚の変化を図2(棒グラフ)に示す。Ca添加量の増加に伴い吸着層厚が増加していることが確認された。これはCa添加量の増加に伴い側鎖がより液相に伸長することで、側鎖が占める平面範囲が縮小したことを示唆している。

上述した手順で得られたKを吸着モデルに適用し、PCの占有面積のモデル値を導出した。実験値とモデル値の結果を図3に示す。その結果、Ca添加量の増加に伴い実験値が減少する傾向が得られ、この傾向は図2の結果と一致する。また今回構築した吸着モデルにより、PEG重合度及び主鎖重合度に対するPCの占有面積の傾向を再現することができた。

5．まとめ

Ca添加量の増加に伴い、側鎖が平面を占める範囲が縮小すると同時に液相に伸長したために、Ca添加量に対するPC1分子当たりの占有面積は減少傾向を示したと考えられる。また、炭酸カルシウム及びαアルミナに対して吸着モデルを適用することで、PCの吸着挙動としてPEG重合度及び主鎖重合度に対するPCの占有面積の傾向を再現することができた。

【参考文献】
1) 森田大志ほか: 分散剤の化学構造と炭酸カルシウム粒子表面の吸着サイトが分散剤の吸着挙動に及ぼす影響, Cement Science and Concrete Technology, Vol. 66, pp. 55–62, (2013)
2) 安藤雅将ほか: Ca添加系におけるα-Al2O3粒子表面の吸着サイトが櫛形高分子の吸着形態に及ぼす影響, Cement Science and Concrete Technology, Vol. 69, No. 1, pp. 88–95, (2015)
3) 田所宏行: 高分子の構造, (1976)
4) Nawa, Toyoharu: Effect of Chemical Structure on Steric Stabilization of Polycarboxylate-based Superplasticizer, Journal of Advanced Concrete Technology, Vol. 4, No. 2, pp. 225–232, (2006)

Ca-Al-LDHへのポリカルボン酸系分散剤の吸着・共沈機構

北海道大学　大学院工学院環境循環システム専攻　　〇葛間夢輝
　　　　　　　　　　　　　　　　　　　　　　　　　　森永祐加
北海道大学　大学院工学研究院環境循環システム部門　名和豊春

1. はじめに

層状複水酸化物(Layered Double Hydroxide、以下LDHと略記)は二価金属元素と三価金属元素から成る基本層と、水分子または陰イオンから成る中間層で構成される層状の結晶構造を持つ鉱物である。LDHはイオン交換や共沈により陰イオンを層間に取り込むため、環境浄化剤などに利用されている。

セメントの主要鉱物のひとつであるアルミネート(略号 C_3A、化学式 $3CaO \cdot Al_2O_3$)の水和により生成するCa-Al-X-LDH(X;陰イオン)は、ポリカルボン酸系分散剤(以下PCと略記)を層間に取り込み、セメントの流動性に影響を及ぼすことが指摘されている。したがって、PCのCa-Al-X-LDH(本研究では、Xとして土質改良のために土壌中に存在する NO_3^- とセメント系固化材由来の SO_4^{2-} とした)へのインターカレーションのメカニズムを解明することを本研究の目的とした。

2. 実験概要
2.1 合成実験

Ca-Al-NO_3-LDH を合成するために N_2 雰囲気下でKOH12.25g、$Ca(NO_3)_2 \cdot 4H_2O$ 16.53g、$Al(NO_3)_3 \cdot 9H_2O$ 12.98gを蒸留水200mlに加え、72時間65℃で撹拌した後、固液分離して固相は1日真空凍結乾燥した。

Ca-Al-SO_4-LDH の合成は使用材料が $Ca(OH)_2$ 4.772g、$Al(OH)_3$ 1.6736g、$Al_2(SO_4)_3 \cdot xH_2O$ 3.340g、温度が80℃であり、その他の条件は同様である。

2.2 吸着実験

Ca-Al-X-LDH へのPCの層間へのイオン交換によるインターカレーション挙動を評価するために吸着実験を行った。

表1　使用した2種類のPC

名称 (側鎖比-主鎖比)	PEG n(mol)	側鎖長 (nm)	主鎖長 (nm)	重量平均分子量 Mw
PEGn=9(0.5-1)	9	2.8	21.0	15700
PEGn=45(2-1)	45	12.4	20.8	42500

試料の作製はPEGn=9、PEGn=45(表1)の初期溶液をそれぞれ242μl、883μlを秤りとり、N_2 雰囲気下で100ml蒸留水に加えた。次に、純薬合成したCa-Al-X-LDHを2g測りとって加え、25、50、75℃で24時間撹拌した。その後、固液分離して固相は1日真空凍結乾燥した後、XRDの測定を行った。

2.3 共沈実験

LDHが生成される過程でPCが層間へ取り込まれる共沈現象を検証するためにC_3Aを用いて共沈実験を行った。

試料の作製は N_2 雰囲気下で C_3A 1.5gを100mlの蒸留水に加え、PCを2.5wt%となるように調整した。75℃で48時間撹拌した後、固液分離して固相は1日真空凍結乾燥した後、XRDの測定を行った。

2.4 測定条件

XRDの測定条件は管電圧40kV、スキャンスピード6.5°/min、走査範囲5～70°(2θ)、ターゲットCuKα、サンプリング幅0.02°(2θ)に設定した。

3. 実験結果及び考察
3.1 吸着実験

図1にPCのCa-Al-NO_3-LDH、図2にCa-Al-SO_4-LDHへの吸着実験のXRDプロファイルを示す。NO_3型LDHは吸着実験の前後で2θ=10.2°のピークがシフトしていないことから、吸着実験前後で底面間隔が変化せず、インターカレーションが生じていないことが確認された。SO_4型はNO_3型とは異なり、吸着実験前後で底面間隔を示す2θ=9.94°のピークが2θ=10.9°へ移動していることが確認された。この原因としては、図3のようにPC吸着によって鉱物表面と層間に局所的なPCの濃度勾配が生じ、浸透圧が加わることによって層の収縮が生じた、あるいは層間の SO_4^{2-} と液中の OH^- がイオン交換したことが考えられる。

3.2 共沈実験

図4は硝酸系での共沈実験のXRDプロファイル(PEGn=9)を示す。無添加系において2θ=8.3°にCa-Al-PC-LDHが生成し(d=10.4Å)、硝酸添加系においてCa-Al-NO_3-LDHの生成が確認された(約2θ=10.2°)。また、PEGn=45を層間に取り込んだCa-Al-PC-LDHの底面

間隔も d=10.4Å であった。これは、C.Gay ら[1]が報告しているような PC の側鎖が層に対して平行に伸長した状態で取り込まれている結果と一致した(図5)。図6は、硫酸系での共沈実験の XRD プロファイルを示す。$K_2SO_4/C_3A=2$ の場合、$2\theta=8\sim12°$ に幅広いピークが確認され、J.Plank ら[2]が報告しているような層間に PC 及び硫酸イオンを持つ Ca-Al-LDH が生成されたことが示唆された。

4．結論

本研究の結論を以下に記す。

（1）吸着実験では、$X=NO_3^-$ の場合、NO_3^- と PC のイオン交換は生じず、$X=SO_4^{2-}$ の場合は浸透圧による層間の収縮、あるいは SO_4^{2-} と OH^- のイオン交換が示唆された。

（2）共沈実験では、無添加系の場合、PC は層間に取り込まれ、側鎖長の異なる PC を層間に取り込んだ Ca-Al-LDH の底面間隔が等しいことから PC の側鎖が折りたたまれた状態で層間に取り込まれていることが示唆された。NO_3^- 系の場合、NO_3^- が層間に取り込まれることが明らかになった。SO_4^{2-} 系の場合、層間に PC と SO_4^{2-} を持つ Ca-Al-LDH の生成が示唆された。

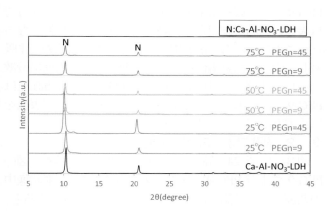

図1　Ca-Al-NO$_3$-LDH の吸着実験の XRD プロファイル

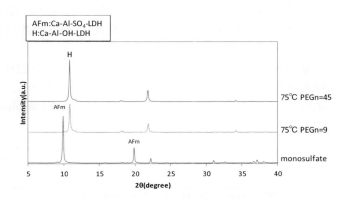

図2　Ca-Al-SO$_4$-LDH の吸着実験の XRD プロファイル

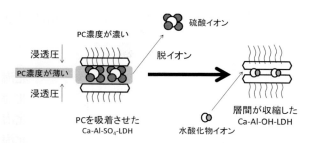

図3　PC 吸着による Ca-Al-SO$_4$-LDH 層間収縮の概念図

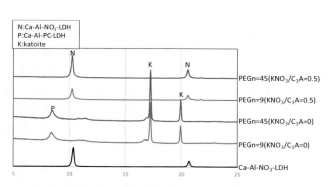

図4　硝酸系での共沈実験の XRD プロファイル

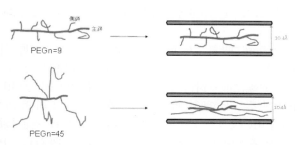

図5　予想される LDH 層間での PC の形態

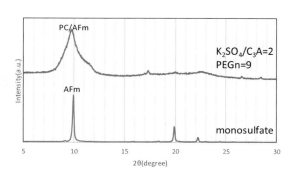

図6　硫酸系での共沈実験の XRD プロファイル

【参考文献】

1) Gay, Cyprien, and Elie Raphael: : Comb-like polymers inside nanoscale pores, Advances in Colloid and Interface Science, No.94, pp.229-236(2001)

2) J.Plank et al : Fundamental mechanisms for polycarboxylate intercalation into C$_3$A hydrate phases and the role of sulfate present in cement, Cement and concrete research , 40.1,pp. 45-57(2010)

AFMによるサファイア表面に吸着したグラフトポリマーの形態観察

北海道大学　大学院工学院　　田中健貴
北海道大学　工学部　　　　　○竹谷未来
北海道大学　大学院工学院　　葛間夢輝
北海道大学　大学院工学研究院　名和豊春

1. はじめに

高強度・高流動コンクリートの実現のために開発されてきたポリカルボン酸系高性能AE減水剤（PC）は1本の主鎖と複数本の側鎖から成る櫛形共重合体である。メタクリル酸ナトリウムをもつ主鎖がセメント粒子表面に吸着し、ポリエチレングリコールの側鎖が液相中に伸長する。このとき、吸着したPC同士が接近するときに発現する立体障害効果によってセメントペーストは分散安定化する。このときのPCの吸着形態は液相中のイオン濃度によって異なることが報告されており[1,2]、使用条件によっては所定の流動性改善効果が得られないことが考えられる。

鉱物表面に吸着したPCを観察する手法として原子間力顕微鏡（AFM）が提案されている[3]。AFMは、カンチレバー先端に取り付けられた探針－試料間の相互作用力を検知することで形状像を得る装置である。本研究では、AFMを用いてサファイア表面に吸着させたPCを直接観察し、吸着層厚さの評価を行なった。また、吸着したPCの立体反発力を測定し、既往の立体障害モデル[2]を用いることでPCの吸着形態について考察を行なった。

2. 実験概要
2.1 使用材料

使用したサファイアはAFMによる観察が容易な基板状のものを選定した。基板は株式会社クリスタルベース製である。PCは株式会社日本触媒製のものを用いた。使用したPCは側鎖重合度n=9, 45の2種類であり、化学構造は図1および表1に示すとおりである。

2.2 溶液条件

溶液中のカルシウムイオン濃度20mM、イオン強度350mMとなるように硝酸カルシウム四水和物および硝酸ナトリウムを用いて調製した。このときpH6であった。PCは5.8ppbとなるように外割で添加した。

2.3 測定条件

基板は測定前にPCを添加した溶液に浸漬させ、15分、1時間、24時間（PEG-9は28時間）がそれぞれ経過したところでPCを添加していない溶液に入れ替え、液中で測定した。測定中の温度は20℃とした。

3. 実験結果および考察
3.1 形状像観察

形状像の一例を図2に示す。ここでは浸漬時間15分、1時間、24時間のPEG-45条件および浸漬時間28時間のPEG-9条件の観察結果を示す。図より、浸漬時間15分では大きい凹凸が確認され、経時的に凹凸高さは低くなった。このことから、溶液中で凝集したPCがそのまま吸着し、吸着した凝集体中のPCがサファイア表面に分散していくと考えられる。また、PEG-45の凹凸直径はPEG-9よりも大きく、側鎖が長いほどサファイア表面を広く占有していると考えられる。

3.2 AFMフォースカーブ測定

図3に浸漬24時間後のフォースカーブを示す。図のPEG-9およびPEG-45のプロットは図2に示す形状像中の凸部を数点計測した平均として表した。これによると、PEG-45はPEG-9よりも遠くから斥力が確認された。また、図のno PCのプロットはPCを吸着させていないサファイア基板を調製溶液中で測定したものであるが、探針－試料間距離3nm付近から引力が発達し、2nm付近から斥力が確認された。

AFM形状像、フォースカーブの結果および既往の立体障害モデル[2]を用いてPCの吸着形態の推察を行なった。試料表面－探針間にはたらく相互作用力はvan der Waals力と立体反発力に加え、水和力[5]と仮定した。

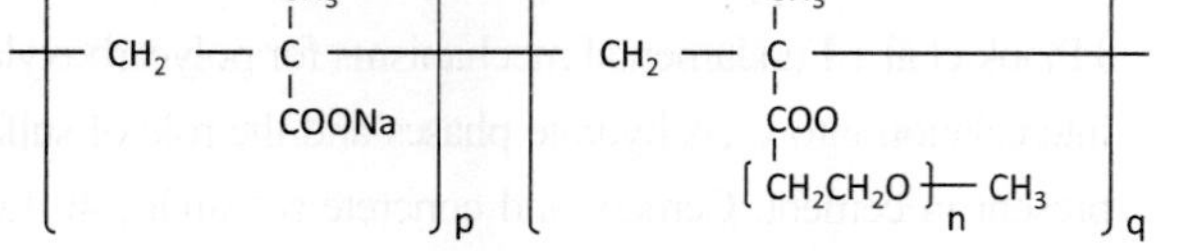

図1　PCの化学構造

表1　PCの諸元

	Back-bone [nm]	Side chain [nm]	Repeating unit			Mw
			p	q	n	
PEG-9	21.9	2.5	70.2	17.7	9	14700
PEG-45	20.8	12.4	66.5	17	45	41000

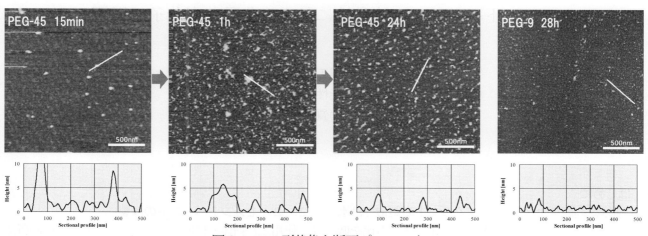

図2 AFM形状像と断面プロファイル

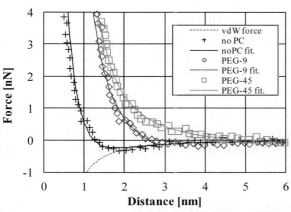

図3 AFMフォースカーブと相互作用力の計算値

表2 フィッティングパラメータ

	側鎖間隔 s [nm]	吸着層厚さ L [nm]	PC1分子の占有面積 A [nm^2]
PEG-9	1.5	2.7	32.9
PEG-45	3.2	5.3	66.6

探針-試料間のHamaker定数は既往の手法[6]に倣い、AFM気中測定から求めた（9.81×10^{-19} [J]）。no PCのプロットと水和力が一致するように定数を決定した後、立体反発力と水和力の和が図3のプロットと一致するように側鎖間隔sおよび吸着層厚Lを決定した（表2）。sはそれぞれPEG-9で1.4 [nm]、PEG-45で2.1 [nm]であり、PEG-45のほうが大きい。また、側鎖間隔を側鎖1本が占める円領域の直径と仮定してPC1分子の占有面積Aを概算したところ、PEG-9で34.7 [nm^2]、PEG-45で80.0 [nm^2]となった。このことから、PC1分子の占有面積は側鎖が長いPCほど大きく、図3の形状像の結果と一致した。既往の研究[4]でも側鎖が長いPCほど大きい占有面積を持つことが報告されており、本研究の結果と一致した。

4．まとめ

AFMを用いてサファイア表面に吸着したPCを観察した。AFM像より、吸着したPCの凹凸高さが経時的に低下したことが確認された。この結果より、溶液中で凝集したPCがサファイア表面に吸着し、凝集体中のPCがサファイア表面に分散していることが示唆された。

AFMフォースカーブ測定ではPCの立体反発力の測定に成功した。既往の立体障害モデルを用いてPCの吸着形態の推察を行なったところ、長い側鎖をもつPCでは、側鎖1本が占める面積が大きく、且つ厚い吸着層を形成していることが示唆された。

【参考文献】

1) 加藤弘義ほか：ポリカルボン酸系高性能AE減水剤を添加したセメントペーストの流動性に及ぼす硫酸イオンの影響、セメント・コンクリート論文集、No. 52、pp. 144-151(1998)
2) 森田大志ほか：レオロジー的アプローチによる分散剤の吸着層厚さの推定、セメント・コンクリート論文集、No. 65、pp. 552-559(2011)
3) R. J. Flatt：R. J. Flatt et al.：Conformation of Adsorbed Comb Copolymer Dispersants, Langmuir, Vol. 25, pp. 845-855(2009)
4) 安藤雅将ほか：Ca添加系におけるα-Al2O3粒子表面の吸着サイトが櫛形高分子の吸着形態に及ぼす影響、セメント・コンクリート論文集、No. 69、pp. 88-95(2015)
5) R. M. Pashley：Hydration forces between mica surfaces in electrolyte solutions, Advances in Colloid and Interface science, 16, pp. 57-62(1982)
6) G. Lomboy et al.：A test method for determining adhesion force and Hamaker constants of cementitious materials using atomic force microscopy, Cement and Concrete Research, 41, pp. 1157-1166(2011)

セメントペーストの流動性に与える非吸着高分子の影響

東京工業大学　大学院理工学研究科材料工学専攻　　〇島崎大樹
株式会社日本触媒　機能性化学品研究所　　　　　　　川上宏克
東京工業大学　大学院物質理工学院材料系　　　　　　坂井悦郎

1. はじめに

超高強度・高耐久セメント・コンクリートの製造では水セメント比を低くする必要があるが、水セメント比を低くしたセメントペーストは、ペーストの粘性が高く施工が困難であり、流動性の向上が必要となる。そのため、一般には低熱ポルトランドセメントに粒径がセメントの100分の1程度の微粒子であるシリカフュームを混和したセメントとポリカルボン酸系分散剤が併用されている。

ポリカルボン酸系分散剤は、セメントや超微粒子の表面のCa^{2+}が吸着したサイトに、カルボキシル基を介して吸着すると考えられている。水中に伸びたエチレンオキサイド側鎖の立体障害効果により分散安定性を高めることで流動性を改善することが知られている[1]。さらに、著者らはポリカルボン酸系分散剤の分子構造を変えて検討を行い、超低水粉体比におけるセメントペーストの流動性には、非吸着の高分子が重要な働きをしている可能性があることを既に報告した[2]。

本研究では分子構造の異なるポリカルボン酸系分散剤を用いて、非吸着高分子がセメントペーストの流動性に与える影響を明らかにすることを目的とした。

2. 実験概要
2.1 使用材料

アルミネートの初期水和の影響を小さくするために低熱ポルトランドセメント(LHC)を用いた。また、シリカフュームの影響を取り除くため、超微粒子として粒度が均一で形状がほぼ球形である溶融シリカ(UFP)をモデル粒子として用いた。分散剤として、表1に示すように吸着官能基量・分子量の異なるポリカルボン酸系分散剤を用いた。

2.2 セメントペーストの作製

使用した粉体の粒度分布を LHC はレーザー回折法により、UFP は動的光散乱法により求め、充填シミュレーションを用いて粉体の充填率が最大になる配合比で、乾式混合した。UFP の粒径は 102 nm で、ほぼシリカフュームと同等であり、LHC と UFP の比率は質量比9：1とした。また、分散剤を分割して添加したペーストを作製した。分散剤 A-25 の 0.4 mass%を水粉体比（W/P）が 0.14 となるように蒸留水とともに粉体に加え、脱泡ミキサで 2 分間練り混ぜた。その後、さらに各分散剤の所定量をW/P=0.16 となるように蒸留水とともに加え、脱泡ミキサで 2 分間練り混ぜた。スパチュラを用いてさらに練り混ぜを行い注水から 6 分後のペーストを調製した。なお、再添加量が 0 のときは水のみを加え、同様にペーストを作製した。なお、A-25 は単体で用いた場合、粉体に対して 0.4 mass%の添加で吸着量は飽和し、その値は約 2.15 mg/g であった。

(1) 見かけ粘度の測定

作製した各セメントペーストを応力制御型回転二重円筒型粘度計を用いて測定した。測定温度は 20 ℃、応力を 0 Pa から 500 Pa まで 150 sec かけて上昇させ流動曲線を作製した。ニュートン流動を示したので流動性の指標として 500 Pa における見かけ粘度を用いた。

(2) 分散剤吸着量の測定

作製したセメントペーストを遠心分離(3600 G、10 min)によって、固相と液相に分離した。得られた液相に残存した分散剤濃度を燃焼触媒酸化型 TOC 計により測定し、粉体に吸着した分散剤量を算出した。

表1　ポリカルボン酸系分散剤の特性

Sample	A-30	A-25	A-10	A-5	A-80	A-60	A-40	B-25
M_w	10400	10000	9900	10600	10600	10100	9500	29500
Ratio of functional group (mass%)	30	25	10	5	40	60	80	25
Side chain length (mol)	25	25	23	23	25	25	25	25

3. 結果と考察

再添加する分散剤を A-5、A-25、A-40、A-80、B-25 としたセメントペースト中での分散剤の粉体への吸着量を図1に示す。水のみを再添加したペースト中の分散剤吸着量は 1.92 mg/g であった。A-25 を2回に分けて添加した場合、再添加量を増やしても粉体への吸着量はほぼ一定となった。すなわち、非吸着高分子が液相中に残存している量のみが増加していることになる。A-25 を添加した後に A-5 を再添加した場合、再添加量を増やしていくと粉体への吸着量は減少した。A-5 を単体で用いたときの吸着量は A-25 を単体で用いたときの吸着量よりも非常に小さかったので、分割添加ペースト中でも粉体に吸着していないものと考えられる。A-5 は A-25 と相互作用を起こしているものと推察される。A-5 を再添加したペーストでは、吸着量が減少したが液相残存高分子の量は増加している。A-25 を添加した後に A-40 を再添加した場合、分散剤の吸着量はほぼ一定となった。A-25 を添加した後に A-80 を再添加した場合、再添加によって吸着量が増加した。吸着官能基が多い分散剤を再添加することでもともとの A-25 の吸着に加えて、さらに再添加した分散剤が吸着したものと考えられる。

再添加する分散剤を A-5、A-25、A-40、A-80、B-25 とした分割添加ペーストの見かけ粘度を図2に示す。水のみを後から加えた場合（図中の 0 mass%）の見かけ粘度は 2507 mPa·s であった。A-5 を再添加したときのペーストの見かけ粘度は再添加量によらず一定の値を示した。吸着量が減少しても見かけ粘度は維持されたことから、液相残存高分子が流動性に影響を与えていることが推察された。A-25、A-40 を再添加した場合、見かけ粘度は減少した。A-25、A-40 の再添加量が 0.1 mass%まで見かけ粘度が減少しそれぞれ 1723 mPa·s、1575 mPa·s となった。それ以降は添加量を増やしても見かけ粘度は減少しなかった。再添加によって分散剤の吸着量が増加していないにもかかわらず、見かけ粘度が減少したことから、液相に残存している A-25、A-40 が低水粉体比のペースト流動性を改善するのに有効に作用しているものと思われる。一方で A-80、B-25 を再添加したペーストの見かけ粘度は大きく増大し、0.2 mass%の再添加においてペーストを作製できなかった。吸着量が増えているにもかかわらず、見かけ粘度が増加しているため再添加によって流動性が悪くなった。

4. まとめ

分散剤を飽和吸着させた後、各分散剤を再添加した。粉体に吸着した分散剤よりも官能基量が少ない分散剤を再添加すると粉体への分散剤の吸着量は減少したが見かけ粘度は低下しなかった。粉体に吸着した高分子と官能基量が同等程度の分散剤を再添加すると粉体への吸着量は、再添加量を増加させても飽和吸着量以上に増加しなかったが、ペーストの見かけ粘度が減少した。粉体に吸着した分散剤より官能基量が多い分散剤を再添加すると粉体への吸着量は増加したが、見かけ粘度は増加した。粉体に吸着した分散剤と官能基量が同じで、分子量が大きな分散剤を再添加すると、再添加によって吸着量は増加したが、見かけ粘度は増加した。以上の結果から、非吸着高分子は、A-25 を吸着させたセメントペーストでは液相に残存している高分子の官能基量ではなく、他の要因によって流動性に影響を与えているものと思われる。各分散剤の高分子は主鎖の長さが異なり、液相中での形態を考慮する必要があると考えられる。

【参考文献】

1) 坂井悦郎ほか：セメント・コンクリート論文集、No.50、pp.886-891（1996）
2) 宇城将貴ほか：セメント・コンクリート論文集、No.67、pp.102-106（2012）

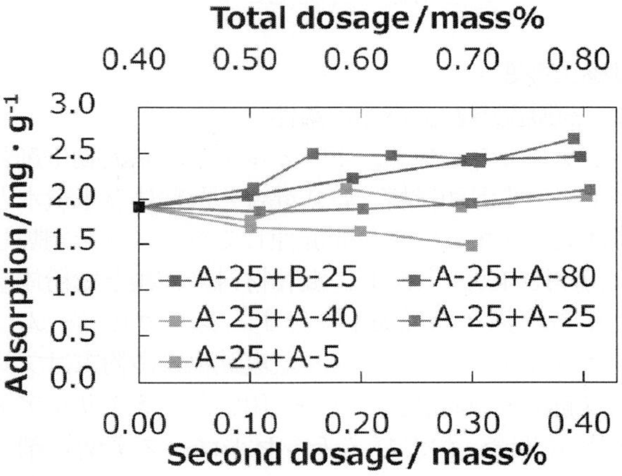

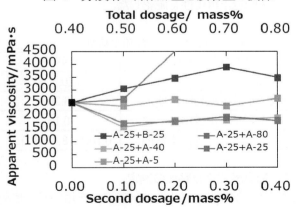

図1　分散剤の再添加量と吸着量の関係

図2　分散剤を再添加したペーストの見かけ粘度

[1216]　第71回セメント技術大会講演要旨 2017

レオグラフを用いた混和材料の影響評価

宇部興産株式会社　技術開発研究所　　○宮本一輝
　　　　　　　　　　　　　　　　　　　高橋恵輔

1. はじめに

セメントペーストやモルタル・コンクリートなどのセメント系材料はビンガム流体と言われ、降伏値と粘度により流動特性を表すことができる。セメント系材料の流動特性は、型枠充填やポンプ圧送などの作業性に影響を与える。例えば、降伏値が高い材料ほど充填後に型枠から漏れ出しにくく、粘度が低い材料ほどポンプ圧送時の圧力損失を小さくできる。Wallevik らは、降伏値と粘度の関係を表すレオグラフを用いて、材料特性を可視的に理解し、効率的に配合設計を行う手法を提案している。

本研究では、混和材料の種類や添加量がセメントペーストの流動特性やブリーディング特性に与える影響を測定し、レオグラフを用いて可視化して考察する。

2. 試験の概要

2.1 試験配合および測定条件

ポルトランドセメント、ポリカルボン酸系流動化剤および表1に示す混和材料を乾式混合した粉体と水道水とを、撹拌機を使用して2分間混練してペーストを調製した（水粉体比40%）。表1に混和材料の種類と総粉体重量に対する内割りの添加率を示す。シリカヒュームはBET比表面積20m^2/g、層状ケイ酸塩鉱物質微粉末はブレーン比表面積8500cm^2/gのものを用いた。アクリルアミド系吸水ポリマーおよびメチルセルロース系増粘剤の1%溶液の粘度はそれぞれ 2200mPa・s、7mPa・s であった。調製および各種測定は20℃65%RHの恒温恒湿室にて行い、3回以上再現性を確認した。

表1　混和材料の種類と添加率

混和材料の種類	添加率（%）
シリカヒューム	3.20, 9.60
層状ケイ酸塩鉱物質微粉末	3.20
アクリルアミド系吸水ポリマー	0.10
メチルセルロース系増粘剤	0.10, 0.18, 0.28, 0.38

2.2 降伏値および粘度の測定

共軸二重円筒型レオストレスメーターを用いて、せん断速度を0sec^{-1}から50sec^{-1}まで対数上昇後、50sec^{-1}から0sec^{-1}まで対数下降させて、流動曲線を得た。同様の操作をもう一回繰り返して、得られた流動曲線の戻り曲線を用いて、降伏値および粘度を求めた。本研究では、せん断速度0.1sec^{-1}の時のせん断応力値を降伏値とし、せん断速度30sec^{-1}の時のせん断応力値をせん断速度で除した値を粘度とした[2]。なお、凝集していない状態のペーストの降伏値および粘度を測定するために、2測定目の戻り曲線を使用した。図1に流動曲線の測定例を示す。

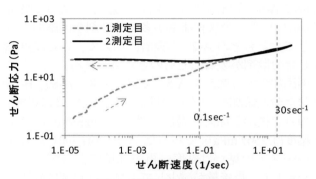

図1　流動曲線の測定例

2.3 ブリーディング率測定

混練した直後のペースト約400mlを直径10cm、高さ10cmの円筒状容器に流し込み、ペースト表面に浮いたブリーディング水をピペットで採取した。ブリーディング水の採取は、流し込み後から30分間隔で最大24時間まで行い、採取したブリーディング水の積算体積をペースト体積で除した値をブリーディング率とした。

3. 試験結果と考察

3.1 混和材料が流動特性に与える影響

図2は混和材料の添加がペーストの粘度および降伏値に与える影響を示したレオグラフである。

シリカヒューム、層状ケイ酸塩鉱物質微粉末および吸水ポリマーの場合、添加量の増加に伴って降伏値と粘度が上昇した。シリカヒュームは粘度の上昇が大きく、吸水ポリマーは降伏値の上昇が大きかった。一方、メチルセルロース系増粘剤は、添加量0.28%までは降伏値が低下し、0.38%添加すると降伏値が上昇した。少ない添加

量で降伏値が低下した理由としては、セメント粒子間にメチルセルロースのような非吸着性ポリマーが少量存在することで、せん断に対して粒子間で滑りが生じやすくなったためと考えられる。粘度は、添加量の増加に伴って上昇したが、他の混和材料と比較して上昇の程度は小さかった。

因となる。本研究で用いたメチルセルロース系増粘剤は、吸水ポリマーと比較して水素結合が強く、また1%溶液の粘度が低く、ブリーディングを抑制するために添加量を増加しても、ペーストの粘度上昇を抑制できたと考えられる。

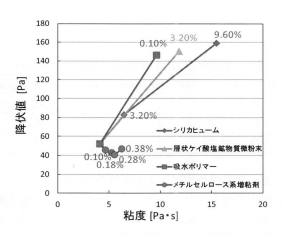

図2　混和材料が流動特性に与える影響

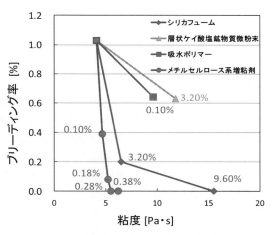

図3　粘度とブリーディング率の関係

3．2　混和材料がブリーディングに与える影響

混和材料が粘度とブリーディング率に与える影響を図3に、降伏値とブリーディング率に与える影響を図4に示す。

まずは混和材の影響を比較する。層状ケイ酸塩鉱物質微粉末と比べて、シリカヒュームの場合、添加量3.20%では降伏値と粘度が少し上昇したが、ブリーディング率は大きく低減できた。さらに、添加量を9.60%とすることで、ブリーディング率は0%となったが、降伏値と粘度は大きく上昇した。ブリーディングは粒子が沈降分離する現象であり、ストークスの式（1）で説明できる。

$$u_t = \frac{(\rho_s - \rho)gD^2}{18\mu} \quad (1)$$

ここに、u_t：粒子の沈降速度、D：粒子の直径、t：時間、ρ：混練水の密度、ρ_s：粒子の密度、μ：ペーストの粘度とする。層状ケイ酸塩鉱物質微粉末と比べて、シリカヒュームは粒子が細かいため、沈降速度が遅くなり、ブリーディング率が小さくなったと考えられる。

次に混和剤の影響を比較する。吸水ポリマーを添加した場合、ブリーディング率は小さくなったが、粘度と降伏値は大きくなった。メチルセルロース系増粘剤を添加した場合、添加量の増加によりブリーディング率は低下したが、粘度と降伏値の変化は小さかった。混和剤によるブリーディング抑制は、先述した粒子の沈降分離の抑制よりも、ポリマーの水素結合によりポリマー自体もしくはポリマー間に余剰水が捕捉されることの方が支配要

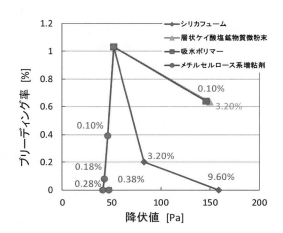

図4　降伏値とブリーディング率の関係

4．まとめ

レオグラフを用いて、混和材料の種類や添加量がセメントペーストの流動特性やブリーディング特性に与える影響を可視化し、考察することができた。レオグラフを用いることで、複数の研究者間で配合設計のアイデアを効率的に共有することができ、生産性の向上に繋がることが期待できると考える。

【参考文献】

1) O. Wallevik et al : Rheology as a tool in concrete science: The use of rheographs and workability boxes, Cement and Concrete Research, Vol.41, pp.1279-1288（2011）

2) 上田隆宣：測定から読み解くレオロジーの基礎知識、日刊工業新聞社（2012）

セメント系材料における粘弾性評価の実用性

宇部興産株式会社　技術開発研究所　　〇高橋恵輔

1．はじめに

モルタルやコンクリートなどのセメント系材料は、粘性と弾性を併せ持つ粘弾性体である。セメント系材料の品質管理に用いる汎用的なスランプ試験や漏斗流下試験では、材料の粘弾性を精度良く測定して研究開発に活用することが難しい。欧州ではWallevikらが提案するレオグラフを用いた配合設計[1]や振動測定による懸濁液の構造評価[2]が検討されているが、日本国内では材料の粘弾性を活用した研究開発例はまだ少ない。

本稿では、レオグラフを用いたポンプ圧送メカニズムの考察（研究Ⅰ）や振動測定により得られた貯蔵弾性率と初期の寸法安定性の関係性についての考察（研究Ⅱ）から、セメント系材料における粘弾性評価の実用性を考える。

2．試験の概要
2．1　試験配合と調製方法

研究Ⅰに用いた市販のモルタルAは、ポルトランドセメント、珪砂細骨材、ポリカルボン酸系流動化剤（PCE）、増粘剤を含む粉体と水道水を2分間混練して調製した。その後、表1に示す圧送、追い練り、加圧、練り置きの4種類の負荷をそれぞれ与えた試料を定常流測定に供した。圧送には吐出圧1MPa、吐出量35L/minのスネークポンプと直径31.75mmの圧送ホースを使用した。加圧はオートクレーブ容器に窒素ガスを封入して行った。

表1　4種類の負荷とその条件

圧送	ポンプ圧送距離　0, 50, 100 m
追い練り	追い練り時間　0, 3, 5 分間
加圧	圧力値　0, 2, 3 MPa
練り置き	練り置き時間　0, 3, 5 分間

研究Ⅱに用いたモルタルB〜Dはポルトランドセメント、珪砂細骨材、PCE、増粘剤、水道水から構成される。表2にモルタルB〜Dの調製方法と配合の違いを示す。

モルタルの混練には1100rpmの撹拌機を用いた。混練および各種測定は20℃65%RHの恒温恒湿室にて行い、3回以上再現性を確認した。

表2　モルタルB〜Dの調製方法と配合の違い

モルタル	混練時間 (min)	PCE添加量 (kg/m^3)
B	2	1.48
C	7	1.48
D	2	2.33

2．2　定常流測定によるレオグラフの作成

共軸円筒型レオストレスメーターを用いて、せん断速度を100sec^{-1}から0sec^{-1}まで1分間かけて線形下降させて、せん断応力を測定し、流動曲線を得た。レオグラフの作成に用いた塑性粘度と降伏値は、得られた流動曲線にビンガムプロットをして算出した。

2．3　振動測定

共軸円筒型レオストレスメーターを用いて、周波数1Hz一定でひずみ振幅を10^{-4}%から10^2%まで増大させて貯蔵弾性率（弾性応答）を測定した。貯蔵弾性率は変形中に系に蓄えられるエネルギーの大きさを表し、その値が大きいほど硬化した構造を有している。

2．4　寸法変化測定

幅40mm、長さ250mm、深さ30mmの型枠に流し込んだモルタルの片端に埋め込んだ可動式治具の水平移動距離をレーザー式変位計により測定した。

3．試験結果および考察
3．1　レオグラフ（研究Ⅰ）

図1は、圧送、追い練り、加圧、練り置きしたモルタルの塑性粘度と降伏値を用いて作成したレオグラフである。負荷を与える前のモルタルの塑性粘度と降伏値を基準値とし、負荷を与えた後の塑性粘度と降伏値を基準値で正規化した。圧送と追い練りは同様のベクトルステップとなり、圧送距離もしくは追い練り時間の延長に伴って、塑性粘度の低下および降伏値の上昇が生じた。加圧と練り置きは、圧送とは異なるベクトルステップを示し、その変化も小さかった。加圧よりも追い練りの方が圧送のベクトルステップに近かった理由としては、モルタルの降伏値が小さく、ホース径に対して栓流半径が小さくなり、圧送に伴う加圧作用よりも混練作用の方が顕著であったことが考えられる。また、混練作用による粘度や

降伏値の変化は、セメント粒子の表面状態が変化し、流動化剤や増粘剤の吸着挙動が変化することで生じると考えられる[3]。このように、レオグラフを用いることで、ポンプ圧送に伴う流動性変化の主要因を可視的に理解し、特定することが容易になる。

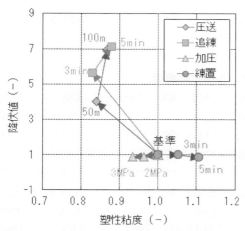

図1 レオグラフ；4種類の負荷の影響

3．2 貯蔵弾性率と初期収縮の関係（研究II）

モルタルB～Cの貯蔵弾性率とひずみの関係を図2に示す。混練時間の延長によって貯蔵弾性率は大きくなったが、この結果はモルタルが流動し難くなり、また構造が硬くなったことを示す（モルタルC）。PCEの増量によって貯蔵弾性率が小さくなり、構造は柔軟になった(モルタルD)。流動しやすく、より柔軟な構造を有するモルタルほど、モルタル中の水分が移動しやすくなると考えられる。

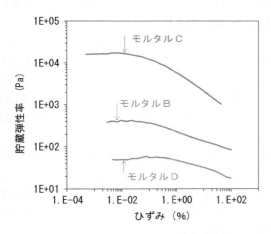

図2 モルタルB～Dの貯蔵弾性率

モルタル中の水分の移動は、極初期、例えば凝結始発までに生じる収縮に影響を与えると考えられる。極初期に生じる収縮の主要因は乾燥収縮であり、打込み面付近の乾燥や水分逸散によってメニスカスが形成されることで生じる。図3にモルタルB～Dの貯蔵弾性率と打込み直後から凝結始発までに生じた収縮量の関係を示す。図3で用いた貯蔵弾性率は、構造破壊を生じない10^{-2}%のひずみ振幅を与えたときの値である。貯蔵弾性率と極初期の収縮量には相関があり、モルタルの貯蔵弾性率を適正な範囲（高すぎない値）に保つことで、極初期に生じる収縮を抑制できる可能性が示唆された。さらに、凝結始発頃の貯蔵弾性率を測定すれば[4]、収縮量とより高い相関が得られるかもしれない。

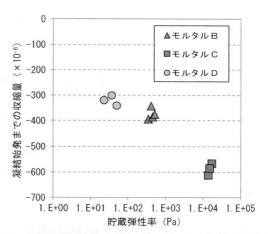

図3 貯蔵弾性率と極初期に生じる収縮の関係

4．さいごに

レオグラフにより、流動性変化の主要因を可視的に理解し、特定することができる。また、振動測定により得られた貯蔵弾性率は、極初期に生じる収縮と相関があり、適正な範囲に保つことで収縮を抑制できる可能性が示唆された。このように、粘弾性評価を活用することで研究開発の可能性が広がることが期待できる。

【参考文献】

1) O. H. Wallevik and J. E. Wallevik: Rheology as a tool in concrete science: The use of rheographs and workability boxes, Cement and Concrete Research, Vol.41, pp.1279-1288 (2011)

2) G. Schmidt et al.: Characterization of the ageing behavior of premixed dry mortars and its effect on their workability properties, ZKG International, Vol.60, pp.94–103 (2007)

3) K. Takahashi et al.: Effects of mixing energy on technological properties and hydration kinetics of grouting mortars, Cement and Concrete Research, Vol.40, pp.1167–1176 (2011)

4) K. Takahashi and S. Goto: Influences of rheological properties on plastic shrinkage cracking in mortars, Proceeding of 8th International RILEM Symposium on SCC, pp.793–802 (2016)

ペーストフロー特性とレオロジー定数の関係および粘塑性有限要素法によるフローシミュレーション

琉球大学　工学部　　　　　　　　　○山田義智
琉球大学　大学院理工学研究科　　　東舟道裕亮
　　　　　　　　　　　　　　　　　上原義己
琉球大学　工学部　　　　　　　　　崎原康平

1. はじめに

本研究は、セメントペースト（以後、ペーストと略称する）のレオロジー定数（降伏値および塑性粘度）とペーストのフロー試験で得られる各フロー特性（フロー値と流動初期のフロー速度）との関係性について、既往の研究の知見も踏まえて考察するとともに、ビンガム流体解析用に開発した粘塑性有限要素法[1]（以後、FEMと略称する）を用いて、レオロジー定数およびペースト密度を入力値としてペーストフローのシミュレーションを行い、実測で得られたフロー特性の再現性の検証を試みたので報告する。

2. 使用材料と配（調）合および各種試験概要
2.1 使用材料

ペーストの作成に使用したセメントは、普通ポルトランドセメントおよび中庸熱ポルトランドセメントの2種類である。また、ペーストの練混ぜ水には上水道水を用い、混和剤は高性能AE減水剤（SP）および増粘剤一液型高性能AE減水剤（SP-SDC）を使用した。表1には今回の試験に用いたペースト試料の配（調）合を示す。

ペーストの練混ぜ手順は、セメントに注水して2分間ホバートミキサで練混ぜた後、各混和剤の効果発現を待って5分間静置した後に再びホバートミキサで20秒間練混ぜた。

表1　ペーストの配(調)合

試料名	使用セメント	W/C (%)	Ad添加量 (C×%)	ペースト密度 (g/cm³)
M30SP0.8	中庸熱ポルトランドセメント	30	0.8 (SP)	2.13
M30SP1.0	中庸熱ポルトランドセメント	30	1.0 (SP)	2.13
M35SP0.8	中庸熱ポルトランドセメント	35	0.8 (SP)	2.04
M35SP1.0	中庸熱ポルトランドセメント	35	1.0 (SP)	2.04
N35SP-SDC0.7	普通ポルトランドセメント	35	0.7 (SP-SDC)	2.03
N35SP-SDC1.0	普通ポルトランドセメント	35	1.0 (SP-SDC)	2.03
N40SP-SDC0.7	普通ポルトランドセメント	40	0.7 (SP-SDC)	1.95
N40SP-SDC1.0	普通ポルトランドセメント	40	1.0 (SP-SDC)	1.95
M35SP-SDC0.7	中庸熱ポルトランドセメント	35	0.7 (SP-SDC)	2.04
M35SP-SDC1.0	中庸熱ポルトランドセメント	35	1.0 (SP-SDC)	2.04
M40SP-SDC0.7	中庸熱ポルトランドセメント	40	0.7 (SP-SDC)	1.97
M40SP-SDC1.0	中庸熱ポルトランドセメント	40	1.0 (SP-SDC)	1.97

2.2 各種試験概要

フロー試験は、800×800mmの鋼製フロー板上において無振動で行った。フローの広がりは、0～2秒の間は0.5秒刻み、2～5秒の間は1.0秒刻み、5秒以降は5.0秒刻みで流動停止時刻を含めてビデオ測定を行った。

ペーストのレオロジー試験は、外円筒回転式の共軸二重円筒形回転粘度計を使用し、5組の回転速度（5、10、20、40、60rpm もしくは 5、10、20、60、100rpm）を一定として300秒間与え続け、2秒間隔でせん断応力を測定した。せん断ひずみ速度および経過時間（以後、ずり時間と称す）に対応したせん断応力の測定値の関係をプロットすることで、ずり時間に対応した流動曲線を描くことが出来る[2]。本研究では、ペーストフロー停止に要する時間と同じずり時間中の平均せん断応力と平均せん断ひずみ速度を用いて流動曲線を描き、これをビンガムモデルで近似することで、ペーストの降伏値と塑性粘度を求めた。なお、レオロジー試験は各試料あたり3回ずつ行った。また、フロー試験およびレオロジー試験は、ペーストの練混ぜが完了した直後に行っている。

3. フロー特性とレオロジー定数の関係およびFEMによるフロー特性の再現

ここでは、フロー特性として実測で得られたフロー値と流動初期（流動開始0.5秒後）のフロー速度を取り上げ、これらの値と実測で得られたレオロジー定数（降伏値および塑性粘度）の関係を検討するとともに、FEM解析で得られたフロー値や流動初期のフロー速度とも比較した。

FEM解析に用いたレオロジー定数およびペースト密度は実測の値を参考にして、表2のように設定した。ここでは、表2の各数値の組合せで計24ケース（降伏値4パターン×塑性粘度3パターン×ペースト密度2パターン）の計算を行っている。

表2　FEM解析に用いた入力値

降伏値 (Pa)	5, 10, 20, 30
塑性粘度 (Pa·s)	0.5, 1.0, 2.0
ペースト密度 (g/cm³)	1.95, 2.13

3.1 降伏値とフロー値の関係

村田ら[3]はフローの静的つり合いモデルより、降伏値τ_yはフロー値S_fの2乗の逆数（$\tau_y = a/S_f^2$）で表せるとしている。そこで、本研究では降伏値とフロー値の関係を上記の関係に基づき図1のように表した。

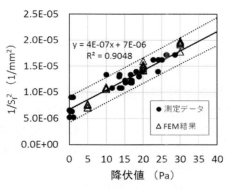

図1 降伏値と$1/S_f^2$の関係

図1中には実測で得られた降伏値と$1/S_f^2$の関係を黒丸印で示し、FEM解析で得られた結果を△印で示す。
同図中の実線は実測値の回帰直線であり、点線は95%予測区間の上下限を表している。回帰直線と実測値は非常に相関が高く、降伏値τ_yはフロー値S_fの2乗の逆数の関係で表せることが分かる。また、FEM解析結果は実測結果と良く一致していることも確認できる。

3.2 塑性粘度とフロー速度の関係

図2は、塑性粘度ηと$\rho/V_{0.5}$の関係を示す。ここで、ρはペースト密度であり、$V_{0.5}$は流動初期（流動開始0.5秒後）のフロー速度である。図中の黒丸印は実測結果であり、△印はFEM解析結果である。

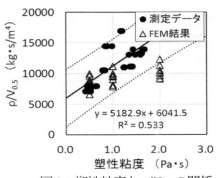

図2 塑性粘度と$\rho/V_{0.5}$の関係

図中の実線は実測値の回帰直線であり、点線は95%予測区間の上下限を示している。同図より、塑性粘度と$\rho/V_{0.5}$の関係には相関が認められる。FEM解析結果は、塑性粘度の小さい範囲では実測値と一致するが、塑性粘度が大きくなるとFEM解析で得られる$V_{0.5}$が大きくなる傾向が認められる。この原因の一つとして、粘性の大きい試料では、フローコーンにペーストが付着することで流動初期のフロー速度が小さくなるが、フローコーンを考慮しないFEM解析ではこの付着が無いのでフロー速度が速くなることが考えられる。

4. FEMによるフロー曲線の再現

図3では、ビデオで撮影・測定したフロー曲線とFEM解析で得られたフロー曲線を比較する。ここでは、試料M35SP-SDC0.7と試料N40SP-SDC1.0について示している。なお、FEM解析の入力値であるレオロジー定数およびペースト密度は、各試験で得られた実測値を用いた。これらの値を図中に示す。同図より、FEM解析結果は、実際のフロー曲線を良く表していることが分かる。

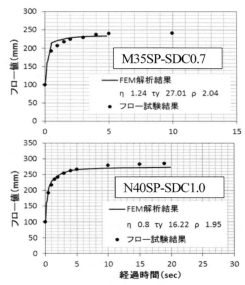

図3 FEMによるフロー曲線の再現例

5. まとめ

本研究では、ペーストのフロー特性とペーストのレオロジー定数の関係について考察した。その結果、フロー値と降伏値、流動初期のフロー速度と塑性粘度に相関が認められた。また、実測のレオロジー定数を入力値としたFEM解析で実際のフロー特性をある程度再現できることが確認された。

【参考文献】
1) 山田義智ほか：フレッシュコンクリートのレオロジー定数推定に関する基礎的研究、セメント・コンクリート論文集、Vol.66、pp.661-668(2012)
2) 伊波咲子ほか：凝集状態を考慮したセメントペーストの粘度式に関する基礎的研究、セメント・コンクリート論文集、Vol.66、pp.645-652(2012)
3) 村田二郎、下山善秀：静的荷重によるフレッシュコンクリートの変形、セメント技術年報XXX、pp.270-273(1976)

二次関数形に基づいた二重円筒内の流動速度分布に関する検討

東京大学大学院　工学系研究科　社会基盤学専攻　　〇佐藤成幸
東京大学　生産技術研究所　　　　　　　　　　　　　岸利治

1. はじめに

コンクリート構造物の施工品質の確保に当たって、定量的にフレッシュコンクリートの流動性を評価するためにレオロジー的検討が行われるようになっている。松本らは、回転粘度計を用いて測定したSP添加量の異なるモルタルの流動曲線群をビンガム近似した直線は負のせん断速度域において焦点を結ぶが、それはせん断場の速度分布が一般的な想定とは異なることが原因であると推察しており [1]、レオロジー測定を行うにあたって実際の速度分布に関する理解を深める必要がある。それに関して山﨑[2]はMRIを用いて測定されたサスペンションの速度分布が二次関数で表現可能であると指摘しているが、検討は不十分である。そこで本検討では、二次関数形の持つ意味を確認するとともに、二次関数形に基づいた流動の規則性に関する考察を行うことを目的とした。

2. 二次関数形の持つ意味に関する検討
2.1 対象とする関数形

本検討では、一般的に用いられるべき乗側との比較を通じ、二次関数形の持つ意味について考察を行った。表1に用いた関数形をそれぞれ示す。ロータ中心からの距離をr、流動停止端の位置をr_cとしており、二次関数におけるα、βやべき乗側におけるα、mは物質定数である。また表2には流動停止端における一階微分と二階微分をまとめた。

表1　速度分布を表す関数形

二次関数	べき乗則
$V(r) = \alpha(r_c - r)^2 + \beta(r_c - r)$	$V(r) = \alpha\left\{\left(\dfrac{r}{r_c}\right)^{-m} - \left(\dfrac{r}{r_c}\right)\right\}$

表2　両関数形における一階微分および二階微分

	二次関数	べき乗則
一回微分 ($r=r_c$)	$-\beta$	$-\alpha(m+1)/r_c$
二回微分	2α	$\dfrac{\alpha m(m+1)}{r_c}\left(\dfrac{r}{r_c}\right)^{-(m+2)}$

2.2 係数の持つ意味に関する考察

Jarny[3]らはMRIを用いた二重円筒間のセメントペーストの速度分布の測定を行っており、速度分布は流動域と不動域に分かれ、その境界は不連続であり critical shear rate と呼ばれる回転数によらない一定の傾きを持つと報告している。ここで表2の一階微分に着目すると二次関数形は$-\beta$であり、critical shear rate が一定値であることと対応している。一方、べき乗則では流動停止端の位置(r_c)の関数になっており、一定値であることを表現できていない。次に二階微分に着目すると、べき乗則ではその物理的な意味は不明確であるが、二次関数形では2αとなっており、これは速度分布が流動停止端における傾きを$-\beta$として一定の割合(2α)で傾きが変化するという、流動の規則性を表す係数であると考えられる。以上より、二次関数形の係数α、βはそれぞれ物理的な意味を持つことが確認された。そこで、本検討では二次関数形をもとに速度分布形状に関する考察を行った。

3. 二次関数に基づく流動の規則性に関する考察
3.1 速度分布形状に関する検討

図1はセメントペーストの速度分布を流動停止端を原点として描き直したものである。山﨑は、部分流動の場合は流動停止端を原点として描き直した場合、速度分布は一致する可能性があることを報告していたが、セメントペーストの結果を見ると、30.9, 41.2, 61.5rpm とそれ以外の回転数の時でそれぞれ速度分布はほぼ重なっており二つのグループに分かれているように見受けられる。こ

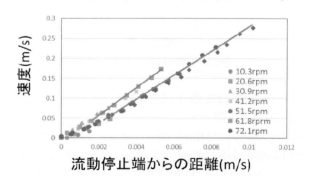

図1　セメントペーストの速度分布

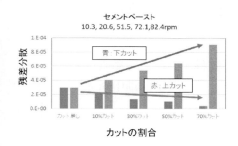

図2 残差分散の推移
（セメントペースト）

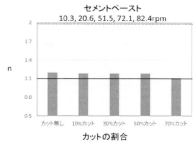

図3 nの推移
（セメントペースト）

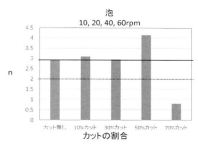

図4 nの推移（泡）

の例では、速度分布は回転数のグループごとに一致しているが、部分流動であったとしても必ずしも全てが一致するわけではないことが確認できる。ただし、二つのグループに分かれた原因については不明である。

さらにロータ近傍の点に着目すると図1中に赤い直線で示したように直線に近くなっていると思われる。つまり、流動停止端付近は非線形性を呈しているのに対し、ロータ近傍は直線、すなわち単純ずりに近くなっていることが考えられる。

3．2 ロータ近傍の形状に関する検討

流動停止端付近とロータ近傍で速度分布形状が異なっていることを確認するために、速度分布について速度の速い部分（上カット）あるいは遅い部分（下カット）のデータを一定の割合でカットして、二次関数による近似を行った際の誤差の推移を比較した。上カットを行った場合は、直線部分をカットすることになるので、二次関数形による近似の誤差は小さくなり、下カットを行った場には逆に誤差が大きくなるものと想定した。結果を図2に示す。横軸にカットした割合、縦軸に残差分散を取っているが、想定した通り上カットを行った場合には誤差が小さくなり、下カットを行った場合には誤差が大きくなったことから、流動停止端付近には二次関数形で表される規則性が見られるが、ロータ近傍では崩れる場合があることが明らかとなった。このような傾向は、二次関数形における α が変動しているものと考えられるため、最後に α の変動に関する検討を行った。

3．3 α の変動に関する検討

α の変化を考慮するために、便宜的にべき乗の形を用い、α を位置の関数と置いて速度分布の近似を行った。用いた関数形を以下の式[1]に示す。

$$V(r) = kx^n + \beta x = kx^{n-2} \times x^2 + \beta x \quad [1]$$

ここに、k：定数
x：流動停止端からの距離

ここで、二次関数形における α は kx^{n-2} である。

近似を行った際の n の変化を図3、図4に示す。図4は Rodts[4]らによって測定された泡の速度分布を用いているが、ここでは α の変化の規則性の一つを表す例として取り上げた。図3を見ると、nの値がカットの割合によらず1に近くなっており、α が減少関数になっていることを示している。次に図4を見るとnは30％カットまでは3になっており、α が一定の割合で増加することを示している。すなわち、流動の規則性を決める係数 α は流体の種類によっては変動する場合があり、変動の仕方で流動特性を分類することが出来る可能性が示唆された。ただし、具体的な分類に関しては今後より多くの流体に対して検討を行う必要があるものと考えられる。

4．まとめ

本検討のまとめを以下に示す

1. 二次関数形における係数 α、β はそれぞれ物理的な意味を持つことを確認した。
2. 二次関数で表される規則性は流動停止端付近にみられるが、ロータ近傍では崩れることを確認した。
3. 係数 α の変動の仕方を考慮することによって流動特性を分類することが出来る可能性が示唆された。

【参考文献】

1) 松本利美，岸利治：ビンガム流動近似したフレッシュモルタルが示すレオロジー挙動の焦点性、コンクリート工学年次論文集、Vol.37、No.1、pp.1051-1056、（2015）

2) 山﨑慈生，岸利治：二重円筒間のセメントペーストの流動特性と粒子分散系の流動速度分布に関する研究，コンクリート工学年次論文集，Vol.38, No.1, pp.1341-1346, 2016

3) Jarny, S. et al.: Rheological behavior of cement pastes from MRI velocimetry, Cement and Concrete Research, Vol.35, No.10, pp.1873-1881, （2005）

4) Rodts, S. et al : From "discrete" to "continuum" flow in foams, Europhys. Lett., 69(4), pp.636-642, （2005）

フレッシュモルタルの流動勾配に及ぼす配筋条件および型枠幅の影響に関する基礎的研究

三重大学　大学院工学研究科　　〇三島直生
　　　　　　　　　　　　　　　　畑中重光

1. はじめに

本研究の最終目標は、施工現場で、ある程度の精度を持った実大施工シミュレーションを、リアルタイムで簡易に行うことのできるツールを開発することにある[1]。リアルタイムでシミュレーションを行うためには、解析負荷を極力小さくすることが不可欠であるため、現時点においては、2次元解析を採用するのが現実的である。2次元で解析するにあたり、図1 (a) に示すような、3次元の配筋（メッシュ筋）を、図1 (b) に示すような、2次元の配筋（以下2D筋）に置き換える必要がある。

本報では、メッシュ筋を2D筋に置き換えることの可能性を検討するための基礎段階として、フレッシュモルタルを試料とした小型壁型枠内流動実験を行い、2D筋によるメッシュ筋の再現性を検証した。

2. 実験概要

表1に本実験の要因と水準を、表2にモルタルの調合表を示す。モルタルの調合は1種類のみとし、高性能AE減水剤の添加により、練上り時のFL_0が180程度となるように調整し、その後の経時変化により、FL_0が低下する特性を利用して、FL_0が160, 140, 120に近くなる水準を作った。配筋は、鉄筋径および鉄筋間隔をそれぞれ3水準に変化させ、2D筋ではメッシュ筋の交点に当たる位置に型枠厚さ方向の配筋を設置した。型枠幅は、50, 100 (mm) の2水準とし、100mm厚の型枠のメッシュ筋のみダブル配筋とした。

型枠は、図1に示すような小型の木製型枠とし、側面のうち1面をモルタルの流動状況が観察できるようにアクリル板とした。型枠内流動実験では、型枠の右上部より、3.06L（型枠厚さ50mm）または、6.12L（型枠厚さ100mm）のモルタルを型枠と同一厚さの金属製ロートにより自重で流下させたときの流動勾配を計測した。ロートの開口部幅は70mmとした。

型枠内流動実験の3～5回に1回の割合で0打モルタルフロー値FL_0を測定した。また、チクソトロピーによるこわばりを除去するために、型枠内流動実験ごとにハンドミキサーで練直しを行った。図2に0打モルタルフロー値FL_0の測定結果を示す。

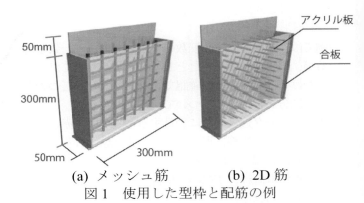

(a) メッシュ筋　　(b) 2D筋
図1　使用した型枠と配筋の例

表1　要因と水準

要因	水準
配筋の種類	メッシュ筋*、2D筋
0打モルタルフロー値FL_0	120, <u>140</u>, 160, 180
鉄筋径ϕ(mm)	$\phi3$, <u>$\phi6$</u>, $\phi9$
鉄筋間隔@(mm)	30, <u>40</u>, 50
型枠幅 (mm)	<u>50</u>, 100

[注] <u>　</u>：基本水準、*：型枠幅100のみダブルとし他はシングル

表2　モルタルの調合表

	W/C	W (g/L)	C (g/L)	S (g/L)	HAE/C (%)
1回目	0.25	241	1070	1099	1.0
2回目					2.0
3回目					2.0
4回目					1.5

[注] HAE：ポリカルボン酸系高性能AE減水剤

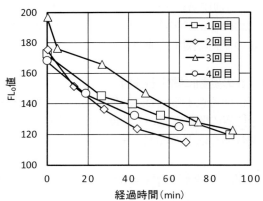

図2　0打モルタルフロー値FL_0の経時変化

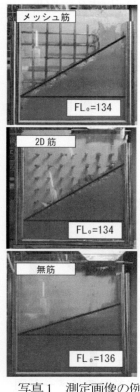

写真1 測定画像の例
($\phi6@40$ 型枠幅 50mm)

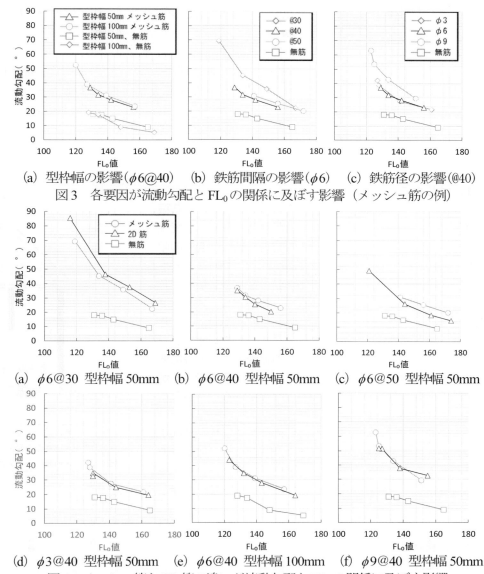

(a) 型枠幅の影響($\phi6@40$)　(b) 鉄筋間隔の影響($\phi6$)　(c) 鉄筋径の影響(@40)
図3 各要因が流動勾配と FL_0 の関係に及ぼす影響（メッシュ筋の例）

(a) $\phi6@30$ 型枠幅 50mm　(b) $\phi6@40$ 型枠幅 50mm　(c) $\phi6@50$ 型枠幅 50mm

(d) $\phi3@40$ 型枠幅 50mm　(e) $\phi6@40$ 型枠幅 100mm　(f) $\phi9@40$ 型枠幅 50mm
図4 メッシュ筋と2D筋の違いが流動勾配と FL_0 の関係に及ぼす影響

3. 実験結果とその考察

写真1に流動勾配の測定画像の例を、図3,4に流動勾配と FL_0 の関係を示す。ここで、型枠内流動実験時の FL_0 の値は、各測定時刻における FL_0 を図2の結果から線形補間して求めた。

全ての条件で、流動勾配は FL_0 が小さくなるほど大きくなる。また、無筋と比べて有筋では、流動勾配と FL_0 の関係は上方にシフトし、配筋することによる無筋からの流動勾配の増加量は FL_0 が小さくなるほど大きくなる。

図3には各要因の影響を示すが、図(a)によれば、型枠幅が異なっても流動勾配と FL_0 の関係は変わらない。図(b)に示す鉄筋間隔の影響としては、鉄筋間隔が30mmとなると急激に流動勾配が大きくなる傾向が見られ、また、図(c)に示す鉄筋径の影響としては、$\phi9$ になると流動勾配が大きくなる傾向が見られる。

図4には、メッシュ筋と2D筋の比較を示すが、いずれの条件においても、メッシュ筋と2D筋の流動勾配はほぼ一致していることが分かる。

4. まとめ

本実験では、配筋径、配筋間隔、型枠幅、および0打モルタルフロー値の各条件を変化させて、メッシュ筋を2D筋で置換して再現できるかを検証した。

その結果、本実験条件の範囲内では、ほぼすべての条件において、同一0打モルタルフロー値ではメッシュ筋と2D筋の流動勾配が一致する結果となり、メッシュ筋を2D筋でそのまま置き換えられる可能性が示された。

謝辞 本研究を遂行するにあたり、前原拓実君（三重大学卒業生）の助力を得た。また、実験に際して、和藤浩氏（三重大学技術部）、ケイチンさん（三重大学大学院生）、野々山美沙さん（三重大学学生）の助力を得た。本研究費の一部は、平成28年度科学研究費補助金 基盤研究(C)（研究代表者：三島直生）によった。付記して謝意を表する。

【参考文献】

1) 三島直生、畑中重光：MPS法を用いたフレッシュモルタルの2次元型枠内流動解析に関する基礎的研究、日本建築学会大会学術講演梗概集、材料施工、pp.265-266 (2016)

加振下の変形挙動に着目したフレッシュコンクリートの粘性の評価

東京理科大学　大学院理工学研究科　　○西村和朗
東京理科大学　理工学部　　　　　　　増谷直輝
　　　　　　　　　　　　　　　　　　加藤佳孝

1. はじめに

コンクリートの変形は、自重やバイブレータによる振動波によってコンクリートに応力が与えられることで生じる。このため、コンクリートの流動挙動は、変形の学問であるレオロジーで表現できるとされ、コンクリートの降伏値と塑性粘度というレオロジー定数を定量的に評価する研究が多くなされている。小林ら[1]は、スランプフロー試験の結果であるフロー値とその速度を、それぞれ降伏値と塑性粘度として、コンクリートのレオロジー定数を評価している。しかし、この評価手法は十分に変形する中流動および高流動コンクリートに適用できるが、流動性の低い普通コンクリートでは適用することが難しいとされている。

本研究では、コンクリートのレオロジー定数を評価することを最終目標とし、その基礎段階として、加振下のモルタルおよびコンクリートのスランプフローの変形挙動に着目して、材料・配合が粘性に与える影響を把握した。

2. 試験概要
2.1 配合

本研究で用いた配合を**表-1**に示す。材料が粘性に及ぼす影響を把握するため、粉体に普通ポルトランドセメント（密度：3.15g/cm^3、比表面積：3500cm^2/g）と高炉スラグ微粉末（密度：2.91g/cm^3、比表面積：4160cm^2/g）を用いた。配合が粘性に及ぼす影響を把握するため、W/C を 45～60%、S/C を 1.0～2.5 で変化させた。また、粗骨材が粘性に及ぼす影響を把握するため、モルタル中の細骨材総表面積がコンクリート中の骨材総表面積を概ね同程度のモルタル（配合 No.1、5、8）も作製した。

2.2 加振下のスランプフロー試験概要

試験の概要図を**図-1**に示す。JIS A 1150 を参考に、モルタルおよびコンクリートをスランプコーンに打込み、加振時のスランプフローの経時変化を測定した。なお、加振条件は、スランプコーンを引き抜いてスランプフロー値を計測後に、型枠バイブレータ（振動数160～200Hz）でスランプ板に振動を与えた場合と、引き抜くと同時に加振した場合で実施した。

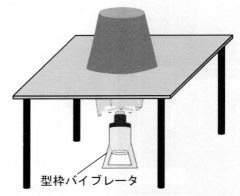

図-1　加振下の変形挙動のイメージ図

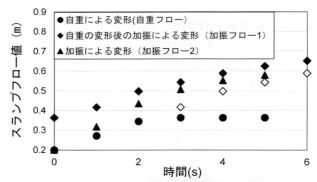

図-2　スランプフロー値の経時変化（配合 No.4）

3. 試験結果

一例として、W/C=50%（配合 No.4）のスランプフロー値の経時変化を**図-2**に示す。なお、図中の凡例は、●は自重の変形であるスランプフロー値（以降、自重フロー）の経時変化、◆は自重の変形が終了後に加振した場合のスランプフロー値（以降、加振フロー1）の経時変化、▲はコーンを引き抜くと同時に加振した場合のスランプフロー値（以降、加振フロー2）の経時変化である。いずれの配合でも、自重フローは概ね2秒で変化しなくなった。また、加振フロー1 は、時間経過に伴い直線的に増加し、その後、徐々に変形しにくくなった。P.Coussot ら[2]は、応力の増加に伴うひずみ速度の増加には限界があることが報告していることから、加振による変形挙動は直線的に変化し、その後、試料の有限性により変形は小さくなったことが考えられる。また、自重フローと加振

表-1 モルタルおよびコンクリートの配合

No.	W/B (%)	S/C	単位量(kg/m³)					単位量((C+BS)×%)		スランプおよびスランプフロー(cm または mm)
			W	C	BS	S	G	A_1	A_2	
1	45	2.35	270	602		1411		0.003	0.25	220mm
2	50	1.0	417	835		835				625mm
3	50	1.5	360	721		1081				575mm
4	50	2.5	239	600		1499				400mm
5	50	2.66	270	541		1436		0.003	0.25	435mm
6	50	2.5	283	311	234	1414				310mm
7	50	2.5	282		521	1414				415mm
8	60	3.27	270	451		1472		0.003	0.25	545mm
9	45		165	367		797	1004			10.5cm
10	50		165	320		811	1021	0.003	0.25	14.0cm
11	60		165	275		832	1047			14.0cm

フロー1の経時変化を重ね合わせることで、加振フロー2と概ね同様な傾向を示すことが出来る（図中◇）。なお、この傾向はいずれの配合でも確認された。

モルタルおよびコンクリートの加振下の変形速度は、材料・配合によって定まる粘性や振動条件によって変化することが予想される。本研究では、振動条件が一定で試験を実施したため、加振下の変形速度はモルタルとコンクリートの粘性によって決定されることが考えられる。S/C および高炉スラグ微粉末の置換率が加振下の変形速度に与える影響を図-3に示す。なお、加振下の変形速度は、フロー値が収束する 0.6m に達するまでのフロー値の平均速度とした。S/C の増加に伴い加振下の変形速度は低下した。これは、細骨材量の増加に伴い塑性粘度が増加したためと考えられる。また、置換率が加振下の変形速度に与える影響は微小だった。これは、本研究で用いた普通ポルトランドセメントと高炉スラグ微粉末の比表面積や密度に大きな差が無かったことが原因と考えられる。モルタル（配合 No.1、5、8）とコンクリート（配合 No.9、10、11）の加振下の変形速度の違いを図-4に示す。モルタルと比較して、コンクリートの粘性は著しく小さくなった。また、モルタルは W/C の増加に伴い加振下の変形速度が増加したが、コンクリートは概ね同等となった。材料分離が粘性によって生じると仮定すると、コンクリートが加振によって変形する際の材料分離の程度は、W/C に関わらず概ね同程度の可能性が考えられる。

4．まとめ

モルタルと比較して、コンクリートの加振下の変形速度は著しく小さくなった。また、W/C に関わらず、コンクリートの変形速度は概ね同程度となった。

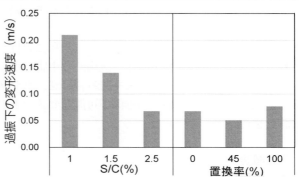

図-3 S/C（配合 No.2、3、4）および置換率（配合 No.4、5、6）が加振下の変形速度に与える影響

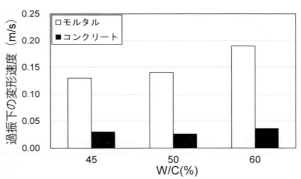

図-4 モルタル（配合 No.1、5、8）とコンクリート（配合 No.9、10、11）の加振下の変形速度の違い

【参考文献】
1) 小林理恵ら：フレッシュコンクリートのスランピング挙動に対するレオロジー的研究、日本建築学会構造系論文集、第464号、pp.1-10、1994.8
2) P.Coussot et al：Coexistence of liquid and solid phases in flowing soft-glassy materials、Physical Review Letters、Vol.88、No.21、218301、2002.5

濃厚系ペーストの流動性に及ぼす粉体充填性と初期水和の影響

東京工業大学物質理工学院　〇佐藤弘規
相川豊
宮内雅浩
坂井悦郎

1. はじめに

コンクリート構造物の耐久性を確保するためには、単位水量の低減が効果的である。しかし、施工性の低下が懸念される。高耐久性セメントの一つとして低熱ポルトランドセメントと超微粒子であるシリカフュームを混和させた系が用いられている。しかし、これらの材料は経済性や廃棄物利用などの観点からは必ずしも好ましいとは言えない。

本研究では、粒子の充填性や注水直後の水和に着目して低熱ポルトランドセメントに比べ汎用的な中庸熱ポルトランドセメントと石灰石微粉末を組み合わせ、水セメント比を低減させても流動性の確保が可能なセメントの材料設計を行った。

2. 実験概要
2.1 使用材料

表1に構成化合物を示す。中庸熱ポルトランドセメント(MPC)と低熱ポルトランドセメント(LHC)を用いた。また、石灰石微粉末(LSP)については平均粒径の異なるLSP1(平均粒径 0.225μm)とLSP2(平均粒径 7.41μm)を用いた。また高強度セメントとして一般に使用されている低熱ポルトランドセメント(LHC)とシリカフューム(SF)を組み合わせて用いた。分散剤としてポリカルボン酸系分散剤(P-34 日油製)を用いた。

表1 使用したセメントの構成化合物(Bogue)

(mass%)	C_3S	C_2S	C_3A	C_4AF
MPC	47.8	30.5	2.3	13.0
LHC	34.8	48.0	1.5	9.2

2.2 実験方法
(1) 配合比の決定とペーストの作製

レーザー回折法によってMPC、LHCおよびLSP1、LSP2の粒度分布を測定した。SFの粒度分布は動的光散乱によって測定した。充填シミュレーション[1]を用いて充填率が最大となる点を配合比として決定した。水粉体比(W/P)を質量比で0.32、0.24とし、分散剤P-34を粉体に対して0.2~0.6 mass%添加して脱泡ミキサで2000 rpm、2分間混合した。その後、さらに3分間手練し、ペーストを作製した。

(2) 見かけ粘度の測定

応力制御型回転二重円筒型粘度計を用いて20℃、200Paにおけるペーストの見かけ粘度を測定した。

(3) 初期水和熱の測定

W/P=0.40とし、所定の配合比で混合した粉体に対して分散剤P-34を0.4~0.6 mass%添加して、熱量計を用いて初期水和熱を測定した。

3. 結果と考察
3.1 配合比の決定

図1に充填シミュレーションの結果を示す。LSP1、SFの置換率が約10 mass%で充填率が最大値を示した。MPC-LSP1系とLHC-SF系における配合比はそれぞれMPC 90 mass%とLSP1 10 mass%、LHC 90 mass%とSF 10 mass%とした。MPC-LSP2系においては充填率にピークが現れなかったため、LSP2の置換率を内割りで5、8、10、20 mass%とした。

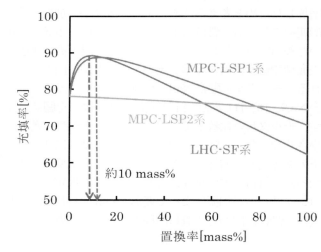

図1 充填シミュレーションによる充填率

3.2 ペーストの見かけ粘度

W/P=0.24におけるMPC-LSP1系、LHC-SF系の見かけ粘度の測定結果を図2に示す。W/P=0.32および0.24の

どちらの場合でも MPC-LSP1 系が LHC-SF 系よりも高い流動性を示した。LHC-SF 系の分散剤添加量 0.2 と 0.3 mass%においては練混ぜが困難であった。両者の充填率に有意な差はなく、形状は SF の方が良好であるので、この流動性の差異については他の要因を考える必要がある。

W/P=0.24 における MPC-LSP2 系の見かけ粘度の測定結果を図 3 に示す。MPC-LSP2 系においても W/P=0.32 と 0.24 どちらの場合でも LHC-SF 系と同等かそれ以上の流動性を示した。また、LSP2 の置換率が大きな配合ほど流動性が良くなり、その傾向は W/P が小さいほど顕著であった。置換率が大きいほど流動性が向上する理由に関しては配合間で充填率がほぼ変わらないため、水和反応に対する LSP の作用、すなわち反応性の観点から検討する必要があると考えられる。W/P が小さいほど傾向が顕著になるのは W/P が小さいときは水量が少ないため、水和生成物が流動性に与える影響が大きくなるからであると考えられる。

3．3 初期水和熱

表2に粉体1gあたりの注水から1時間の積算水和発熱量を示す。いずれの分散剤添加量においても MPC-LSP1 系の方が発熱量は少ない。これは、MPC-LSP1 系では LSP によってアルミネートの水和反応が抑制されているからであり、ペーストの流動性に差異が生じたと考えられる。

さらに、MPC-LSP2 系では LSP2 の置換率が大きな配合ほど発熱量が少ない傾向があり、初期水和反応が抑制されていた。このため LSP2 の置換率が大きい配合ほど流動性が良好となったと考えられる。

4．まとめ

本研究では現行の高強度高耐久セメントより経済的で高流動な高耐久セメントの材料設計を目的に MPC に種々の LSP を混和した系の流動性について LHC に SF を混和した系の流動性と比較し、検討を行った。

平均粒径が 0.225μm の LSP1 を用いた場合、置換率 10 mass%のところで粉体の充填率が最大を示し、全ての W/P 比、分散剤添加量において LHC-SF 系よりも優れた流動性を示した。平均粒径が 7.41μm の LSP2 を用いた場合、置換率を変化させても粉体の最大充填率が求められなかったが、LSP2 の置換率 5, 8, 10, 20 mass%のいずれの場合でも MPC-LSP2 系では、LHC-SF 系と同等かそれ以上の流動性を示した。また、LSP2 による置換率が増大するほどペーストの流動性は向上し、その傾向は W/P が小さくなるほど顕著になることが示唆された。

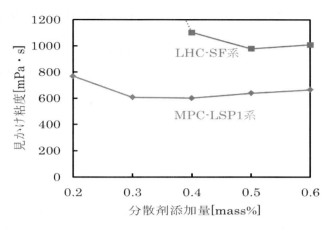

図2 ペーストの見かけ粘度

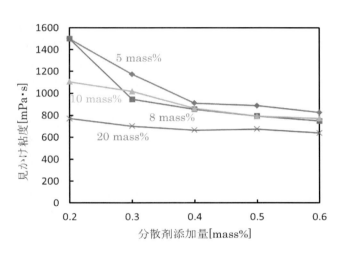

図3 MPC-LSP2 ペーストの見かけ粘度

表2 注水後1時間までの積算水和反応熱量

(J/g)	分散剤添加量(mass%)	
	0.4	0.6
MPC-LSP1 系	6.56	7.30
LHC-SF 系	13.2	10.6

謝辞

本研究を行うにあたり、ポリカルボン酸系分散剤を提供していただいた日油株式会社に感謝いたします。

[参考文献]

1) Etsuo Sakai et.al：Effects of Shape and Packing Density of Powder Particles on the Fluidity of Cement Pastes with Limestone Powder、Journal of Advanced Concrete Technology Vol.7, No.3、pp.347-354(2009)

減水剤添加時の水和遅延効果に及ぼす高炉水砕スラグの化学成分の影響

宇部興産株式会社　建設資材カンパニー　技術開発研究所　　〇高林龍一
　　　　　　　　　　　　　　　　　　　　　　　　　　　　伊藤貴康
　　　　　　　　　　　　　　　　　　　　　　　　　　　　小西和夫
　　　　　　　　　　　　　　　　　　　　　　　　　　　　高橋俊之

1. はじめに

近年、CO_2排出量削減を目的に、セメント・コンクリート分野では混合材の利用拡大が検討されている。中でも高炉水砕スラグ(以下スラグ)はその代表的なものであり、高炉セメントB種の利用拡大に加え、スラグを高炉C種あるいはそれ以上に配合した低炭素コンクリートの研究も進められている。このようなスラグを多量に配合したセメント・コンクリートでは、ポルトランドセメントよりもスラグの品位の影響を強く受ける可能性があるが、その影響について言及した研究は少ない。

筆者らは、既報においてスラグ高含有セメントの強度発現性に及ぼすスラグの化学成分の影響を調査し、スラグの含有量が多いほどスラグの化学成分の影響を強く受けることを確認した[1]。本研究では、減水剤を添加した場合のスラグ高含有セメントの水和遅延効果についてスラグの化学成分の影響を調査したので、以下に報告する。

2. 実験

2.1 スラグ及びスラグ高含有セメントの作製

スラグは、原料に純薬を用いて表1のような高炉水砕スラグを想定した化学組成に調整した。化学成分は塩基度をほぼ一定とし、Al_2O_3含有量の異なるスラグとした。

調合したスラグ原料はカーボン坩堝に入れて、電気炉にて1500℃で30分間加熱し溶融させた後、電気炉から取り出し、直ちにその溶融物を水中に投入して急冷した。水中から回収した試料は105℃で乾燥し、供試スラグとした。なお、試製スラグのガラス化率はX線回折で確認した結果、いずれも100%であった。得られたスラグはブレーン比表面積が$4300 \pm 100 cm^2/g$になるように試験ミルで粉砕した。試製したスラグを普通ポルトランドセメント(N)と混合し、スラグ高含有セメントを作製した。スラグとセメントの混合割合は70%あるいは90%とした。

2.2 減水剤添加時の水和遅延効果の評価

減水剤添加時の水和遅延効果は、スラグ高含有セメントに対する水(減水剤含む)の割合(W/C)を0.5～0.67としたセメントペーストの水和発熱速度で評価した。

減水剤は、市販のリグニンスルホン酸系AE減水剤(以下LS)、ポリカルボン酸系高性能AE減水剤(以下PC)およびリグニンスルホン酸化合物とポリカルボン酸エーテルの複合体である高機能タイプAE減水剤(以下PC+LS)を使用した。添加率は、LSで0.21%(0.5%添加では水和発熱速度ピーク無し)、PCおよびPC+LSで0.5%とした。

スラグ高含有セメントと水はミキサーで2分間練り混ぜた後、所定の容器に入れてセメント水和熱熱量計(東京理工製:CHC-OM6)で水和発熱速度を測定した。水和遅延効果の指標として、エトリンガイト生成に起因すると思われるシャープな発熱ピーク(t_1)と、C-S-H等の水和に起因するブロードな発熱ピーク[2](t_2)の発現時間を用いることとした。

3. 実験結果

3.1 減水剤添加による水和遅延効果

図1に、スラグAを90%混合したスラグ高含有セメントの減水剤添加・無添加における水和発熱速度の違いを示す。いずれの減水剤を添加した場合でも、減水剤無添加時に比べて水和発熱速度のピーク発現時間(t_1およびt_2)が遅くなり、添加した減水剤の種類や添加量によって水和遅延が異なることがわかった。またエトリンガイトの水和に起因するt_1の発熱ピークは、PCおよびPC+LSを添加した場合に低くなった。

3.2 減水剤添加時の水和遅延効果に及ぼすスラグの化学成分の影響

図2に、Al_2O_3量の異なるスラグAおよびCを90%混合したスラグ高含有セメントの水和発熱速度の比較をそ

表1 試製スラグの化学組成

	SiO_2(%)	CaO(%)	Al_2O_3(%)	MgO(%)	TiO_2(%)	MnO(%)	Na_2O(%)	K_2O(%)	JIS 塩基度
試製スラグA	35.20	43.43	12.84	5.12	0.42	0.15	0.17	0.25	1.74
試製スラグB	35.27	41.38	14.81	5.22	0.43	0.15	0.15	0.28	1.74
試製スラグC	34.99	40.81	15.65	5.27	0.41	0.15	0.18	0.30	1.76

※JIS 塩基度=$(CaO+MgO+Al_2O_3) \div SiO_2$

れぞれの減水剤に対して示す。なお、スラグBはCに近いデータであったため、ここでは示さなかった。

この結果から、Al_2O_3含有量の多いスラグCを用いた場合にt_1が若干遅くなり、t_2が早くなる傾向があることがわかった。また、LSおよびPC+LS添加の場合、t_2のピークの立ち上がりの時間は若干早くなるものの、最大水和発熱速度は小さくなる傾向があった。

セメントの硬化にはエトリンガイトに起因するt_1のピークよりも、C-S-H等の生成に起因するt_2の影響の方が大きいと考えられ、上記のようなt_2の遅れはコンクリートの凝結や初期強度の遅延に影響するものと思われる。

3．3 スラグの混合割合と水和遅延との関係

図3に、スラグA～Cを用い混合割合を70および90%としたセメントのLS添加時のt_2とスラグ中のAl_2O_3含有量との関係を示す。なお、図中のA～Cは表1の試製スラグA～Cに対応する。

スラグの混合割合70%ではスラグのAl_2O_3含有量の影響は小さいものの、90%ではスラグ中のAl_2O_3含有量が増加するにつれてt_2が短くなることがわかる。

そのため、スラグ含有量が多くなるほど、減水剤添加時の水和遅延に対してスラグ品位の影響が大きくなり、凝結遅延や初期強度不足の問題に注意しながら配合等を検討する必要があると思われた。

4．まとめ

① スラグ高含有セメントの減水剤添加時の水和遅延効果を確認したところ、減水剤の種類によってその遅延効果が異なることが確認できた。

② Al_2O_3含有量を変えたスラグを90%混合した場合、Al_2O_3含有量が多いスラグほど水和遅延効果が小さく、スラグの化学成分によって減水剤の効果が変わることがわかった。また水和遅延効果は、スラグ混合割合が多いほど顕著になることがわかった。

③ これらから、スラグ高含有セメントをコンクリートに使用する場合、スラグ品位と減水剤の種類によって硬化特性が変わることが懸念され、これらを考慮した配合設計が必要であると考えられた。

【参考文献】

1) 三隅英俊、伊藤貴康、高橋俊之：第70回セメント技術大会講演要旨 pp.102-103 (2016)
2) 矢ノ倉ひろみほか：第70回土木学会年次学術講演会講演概要集 V-483 pp.965-966（2015）

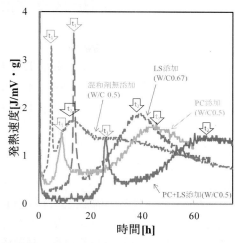

図1 異なる減水剤を添加したスラグ高含有セメントの水和発熱速度の比較

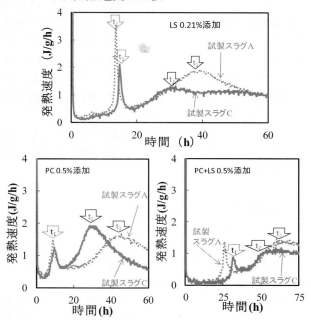

図2 Al_2O_3含有量の異なるスラグを用いた場合のスラグ高含有セメントの水和発熱速度の違い
（上:LS、左下:PC、右下 PC+LS）

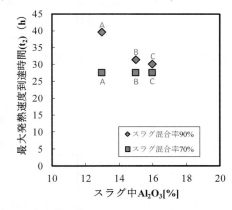

図3 スラグ高含有セメントのLS添加時のt_2に及ぼすスラグのAl_2O_3含有量及びスラグ混合割合の影響

[1302]

第71回セメント技術大会講演要旨 2017

高炉スラグ高含有セメントの水和組織

東京工業大学物質理工学院	○篠部寛
㈱デイ・シイ 技術センター 技術開発課	二戸信和
東京工業大学物質理工学院	宮内雅浩
	坂井悦郎

1. はじめに

近年、コンクリート構造物の構築における CO_2 削減を目標に、高炉スラグやフライアッシュなどの混合材および混合セメントの利用が検討されている。高炉スラグ高含有セメントは高炉スラグを大量に使用したセメントで、高炉セメントの利用において問題となっていた自己収縮や乾燥収縮を適当量の無水セッコウの添加により解決している[1]。しかし、水和生成物や水和組織については不明な点が多い。また、防錆剤や促進剤として用いられることの多い亜硝酸カルシウムを高炉スラグ高含有セメントに微量添加することで高炉スラグの反応率が向上することが著者らの研究により明らかになっている。

本研究では、無添加および亜硝酸カルシウムを添加した高炉スラグ高含有セメントの水和生成物や水和組織について検討した。

2. 実験概要

2.1 使用材料

実験に用いた材料の化学組成を表1に示した。また、添加剤として亜硝酸カルシウム1水和物を用いた。

2.2 セメント硬化体の作製

OPC、BFS および無水セッコウを用い、すでに報告した組成を参考に OPC に対して BFS を 65mass%、無水セッコウを 5mass%置換し高炉スラグ高含有セメントを調整した[1,2]。添加剤には亜硝酸カルシウム1水和物を用い、無水物換算で添加量が 2、3 mass%になるよう練り混ぜ水に添加した。水粉対比を 0.4(質量比)として、蒸留水で練り混ぜ後、1×1×8cm の型枠に流し込み硬化体を作製した。硬化体は材齢1日で脱型し、28日間湿空養生した。

2.3 試験方法

(1) 高炉スラグ反応率の解析

材齢28日の試料について、サリチル酸-アセトン-メタノール法[3]により高炉スラグの反応率を求めた。

(2) 水和生成物

材齢28日の試料について、粉末XRD測定で水和生成物の同定を行った。

(3) SEM-EDS による水和物組成

材齢28日の試料片をエポキシ樹脂に含浸し、観察面を鏡面研磨した。減圧乾燥を行った後、SEMによる観察およびSEM-EDSによる測定を行った。加速電圧を15kV、観察倍率を1000倍として1試料につき10程度の視野を観察し、1視野あたり約20点の点分析を行ってその傾向から水和物の組成を検討した。

3. 結果と考察

3.1 高炉スラグの反応

図1に材齢28日の高炉スラグの反応率に及ぼす亜硝酸カルシウム添加の影響を示した。亜硝酸カルシウムの添加により高炉スラグの反応は促進されている。

3.2 生成物の分析

材齢 28 日におけるカルシウムアルミネート系水和物の XRD パターンを図2に示す。無添加および亜硝酸カルシウム2、3%添加のいずれの試料も AFt が主な生成物となっている。しかし、亜硝酸カルシウム無添加の試料で $AFm(SO_4)$ の小さなピークが見られるのに対し、添加量2、3%の試料では $AFm(SO_4)$ のピークが減少・消失し、$AFm(NO_2)$ ($Ca_4Al_2(NO_2)_2(OH)_{12}\cdot 4H_2O$) の生成が確認された[4]。

表1 材料の化学組成

	化学組成 (mass%)											ブレーン値 (cm2/g)	密度 (g/cm3)
	SiO2	Al2O3	Fe2O3	CaO	MgO	SO3	Na2O	K2O	TiO2	P2O5	MnO		
OPC	20.32	5.46	3.16	64.72	1.73	2.33	0.42	0.39	0.32	0.23	0.05	3350	3.16
BFS	33.39	14.9	0.39	42.81	6.08	-	0.26	0.32	0.61	0.01	0.24	4230	2.91
Anhydrite	0.3	0.1	0.0	40.4	0.1	58.0	-	-	-	-	-	4270	2.91

(OPC:普通ポルトランドセメント、BFS:高炉スラグ微粉末、Anhydrite:無水セッコウ)

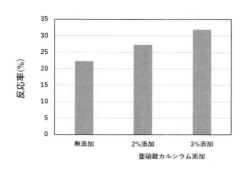

図1　高炉スラグの反応率

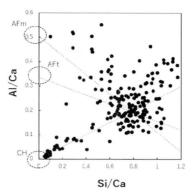

図3　SEM-EDSによる多点分析

表2　C-S-Hの組成

試料		Ca/Si比	Al/Si比
無添加		1.23	0.26
亜硝酸Ca添加	2%	1.27	0.25
	3%	1.25	0.21

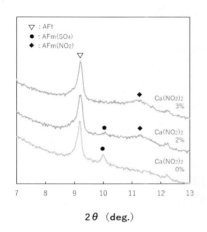

図2　カルシウムアルミネート系水和物のXRDパターン

3.3　C-S-Hゲルの組成

既往の研究[5]を参考とし、SEM-EDSの多点分析の結果から試料のSi/CaとAl/Ca(mol比)の関係を求め、C-S-HのCa/Si比やAlの固溶量を検討した。分析の例として亜硝酸カルシウム2%添加試料の分析結果を図3に示す。縦軸のAlの値は、AlのC-S-Hへの固溶量をより正確に把握するため、Alの測定値からハイドロタルサイトとして存在するAlを差し引いて補正したものである。AFm、AFt、CHの各水和物にあたる領域から傾向線を引き、交点の周辺から高Si/Ca比の測定点をC-S-Hの組成を表すとした。分析より推定された各試料のC-S-HゲルにおけるCa/Si比およびAl/Si比を表2に示す。無添加および亜硝酸カルシウム2、3%添加試料におけるCa/Si比の差は小さく、亜硝酸カルシウム添加による高炉スラグの反応増進に伴うCa/Si比の変化はほとんど無いと考えられる。また、Al/Si比が亜硝酸カルシウムを添加した試料について若干低下した。これは、高炉スラグの反応率増加に伴い、高炉スラグ中のAl、SiがともにC-S-Hに供給されたことが原因であると推察される。

4．まとめ

本研究では、亜硝酸カルシウムを添加した高炉スラグ高含有セメントについて、その水和組織の検討を行った。

亜硝酸カルシウムを添加した試料について、高炉スラグ反応率が増加した。粉末XRD測定により、亜硝酸カルシウムを添加した試料について、$AFm(SO_4)$に代わり$AFm(NO_2)$の生成が確認された。また、SEM-EDSによる測定からC-S-Hゲルの組成を推定した。Ca/Si比に大きな差は見られなかったが、亜硝酸カルシウム添加試料について、Al/Si比に若干の低下が見られた。

【参考文献】

1) 坂井悦郎ほか：初期水和性状を考慮した高炉スラグ高含有セメントの材料設計、セメント・コンクリート論文集、No.65、pp.20-26　(2011)
2) 米澤敏男ほか：エネルギー・CO2ミニマム(高炉スラグ高含有セメント)セメントコンクリートシステム、コンクリート工学、Vol.48(9)、pp69-73　(2010)
3) 近藤連一ほか：高炉水砕スラグの定量およびセメント中のスラグの水和反応速度に関する研究、窯業協会誌、Vol.77、pp.39-46　(1969)
4) M.Balonis et al：Influence of calcium nitrate and nitrite on the constitution of AFm and AFt cement hydrates, Advances in Cement research, Vol.23, pp.131-133　(2011)
5) 宮原茂禎ほか：炭酸ナトリウムを刺激剤としたラグセメントペーストのC-S-Hの組成、Cement Science and Concrete Technology、Vol.69、pp.70-73　(2015)

亜硝酸カルシウムを添加した高炉スラグ高含有セメントの水和

東京工業大学物質理工学院　　　　　坂井悦郎
　　　　　　　　　　　　　　　　　植田由紀子
　　　　　　　　　　　　　　　　　相川豊

㈱デイ・シイ　技術センター　技術開発課　　○二戸信和

1. はじめに

　高炉スラグ高含有セメントの水和に関して、無水セッコウや石灰石微粉末あるいは最適なセメント量の検討などを行い、主要な水和生成物がケイ酸カルシウム水和物（C-S-H）、水酸化カルシウムおよびAFtであることを報告した[1]。また、養生温度が30℃の場合の高炉スラグ高含有セメントの水和反応について検討を行い、無水セッコウの添加量が5%程度では、高炉スラグの反応量が増大するためAFmも生成すること、また、無水セッコウの増加や石灰石微粉末の少量添加によりAFtの生成が増加すること、遅延剤の影響では、ショ糖やデキストリンの添加により、高炉スラグ高含有セメントの水和反応を遅延させると材齢28日の高炉スラグの反応率が増加することを明らかにした[2]。しかし、高炉スラグ高含有セメントにおける高炉スラグの反応率は20～25%程度であり、未反応の高炉スラグが大量に残存していることより、材料の有効利用の観点からは、さらに高炉スラグの反応率を増加する手段を検討する必要がある。

　本研究では、一般的な促進剤として知られている亜硝酸カルシウムを添加した場合の高炉スラグ高含有セメントの水和について検討を行った。

2. 実験方法

2.1 使用材料

　用いた材料は前報[2]と同様に高炉スラグ微粉末(BFS)、無水セッコウ(Anhydrite)、普通ポルトランドセメント(OPC)であり、石灰石微粉末については、前報と同様の粉末度5000(LSP5000)のものに加えて、粉末度7000(LSP7000)を使用した。各材料の化学組成を表1に示した。

2.2 試料の調整

　高炉スラグ高含有セメントの配合は、BFS:OPC:Anhydriteを65:30:5（質量）を基本として、LSPはOPC中の3および5 mass%を置換した。亜硝酸カルシウムについては亜硝酸カルシウム1水和物（試薬1級）を使用し、無水物換算して、高炉スラグ高含有セメントに対して1から3mass%添加した。

　モルタルの強さ試験はJISR5201に準じて行い、材齢は3日、7日、28日および91日とした。

2.3 水和反応解析

　水和反応解析については、水粉体比を0.4(質量比)とし、イオン交換水を用いて、練り混ぜ後、セメントペーストをスチロール瓶に流し込み、密封し、湿空養生を行った。養生温度は20℃とし、材齢は7日と28日とした。所定材齢後、アセトンを用いて水和停止し24時間アスピレーターで乾燥させた。

　水和生成物については、XRDにより同定し、CH量はDTA-TG曲線の405～515℃での質量減少より算出した。また、高炉スラグの反応率はサリチル酸-アセトン-メタノール法[3]によった。硬化体の空隙率は、水銀圧入法により求めた。

3. 実験結果と考察

3.1 モルタルの圧縮強さ

　表2に高炉スラグ高含有セメントモルタルの圧縮強さを示す。亜硝酸カルシウムの添加により、圧縮強さは材

表1　材料の化学組成

試料	化学組成 (mass%)												密度 (g/cm^3)	粉末度 (cm^2/g)
	SiO$_2$	Al$_2$O$_3$	Fe$_2$O$_3$	CaO	MgO	SO$_3$	Na$_2$O	K$_2$O	TiO$_2$	P$_2$O$_5$	MnO	Cl		
OPC	20.3	5.5	3.2	64.7	1.7	2.3	0.3	0.4	0.2	0.1	0.1	0.012	3.16	3430
BFS	33.4	14.9	0.4	42.8	6.1	—	0.3	0.3	0.61	0.01	0.24	—	3.04	4390
Anhydrite	0.8	0.2	0.2	40.8	0.1	56.8	—	—	—	—	—	—	2.91	4320
LSP5000	0	0.1	0.1	55.1	0.5	—	ND	0.03	0.02	—	—	—	2.74	5100
LSP7000	0.2	0.1	0	55.8	0.2	—	0.01	0.02	0.00	0.04	0.01	—	2.71	7250

（OPC:普通ポルトランドセメント、BFS:高炉スラグ微粉末、Anhydrite:無水セッコウ、LSP：石灰石微粉末）

表2　モルタルの強さ試験結果

試料	曲げ強さ (N/mm²)			圧縮強さ (N/mm²)		
	3d	7d	28d	3d	7d	28d
無添加	5.4	7.3	9.5	17.6	29.6	50.2
亜硝酸Ca1%添加	5.0	7.2	9.1	20.1	34.1	51.4
亜硝酸Ca2%添加	4.7	7.5	9.4	22.9	36.3	53.7
亜硝酸Ca3%添加	5.1	7.6	9.4	23.3	37.9	55.5

表3　硬化体の空隙率(cm^3/cm^3)

試料	材齢7d	材齢28d
無添加	38.5	30.4
1%添加	26.1	25.9
3%添加	26.1	21.5
3%添加 LSP5000	25.1	18.4
3%添 LSP7000	28.8	21.4

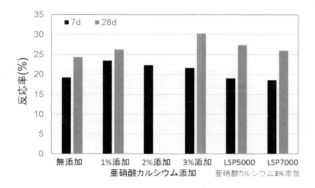

図1　高炉スラグの反応率

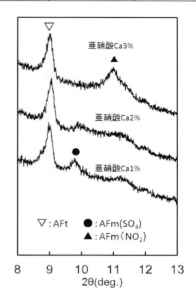

図2　水和生成物のXRDパターン（材齢7d）

齢初期から増加し、また、材齢28日でも亜硝酸カルシウム添加のほうが大きな値を示しており、通常のOPCにおける促進剤の作用とは異なっている。また、材齢91日の圧縮強さは無添加が61.8N/mm²に対して、亜硝酸カルシウム1、2および3%添加で、それぞれ64.9、66.9および68.0N/mm²を示した。

3．2　硬化体の空隙率
硬化体の空隙率は、強度と関連しており、亜硝酸カルシウム添加により空隙は減少した。また、石灰石微粉末を添加した場合の方が、材齢28日では、より空隙は減少する傾向を示している。

3．2　高炉スラグの反応
図1に高炉スラグの反応率に及ぼす亜硝酸カルシウム添加の影響を示した。亜硝酸カルシウムの添加により高炉スラグの反応は促進され、材齢28日の反応率も大きな値を示した。また、石灰石微粉末を併用した場合には、材齢28日では高炉スラグの反応率は大きな値を示した。

3．4　水和生成物
CH量は、7dで4.7から5.3%、28日では4.6から4.9%程度で、亜硝酸カルシウムの添加による大きな変化は観察されない。また、高炉スラグの反応が増加しているが、生成物としては亜硝酸カルシウムの添加量が多い場合には、$AFm-SO_4$ではなく$AFm-NO_2$が生成し（図2）、また、AFtが生成している。$AFm-NO_2$の生成は11.23°から11.04（乾燥状態により異なる）にピークが現れる[4]。亜硝酸カルシウム添加の場合には、$AFm-SO_4$の生成が抑制され、AFtが生成している。石灰石微粉末が添加された場合には、$AFm-CO_3$も生成する。亜硝酸カルシウムの添加量が増加すると高炉スラグの反応は促進されるが、$AFm-NO_2$の生成により、AFtが主な生成物となる。

4．まとめ
亜硝酸カルシウムの添加により、高炉スラグ高含有セメント中の高炉スラグの反応率は増加し、モルタルの強度も増加するが、カルシウムアルミネート水和物として$AFm-NO_2$が生成し、AFtが主な生成物となった。

【参考文献】
1) 坂井悦郎ほか：初期水和性状を考慮した高炉スラグ高含有セメントの材料設計、セメント・コンクリート論文集、No.65,、pp.20-26　（2011）
2) 坂井悦郎ほか：高炉スラグ高含有セメントの水和に及ぼす養生温度の影響、セメント・コンクリート論文集、No.70 (2016)　印刷中
3) 近藤連一ほか：高炉水砕スラグの定量およびセメント中のスラグの水和反応速度に関する研究、窯業協会誌、Vol.77,pp.39-46(1969)
4) M.Balonis etc:Influence of calcium nitrate and nitrite on the constitution of AFm and AFt cement hydrates. Advanced in Cement Research, Vol.23,129-143(2011)

高炉スラグ高含有セメントの高温履歴下での水和反応に及ぼす無水石こうと石灰石微粉末の影響

前橋工科大学　工学部 社会環境工学科　　〇佐川孝広
　　　　　　　　　　　　　　　　　　　　九里竜成
鹿島建設(株)　技術研究所　建築生産グループ　石関浩輔
　　　　　　　　　　　　　　　　　　　　閑田徹志

1. はじめに

　高炉セメントは、産業副産物の有効利用、CO_2 排出量削減の観点から利用拡大が望まれている。我が国で流通する高炉セメントは、スラグ置換率が40～45％程度の高炉セメントB種が大半であるが、より高炉スラグ含有量を高めた高炉スラグ高含有セメントを用いたコンクリートに期待が寄せられている[1]。しかし、高炉スラグ高含有セメントを用いたコンクリートは高い温度ひび割れ抵抗性を潜在的に有しているが実用例は限られており、若材齢時での温度ひび割れ挙動に不明な点も多い。他方、高炉セメントに添加する石こうや石灰石微粉末は、高炉セメントの強度や発熱特性に影響することが指摘されているが[2,3]、高炉スラグの水和反応や反応生成物との関係、スラグ置換率の影響等は必ずしも明確になっていない。
　そこで本研究では、高炉スラグ高含有セメントの初期水和機構の解明と温度ひび割れ抵抗性に資する材料構成の最適化を目的に、高炉スラグ高含有セメントの水和反応に及ぼす無水石こうと石灰石微粉末の影響について検討した。

2. 実験概要
2.1 使用材料

　本研究では、研究用普通ポルトランドセメント(OPC)、高炉スラグ微粉末4000(BFS, 粉末度:4580 cm^2/g, 石こうなし)、無水石こう($CaSO_4$, 粉末度: 4100 cm^2/g)、石灰石微粉末($CaCO_3$, 粉末度: 7420 cm^2/g)をそれぞれ用い、無水石こうおよび石灰石微粉末置換率をパラメータとして高炉セメントを作製した。高炉セメントの配合を表1に示す。

2.2 水和試料の調製と水和反応解析

　表1に示す配合の高炉セメントを用い、ホバートミキサにて水セメント比 50 ％のセメントペーストを作製した。高炉スラグ高含有セメントの適用対象の多くはマスコンクリート部材であり、本研究では、実際のマスコンクリート構造物の内部温度履歴を模擬した養生条件とした。図1に養生温度履歴を示す。
　作製したセメントペーストは、ブリーディングを抑制するために材齢6時間まで20 ℃環境下で練り置き後、4×4×16 cmの鋼製型枠に成型し、蒸気養生槽にて図1に示す温度履歴を与えた。すなわち、24時間で60 ℃まで昇温、60 ℃を24時間保持した後、6日間で20 ℃まで降温した。材齢10日にて脱型後、3 mm厚に切断し、以降の養生は20 ℃水中養生とした。なお、一部の水準(表1のNo.7)にて、比較のために20 ℃一定養生(材齢3日以降水中養生)および図1の温度履歴後に20 ℃封緘養生を行った水準を加えた。粉末X線回折(XRD)による水和反応解析を行う材齢は、3、7、および28日とした。
　材齢の経過した試料は、多量のアセトンにて水和停止後、40 ℃24時間の乾燥を行った。乾燥後の試料は乳鉢にて微粉砕を行った後、900 ℃30分の強熱減量およびXRD測定を行った。XRDの測定条件、外部標準法によるリートベルト解析手法は既往の研究[3]と同様とし、未反応鉱物量および反応生成物量を測定した。

表1　高炉セメントの配合

No.	Composition(%)			
	OPC	BFS	$CaSO_4$	$CaCO_3$
1	30	70.0	0.0	0.0
2		65.0		5.0
3		65.5	4.5	0.0
4		63.0		2.5
5		64.0	6.0	0.0
6		61.5		2.5
7		60.5		3.5
8		61.1	8.9	0.0
9		56.1		5.0

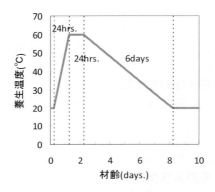

図1　養生温度履歴

3. 実験結果および考察

表2に材齢28日でのカルシウムアルミネート系水和物の定性分析結果を示す。カルシウムアルミネート系水和物の生成に及ぼす無水石こう(CS)や石灰石微粉末(LSP)の影響に関し、概ね次のことがいえる。

・CS 無混和の場合、エトリンガイト(AFt)やモノサルフェート(AFm)はほとんど生成せず、LSP 無混和で C_3AH_6 が、LSP 混和でカーボネート系水和物が生成する。

・CS 4.5 %では、主たる生成物は AFm となる。LSP 無混和で C_4AH_{13} と思われる水和物が、LSP 混和でカーボネート系水和物が生成する。

・CS 6 %では AFt と AFm の双方が生成し、LSP の混和でカーボネート系水和物が生成する。

・CS 8.9 %では、主たる生成物は AFt となる。LSP を混和してもほぼ未反応で残存し、カーボネート系水和物はほとんど生成しない。

図2には、リートベルト解析結果の一例として、CS 6 %(No.5-7)での水和生成物量の推移を示す。なお、生成量は強熱後質量当たりの水和生成物量(無水物換算なし)として算定した。材齢3、7日での主たる生成物は AFt および AFm であるが(LSP 混和でカーボネート系水和物も併せて生成)、材齢28日では No.6 と No.7 の LSP 添加率の僅かな違いで反応生成物種は大きく異なった。すなわち、LSP 2.5 % (No.6)では材齢7日から28日での生成量は大きく変化しないのに対し、LSP 3.5 % (No.7)では材齢28日で AFm はほぼ消失する一方でカーボネート系水和物の生成量が著しく増大した。

図3には、配合 No.7 での養生条件の差異による水和生成物量の推移を示す。20 ℃一定養生では AFm はほとんど生成しないのに対し、60 ℃の高温履歴養生では材齢3、7日で AFt、AFm の双方が生成した。これは、養生温度が高いほど CS の溶解度が低下することが要因の一つと考えられる。また、高温履歴後の材齢10日以降での水中養生と封緘養生とで、生成量の傾向が異なった。水中・封緘養生でのカルシウムアルミネート系水和物生成量の総量は同程度であるが、水中養生では、材齢7日で存在した AFm が消失し、カーボネート系水和物の生成量が大きく増大した。この材齢の経過に伴う水和物種の変化のメカニズムは明らかでない。

4. まとめ

高炉スラグ高含有セメントの高温履歴下での水和反応に及ぼす無水石こうと石灰石微粉末の影響について検討した。無水石こうや石灰石期粉末の混和及び添加量に依存してカルシウムアルミネート系水和物の種類及び生成量は大きく変化した。これらの挙動と硬化体の熱特性や力学特性、ひび割れ抵抗性との関係について今後検討を行う予定である。

表2 材齢28日での水和生成物

No.	Composition(%)		Hydration products			
	CaSO$_4$	CaCO$_3$	AFt	AFm	Hc,Mc	C$_3$AH$_6$
1	0.0	0.0			△	○
2		5.0			◎	
3	4.5	0.0	△	◎	C$_4$AH$_{13}$	
4		2.5	△	◎	○	
5	6.0	0.0	○	○		
6		2.5	○	○	○	
7		3.5	○		◎	
8	8.9	0.0	◎	△		
9		5.0	◎	△	△	

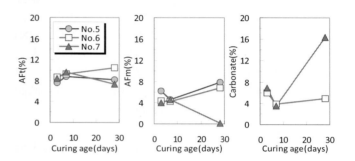

図2 水和生成物量

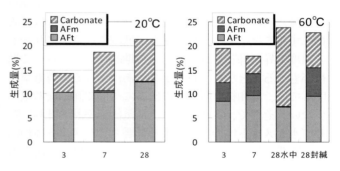

図3 養生条件の影響(No.7)

【参考文献】

1) 米澤敏男ほか：エネルギー・CO$_2$ ミニマム(ECM)セメント・コンクリートシステム、コンクリート工学、Vol.48, No.9, pp.69-73 (2010)

2) 佐川孝広、小倉束、若杉伸一：高炉スラグ高含有セメントの強度および発熱特性に及ぼす無水石こうと石灰石微粉末の影響、第 67 回セメント技術大会講演要旨、pp.140-141 (2013)

3) 佐川孝広、濱幸雄、塚本康誉：高炉セメント A 種の強度発現と水和反応に及ぼす無水石こうと石灰石微粉末の影響、セメント・コンクリート論文集、Vol.68, pp.239-245 (2014)

[1305]

高炉スラグ微粉末を用いた電気伝導率計の圧縮強度推定のメカニズムの検討

芝浦工業大学大学院　理工学研究科　建設工学専攻　　〇末木博
芝浦工業大学　　　　　　　　　　　　　　　　　　伊代田岳史
芝浦工業大学　工学部　土木工学科　　　　　　　　森嘉一

1. はじめに

電気伝導率計によるコンクリートの導電率計測は、計測端子を型枠に設置し、型枠内のコンクリートの圧縮強度を推定する方法として提案されている。太田ら[1]は、同じ水セメント比(W/C)の普通ポルトランドセメント(N)と高炉セメントB種において、導電率の計測することにより、圧縮強度を推定できることを報告した。また、伊藤ら[2]は導電率の打ち込み後に必ず現れるピークが時間によって異なり、導電率と圧縮強度の関係も水セメント比毎に変わることを報告している。

以上の既往の研究[1),2)]により、コンクリートの強度と導電率に相関があると報告される一方で、電気伝導率での計測については研究の余地があり、さらなる研究の必要がある。高炉スラグ微粉末(BFS)は、混和材として環境負荷低減に向け日本で利用が促進されている。BFSは高置換にすることにより、発熱速度が低減されコンクリートの温度上昇を抑制されること、長期的な強度に対して期待がもてることなど、利点が多くあげられる。導電率に関しては、混和材と置換率の影響について詳細な考察が少ない。そこで、本研究では、電気伝導率計の計測に際して水セメント比の違いによる影響と、セメント種類による影響を把握し、コンクリートの圧縮強度と導電率のメカニズムを検討した。

2. 実験概要
2.1 使用材料

表-1にコンクリートの計画配合を示す。W/Cの違いによる影響を把握するために、普通ポルトランドセメント(OPC)を用いW/Cを30、50、60%と設定した。また、W/Cを50%で一定とし、混和材の置換率の混入量の影響を整理するため高炉スラグ微粉末を30%、50%、60%、70%、85%とセメントにそれぞれ内割で置換した。表記方法は高炉セメント、W/C 50%、置換率30%で、B50-30と表記する。

2.2 試験方法
(1) 圧縮強度試験

φ100×200mmの供試体を、所定材齢まで恒温恒湿室(20℃ RH60%)で封かん養生を行った。圧縮強度試験は、

表-1 コンクリートの配合

記号	W/C (%)	s/a (%)	単位量(kg/m³)				
			W	OPC	BFS	S	G
N30	30	48	170	567	-	768	850
N50	50			340	-	830	955
N65	65			262	-	890	986
B50-30	50			238	102	848	947
B50-50				170	170	846	945
B50-60				136	204	845	943
B50-70				102	238	844	942
B50-85				51	289	842	940

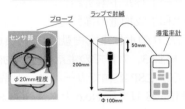

図-1 電気伝導率計測の模式図

「コンクリート圧縮強度試験(JIS A 1108-2006)」に準拠した。

(2) 導電率測定試験

導電率とは、物質の主に水中の電気の通りやすさを表す指標である。値が大きいほど電気が通りやすく、値が小さいほど電気が通りづらいことを表している。図-1に電気伝導率計測の模式図を示す。計測には、φ100×200mmの円柱供試体を使用し、供試体上部の表面から50mmの位置に電気伝導率計の端子を設置し計測を行った。供試体は打ち込み後に封かんし恒温恒湿室で静置した。

(3) 空隙率計測試験（アルキメデス法）

圧縮試験後の試験片を、水和停止させ、105℃の乾燥炉にて絶乾にし、絶乾質量を計測した。絶乾状態の質量を真空ポンプにて水で飽和させ飽和質量を計測し、その飽和質量から空隙率を算出した。

(4) 質量計測試験

コンクリート内部の水分の含有量状況を把握するために、供試体の質量を適時計測することにより質量減少量からコンクリート内部の水分の逸散量を求めた。恒温恒湿環境下で逸散する水分は、脱型時に供試体が保持している水和に使われていない水分を液状水とし、またその量を液状水量と定義した。そして計測後の供試体を、105℃の乾燥炉に静置後、絶乾質量から含水量も算出した。

(5)水銀圧入式ポロシメーター(MIP)

セメント種類による細孔の大きさを把握するため、モルタルによって細孔量を水銀圧入式ポロシメーターにより計測した。

3．試験結果及び考察
3．1　導電率と圧縮強度

図-2 に、導電率と圧縮強度の関係を示す。既往の研究[1)2)]の通り、導電率が減少すると圧縮強度が反比例的に増加した。高炉セメントの置換率が大きくなるほど、圧縮強度と導電率の値が小さくなっていることがわかる。

3．2　空隙率と導電率の関係

図-3 に空隙率と導電率の関係を示す。導電率が減少すると空隙率も減少している。高炉セメントは、置換率が大きくなるほど導電率が小さい場合、空隙率が大きくなることがわかる。

3．3　液状水量と導電率の関係と細孔容積分布

図-4 に液状水量と導電率の関係、図-5 にセメント種類ごとの細孔容積分布を示す。導電率が小さくなるとともに液状水量が小さくなる。また、コンクリートは材齢ごとの試験時に保持している水分が多いほど、導電率は大きな値を示すことがわかる。よって、導電率の計測は3.2より液状水量を含んでいると考えられる空隙率と関係があることから、コンクリート中の水分を計測し、液状水量と特に関係性があることがわかる。液状水量を一定とした場合、W/C や BFS の置換率が大きくなることによって導電率が小さくなっていることがわかる。細孔容積分布では、BFS の置換率が大きくなるほど細孔量が多くなることがわかる。よって液状水量と導電率の関係と細孔容積分布に関係があることがわかる。ここで、供試体内部で電気が流れる液相中において、流れにくい部分が存在することによって、計測距離が長くなると考えられる。これは、液状水量を一定に捉えた場合の、導電率の差と関係があると推測される。

4．まとめ

本研究で得られた成果を以下に示す。①高炉セメントの置換率が大きくなるほど、圧縮強度と導電率の割合が小さくなり、空隙率と伝導率の割合が大きくなる ②コンクリート中の水分を計測し、液状水量と特に関係性がある ③導電率の単位に関して、計測距離が長くなることと液状水量が一定の際における導電率の差に関係があると推測される

【参考文献】
1)　太田真帆 寺内和子 伊代田岳史：電気伝導率計を用いた圧縮強度推定メカニズムの検討, 第 70 回セメント技術大会講演要旨 pp172-173、2016
2)　伊藤孝文、伊代田岳史：電気伝導率計を用いた圧縮強度推定のメカニズムの検討, コンクリート構造物の補修, 補強、アップグレード論文報告集第 16 巻、1126、2016

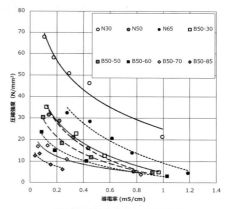

図-2　導電率と圧縮強度

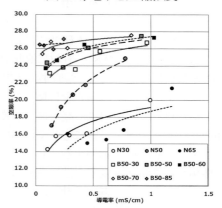

図-3　空隙率と導電率の関係

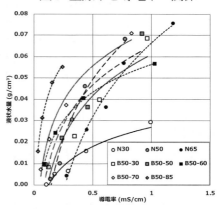

図-4　液状水量と導電率の関係

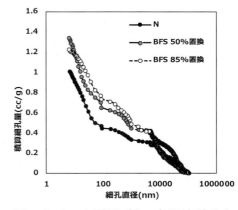

図-5　セメント種類ごとの細孔容積分布

[1306]

高炉スラグ微粉末水和固化体の最適なカルシウム刺激材添加率について

東京理科大学　工学研究科建築学研究科　　〇江詩唯
　　　　　　　　　　　　　　　　　　　　今本啓一
　　　　　　　　　　　　　　　　　　　　清原千鶴

1. はじめに

近年、環境負荷低減、CO_2排出抑制問題への関心が高まる中、産業副産物や廃棄物を利用した新しい材料と工法の研究が活発に行われている。

このような背景を踏まえて、本研究では結合材として高炉スラグ微粉末（以下、BFS）、骨材に高炉スラグ骨材（以下、BFS骨材）を用いた全量副産物を利用したセメントフリーのコンクリートの開発を目指している。

一般に、結合材として使用する高炉スラグ微粉末の水硬性を加速させるために、必要に応じて消石灰やセメントなどのアルカリ刺激材を添加する。しかし、アルカリ刺激材の種類や添加量と強度発現性の関係について検討した研究成果[1]が少なく、調合設計時におけるアルカリ刺激材添加量の設定が複雑なものとなっている。

そこで本研究ではアルカリ刺激材として水酸化カルシウム（以下、CHと示す）を使用し、BFSペースト試験体を作製し、圧縮強度が最も高くなる最適なCH添加率を検討するとともに、BFS細骨材を用いたモルタル試験体の力学的特性について検討を行った。以下はその報告である。

2. BFSペースト実験（シリーズ1）
2.1 実験概要

使用材料の化学成分を表-1に示す。作製した試験体はW/P＝30％とし、結合材として高炉スラグ微粉末（石膏1.91％混入）を使用し、アルカリ刺激材として水酸化カルシウム（以下CH）を使用した。またCHは0.1～5％まで変化させた。

練混ぜはJISセメント強さ試験に準じ、CH添加率が非常に少ない調合もあるため、セメントとCHの練混ぜ時間のみ120秒とした。

試験体は打込み直後から恒温室（温度20℃）にて封緘養生とした。材齢3、7、28日において圧縮強さ試験を実施するとともに、材齢7日においては、既往の研究[1]を参考にディスクミルにより試料を微粉砕するとともにアセトンで水和を停止させ、乾燥を行った後、1000℃の電気炉で2時間焼成させて得られた減量から強熱減量を算出した。

2.2 実験結果および考察

CH添加率と圧縮強度の関係を図-1に示す。材齢28日では、CH添加率0.3％が最も圧縮強度が高く、CH添加率1.0％で最も圧縮強度が低くなり、さらに添加率を増加させると3.5％まで強度が上昇している。CH添加率0.3％の材齢28日圧縮強度は3.5％より10N/mm²高い。一方、CH添加率が少ない0.1％および0.2％において初期強度発現性は低いが、材齢にともなう強度増加率は大きく、材齢3日に対する強度増加率は材齢7日において、CH添加率0.1％で4.7倍、0.2％で2.2倍となり、材齢28日にお

表-1　使用材料

	密度 g/cm³	比表面積 cm²/g	MgO %	SO_3 %	強熱減量 %	$Ca(OH)_2$ %	Cl %	SO_4 %	As ppm	Fe %	K %	Mg %	Na %	Pb %
高炉スラグ微粉末(BFS)	2.85	4290	7.32	2.11	1.32	—	0.004	—	—	—	—	—	—	—
消石灰(CH)	2.07	—	—	—	—	95.0以上	0.02以下	0.05以下	0.5以下	0.02以下	0.05以下	1.0以下	0.05以下	0.004以下

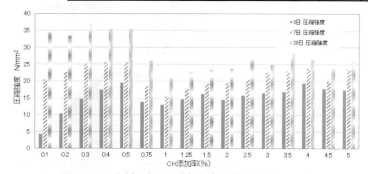

図-1　CH添加率と圧縮強度の関係（シリーズ1）

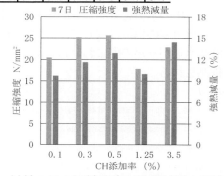

図-2　材齢7日の圧縮強度と強熱減量の測定結果

いては、CH 添加率 0.1%で 8 倍、0.2%で 3 倍、0.3%で 2.5 倍と、CH 添加率が少ないものほど大きい。

材齢 7 日の圧縮強度と強熱減量値の関係を図-2 に示す。CH 添加率 0.5%までの場合は強熱減量値が増加すると、圧縮強度が増加している。しかしながら、CH 添加率 3.5%の強熱減量が最も高いが、圧縮強度はそれほど高くなっていない。これは、CH 添加率 3.5%においては、BFS の反応は進行しているが強度発現に至っていないと言える。この理由については、等温吸着曲線などの測定を行い、検討する予定である。

以上の検討結果より、材齢 28 日の圧縮強度発現性が良い CH 添加率 0.3%、3.5%を最適な CH 添加率としてモルタル試験体を作製した。

3. BFS モルタル実験（シリーズ 2）
3.1 実験概要

シリーズ 2 におけるモルタル試験体の混合比を表-2 に示す。シリーズ 2 ではシリーズ 1 と同様の W/P=30%とし、シリーズ 1 で選定した CH 添加率 0.3、3.5%とした。また、シリーズ 2 では、W/P の影響についても検討するため CH 添加率 3.5%において、W/P＝40、50%の試験体も作製した。使用した細骨材は高炉スラグ細骨材（絶乾密度 2.75g/cm^3、吸水率 0.71%）であり、比較のため陸砂（表乾密度 2.59g/cm^3、吸水率 2.07%）を用いた 試験体も作製した。

試験体はすべて封緘養生とし、圧縮強度試験は、材齢 7 および 28 日で実施し、初期の自己収縮ひずみの測定も行った。

3.2 実験結果および考察

シリーズ 2 の圧縮強度試験結果を図-3 に示す。CH 添加率 0.3%である B-1 は、シリーズ 1 と同様に初期材齢の圧縮強度は 1.3N/mm^2 と低いが、材齢に伴う強度増加率が高く、材齢 28 日においては、CH 添加率 3.5%とほぼ同等の強度が得られており、7 日に比べて約 21 倍強度が増進する結果となった。細骨材の種類を見てみると、BFS 細骨材を使用した B-2 は陸砂を使用した B-3 と比較して、材齢 7 日の強度は 1 割程度低いが、材齢 28 日の強度は 1 割程度高くなっており、BFS 細骨材を使用した方が、圧縮強度の増加率が大きくなっている。

自己収縮ひずみの測定結果を図-4 に示す。自己収縮ひずみは、モルタルの水和熱による温度が最高となった時点を原点としている。CH 添加率 0.3%の B-1 と CH 添加率 3.5%の B-2 を比較すると、CH 添加率が多いほど自己収縮ひずみは大きい。また、BFS 細骨材を使用した B-2 と陸砂を使用した B-3 を比較すると、BFS 細骨材を使用した試験体の方が自己収縮ひずみは小さくなる結果となった。これらのことから、BFS 固化体と BFS 細骨材の組合せは、強度発現性、自己収縮ひずみ抑制効果に有効で

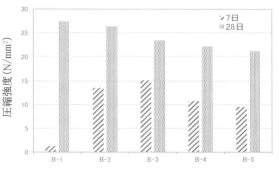

表-2　モルタルの調合

記号	W/P (%)	結合材混合率(%)		細骨材の種類		AE 減水剤 (P×%)
		BFS	CH	BFS 細骨材	陸砂	
B-1	30	99.7	0.3	○	-	1.0
B-2	30	96.5	3.5	○	-	
B-3				-	○	
B-4	40			○	-	
B-5	50			○	-	

図-3　圧縮強度試験結果

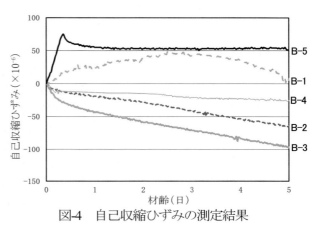

図-4　自己収縮ひずみの測定結果

あることが示唆された。

4. まとめ

本報告から得られた知見を以下に示す。

(1) CH 添加率が低いと初期強度発現性は低いが、材齢 28 日における強度増加率が高い。圧縮強度発現性における最適な CH 添加率は 0.3%あるいは 3.5%であった。

(2) BFS 固化体と BFS 細骨材を組合せた場合、陸砂を用いたものと比較すると圧縮強度が増加し、自己収縮ひずみが小さくなることが確認できた。

謝辞：本試験の実施には、鉄鋼スラグ協会の多大なるご協力をいただきました。また、試験の実施には、東京理科大学工学工学部第二部建築学科秋山雄貴氏のご助力を得ました。ここに感謝の意を表します。

【参考文献】

1) 中内善貴、伊代田岳史：アルカリ刺激剤及び炭酸カルシウムが高炉スラグ微粉末の水和反応に及ぼす影響、第 40 回土木学会関東支部技術研究発表会、2013

高炉スラグ超微粉末を添加したセメントの水和反応

島根大学	大学院総合理工学研究科	○新大軌
島根大学	総合理工学部	森川翔太
島根大学	大学院総合理工学研究科	大西雄大
デイ・シイ		二戸信和

1. 背景

セメント産業の主な課題として、二酸化炭素排出量削減と産業廃棄物の有効利用の2点が挙げられる。この解決策として、セメントの一部を高炉水砕スラグやフライアッシュなどの混合材で置換した混合セメントの利用範囲を拡大、促進することが今後重要となる。

しかし、混合セメントの問題点として混合材を置換することによる初期強度の低下が挙げられる。高炉セメントでは高炉スラグの粉末度を高くすることで高炉スラグの反応性を増大させ初期強度の低下を改善していることが多いが、一方で収縮によるひび割れが大きくなることが指摘されており問題となっている。これに対して粉末度の低い高炉スラグを使用することなども検討されており、高炉スラグ全体の粉末度を高くすることは好ましくない。そこで、高炉セメント中の高炉スラグの一部を高炉スラグ超微粉末(UFBFS)で置換することによって、セメントの水和を微粉末効果により促進させることおよび超微粉末自体を反応させることにより高炉セメントの初期強度低下の改善を期待することができると考えられる。

本研究では、セメントと高炉スラグ超微粉末を用いて、高炉スラグ超微粉末が各セメント鉱物の水和反応に与える影響、高炉スラグ超微粉末自体の水和反応および水和生成物について検討を行った。

2. 実験概要

粉体としては、普通ポルトランドセメントおよび粉末度が $10000cm^2/g$ 以上である高炉スラグ超微粉末(UFBFS)を用いた。水セメント比を0.4とし、UFBFS無置換のペーストおよびUFBFSを内割10%置換としたペーストを、薬さじを用いて10分間練り混ぜを行い、作製した。

所定の日数封緘養生させた後に硬化体を粉砕しアセトンを用いて水和停止を行い、X線内部標準法による定量分析から各セメント鉱物の水和反応率を算出し、示差熱分析装置(TG-DTA)を用いてCH生成量を推定した。また、AFtやAFmなどのアルミネート系水和物の生成量についてはXRDの面積強度の変化から半定量を行い評

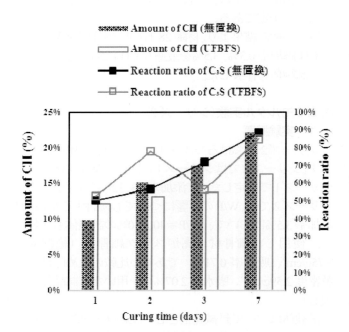

図1 C_3S の反応率とCH生成量の変化

価した。また、サリチル酸メタノールによる選択溶解を行い、高炉スラグ超微粉末の反応についても検討を行った。さらにD-dry法により24時間サンプルを乾燥させた後、硬化体の空隙量および空隙径分布を水銀圧入法により測定した。

3. 結果と考察

Fig.1に、材齢経過における C_3S の反応率とCHの生成量の変化を示す。

C_3S の反応率は、UFBFSを置換した系では材齢1、2日程度の初期材齢ではUFBFS無置換の系と比べて増加しており、UFBFSの置換により C_3S の反応が促進されているものと考えられる。これは、既往の研究でも報告されている通り、微粉末効果などが理由として考えられる。

CHの生成量は、材齢1日ではUFBFS置換の系が無置換よりも多くなっており、これは C_3S の反応が促進したためであると考えられる。一方、材齢2日目以降ではCH量はUFBFS無置換の方がUFBFS置換の系より多くなっており、UFBFS無置換の場合は材齢が進行して

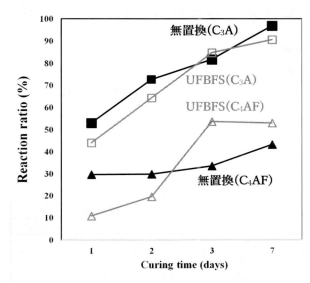

図2　間隙相の反応率の変化

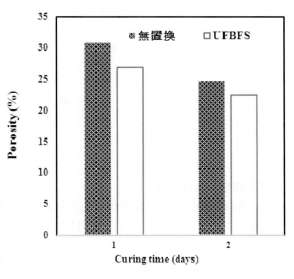

図3　硬化体空隙量の変化

もほとんど増加していない。以上の結果から CH は UFBFS との反応に消費されていると考えることができる。

次に Fig.2 に、材齢経過に伴う C_3A および C_4AF の反応率の変化を示す。

UFBFS を置換した系では無置換と比較して、初期材齢において C_3A は初期材齢で若干遅延しており、3日目以降でほとんど差異は認められない。一方、C_4AF では材齢3日目以降では C_4AF の反応率は UFBFS 無置換に比べ UFBFS 置換の系が高くなっているが、材齢1、2日の初期において UFBFS を置換した系では無置換と比較して反応率は小さく水和反応の遅延が著しい。しかし、XRD のピークの積分強度から推定した AFt や AFm の生成量は UFBFS 無置換の系と比較して UFBFS 置換の場合、材齢1日目から大きく増大している結果となった。このため、AFt、AFm は間隙相の水和反応によるだけではなく、UFBFS 自体の反応によっても生成しているものと考えられる。今後、選択溶解法により UFBFS の反応率を算出し、詳細に検討していく予定である。

Fig.3 に、材齢1,2日目における各硬化体の総空隙量の違いを示す。

いずれの材齢においても UFBFS 無置換の系より UFBFS を置換した系の方が低い値を示している。

以上の結果から、UFBFS 置換するとセメント中の主に C_3S の初期水和が促進し、超微粉末自体も反応が生じることで硬化体の組織は緻密になると考えられ、UFBFS 使用によって硬化体の初期強度増進効果が期待できるものと推定できる。また、高炉セメントにおいても UFBFS は有効に作用し初期強度改善に期待できると考えており、今後高炉セメント中における UFBFS の作用についても詳細に検討する。

4．まとめ

本研究では、セメントと高炉スラグ超微粉末を用いて、高炉スラグ超微粉末が各セメント鉱物の初期水和反応におよぼす影響及びスラグ超微粉末自体の水和反応について検討を行った。その結果、以下のことが明らかとなった。

① 高炉スラグ超微粉末の置換により、セメント中の C_3S の反応は初期材齢において促進する。

② 高炉スラグ超微粉末を置換した場合、CH 生成量は材齢初期からほとんど変化せず、超微粉末との反応に CH が消費されていると考えられる。

③ 高炉スラグ超微粉末置換により、材齢初期1、2日の C_3A の水和反応は若干遅延するが、3日目以降に影響は認められない。C_4AF の水和については材齢2日目までは大きく遅延するが3日目以降は促進する。

④ XRD のピークの積分強度から推定した AFt や AFm の生成量は高炉スラグ超微粉末無置換の系と比較して高炉スラグ超微粉末置換の場合、材齢1日目から大きく増大しており、AFt、AFm は高炉スラグ超微粉末自体の反応により生成したものと考えることができる。

⑤ 高炉スラグ超微粉末無置換の系より高炉スラグ超微粉末を置換した系の方が硬化体の組織は緻密であり、初期強度増進が期待できるものと考えられる。

【謝辞】
選択溶解法による高炉スラグ反応率分析および水銀圧入法による空隙構造の分析に当たり、東京工業大学坂井・宮内研究室のご協力を得ました。ここに謝意を示します。

高炉スラグ微粉末高置換時における三成分系セメントの乾燥収縮に関する検討

芝浦工業大学　工学部　土木工学科　　〇水野博貴

伊代田岳史

1. 研究背景および目的

近年、地球温暖化対策の観点から、二酸化炭素の削減が全産業において求められている。特にセメント産業においては、クリンカの燃成によって排出される二酸化炭素の削減を図るために混合セメントの利用が注目されている。

我が国で最も多く利用されている混合セメントとして高炉セメントが挙げられる。高炉セメントは塩分遮蔽性の向上や、ASR の抑制、長期強度の増進などの利点を有する。また、他の混合セメントと比較して混和材料の置換率を大きく設定できるため、大幅な二酸化炭素の削減が期待できる。一方で中性化抵抗性の低下や初期強度の低下、乾燥収縮が大きいことなどが懸念事項として挙げられる。特に乾燥収縮ひび割れは鉄筋コンクリート構造物の耐久性低下の要因となる。今後、高炉スラグ微粉末が高置換されたセメントを利用していくためには乾燥収縮の低減対策が必要となる。既往の研究[1]よりフライアッシュは乾燥収縮を低減することが報告されており、高炉スラグ微粉末が高置換されたセメントにおいても収縮量の低減が期待できる。

そこで本研究では乾燥収縮の低減対策として高炉セメントにフライアッシュを混和した三成分系セメントに着目した。混和材料の置換率を変動させたモルタルを作製し、乾燥収縮、質量変化および空隙構造を計測し、高炉スラグ微粉末が高置換されたセメントにおけるフライアッシュが乾燥収縮に与える影響を把握することを目的とした。

2. 実験概要
2.1 配合

結合材割合を表-1 に示す。配合条件は水結合材比(W/B=50%)、単位水量、細骨材量を一定とした。セメントは普通ポルトランドセメント(N)を使用し、結合材として高炉スラグ微粉末(BFS)、フライアッシュ(FA)を用いて置換率を変化させたモルタルを作製した。

混和材料の置換率は BFS が置換されたモルタルの乾燥収縮量および質量変化を確認するため、高炉スラグ微粉末を50%、60%、70%置換したものを作製した。

表-1　結合材割合(質量割合)

記号	結合材割合(%)		
	OPC(%)	BFS(%)	FA(%)
N100	100	0	0
N50B50	50	50	0
N40B60	40	60	0
N30B70	30	70	0
N35B50F15	35	50	15
N25B50F25	25	50	25
N15B70F15	15	70	15
N5B70F25	5	70	25

また、FA の乾燥収縮低減効果を確認するため、N50B50、N30B70 に OPC に対して FA を 15%、25%置換したものを作製した。

2.2 乾燥収縮試験・質量計測

モルタル供試体は、試験体の両端部にゲージプラグを埋設し、温度20℃で封緘養生を 7 日間行った後、恒温恒湿室(相対湿度 60±5%、温度 20℃)にて静置した。実験方法は所定の期間において JIS A 1129-3 に準拠し測定を実施した。また、乾燥収縮は水の逸散によって起こるため、乾燥収縮の測定と同時に質量計測も行った。

2.3 細孔構造

乾燥収縮は細孔構造と密接な関係があるため、水銀圧入式ポロシメーターで細孔の計測を実施した。

3. 試験結果
3.1 乾燥収縮・質量変化率

乾燥材齢 28 日における乾燥収縮と質量変化の結果について検討する。N100、N50B50、N40B60、N30B70 の乾燥収縮と質量変化の結果を図-1 に示す。質量変化はいずれの配合においても約2.5%と同程度の値となった。収縮量はN100 と N50B50 が同程度となった。またN と BFS の2 成分系においてBFS の置換率に伴い収縮量は大きくなり、特に N30B70 の収縮量が大きくなる結果となった。

N と BFS の 2 成分系の配合において乾燥収縮が最も小さかった N50B50 と最も大きかった N30B70 に FA を置換した結果を図-2、図-3 に示す。N50B50 に FA を置換したところ質量変化、乾燥収縮ともに同程度の結果となった。

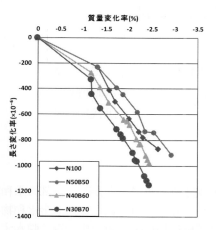
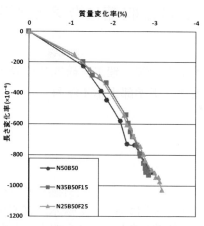
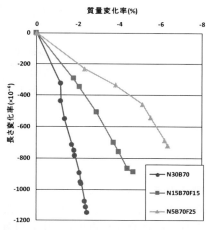

図-1 乾燥収縮－質量変化率(2成分)　　図-2 乾燥収縮－質量変化(BFS50%)　　図-3 乾燥収縮－質量変化(BFS70%)

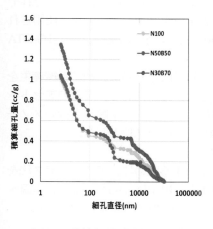
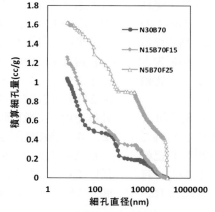
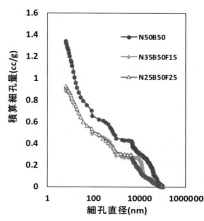

図-4 積算細孔容量(N-BFS)　　図-5 積算細孔容量(BFS50%)　　図-6 積算細孔容量(BFS70%)

一方でN30B70にFAを置換したところ、FAの置換率により乾燥収縮が低減し、質量変化は置換率に伴い大きくなった。

3．2　細孔構造

BFSが50%添加されている積算細孔容積を図-5に示す。N50B50にFAを置換したところ、総細孔量が減少するような結果となった。

BFSが70%添加されている積算細孔容積を図-6に示す。N30B70にFAを置換したところ、FAの置換率に伴い細孔量が大きくなる結果となった。特に乾燥収縮が低減し質量変化が小さかったN5B70F25においては粗大な空隙の増加も顕著となった。

4．まとめ

本研究で得られた結果を以下に示す。

（1）NとBFSの乾燥収縮はBFSの置換率が高くなるほど大きくなる結果となった。
（2）BFSが50%添加したものにおいて、NにFAを置換した配合のモルタルでは乾燥収縮量が同程度となった。また質量減少量も同程度の結果となった。一方でBFSが70%添加としたものにFAを置換したところ乾燥収縮の改善が見られたが、質量変化率は大きくなった。
（3）BFSが50%添加したものにおいて、FAを置換したところ、細孔量が減少し緻密な空隙が増える結果となった。一方でBFSが70%含有している配合においてFAを置換したところ、置換率に伴い総細孔容量が増加した。
（4）N5B70F25において質量変化量と総細孔容量が増加し、乾燥収縮が減少した結果より粗大な空隙から水が逸散することは乾燥収縮に与える影響は小さいことが考えられる。

【参考文献】
1) 江口康平ほか：高炉スラグ微粉末とフライアッシュを併用した三成分系コンクリートの収縮特性および耐久性に関する実験的検討、土木学会第66回年次学術講演会、V262　(2011)

[1309]

第71回セメント技術大会講演要旨 2017

混和材混入が自己収縮に与える影響の一検討

芝浦工業大学大学院　理工学研究科建設工学専攻　　○太田　真帆
芝浦工業大学　工学部土木工学科　　　　　　　　　　水野博貴
　　　　　　　　　　　　　　　　　　　　　　　　　伊代田岳史

1. はじめに

　現在，JIS において規定されている混合セメントは 3 種類あり、それぞれ普通セメントとは異なる特徴を有している。その中でも特に、高炉スラグ微粉末を使用して作製した高炉セメントは、普通セメントと比較して長期強度の増進が大きいことや、化学抵抗性・水密性に優れていることが報告されており、実現場においても多くの実績がある。一方で、高炉セメントは置換率が高くなると、普通セメントよりも自己収縮が大きいことが報告されている。しかし、高炉セメントが普通セメントと比較して自己収縮が大きくなる要因は明確ではない。

　そこで、本研究では自己収縮は水和に起因するために、様々な置換率の高炉セメントの供試体を作製し、材齢ごとに供試体中の水の使用状態を測定すると同時に自己乾燥に陥っているかを確認し、普通セメントと比較して自己収縮が大きくなる要因を検討することを目的とした。

2. 実験概要
2．1　供試体諸元

　セメントの配合を表-1 に示す。セメントは石灰石微粉末を混和していない研究用普通ポルトランドセメント(OPC)を使用し、混和材には高炉スラグ微粉末(BFS)を使用し置換率が 50%以上の高炉セメントを作製した。また、高炉セメントに対してフライアッシュ(FA)を置換すると、自己収縮が低減することが報告[1])されていることから、高炉セメントに対して FA を置換した 3 成分セメントも作製した。水結合材比は全て 50%と一定とした。

2．2　自己収縮測定方法

　自己収縮の供試体概要図を図-1 に示す。自己収縮の測定は簡易埋込ひずみゲージを用いて行った。供試体は打ち込みした翌日に脱型を行い、直ちにアルミテープを用いて封緘養生したものを恒温恒湿室(20℃, RH60%)にて静置した。

2．3　水分使用状態の測定方法

　セメント硬化体中の水は、水和に使用された水と使用されていない水に分けられる。そこで、TG-DTA を用いて水分使用状態を評価した。既往の研究[1])において，水和に使用された水は 105℃~1000℃までの脱水量を用いて評価している研究が多くある。しかし、一部の水和物の脱水は 50℃付近においても開始しており、全水和物の半分以上を占める CSH は 100℃付近で半分近く脱水する。そこで、本研究では水和に使用された水は、表-2 に示すように、40℃~105℃、105℃~1000℃と設定し、それぞれの温度域における脱水量を測定した。水和に使用されていない水は室温~40℃までに脱水する水とし，TG-DTA の結果から計算して算出した。

　TG-DTA に用いた試料は所定材齢において封緘養生を終了させ、ハンマーを用いて粗粉砕し、多量のアセトンに 24 時間浸漬をさせた。その後、真空脱気を行いメノー乳鉢を用いて微粉砕したものを試料とした。

2．4　飽和度測定

　自己乾燥度合いを確認するために、アルキメデス法を用いて算出した空隙量と，TG-DTA から算出した，室温~40℃で脱水する水量を用いて飽和度の算出を行った。

表-1 セメント配合表

	記号	W/B	セメント種類（質量割合）		
			N	BFS	FA
一成分	OPC	50%	100%		
二成分	B80		20%	80%	
	B70		30%	70%	
	B60		40%	60%	
	B50		50%	50%	
三成分	B50F10		40%	50%	10%
	B50F20		30%	50%	20%
	B60F10		30%	60%	10%
	B60F20		20%	60%	20%
	B70F10		20%	70%	10%
	B80F10		10%	80%	10%

表-2 脱水量測定温度域

	測定温度	存在箇所
水和に使用されていない水	室温~40℃	空隙
水和に使用された水	40℃~105℃	CSH,AFt,Afmの一部
	105℃~1000℃	水和物

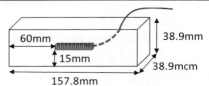

図-1 自己収縮供試体概要図

3. 実験結果

3.1 自己収縮

図-2 に材齢7日時の自己収縮の測定結果を示す。高炉セメントは、BFSの置換率が高いものほど普通セメントよりも自己収縮ひずみ量は大きい傾向を示した。また、フライアッシュを混入した B60F10, B70F10, B80F10 と BFS の置換率が同量の B60, F70, B80 とそれぞれ比較するとFAを混入したものの方が、自己収縮量は小さくなった。また、セメント量が同一な配合(B80 と B70F10, B70 と B60F10)においてもFAが混入している配合の方が自己収縮量は小さくなった。

3.2 水分使用状態

測定試料中の水分量に対するそれぞれの温度域で脱水した水の割合を算出した、材齢7,28日時の結果を図-3に示す。OPCは、水和に使用されていない水(室温～40℃)の割合は材齢が経過すると減少し、105～1000℃で脱水する水の割合は、材齢が経過すると増加した。一方で、40～105℃で脱水する水の割合は、ほとんど材齢が経過しても変化しなかった。高炉セメントとFAを混入したセメントでは、水和に使用されていない水と105～1000℃で脱水する水は、普通セメントと同様に材齢が経過するにつれて増減した。しかし、40～105℃で脱水する水の割合は材齢が経過するにつれて増加する傾向を示した。この、40～105℃で脱水する水の増加割合は、FAを置換した配合程小さかった。以上の結果より、混合セメントは普通セメントと比較して水分の使用状態が異なる。

3.3 飽和度

飽和度の測定結果を図-4に示す。飽和度は、BFSの置換率が高い配合程、材齢が経過するにつれて減少する傾向を示し、自己乾燥が起きていると考える。FAを置換した配合においては、高炉セメントよりも若干飽和度は大きかった。図-5に飽和度とセメント1gに対する40～105℃で脱水する水の割合の関係を示す。40～105℃で脱水する水の割合が増加することで、飽和度が減少していることから、C-S-Hなどの水和物が水を利用することで、飽和度が低下しているものと推察する。

4. 考察・まとめ

以上の結果より、高炉セメントは、普通セメントよりも自己乾燥が起こりやすいために、自己収縮が大きくなったと考える。また、FAを置換した配合において、自己収縮が低減した要因は、自己乾燥が高炉セメントより低減したためだと考える。高炉セメントの自己乾燥が大きくなる要因としては、40～105℃で脱水する水が、材齢が経過するにつれて多く生成するため、空隙内にある自由水が使用される割合は、材齢が経過するにつれて増加するために、飽和度は減少し自己乾燥が発生すると考える。

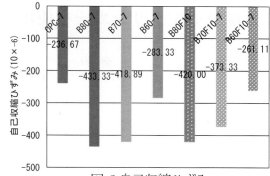

図-2 自己収縮ひずみ

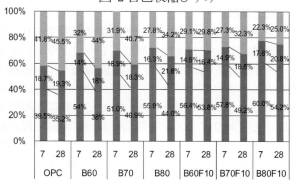

図-3 水分使用状態

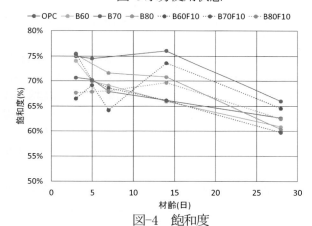

図-4 飽和度

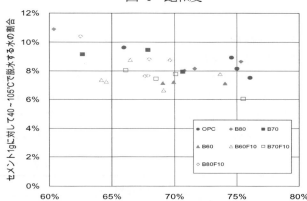

図-5 飽和度と40～105℃で脱水する水の割合

【参考文献】
1) セメント協会:セメント硬化体研究委員会報告書, 2001年, pp273-290

低温焼成型クリンカーを使用した高炉セメント B 種のコンクリート性状

(株)トクヤマ　セメント開発グループ　　○新見龍男
茶林敬司
加藤弘義

1. はじめに

セメント産業はエネルギー多消費型産業であり、セメント製造において日本は世界でもトップクラスのエネルギー利用効率を誇っている[1]が、環境面や化石燃料の使用の点から省エネルギーでの生産が求められている。現在のセメントクリンカーは約 1450℃と非常に高温での焼成が必要あり、セメント製造において焼成工程が最もエネルギー消費の大きい。そのため、クリンカーの焼成温度を低減させることができれば、燃料使用量の削減や CO_2 排出量の削減等、環境負荷の低減に繋がると考えられる。

筆者らはこれまで、普通ポルトランドセメントクリンカーに比べて C_4AF を増加し C_2S を減少させることで、セメントの強度発現性を維持したまま現行の普通ポルトランドセメントクリンカーよりも焼成温度を 100℃程度低減することの可能な、低温焼成型クリンカーについて検討を行ってきた。ラボ試験の結果[2]を基に実機キルンによる焼成試験を実施し、実機キルンにおいても低温焼成型クリンカーが焼成可能であり、同クリンカーから試製したセメントのコンクリートの基礎性状が普通ポルトランドセメントと同等であることを報告した[3]。

本検討では、実機キルンで焼成した低温焼成型クリンカーから高炉セメント B 種を実機により試製し、コンクリート性状に関して検討を行った。

2. 実験概要
2.1 使用材料

低温焼成型クリンカーを使用した高炉セメント B 種（以下、低温 BB）は、表 1 に示す鉱物組成を目標として焼成した低温焼成型クリンカーをベースクリンカーとして、実機により試製した。比較として、同キルンで焼成した普通ポルトランドセメントクリンカーをベースクリンカーとして、低温 BB と同様に試製した高炉セメント B 種（以下、BB）を使用した。

細骨材は、福岡県産海砂および福岡県産丘砂を使用し、混合割合は体積比で海砂：丘砂＝96：4 とした。粗骨材は、山口県産硬質砂岩砕石 1505 および 2010 を使用した。混合割合は体積比で 1505：2010＝50：50 とした。

混和剤はリグニンスルホン酸塩系 AE 減水剤とアルキルエーテル系空気量調整剤を使用した。AE 減水剤の添加量はセメント×0.25%で一定とした。

2.2 コンクリートの配合条件および混練方法

表 2 に、コンクリートの配合条件および配合の詳細を示す。練上がり条件はスランプ 12.0±1.5cm、空気量 4.5±0.5%とした。コンクリートは 100L パン型ミキサにより混練した。セメント、細骨材および粗骨材を投入後 30 秒間空練りし、水および混和剤を投入後 90 秒混練して排出した。コンクリートの練上がり性状を表 2 に併せて示す。

2.3 試験項目

コンクリートの基礎性状評価として凝結時間（JIS A 1147）、圧縮強度（JIS A 1108）について試験した。耐久性評価として乾燥収縮（JIS A 1129）、耐凍害性（JIS A 1148 の A 法）および中性化抵抗性（JIS A 1153）について試験した。

表 1　低温焼成型クリンカーの鉱物組成の目標値

	鉱物組成 (%, Bogue 式)			
	C_3S	C_2S	C_3A	C_4AF
低温焼成型クリンカー	63	8	8	17

表 2　コンクリートの配合条件

	W/C (%)	粗骨材かさ容積 (m^3/m^3)	単位量 (kg/m³)						練上がり性状	
			水	セメント	細骨材		粗骨材		スランプ (cm)	空気量 (%)
					海砂	丘砂	1505	2010		
BB	55	0.61	160	291	814	35	493	499	13.0	4.6
低温BB									11.0	4.7

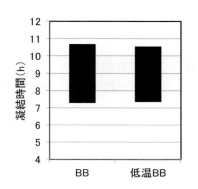
図1 コンクリートの凝結時間

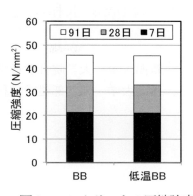
図2 コンクリートの圧縮強度

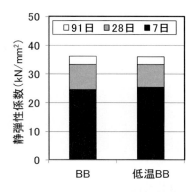
図3 コンクリートの静弾性係数

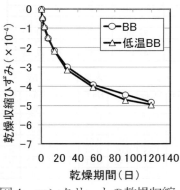
図4 コンクリートの乾燥収縮ひずみ

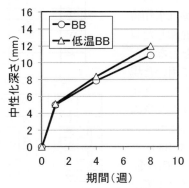
図5 コンクリートの中性化深さ

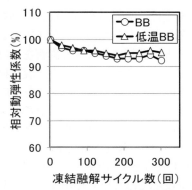
図6 コンクリートの相対動弾性係数

3. 結果
3.1 コンクリートの基礎性状

図1に、コンクリートの凝結時間を示す。低温BBの凝結時間はBBと同程度の値を示した。図2に、コンクリートの圧縮強度を示す。BBと比較して、低温BBは7日強度が同程度、28日強度は若干低いものの、91日強度は同程度であり、概ねBBと同等の強度発現性を示した。図3にコンクリートの静弾性係数を示す。いずれの材齢においても、低温BBはBBと同程度の値を示した。

3.2 コンクリートの耐久性

図4に、コンクリートの乾燥収縮ひずみを示す。低温BBの乾燥収縮ひずみはBBと同程度の値を示した。図5に、促進中性化試験を行ったコンクリートの中性化深さを示す。低温BBの中性化深さは、BBより若干大きい値を示した。低温焼成型クリンカーは普通ポルトランドセメントクリンカーよりC_2Sが少ないことから、長期的な$Ca(OH)_2$の生成が少なくなるためと考えられる。図6に、コンクリートの相対動弾性係数を示す。低温BBはBBと同様の挙動を示したことから、低温焼成型試製セメントの耐凍害性はBBと同等と考えられる。

4. まとめ

(1) 低温焼成型クリンカーを使用した高炉セメントB種の強度発現性は、普通ポルトランドセメントクリンカーを使用した場合と同程度であった。

(2) 低温焼成型クリンカーを使用した高炉セメントB種の乾燥収縮ひずみは、普通ポルトランドセメントクリンカーを使用した場合と同程度であった。

(3) 低温焼成型クリンカーを使用した高炉セメントB種の中性化抵抗性は、普通ポルトランドセメントクリンカーを使用した場合より若干小さかった。

(4) 低温焼成型クリンカーを使用した高炉セメントB種の耐凍害性は、普通ポルトランドセメントクリンカーを使用した場合と同程度であった。

【参考文献】

1) セメント協会ホームページ　省エネルギー対策：
http://www.jcassoc.or.jp/seisankankyo/seisan02/seisan02a.html

2) 茶林敬司ほか：鉱物組成の調整によるクリンカー焼成温度低減に関する検討、セメント・コンクリート論文集、Vol.66、No.1、pp217-221（2012）

3) 茶林敬司ほか：低温焼成型クリンカーの実機キルン焼成試験結果および試製セメントの物性、セメント・コンクリート論文集、Vol.69、No.1、pp124-130、（2015）

フライアッシュのガラス組成が水和反応特性に及ぼす影響

新潟大学　大学院自然科学研究科　　〇目黒貴史
新潟大学　工学部建設学科　　　　　小柳秀光
　　　　　　　　　　　　　　　　　佐伯竜彦
　　　　　　　　　　　　　　　　　斎藤豪

1. はじめに

　石炭火力発電所において石炭を燃焼する際に発生するフライアッシュは、石炭の種類や燃焼設備の違いに大きく影響を受け、品質が安定しない。品質の変動は水和特性の変動につながるため、フライアッシュを混和したコンクリートの性能にも大きく影響を及ぼすこととなる。フライアッシュをコンクリートに混和材として用いた場合には水酸化カルシウムとポゾラン反応を生じて、ケイ酸カルシウム水和物（C-S-H）やアルミン酸カルシウム水和物（C-A-H）を生成する。フライアッシュはガラス相と結晶相から構成されており、ガラス相は SiO_2 と Al_2O_3 を主成分とするアルミノシリケートガラスである。ポゾラン反応ではガラス相が反応しており、フライアッシュの水和特性はガラスの構造に依存すると考えられる。フライアッシュの水和特性については、比表面積やガラス相の量などが指標として用いられており[1]、これらの積が91日材齢の活性度指数と高い相関があるとする研究がある[2]。

　A.L.A.Fraayらによれば[3]、フライアッシュの反応は細孔溶液のpHの影響を大きく受け、pHが13.2以上になるとガラス構造が壊れてポゾラン反応が進むとされている。また、内川によれば[1]、アルカリ刺激剤は高炉スラグのガラス構造を破壊して SiO_2、Al_2O_3 の溶出を促進し、特に高いpHでは Al_2O_3 の溶出を促進するとされている。したがって、フライアッシュのガラス構造においても同様の影響があると推測される。既往の研究では、ガラス組成が反応に及ぼす影響を定量的に評価することは難しく、いまだ統一的な結論には至っていない。そこで本研究では、フライアッシュペーストを用いて、アルカリ刺激剤の影響からガラス構造とポゾラン反応性について検討した。

2. 実験概要
2.1 使用材料

　実験には、フライアッシュと水酸化カルシウムを混合したフライアッシュペーストを用いた。表1に使用したフライアッシュ6種類（以下、A~F）の物理的性質、表2にガラス組成を示す。また、ポゾラン反応を促進させるアルカリ刺激剤として水酸化ナトリウムを使用した。

表1　フライアッシュの物理的性質

	密度 (g/cm^3)	比表面積 (cm^2/g)	不溶残分 (%)	未燃炭素 (%)	ガラス化率 (%)
A	2.30	4280	92.08	2.70	68.31
B	2.22	3500	83.79	2.55	78.76
C	2.13	1560	94.90	1.30	62.67
D	2.20	3840	93.30	2.30	71.29
E	2.40	5300	92.47	2.50	73.37
F	2.33	4040	91.51	2.30	66.34

表2　フライアッシュのガラス相の組成

	SiO_2 (%)	Al_2O_3 (%)	Fe_2O_3 (%)	CaO (%)	MgO (%)	SO_3 (%)	Na_2O (%)	K_2O (%)	TiO_2 (%)	P_2O_5 (%)
A	62.24	21.98	6.11	3.20	1.40	0.00	0.82	0.79	2.78	0.68
B	59.26	24.35	4.58	4.88	2.58	0.00	2.17	2.18	0.00	0.00
C	67.81	17.85	5.50	2.05	1.94	0.00	0.81	1.13	2.59	0.32
D	77.92	14.76	2.69	0.14	1.63	0.00	0.54	0.54	1.50	0.27
E	64.04	20.82	5.55	2.52	1.76	0.42	0.81	1.09	2.17	0.81
F	68.40	18.34	4.36	2.07	1.78	0.00	0.89	1.04	2.08	1.04

2.2 試料の作製

　水和試料は、フライアッシュに水酸化カルシウムを質量比内割りで30%添加し、水粉体比を45%とした。アルカリ刺激を与える試料については、イオン交換水に水酸化ナトリウムを添加し、pHを12.5、13.0および13.5に調整したアルカリ溶液を練混ぜ水として用いて20℃封緘養生を行った。フライアッシュE、Fについては、pH13.5に調整した水和試料のみを作製した（試料名は、例えばフライアッシュAにpH12.5のアルカリ溶液を添加したものについてはApH12.5と表記する）。養生期間は3、7、28、91および182日とした。所定の期間水和させた後、粗砕してアセトンによる水和停止を行った。その後、ボールミルを用いて粉砕し、目開き90μmふるいを通過した粉体を24時間110℃乾燥させたものを分析試料とした。

2.3 フライアッシュ反応率

　フライアッシュ反応率は、2mol/l 塩酸と5mass%炭酸ナトリウム溶液を用いた大沢らの選択溶解法[4]により、未反応フライアッシュを定量した。

3. 実験結果

　図1に、フライアッシュAの反応率の経時変化を示す。実験で得られた反応率はガラス相あたりの反応率として算出した。図より、反応率yは式[1]で回帰できた。なお、他のフライアッシュも同様に回帰できた。

$$y = a \times t^b \quad [1]$$

ここに a、b：フライアッシュによる実験定数
t：材齢（day）

AにおけるpHの影響は、ApH13.0とApH13.5の反応率が同程度の傾向を示していたことから、pH13.0を境に水和特性が異なることがわかる。水和初期に関しては、材齢3日におけるApH13.0の反応率はApH12.5よりも約5%高く、3日から7日にかけての反応率の増加はほとんどみられなかった。材齢初期の反応率の差は材齢の経過とともに減少したが、これは液相中のpHが時間の経過とともに低下して、水酸化カルシウムの飽和溶液に近いpH値に収束したためと考えられる。

高pH溶液におけるフライアッシュのガラスの反応は、Al_2O_3の溶出が促進されるという既往の研究結果を踏まえて、Al_2O_3に着目して反応性を検討することとした。アルミノシリケートガラス中のAl_2O_3は、ガラス組成に依存して4~6の酸素を配位しており、AlO_4はSiO_2のように網目形成酸化物としてガラス構造を形成し、AlO_5とAlO_6はR_2O（Na_2O、K_2Oなど）や$R'O$（CaO、BaOなど）のように網目修飾酸化物としてガラス構造の隙間に入り込み、網目構造を切断する。このことから、水和初期におけるアルカリ刺激剤がガラス構造に影響を及ぼすものとして、Al_2O_3の存在形態の中でも、AlO_5やAlO_6に着目する必要があると考えられる。Alは3価の陽イオンであり、AlO_4四面体周囲には電荷補償陽イオンとしてアルカリ元素R^+やアルカリ土類元素R'^{2+}を伴う必要がある。このため、これらのモル比が$[Al_2O_3]/[R_2O, R'O] > 1$であるとき、電荷補償陽イオンの不足により、理論的にはAlの配位数が5あるいは6となると考えられている[5]。網目修飾酸化物がポゾラン反応の水和初期に影響を及ぼすことを考慮し、水和特性を評価する指標として比表面積とガラス組成を考慮した式[2]の網目修飾酸化度M_Gについて検討した。網目修飾酸化物の含有量M_{Al}は、網目修飾酸化物として作用しうるAlO_5とAlO_6の含有量と仮定し、ガラス組成の$[Al_2O_3]/[Na_2O+K_2O+CaO]$をモル比として算出した。

$$M_G = Am \times M_{Al} \quad [2]$$

ここに M_G：網目修飾酸化度（cm^2/g）
Am：比表面積（cm^2/g）
M_{Al}：網目修飾酸化物の含有量(mol/mol)

図2に、式[1]で得られた定数aとM_Gの関係を示す。定数aとbは高い相関の線形関係が保たれたため、定数aについてのみ考察する。定数aはpHが高いほど、かつ

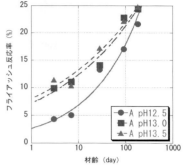

図1　フライアッシュAの反応率

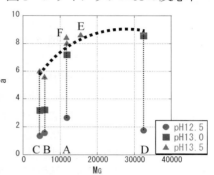

図2　M_Gとaの関係

M_Gが大きいほど、値は大きくなる。pH13.5においては、使用した6種類のフライアッシュ全てが同一曲線上にプロットされた。また、フライアッシュBとCに着目すると、比表面積とガラスの化学成分は全く異なっているにも関わらず、M_Gの値は同等であり、水和特性を表す定数aもほぼ同程度の値となっている。つまり、フライアッシュの比表面積やガラス成分が異なっている場合でも、反応性はM_Gで評価できることを示している。以上から、ポゾラン反応性には比表面積とガラス相が関与しており、特にガラス構造中のAlの配位数を考慮することによって、反応性を評価できる可能性があることがわかった。

【参考文献】

1) 内川浩：混合セメントの水和および構造形成に及ぼす混合材の効果《その2》、セメント・コンクリート、No.484、pp81-93(1987)
2) 石川嘉崇：フライアッシュの活性度指数についての基礎検討、第66回セメント技術大会講演要旨、pp.288-289(2012)
3) A.L.A. Fraay et al.：The Reaction of fly ash in concrete a critical examination、Cement and Concrete Research、Vol.19、pp.235-246(1989)
4) 大沢栄也ほか：フライアッシューセメント系水和におけるフライアッシュの反応率、セメント・コンクリート論文集、No.53、pp96-101(1999)
5) 高橋尚志：アルミノケイ酸塩ガラスの特性と構造に及ぼすAl_2O_3の影響、学位論文、愛媛大学(2015)

セメント硬化体中のFAの粒子ごとのキャラクタリゼーション

太平洋セメント株式会社　中央研究所　〇中居直人
引田友幸
細川佳史
内田俊一郎

1. はじめに

フライアッシュ（FA）は粒子ごとにキャラクターが異なることが知られており、FAの各種特性を適切に把握するには、粒子レベルでのキャラクタリゼーションが重要である。当社は、SEM/EDSを利用した粒子レベルでのFAのキャラクタリゼーションとして、粒子毎の幾何学的情報と化学組成に基づく粒子解析により、FA粒子を5つにクラス分けキャラクターを分析する手法[1]を構築した。さらに、各クラスの体積割合や比表面積などを求め、それらを指標として、FAの特性（活性度、ASR抑制能）を予測する方法[1,2]を開発した。本検討では、FAの粒子ごとの反応性の違いを明らかにすることを目的に、5クラスに分類したFA中の各粒子について、FAペースト硬化体中における反応後のFAを実際に観察し、反応後のFA粒子のキャラクタリゼーションを試みた。

2. 実験概要

2.1 使用材料

JIS A 6201に規定されるフライアッシュⅡ種（密度:2.3g/cm3、比表面積:4680cm2/g、活性度(91d):109）を使用した。既報[2]に準じて測定したFAのキャラクターを表1に示した。

2.2 SEM観察用の研磨試料の作製

FAペースト（W/C=0.5、FA混合率=25%）を練混ぜ後、φ30mm×80mmの円柱容器にて91日材齢まで20℃で封緘養生し、アセトンで水和停止後、RH=11%で調湿して硬化体試料を作製した。SEM観察用の研磨試料は、硬化体試料をエポキシ樹脂中に包埋し、アルゴンビームによる研磨後、研磨面にカーボンを蒸着して作製した。

2.3 硬化体中のFAの観察と評価方法

硬化体中のFAの観察には、反射電子（BSE）検出器およびEDSを付属したFE-SEMを用いた。硬化体中のFAの反応性は、次に示す手順で分析した（図1）。

【実施手順】
(1) FE-SEM（加速電圧15kV、照射電流300pA、ビーム径約100nm）を用いてペースト硬化体中のFAの反応形態を観察した。
(2) FA、FAの反応により収縮した部分（収縮相）と、ポゾラン反応により生成した水和物（水和物相）の線分析を実施した（例：図1中の●から■の間）。線分析の条件は、分析点間隔は0.1μm、1点あたりの測定時間を3秒とした。
(3) 線分析で得られた化学組成の分布において、組成が急激に変わる位置を相の境界としてFA本体、収縮相、水和物相の各相を判定し、その相厚と平均組成を求めた。
(4) 粒子径の影響の検討として、粒径大（20μm以上）、中（4〜20μm未満）、小（〜4μm）から各1点以上を選定して(2)の線分析を行った。

3. 実験結果および考察

FAの5つのクラスごとにペースト硬化体中における(1)反応形態の観察、(2)反応による収縮部分・水和物相の

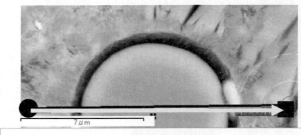

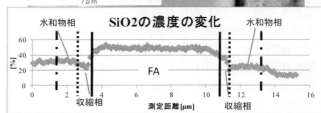

図1　FAの線分析時の解析模式図

表1　使用したFAのクラス分けの結果

相分類	クラス名	存在量 [%]	粒径範囲 [μm]	クラスごとの主要成分の平均組成[%]				
				SiO_2	Al_2O_3	Fe_2O_3	CaO	MgO
ガラス相	CAS	3.14	1.8〜30	42.40	19.36	4.63	21.91	7.20
	AS	24.20	1〜40	74.57	16.89	2.18	1.29	0.90
結晶＋ガラス相	mullite+G	66.56	0.8〜53	53.02	37.56	3.02	1.41	1.00
	Fe+G	0.48	3〜30	14.16	9.87	59.52	8.65	3.85
結晶相	quartz	1.61	4〜25	96.54	1.31	0.34	0.17	0.21

表2 ペースト硬化体中のFAのクラスごとの反応の概要

相分類	ガラス相		ガラス相		結晶相＋ガラス相	
クラス名	**CAS（Ca-Al-Si系ガラス）**		**AS（Al-Si系ガラス）**		**Mullite+G（ガラス）**	
反応前後画像	反応前	反応後	反応前	反応後	反応前	反応後
収縮相・水和物相の厚み	収縮相：0.4～0.9μm程度 水和物相：0.4～1.2μm程度		収縮相：0.1～0.5μm程度 水和物相：0.6～1.2μm程度		収縮相：0.1～0.6μm程度 水和物相：0.5～1.5μm程度	
水和物相の組成	C/S：1.5～2.5程度 A/S：0.1～0.5程度		C/S：0.8～1.4程度 A/S：0.1～0.5程度		C/S：1.0～2.0程度 A/S：0.1～0.6程度	

相分類	結晶相＋ガラス相		結晶相	
クラス名	**Fe+G（ガラス）**		**Quartz**	
反応前後画像	反応前	反応後	反応前	反応後
収縮相・水和物相の厚み	収縮相：0～0.6μm程度(粒の一部のみ) 水和物相：0.4～0.7μm程度		収縮相：0～0.2μm程度(粒の一部のみ) 水和物相：0.3～0.6μm程度	
水和物相の組成	C/S：1.3～2.2程度 A/S：0.1～0.3程度		C/S：0.5～1.0程度 A/S：0.01～0.05程度	

厚さ測定、(3)水和物の組成計算を実施した。表2に結果の概要を示した。

3．1 反応形態の観察

Fe+G（ガラス）はペーストとの界面のガラス相部分が反応により収縮し、quartzは反応している部分と未反応部分があり、収縮は粒子の一部のみで、その程度も小さかった。残りの3クラスは粒子全体で収縮が確認でき、mullite+Gでは結晶部分のみ溶け残っていた。また、CASの数μm～10数μmの大きさの粒子の一部では、水和物相の生成の他に、収縮相内への生成物も確認された。特にCASの粒子中にFeとMgが数%程度含有している場合、収縮相での生成物が散見された。

3．2 水和物相の組成と厚み

従来の知見通り、全てのクラスの水和物相のC/Sがセメント由来の水和物よりも概ね小さくなる傾向を確認した[3]。また、水和物相の組成には、クラスの組成に依存する傾向が現れており、FA中のCa濃度が低いASではC/Sが低く、逆にCaの多い（～30%程度）CASではC/Sが高い結果となった。なお、水和物相の厚みはクラスや粒子の大きさによって大きく傾向が変わることはなく、0.5～1μm前後であった。

3．3 収縮相の厚さ

5つのクラスの中で、収縮相の厚さが最も大きい傾向を示したのはCASで、続いてMullite+G、ASであった。なお粒径による収縮相の厚みに差はなかった。以上の収縮相の厚さの比較から、クラスごとに反応性に傾向があることが確認され、反応性が高いのはCAS、mullite+G、ASの3クラスであった。

4．まとめ

FA粒子のクラス毎の反応性の違いを評価するため、SEM/EDSを用いて、ペースト硬化体中のFAのクラスごとのキャラクタリゼーションを、(1)反応形態の観察、(2)反応による収縮部分・水和物相の厚さ、(3)水和物の組成、の観点で行った。その結果、FA由来の水和物のC/Sは母材のFAの組成が影響しクラス毎に異なること、粒子の収縮部分・水和物相の厚みから、CAS、mullite+G、ASの3クラスの反応性が高いこと、一方で、粒径による収縮部分・水和物相の厚みの相違はなく、小径粒子の方が反応性が良いという従来と同様の結果が得られた。

なお、今後の課題は収縮部の厚さの定量的な評価や収縮相に生成した水和物の同定であり、そのための方策として、より単純な系（アルカリ溶液とFAのみ）での評価が必要と考えている。

【参考文献】

1) 高橋晴香、山田一夫：SEM-EDS/EBSDおよび粒子解析を用いたFAのキャラクタリゼーション、太平洋セメント研究報告、第162号、pp.3-14（2012）
2) 岸森智佳ほか：粒子解析によるフライアッシュの反応性評価、Cement Sicience and Concrete Technology、No.68、pp61-67（2014）
3) 内川浩：混合セメントの水和および構造形成に及ぼす混合材の効果、セメント・コンクリート、No.483、pp15-23（1987）

フライアッシュの品質変動に関する高エーライトフライアッシュセメントを用いたモルタルの強度発現性

電源開発株式会社　茅ヶ崎研究所　　　○石川学
　　　　　　　　　　　　　　　　　　石川嘉崇
太平洋セメント株式会社　中央研究所　　平尾宙

1. はじめに

建設分野における低炭素化への取り組みとして、混合セメントの利用拡大が有効な手段である。しかし、混和材のひとつであるフライアッシュ（以下、FA）は、生コン工場で使用する場合、FAとセメントを混合しなくてはならないことや、普通ポルトランドセメントと比べてFAセメントは初期強度発現性に劣ること等の理由により、利用用途が限定されるとともに、その普及率は極めて少ない現状にある。このような現状から、一般のコンクリート構造物に幅広く使用可能とするためには、FAセメントの初期強度改善に加えて、プレミックスしたFAセメントとして、市場へ広く流通させることが必要である。

近年、FAセメントの利用拡大に向けて、エーライト含有量を増大させたセメントを基材セメントに用いたFAセメント（以下、高エーライトFAセメント）の開発が進められている[1]。高エーライトFAセメントは、FAの品質変動をセメント成分の調整によって緩衝し、FAセメントの均質化を図ることを想定している。しかし、FAの品質が高エーライトFAセメントに与える影響については十分な知見の蓄積がなされておらず、系統的な強度・耐久性に関する検討が必要である。

このため、本報告では、高エーライトFAセメントについてFAの品質変動が強度性状に与える影響について検討を行った。

2. 使用材料およびモルタル配合
2.1 使用材料

本報告では、新たにセメント鉱物量を調整して作製した高エーライトセメント（以下、A）、早強ポルトランドセメント（以下、H）の2種類のセメントを用いた。使用したセメントの物性を表1に示す。

本報告で使用したFAと石灰石微粉末（以下、LSP）の物性を表2、FAの粒度分布を図1に示す。FAはブレーン比表面積の大きく異なる3種類を選定した。ブレーン比表面積に加えて、化学成分や鉱物量についても様々である。粒度分布については、FA3は他のFAと比べて、粒径が非常に細かい性状である。

2.2 モルタル配合

本報告に使用したモルタル配合を表3に示す。モルタルの練混ぜ方法および成形は、JIS R 5201「セメントの物理試験方法」の強さ試験に準拠した。いずれの配合についても、水粉体比は55%一律とし、粉体と細骨材を1:3の割合で混合した。FAは粉体量の18%置換とした。

No.1～No.3は高エーライトFAセメントを想定している。No.4はHを基材セメントとしており、高エーライトFAセメントとの比較を目的とした。

3. 圧縮強さ試験

表3に示すモルタル配合で作製したモルタル試験体（φ50×100mm）について、JIS R 5201「セメントの物

表1　セメントの物性

品名	ブレーン比表面積 (cm²/g)	鉱物量(%) Bogue			
		C_3S	C_2S	C_3A	C_4AF
A	4190	63.8	8.9	9.6	8.7
H	4490	64.3	10.0	9.3	8.5

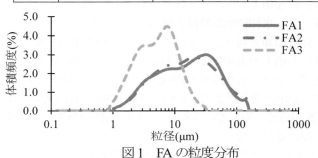

図1　FAの粒度分布

表2　FAおよびLSPの物性

品名	密度 (g/cm³)	ブレーン比表面積 (cm²/g)	化学成分(%) XRF							鉱物量(%) XRD		
			SiO_2	Al_2O_3	Fe_2O_3	CaO	MgO	Na_2O	K_2O	ムライト	石英	ガラス
FA1	2.27	3580	58.89	26.36	4.44	1.99	1.00	0.45	1.23	14.3	7.5	77.6
FA2	2.33	4650	55.15	27.59	3.42	5.71	0.87	0.46	0.49	23.4	12.1	61.8
FA3	2.47	5060	52.91	27.90	6.90	3.23	1.22	0.56	1.41	9.9	2.7	86.9
LSP	2.71	5270	<0.01	0.04	0.02	56.01	0.24	<0.01	<0.01	—	—	—

表3 モルタル配合

Case	W/B (%)	S/B (%)	粉体混合比率(%)				FA 品名
			A	H	LSP	FA	
No.1	55	3.00	78.3	—	3.7	18.0	FA1
No.2							FA2
No.3							FA3
No.4			—	78.3	—		FA1

※B：粉体量（A+H+LSP+FA）、S：細骨材 山砂 （表乾密度 2.58 g/cm³、絶乾密度 2.53 g/cm³、吸水率 2.02%）

理試験方法」の強さ試験に準拠して、圧縮強さ試験を実施した。ただし、試験材齢は材齢3日、5日、7日、28日の4材齢とした。また、養生温度は20℃に加えて、10℃および40℃を加えた3水準とした。

圧縮強さ試験の結果を図2に示す。No.1～No.3について、いずれの養生温度のおいてもFAの品質による圧縮強度の大きな差は確認されなかった。このことから、高エーライトFAセメントを用いたモルタルの圧縮強度に対するFAの品質変動の影響は小さいと考えられる。

また、No.1～No.3とNo.4を比較すると、材齢7日までは圧縮強度は同程度であった。一方、材齢28日では養生温度を40℃とした場合には、No.1～No.3の方が圧縮強度は大きくなった。既往の研究[2]によれば、Hを基材セメントとしたFAセメントB種相当のセメントを用いたコンクリートは、普通ポルトランドセメントを用いたコンクリートと同程度の初期強度を有するとされており、高エーライトFAセメントは普通ポルトランドセメントと同程度の初期強度発現性を有することが示唆される。

本報告における積算温度と圧縮強度の関係を図3に示す。積算温度と圧縮強度はほぼ線形関係にあることが確認された。

4．おわりに

本報告により、高エーライトFAセメントを用いたモルタルは、いずれの養生温度のおいても、FAの品質変動が強度性状に与える影響は小さいことが示された。

謝辞

本報告は、フライアッシュセメント研究会の一環として行ったものであり、ご協力頂いた関係各位の感謝の意を示します。

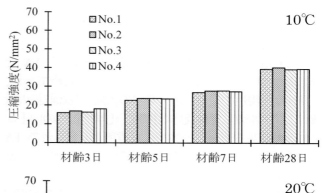
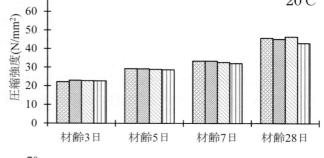
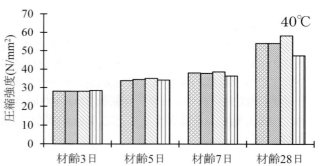

図2 圧縮強さ試験結果（上：10℃、中：20℃、下40℃）

【参考文献】

1) 安藝朋子ほか：基材に用いたセメントの特性がフライアッシュセメントの強度発現性に及ぼす影響、セメント・コンクリート論文集、Vol.70、pp.32-39（2017）
2) 石川学、石川嘉崇、中村英佑：単位水量低減効果を見込んだ早強セメントをベースセメントとしたフライアッシュコンクリートの基礎物性、コンクリート工学年次論文集、Vol.38、No.1、pp.87-92（2016）

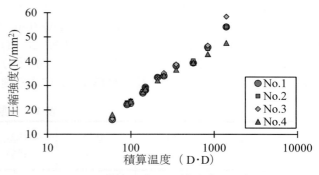

図3 積算温度と圧縮強度の関係

分級により粒度調整したフライアッシュの諸特性

三菱マテリアル株式会社　セメント研究所　　○土肥浩大
　　　　　　　　　　　　　　　　　　　　　白濱暢彦
　　　　　　　　　　　　　　　　　　　　　山下牧生

1. はじめに

火力発電所から発生するフライアッシュ(以下、FA と表記)は、コンクリート用混和材として利用可能であり、長期強度発現性の増進、水和発熱の低減、乾燥収縮の低減およびアルカリ骨材反応の抑制、化学抵抗性の向上などの効果がある[1) 2)]。一方で、発電所より得られる FA の品質は大きく変動することがあるため、上記のコンクリート性状に影響する場合がある。

使用する FA の化学的性質および物理的性質を安定化させる手段として、分級により粗粒分を除去する方法がある[3)]。しかし、分級により粗粒分を除去することで粒度を調整した FA について、粒度と FA の特性との関係について調査した例は少ない。本研究では分級により粒度調整した FA を作製し、粒度と諸特性の関係について調べた。

2. 実験概要
2. 1 実験に使用したフライアッシュ

表1に実験に使用した FA を示す。実験には、同一発電所産の FA を3ロット使用した。これらの FA を日清エンジニアリング社製の強制渦式空気分級機ターボクラシファイア(型式TC-15)でローター回転数1000~4000rpm の条件で分級し粗粒分を除去することで、粒度の異なる FA を作製した。

2. 2 実験に使用したフライアッシュ

FA の強熱減量、密度、粉末度、フロー値比および活性度指数は JIS A 6201:2015「コンクリート用フライアッシュ」に従って測定した。FA の反応率は、W/(C+FA)=0.40、FA/(C+FA)=0.25 で作製したペースト硬化体(材齢 28 日)の不溶残分を未反応 FA として算出した[2)]。FA の粒度分布は、マイクロトラック・ベル社製 MT3300EX により測定した。また、粒子径状を球形と仮定し、体積と密度から球換算比表面積を算出した。

3. 結果と考察
3. 1 フライアッシュの粒度と密度

図1に、分級により粒度調整した FA の細粉の体積平均粒子径と密度の関係を示す。体積平均粒子径が小さくなるほど、密度が増加する傾向が認められ、過去の研究[1)]と整合した。

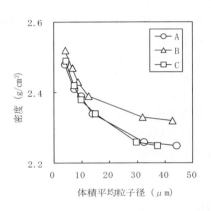

図1　FA の体積平均粒子径と密度の関係

3. 2 フライアッシュの粒度とフロー値比

図2に、分級した FA の体積平均粒子径とフロー値比との関係を示す。FA の体積平均粒子径が小さくなるほど、フロー値比は直線的に増加した。分級により粒度分布がシャープになり、球状粒子の割合も増えたためと考えられる。

表1　実験に使用した FA

ロット	SiO$_2$ (%)	湿分 (%)	強熱減量 (%)	密度 (g/cm^3)	ブレーン値 (cm^2/g)	フロー値比 (%)	活性度指数 (材齢28日) (%)
A	61.1	0.04	2.27	2.25	3430	105	83
B	59.1	0.05	2.00	2.31	4070	107	87
C	62.6	0.04	2.01	2.25	3340	107	83

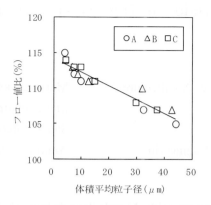

図2　FAの体積平均粒子径とフロー値比の関係

3．3　フライアッシュの粒度と活性度指数

FA の活性度指数に及ぼす要因を検討した結果、粒度分布から求めた球換算比表面積と最も相関が強かった。図3に、FA の球換算比表面積と材齢 28 日の活性度指数の関係を示す。FA のロットによらず、球換算比表面積が大きくなるほど、活性度指数は直線的に増加した。

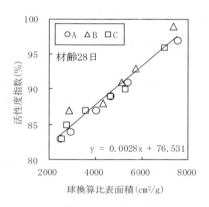

図3　FAの球換算比表面積と活性度指数の関係

活性度指数が増加した要因として、分級により FA の比表面積が増加することでFAの反応率が向上したこと、および充填率が向上したことが考えられる。そこで、セメントペースト中の FA のポゾラン反応性を調査した。

図4に FA の球換算比表面積と反応率の関係を示す。球換算比表面積と活性度指数の関係と同様に、球換算比表面積が大きくなるほど、反応率は直線的に増加した。

図5に、FA の球換算比表面積と活性度指数の試験で作製した試験モルタルの重量法による空気量の関係を示す。分級により FA の比表面積が高まるほど、モルタルの空気量は減少傾向となった。モルタルの流動性の向上により充填性が高まったためと考えられる。充填性の向上も活性度指数の向上に寄与したことが示唆された。

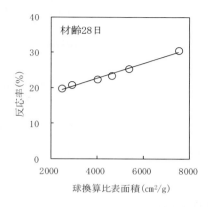

図4　FAの球換算比表面積と反応率(材齢28日)の関係

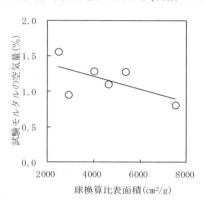

図5　FAの球換算比表面積と試験モルタルの空気量の関係

4．まとめ

分級により粒度調整したフライアッシュの粒度と諸特性の関係を調べた。この結果以下のことが判明した。

① フライアッシュの体積平均粒子径が小さくなるほど密度は増加し、フロー値比は向上した。
② フライアッシュの活性度指数は、球換算比表面積と直線関係が認められた。活性度指数の向上は反応率の向上とモルタル充填性の向上が寄与していると考えられる。

【参考文献】
1) 片岡信裕ほか：フライアッシュの特性とフライアッシュセメントの強さ発現性、セメント技術年報、No.38、pp86-89(1984)
2) 大沢栄也：フライアッシュ-セメント系水和におけるフライアッシュの反応率、セメント・コンクリート論文集、No.53、pp96-101(1999)
3) 濱田秀則ほか：混和材として分級フライアッシュを用いたコンクリートの基礎物性および海洋環境下における耐久性、土木学会論文集、No.571/V-36、pp69-78(1997)

Formation of three dimensional network in binder using FA and alkaline solution

Nagoya University Dept. of Environmental Engineering and Architecture ○MatsudaAkira
MaruyamaIppei
Nihon University Dept. of Architecture SanjayPareek
Kyoto University Dept. of Architecture and Architectural Engineering ArakiYoshikazu

1. INTRODUCTION

With the various environmental problems in recent years, efforts to build a sustainable society in all fields are required. Portland cement requires a burning process at the time of production, and it is inevitable to generate CO_2 due to energy combustion at that time. CO_2 is also generated by thermal decomposition of limestone which is the main component for cement clinker. In addition, from the viewpoint of environmental conservation, effective utilization of fly ash (FA) caused by combustion of coal, which is mainly discharged at a coal-fired power plant, is required. Research on the alternative binders that can substitute for cement using FA, is underway as one of the methods to promote both the reductions of CO_2 emissions by cement production and the effective utilization of FA. Alkali-Activated Materials (AAM) is one of them. It is a hardened paste formed by amorphous material originally from dissolved FA which is enhanced by high alkali condition. Similarly, Geopolymer (GP) is another paste matrix composed of an amorphous phase having a three-dimensional (3D) network by the liquid glass. However, the hardening mechanism of AAM and GP has not been fully clarified.

In this paper, in order to elucidate the curing mechanism of FA based AAM and GP, we focused on the generation of 3D network.

2. EXPERIMENTAL PROCEDURE

Three systems are selected to quantify the mechanism of the hardening process of AAM and GP made from FA. In the case of using only the NaOH solution as the activator (NA), the case of using only the Na_2SiO_3 solution (liquid glass) (LG), and the case of using whereboth NaOH and Na_2SiO_3 (MIX). Curing in air at 80°C was carried out. The curing time was 24 hours.

The infrared absorption spectrum was measured by FT-IR ALPHA (manufactured by Bruker) and measured by total reflection measurement (ATR method) using diamond.

^{29}Si Dipolar Decoupling (DD) MAS NMR spectra were acquired using a Bruker Avance 300MHz spectrometer equipped with a 9.4T wide bore magnet.

3. RESULTS AND DISCUSSIONS
3.1 FT-IR

Fig. 1 shows the infrared absorption spectrum of 500 to 1300cm^{-1} of each specimen and FA. There are peaks at 970 to

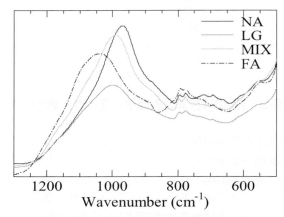

Fig. 1 The infrared absorption spectrum

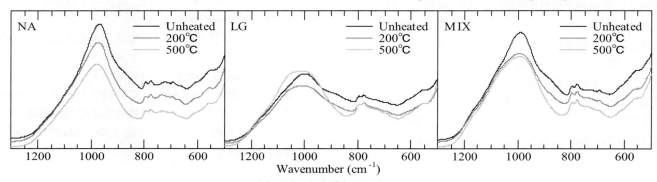

Fig. 2 Peak shift by heating

980cm^{-1} in NA, 1000cm^{-1} in LG, 990cm^{-1} in MIX, and 1050cm^{-1} in FA. It has been reported that the stretching component of Si-O forming a planar spread has a peak at about 940cm^{-1} and the stretching component of Si-O forming three dimensional crosslinking has a peak at about 1050cm^{-1} [1]. Therefore, it is inferred as follows. As the peak is closer to 1050cm^{-1}, the proportion of a stereoscopic network. The closer to 940cm^{-1}, the higher the proportion of the lower dimensional structure.

Fig. 2 shows the infrared absorption spectrum of each specimen heated at 200°C and 500°C. In all specimens, the peak near 1000cm^{-1} shifted slightly to the left due to heating. From these facts, it can be inferred that the reaction progresses by heating and the substance having the 3D network was generated.

3．2　NMR measurement

The deconvolution of the ^{29}Si signals is presented in Fig. 3, and the relative composition ratios of the peaks are summarized in Fig. 4. It should be noted here that regarding the Q4 signal, complete quantitative data were not obtained due to the limitation of the measurement setting[2].

The Q4(2Al) peak exists only in LG and MIX. It is inferred that the Q4(2Al) peak is derived from a newly generated substance because this peak is not found in the raw material FA. In all the samples, the Q0, Q1, Q2, Q3 peaks shows a larger proportion than that of FA. It is especially noticeable in NA and MIX. Since the proportion of these peaks is a small amount in FA, these results imply that these peaks attribute to newly formed substances. On the other hand, Q4(0Al) and Q4(1Al) peaks are present in FA, and these peaks detected in other samples are identical, it is thought to be originated from unreacted FA.

Only in the cases of LG and MIX, Q4(2Al) peak was observed. This Q4(2Al) represents the Si-O-Al-O 3D network. Consequently, it is deduced by the NMR results that only the cases of LG and MIX, in which liquid glass was used can produce a reactant with a 3D network. In NA and MIX, the Q0, Q1, Q2, Q3 peaks increased. Therefore, when NaOH is used, a low dimensional network is formed. The big difference between NaOH and Na$_2$SiO$_3$ is the presence or absence of SiO$_3^{2-}$ in the liquid phase. This condition might be an essential condition for the formation of geopolymer.

4．CONCLUSIONS

When the fly ash based alkali activated materials, geopolymers, and mixtures thereof were formed under curing conditions at 80°C, it was found that the type of alkaline solution is an important experimental parameter. The use of Na$_2$SiO$_3$ solution produces a geopolymer with a 3D network and the use of NaOH solution produces a lower dimensional structure. As a result, the presence of SiO$_3^{2-}$ in the liquid phase of the starting material is an essential condition for forming the geopolymer.

ACKNOWLEDGEMENT

A part of this research was supported by JSPS Kakenhi (A) 16H02376.

Experiment using ^{29}Si-NMR was conducted in Nagoya University, supported by Nanotechnology Platform Program (Molecule and Material Synthesis) of the Ministry of Education, Culture, Sports, Science and Technology (MEXT), Japan.

【REFERENCES】

1) A. Vidmer et al. : Infrared spectra of jennite and tobermorite from first-principles, Cement and Concrete Research, Vol. 60, pp.11-23, (2014)
2) A. Rawal et al. : Molecular silicate and aluminate species in anhydrous and hydrate cements, Journal of the American Chemical Society, Vol.132, pp.7321-7337 (2010)

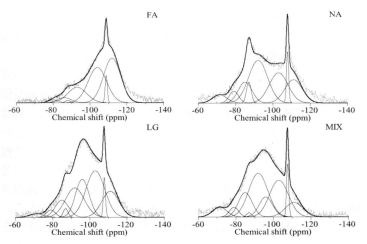

Fig. 3 Deconvolution of NMR signals

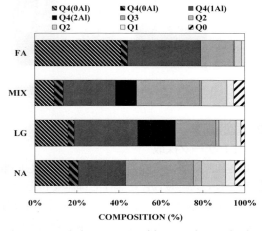

Fig. 4 Relative composition ratios of the ^{29}Si-NMR peak intensity

AE法によるバケットエレベータ軸受損傷検知の高精度化

株式会社トクヤマ　設備管理部　　　　　　　　　　　　　　　○松田　弦也
国立研究開発法人水産研究教育機構水産大学校　海洋機械工学科　太田博光
株式会社レーザック　　　　　　　　　　　　　　　　　　　　町島祐一

1. はじめに

セメント工場における動機器管理は重要生産設備を対象に振動法や潤滑油分析など状態監視保全（CBM）を適用することで設備の安定状態維持と、採取データの解析結果から軸受部の劣化兆候を早期に発見し、計画的な保全に繋げることを目指している。但し、振動法の適用が困難とされる低速回転機の軸受劣化検知はこれまで、軸受損傷時に微小欠陥の発生に伴う弾性波をアコーステック・エミッション法（AE）で捉える診断技術について取り組んできた。[1] 写真1に構造を示すバケットエレベータ（以降B/E）は主軸が10rpm前後で回転する低速回転機器であり、軸受と同軸上に配置されているバケット駆動チェーンや運搬物から生じる環境ノイズの影響により、主軸受から発生する微小な軸受損傷信号がマスクされS/N比の低下が問題となる。本稿では、軸受損傷時に発生する微小損傷信号をアコーステック・エミッション法（AE）で捉え、採取した信号に自己回帰モデルを応用したSN比改善手法（以降ARモデル）を適用することで損傷信号のみを高効率に抽出する状態監視・診断技術の高精度化について報告する。

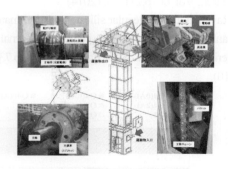

写真1　バケットエレベータ構造

2. 試験概要

（1）データ採取

実機B/Eを用いての損傷信号採取は難しい事から、写真2に示す試験機B/Eを製作し検証を行った。試験機主軸回転数は18rpmと低速回転である。試験機B/Eの特徴として、軸受交換が容易となり軸受劣化条件下でのデータ採取が可能となる。今回、反駆動側主軸受部に正常状態と異常状態を再現し、採取したデータから損傷信号の抽出を試みた。異常軸受として、正常軸受でグリースを取り除き潤滑条件を過酷にしたものをはじめ、写真2に示す軸受外輪軌道面にφ4穴を開けた人工瑕疵軸受や、試験機B/Eを一時的に過負荷とし過酷な運転条件として軸受に瑕疵を発生させた軸受など、損傷条件の異なる数種類の軸受を準備した。各データ採取中にバケット運搬物として硬質塩化ビニール樹脂製のペレットを系内に投入することで運搬物による環境ノイズを再現した。AE波形は写真2に示すPZT型広帯域AEセンサを反駆動側軸受箱（プランマブロック）にマグネットホルダーを用いて固定する。AEセンサからの信号はプリアンプにて40dBの増幅を行い、計測器に収録した。

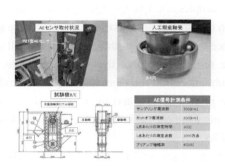

写真2　B/E試験機

（2）解析方針

図1にARモデルを応用した異常成分抽出ブロック線図を示す。本手法では最初に正常状態で運転するB/Eのデータを採取する。正常と推測される不規則波形から将来を予測するためのフィルタ係数を算出し、正常軸受信号でモデル化されたARモデルを作成する。次に、異常と思われる軸受から採取した信号を正常時に作成したARモデルに入力することで出力される予測出力と先程、入力を行っている異常と思われる軸受から採取した信号との差分である残差強調成分には異常成分のみが強調された信号となることから、SN比の改善が期待できる。尚、ARモデルを応用する本手法では微小な異常成分を

強調する特長があり、強調度合はモデリングを行う次数に依存する。また、通常ARモデルは時系列信号のモデリングを行う手法であるが、本研究では測定された時系列信号をFFT(高速フーリエ変換)した後に得られる周波数領域のパワースペクトル信号を平均化したものに対してモデリングを実施している。周波数領域のデータは時系列領域よりも構造が比較的単純であるため低次で高精度なモデリングが実施可能である。さらに周波数領域でのモデリングでは平均化の際に位相を揃えるための回転同期信号が不要となりまた、周波数構造が時系列信号より単純になることから解析の負担軽減が期待で出来る。また、最適なモデリング次数を求めるためにAIC（赤池情報量基準）の最小値に基づいてモデリングを実施した。AICはモデルのあてはまり度を表す統計量であり、値が小さい程、最適なモデリングが可能となる。

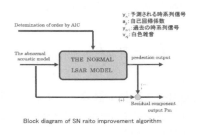

図1　異常成分抽出ブロック線図

3．解析結果及び考察

（1）残差信号

試験機 B/E より採取した正常軸受を基準としてモデリングを行った。解析を行うのは、AE信号の検出領域となる40kHz～200kHzまでの超音波領域のAEである。

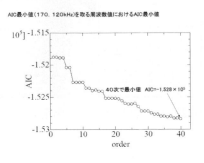

図2　最小値を取る周波数におけるAICの変化

このデータに対してAICを算出し最小値を取る次数におけるフィルタ係数から正常信号のモデル化を行う。今回は正常時のモデリング次数を10～90次と仮定する中で、最適なモデリング次数を40次とした。図2にAIC最小値を取る周波数値170.120kHzにおけるAICの変化を示す。AICは40次で最小値となり、40次でのモデリングが最適であることが示された。この正常信号でモデル化されたARモデルに、瑕疵軸受より採取したAE信号を入力し残差信号を得た。図3に40次におけるARモデルを利用した残差出力を示す。

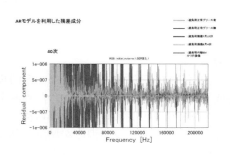

図3　ARモデルを利用した残差出力

（2）効果の確認

ARモデルによる軸受損傷成分の抽出効果を確認するため、各残差成分のパワースペクトル面積を比較した。図4に各損傷信号の抽出・強調について示す。正常軸受状態を1として40次における各損傷信号成分の比を確認したところ0.89～10.3倍の範囲で異常成分が強調されている事が確認できた。

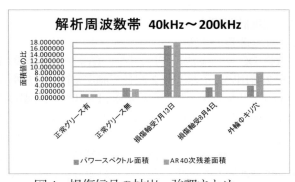

図4　損傷信号の抽出・強調まとめ

4．まとめ

AEセンサで得た高周波数領域のデータにARモデルを応用した異常成分抽出手法を適用して得られる残差成分を解析したところ、損傷信号成分の抽出及び強調が行われている事が確認できた。現在、ARモデルからの軸受精密診断への展開を検討中である。

【参考文献】

1) 松田弦也、町島祐一：AE法によるバケットエレベータ軸受損傷の検知、第65回セメント技術大会講演要旨2011、No.2102、pp.162-63（2011）

キルン内クリンカ温度計測技術の開発
－ダスト濃度分布による測定精度低下の改善－

三菱マテリアル株式会社　中央研究所　　○山本光洋
　　　　　　　　　　　　　　　　　　　　高田佳明
　　　　　　　　　　　　　　　　　　　　島裕和

岐阜大学　大学院工学研究科　　　　　　　板谷義紀

1. はじめに

セメント製造プロセスで最もエネルギーを消費するクリンカ焼成工程では、省エネルギー化のため最小限の石炭・コークス等でのクリンカ焼成が求められている。そのためにはキルン内のクリンカ温度を精確に測定する必要があるが、従来法ではキルンフッド内部のダストの影響により十分な測定精度が得られない。さらに、より低温でクリンカを焼成する低温焼成では、更なるダスト増による測定精度低下が懸念される。その解決のため、筆者らはダストキャンセル法（DC 法）と名付けたダストの影響を除去する温度計測法を開発した[1]。しかし、この方法は、炉内のダスト濃度分布により誤差が生じる問題があった。

本報では、上記の問題を解決した改良 DC 法の理論、精度向上のための波長選択、実機での計測結果、および、精度検証結果について報告する。

2. 温度計測理論
2.1 改良 DC 法

改良 DC 法（本法）では、図1（左）の様に放射温度計を2台用い、それぞれ2波長で測定を行う。放射温度計①はクリンカを、放射温度計②はキルン出口端外周の金物（B金物）（図1右）を測定する。図2は、ダスト粒子を模擬するためにクリンカを粉砕・分級し、流動パラフィンに分散させた試料につき散乱特性における波長依存性を測定した結果である。これより、前方・後方散乱は直進に対して小さいため、それらも直進に加えて輻射輸送方程式を解くと、放射温度計①、②に入射する分光放射輝度 $L_①$、$L_②$ は、それぞれ、式[1]、[2]で表される。

$$L_① = \tau \varepsilon_{cli} L_{cli} + (1-\tau) L_{dus} \quad [1]$$

$$L_② = \tau \varepsilon_B L_B + (1-\tau) L_{dus} \quad [2]$$

ここに、L：分光放射輝度
　　　　τ：ダストの透過率
　　　　ε：放射率

ただし、添え字 cli、dus、B はそれぞれ、クリンカ、ダスト、B金物を示す。τ はダストの個数密度、表面積、測定距離等の関数であり、$1-\tau$ はダスト群の放射率を表す。放射温度計①、②の測定光路はほぼ等しいため、ダストからの放射項 $(1-\tau)L_{dus}$ が式[1]、[2]で等しいこと、および、B金物温度がクリンカ温度に対して十分低いことを考慮すると、$L_①-L_②$ は式[3]で表される。

$$L_① - L_② = \tau \varepsilon_{cli} L_{cli} \quad [3]$$

ここで、式[3]を2波長で計算し、それらの比を取ると式[4]で表され、ダストの透過率（透過率）、および、クリンカの放射率の影響を除去できる。

$$\frac{L_{①\lambda 1} - L_{②\lambda 1}}{L_{①\lambda 2} - L_{②\lambda 2}} = \frac{L_{cli,\lambda 1}}{L_{cli,\lambda 2}} \quad [4]$$

これより、分光放射輝度比から温度を求める2色温度法を用いてクリンカの温度を算出することができる。さ

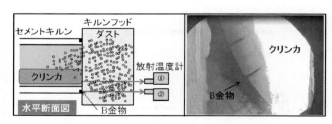

図1　放射温度計の配置（左）と測定対象（右）

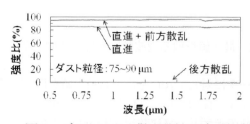

図2　ダストによる散乱特性の波長依存性

らに、クリンカ温度から求めた L_{cli} と式[3]から透過率が求められる。透過率はダスト濃度の指標となる。例えば、透過率が高い程ダスト濃度は低くなる。

2．2 計測精度に対する波長の影響

本法の計測は、測定波長を変更することによって精度を向上させることができる。式[1]、[2]を基にしたモデル計算により、本法によるクリンカ温度の誤差を計算すると、B金物の温度が800～1000℃であるとした場合、0.90/1.55（μm）の組み合わせでは誤差が10～45℃であるのに対し、0.65/0.90の組み合わせでは2～14℃である（図3）。これは、波長によってB金物とクリンカの分光放射輝度比が異なるためである。例えば、B金物を900℃、クリンカを1450℃とした場合のそれらの分光放射輝度比を表1に示す。表1に示す範囲では、波長が長くなる程、分光放射輝度比が大きくなり、式[3]で L_B が無視できなくなるため計測精度が低下することが分かる。以上の理由から、本法では0.65/0.90の組み合わせを採用する。

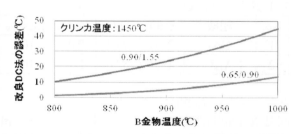

図3　B金物温度と改良DC法温度の誤差の関係

表1　波長と分光放射輝度（900℃/1450℃）の関係

波長（μm）	0.65	0.90	1.55
分光放射輝度比 （900℃/1450℃）	0.002	0.013	0.080

3．実機キルンでの計測結果

3．1 改良DC法の適用結果

以上の方法を当社工場にて適用した結果として、本法と従来2色法（0.90/1.55）（従来法）の温度差、および、算出された透過率を図4に示す。本法と従来法の温度差は20～130℃程度である。また、透過率が低い程温度差が大きくなることが分かる。これは、透過率が低い時、従来法ではクリンカと比べて低温のダストの影響を受け温度測定値が低下するが、改良DC法ではダストの影響を除去してクリンカ温度を精確に測定できるためである。

3．2 スポット測定による改良DC法の精度確認

耐熱対策を施した放射温度計（2色法 0.90/1.55）をクリンカまで約50cmに近づけ、ダストの影響を極小にしたスポット測定を行い、本法の計測精度の検証を行った。

結果を図5に示す。本法計測温度とスポット測定温度の差は-10～25℃程度と良好な結果が得られた。

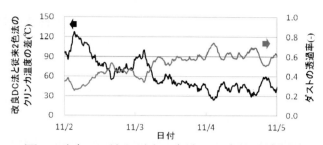

図4　改良DC法と従来2色法の温度差と透過率

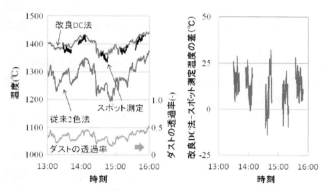

図5　スポット測定時の測定結果（左）と温度差（右）

4．まとめ

キルンフッド内のダストの影響（分布を含む）を除去できる本法を提案し、その精度が測定波長に依存することを示した。また、本法を実機に適用し、透過率が低い（すなわちダストが多い）程、本法と従来法の温度差が大きいことを示した。さらに、本法の計測精度は-10～25℃であり、従来法よりも大幅に改善されたことを確認した。これにより、石炭・コークス等の過度な供給を抑止し、省エネルギー化に寄与するものと期待する。

【参考文献】

1) 高田佳明ほか：キルン内クリンカ温度計測技術の開発、セメント技術大会2102、セメント協会（2016）
2) Y. ITAYA et al : NON-HOMOGENEOUS RADIATION PROPERTIES OF SLAG PARTICLE CLOUD, International Symposium on Transport Phenomena ISTP27-071, Pacific Center of Thermal Fluids Engineering（2016）

謝辞

本研究は、国立研究開発法人新エネルギー・産業技術総合開発機構（NEDO）の助成事業であり、株式会社チノーとの共同研究として実施した。ここに記し、両者への感謝の意を表する。

$CaO \cdot (2-n)Al_2O_3 \cdot nFe_2O_3$ 連続固溶体化合物の生成プロセスのその場観察

デンカ株式会社　セメント・特混研究部　　○藏本悠太
　　　　　　　　　　　　　　　　　　　　　森泰一郎
　　　　　　　　　　　　　　　　　　　　　盛岡実

1. はじめに

周囲を海に囲まれた我が国では、沿岸部に建造された道路橋や鉄筋橋の多くが海水由来の飛来塩分による深刻な鋼材腐食の問題を抱えている。また寒冷地では、道路路面の凍結抑制を目的に使用される融雪剤によって道路床版が劣化することが知られている。このような劣化は、塩化物イオン（Cl^-）がコンクリート硬化体中を移動して鉄筋部へ到達し、酸化鉄と反応して塩化鉄を生成する際に体積膨張を伴うことが原因とされている[1]。

コンクリート硬化体中の塩化物イオンには、自由に移動可能な可溶性塩化物イオンと、セメント水和物などによって安定化された固定化塩化物イオンの二種類が存在する。このうち可溶性塩化物イオンは塩害の主たる原因であることが明らかとなっている。既往の研究によるとモノサルフェート型水和物は、塩化物イオンなど各種陰イオンを $3CaO \cdot Al_2O_3 \cdot Ca(X^-)_2 \cdot 12H_2O$（フリーデル氏塩）のような複塩として固定化することが知られている[2]。そこで盛岡らは、ポルトランドセメント中に $CaO \cdot 2Al_2O_3$（以下 CA_2 と略記）を混和することにより、式[1]からハイドロカルマイト（以下 Hc と略記）が多量に生成し、塩化物イオンが共存する場合には式[2]のように塩化物イオンを固定化させ、塩害対策に有効な混和材となることを見出している[3]。

$$7Ca(OH)_2 + CaO \cdot 2Al_2O_3 + 19H_2O \quad [1]$$
$$\rightarrow 2(3CaO \cdot Al_2O_3 \cdot Ca(OH)_2 \cdot 12H_2O)$$

$$3CaO \cdot Al_2O_3 \cdot Ca(OH)_2 \cdot 12H_2O + 2Cl^- \quad [2]$$
$$\rightarrow 3CaO \cdot Al_2O_3 \cdot Ca(Cl)_2 \cdot 12H_2O + 2OH^-$$

また、CA_2 は炭酸カルシウムとアルミナを化学量論量となるよう混合・焼成することで調製されるが、その融点は高くて1800℃程度の高温焼成が必要となる。そこで盛岡らは、焼成原料に対して少量の Fe_2O_3 成分を混和して焼成することで、CA_2 構造を維持したまま固溶し、1500℃程度の比較的低温下で純度の高い CA_2 を焼成することに成功している[4]。Al_2O_3 の一部を任意の量の Fe_2O_3 で置換した $CaO \cdot (2-x)Al_2O_3 \cdot nFe_2O_3$（以下 $CA_{2-n}F_n$ と略記）は、n=0.05~0.4 の範囲だと CA_2 の可焼温度域が低下し、[5]。しかし、$CA_{2-n}F_n$ の生成プロセスに与える Fe_2O_3 の影響など不明点が多い。そこで今回、高温X線回折と高温顕微鏡から $CA_{2-n}F_n$ 生成をその場観察した結果を報告する。

2. 実験概要

(1) CA_2、$CA_{2-n}F_n$ クリンカの焼成原料の調整

試薬の炭酸カルシウム、アルミナ、酸化鉄を主原料とし、表1に示すように、アルミナ原料の一部を酸化鉄で置換した。計量した原料をボールミルで混合粉砕した。

表1 調整した CA_2 クリンカの化学組成

No.	組成	CaO	Al_2O_3	Fe_2O_3	mass%
1	CA_2	21.6	78.4	0.00	100
2	$CA_{1.8}F_{0.2}$	19.8	57.6	22.6	100

(2) 高温X線回折による分析

高温X線回折測定にはリガク（株）社製の SmartLab を使用し、加熱アタッチメントとして多目的試料高温装置を用いた。空気雰囲気下、昇温速度は20℃/minとし、測定点は試料温度が室温、600℃、1000℃、1100℃、1200℃、1300℃、1400℃、1500℃に到達したときに実施した。

(3) 高温下での顕微鏡観察

Linkam 社製顕微鏡用加熱ステージ（型式10016）を顕微鏡下に設置し、大気雰囲気下で室温から1500℃まで昇温させた。室温から1000℃までは100℃/min、1000℃から1500℃までは25℃/min で昇温させた。

3. 実験結果

(1) $CA_{2-x}F_x$ 組成原料の加熱時における鉱物変化

CA_2 組成原料を高温X線回折で測定した結果を図1に示す。1000℃から CA の生成が確認され、更に1100℃からは $C_{12}A_7$、CA_2 が競争的に生成を開始する。1400℃までは CA と CA_2 の生成量はほぼ同じであることから、この温度領域ではこれらは速度論支配であり、1500℃からは熱力学支配となり、安定な CA_2 が優先して生成していると考えられる。また図2には $CA_{1.8}F_{0.2}$ 組成原料の鉱物変化を示す。1000℃から Fe_2O_3 の減少が始まり、$CaO \cdot Fe_2O_3$（CF）が生成していた。CF は1200℃を超えると減少し、併行して CA_2 の生成が促進されている。

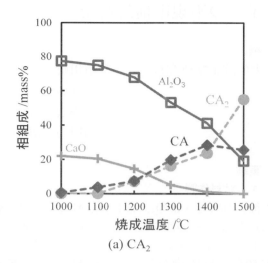
(a) CA_2

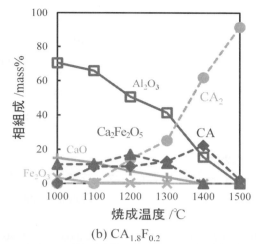
(b) $CA_{1.8}F_{0.2}$

1500℃になるとCFは全て消失し、CA_2の単一組成となることがわかった。得られたCA_2をリートベルト解析したところ、Fe原子はCA_2結晶構造のAlサイトに置換固溶していると指定した場合、固溶を考えない場合よりもフィッティングが向上した。この点からもFe原子はCA2結晶構造中のAlサイトへ固溶していると考えられる。

（2） $CA_{2-x}F_x$組成原料の加熱時における形状変化

白金皿上で1400℃に加熱された$CA2$組成と$CA_{1.6}F_{0.4}$組成原料をその場観察した様子を写真1に示す。$CA2$組成は白色を呈しているのに対し、$CA_{1.6}F_{0.4}$組成は赤色を呈している。また、Fe_2O_3が共存すると加熱下で球状の形状をした融液が無数に発生していることがわかった。高温XRDの結果も踏まえると、1200℃を超える高温環境下ではCF_2組成の融液相が生成し、この融液相を通じて物質移動が容易となりCAとAl_2O_3の固相反応が促進されて$CA_{1.8}F_{0.2}$が生成するものと推察された。

4．まとめ

高温X線回折測定と高温下での顕微鏡観察を用いたその場観察より、$CA_{2-n}F_n$の生成プロセスについて次の点が明らかになった。

（1）CFが生成することにより、CA2の生成を優先させた。1500度では鉄原子はすべてCA2結晶に固溶していた。

（2）1000℃-1200℃から融液が発生した。この融液が物質拡散を促進し、CA2生成が加速したと推測される。

5．謝辞

本研究を進めるにあたり高温X線回折の測定及び貴重なご助言を賜りました（株）リガク　白又勇士様に感謝の意を表します

(a) CA2

(b) CA1.8F0.2

写真1　1400℃加熱下での顕微鏡観察

【参考文献】
1) 岸谷孝一ほか：コンクリート構造物の耐久性シリーズ；塩害（I）、pp.89-110（1986）
2) 米澤敏男、V. Ashworth, R. P. M. Procter：セメント水和物によるモルタル細孔溶液中のCl⁻固定のメカニズム：コンクリート工学年次論文報告集、pp.140-141（1988）
3) 盛岡実ほか：$CaO \cdot 2Al_2O_3$を混和したセメントの水和とハイドロカルマイトの生成、無機マテリアル学会第117回学術講演会要旨集、pp.140-141（2008）
4) 森泰一郎ほか：カルシウムフェロアルミネート化合物、セメント混和材及びその製造方法、セメント組成物、特許WO 2011 108159 A1
5) 森泰一郎ほか：$CaO \cdot (2-n)Al_2O_3 \cdot nFe_2O_3$連続固溶体化合物の合成に与える焼成温度の影響、セメント・コンクリート論文集、Vo.1. 70、投稿中（2016）

X線粉末回折法によるイーリマイトの不規則構造解析

名古屋工業大学　大学院工学研究科　　〇市川聡
坂野広樹
浅香透
福田功一郎

1. はじめに

ビーライト-イーリマイト-フェライトセメントの主要な構成相であるイーリマイトは、$Ca_4[Al_6O_{12}]SO_4$ に Na_2O や Fe_2O_3 成分を含む固溶体であり、広義のソーダライト（$Na_4[Al_3Si_3O_{12}]Cl$）に属する。Andac と Glasser[1] は $Ca_4[Al_6O_{12}]SO_4$ が 470℃付近で相転移を起こすことを初めて報告した。低温相の結晶構造（空間群 $Pcc2$）は Cuesta ら[2] が X 線粉末回折法（XRPD）で決定し、Kurokawa ら[3] は高温相の結晶構造（空間群 $I-43m$）を高温下での XRPD とラマン分光法を併用して解析した。後者の結晶構造は、S 原子に配位する O 原子の位置不規則性によって特徴付けられる。Banno ら[4] は $Ca_4[Al_6O_{12}]SO_4$ の類縁化合物である $Sr_4[Al_6O_{12}]SO_4$ が、246℃付近で斜方晶系から立方晶系へ相転移を起こすことを報告し、さらに低温相と高温相の結晶構造を XRPD データから決定した。

Cuesta ら[5] は $Ca_4[Al_6O_{12}]SO_4$ に Na_2O や Fe_2O_3、SiO_2 成分が固溶すると考え、$Ca_{3.8}Na_{0.2}Al_{5.6}Fe_{0.2}Si_{0.2}O_{12}SO_4$ 組成の多結晶体を準備し、収集した XRPD データをリートベルト法で解析して結晶構造を報告した。解析は Kurokawa らが報告した不規則構造を初期モデルとして採用しており、$Ca_4[Al_6O_{12}]SO_4$ の高温相と同一の原子配列を示す。

一般に、多結晶体や粉末試料の結晶構造解析には XRPD が用いられる。XRPD データは各ブラッグ反射の回折線が重なっており、三次元の結晶構造に関する情報が一次元に縮重している。そのため、結晶構造を精緻に評価するためには、これらの回折線を個々に分解して回折角と積分強度を求める必要がある。例えばリートベルト法では、初期構造モデルが積分強度の分配に影響するため、未知・不規則構造の解析は困難であった。近年、最大エントロピー法（MEM）と MEM に基づくパターンフィッティング（MPF）法[6] を併用することで、結晶構造モデルのバイアスを可能な限り取り除いた三次元電子密度分布（EDDs）の決定が可能になった。EDDs の等電面を初期構造モデルと比較することで、容易にモデルを修正して分割原子モデル等を構築することができる。

本研究では、先ずイーリマイト単相の多結晶体を作製し、高精度な XRPD データを収集した。さらに MPF 法を駆使してイーリマイトの不規則構造を解析した。

2. 実験

2.1 試料作製

六種類の試薬（$CaCO_3$、$NaHCO_3$、Al_2O_3、Fe_2O_3、SiO_2、$CaSO_4\cdot2H_2O$）を多様なモル比で秤量し、遊星型ボールミルで均一に混合した後にペレット状に成形して、大気中 1250℃で 4 時間加熱した。その結果、組成が [Ca : Na : Al : Fe : Si : S]＝[3.750 : 0.250 : 5.766 : 0.234 : 0 : 1]の場合に単相のイーリマイト多結晶体が得られた。これを遊星型ボールミルで粉砕して粉末試料とした。試料の化学式は $[Ca_{3.750}Na_{0.250}][Al_{5.766}Fe_{0.234}]O_{12}SO_{3.875}$ である。

2.2 構造評価

入射 X 線が $CuK\alpha_1$（40kV×40mA）のブラッグ-ブレンターノ光学系の粉末回折装置を用いて、$10° \leq 2\theta \leq 148.9°$の範囲で粉末試料の回折プロファイル強度を測定した（図1）。Le Bail 法[7] で各反射の積分強度を抽出し、Charge-flipping 法[8] で初期構造モデルを導出した。Na 原子は Ca 席を占有し、Fe 原子は Al 席を占有すると仮定し、リートベルト法で結晶構造を精密化した。さらに MPF 法を用いて、結晶構造モデルのバイアスを可能な限り取り除いた EDDs を推定した。結晶構造と EDDs の等電面の描画はプログラム VESTA[9] を使用した。上記の Le Bail 法とリートベルト法はプログラム RIETAN-FP[10] を用い、Charge-flipping 法はプログラム Superflip[11] を用いた。

エネルギー分散型 X 線分光器（EDS）を装備した走査型電子顕微鏡（SEM）を用いて、微細組織の観察と微小領域の組成分析を行なった。

3. 結果と考察

3.1 単位格子の決定と初期構造モデルの導出

$2\theta \leq 75°$ の全ての回折線は立方晶系で指数付けが可能で、格子定数は $a \approx 0.920$ nm であった。SEM/EDS で多結晶体試料の表面および断面を観察し、さらに粒界の化学組成を分析したところ、イーリマイト以外の不純物相は確認できなかった。以上から、単相のイーリマイトが合成できた。

Charge-flipping 法で導出した初期構造モデルの空間群と化学式数は、それぞれ $I-43m$ と $Z=2$ であった。単位胞中の原子席は、各1つの（Ca, Na）と（Al, Fe）、S に加

えて、Oは二つ（O1とO2）存在した。リートベルト法で各原子の分率座標を精密化した結果、信頼度（R）因子は比較的高い値を示し、$R_{wp} = 9.86\%$（$S = 1.84$）、$R_p = 7.01\%$、$R_B = 15.67\%$、$R_F = 12.09\%$であった。(Ca, Na)席の等方性原子変位パラメータ（U_{iso}）が特に大きな値（$7.99 \times 10^4 \, nm^2$）を示したことから、席の対称性（$3m$、Wyckoff位置は$8c$）を維持したまま、当該席を二つに分割して分割原子モデルを構築した。

3．2 三次元電子密度分布の可視化と不規則構造モデルの構築

リートベルト法で分割原子モデルを精密化したところ、R因子が僅かに改善したものの依然として比較的高く、さらにO2席のU_{iso}が異常に大きな値であった。そのため、本構造モデルをさらに修正する必要があると判断した。そこで、当該構造モデルに対してMPF法を適用してEDDsを決定し、その等電面を可視化したところ、S原子に配位するO原子（O2席、対称性は$3m$でWyckoff位置は$8c$）に対応するEDDsが、3回回転軸の周りに分割されている様子が示された。

O2席を3回回転軸上から外し、すなわち席の対称性を$3m$からm（Wyckoff位置：$24g$）へ低下させて、新たな分割原子モデルを構築した。再びMPF法を用いてEDDsを求めて等電面を可視化した。結晶構造モデルのバイアスを可能な限り取り除いたEDDsは、球棒モデルで表される結晶構造によって矛盾なく説明できた（図2）。さらにR因子の値（$R_{wp} = 7.41\%$（$S = 1.38$）、$R_p = 5.47\%$、$R_B = 8.96\%$、$R_F = 6.15\%$）は十分に低下しており、特に積分強度と構造因子に関するR_BとR_Fの値が大幅に改善された（図1）。以上の結果から、化学式が$[Ca_{3.750}Na_{0.250}][Al_{5.766}Fe_{0.234}]O_{12}SO_{3.875}$で表されるイーリマイトの結晶構造の精密化に成功した。

3．3 結晶構造の比較

本研究で精密化したイーリマイトの結晶構造と、過去に報告された$Ca_4Al_6O_{12}SO_4$関連化合物の結晶構造を比較検討した。Kurokawaら[3]とCuestaら[5]が報告した不規則構造は同一であった。しかし、今回新たに決定したイーリマイトの結晶構造は、S原子に配位するO原子の配置に明確な差異が認められた。一連の不規則構造の相違点については講演で詳細に議論する予定である。

4．まとめ

化学式が$[Ca_{3.750}Na_{0.250}][Al_{5.766}Fe_{0.234}]O_{12}SO_{3.875}$で表される単相のイーリマイト多結晶体を試薬から合成し、粉砕して得られた粉末試料の結晶構造を、X線粉末回折データから解析した。最大エントロピー法に基づくパターンフィッティング法を用いて、構造モデルのバイアスを可能な限り取り除いた三次元電子密度分布を求めた。この等電面を可視化したところ、Ca席とSに配位するO席の位置に不規則性が認められ、それらはCa席を二カ所とO席を三カ所に分裂させた分割原子モデル（空間群$I\text{-}43m$、格子定数$a = 0.920302 \, nm$）で適切に表現できた。

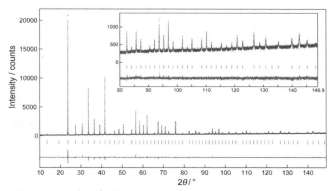

図1　MPF法で解析したイーリマイトのXRPDパターン

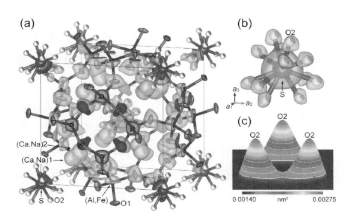

図2 (a) 三次元電子密度分布と対応する結晶構造モデル、(b) 分割原子モデルで表されたSO_4四面体と三次元電子密度分布、(c)(111)に平行な面上の電子密度分布の鳥瞰図

【参考文献】

1) O. Andac, F. P. Glasser, Adv. Cem. Res., 6, 57–60 (1994).
2) A. Cuesta. et al. Chem.Mter., 25, 1680–1687 (2013).
3) D. Kurokawa et al. J. Solid State Chem., 215, 265–270 (2014).
4) H. Banno et al. J. Ceram. Soc. Jpn (2017) in press.
5) A. Cuesta. et al. Cryst. Growth Des., 14, 5158–5163 (2014).
6) F. Izumi, Solid State Ionics, 172, 1–6 (2004); F. Izumi et al., Mater. Sci. Forum, 378–381, 59–64 (2001).
7) A. Le Bail et al., Mater. Res. Bull., 23, 447–452 (1988).
8) G. Oszlányi, A. Süto, Acta Crystallogr., A60 134–141 (2004).
9) K. Momma and F. Izumi, J. Appl. Cryst., 44, 1272–1276 (2011).
10) F. Izumi, K. Momma, Solid State Phenom., 130, 15–20 (2007).
11) L. Palatinus, G. Chapuis, J. Appl. Cryst., 40, 786–790 (2007).

[2105]

各結晶相の積分強度と化学組成から求まる新しい定量分析法：セメント・クリンカー定量分析への応用

株式会社 リガク ○虎谷 秀穂

1. はじめに

多結晶体材料の特性に及ぼす種々要因の一つとして個々の結晶相の成分比が挙げられる。多結晶体を構成する各結晶相の重量分率を求める、いわゆる定量分析には、セメント・クリンカーの場合、化学分析値に基づいた Bogue 法[1]と併せて、X線回折法に基づいた Rietveld 解析[2]が使用されている。Rietveld 解析では、構成結晶相の結晶構造に基づいて計算した回折パターンを観測パターンに最小二乗法を用いてフィッティングし、精密化されたスケール因子から重量分率が算出される[3]。

昨年、X線粉末回折測定データを用いて結晶相の重量分率を導く新しい定量分析法が提案された[4]。この方法は結晶相の同定（定性分析）に用いた回折線の積分強度をそのまま観測データとして用いる。一方、観測データから重量分率を算出するにあたって、従来法が用いていた結晶構造パラメータ等を一切必要とせず、用いられるのは各構成結晶相の化学組成に関する情報のみである。それ故、セメント・クリンカーの場合、C3S や C2S の様に複数の多型が含まれていたとしても、そのことが定量結果に影響しないという利点を持っている。

この方法は汎用定量分析法として開発されたものであるが、今回、複雑系の解析例としてポルトランドセメントの定量分析に応用を試みた。現時点で解析はまだ初期段階であるが、その結果を報告する。

2. 理論

X線の回折強度は、一つには試料の被照射体積に比例し、他方、構成原子がもつ散乱能に依存する。被照射体積が2倍になれば、回折強度も2倍になり、同時に重量も2倍になっているという訳である。一方、例えば、同じ結晶構造を持つ MgO と FeO において Mg 原子は 12 個の電子を持ち、Fe 原子は 26 個持っていて、ざっと 2 倍の散乱能、そして強度は約 4 倍となる。即ち、X線定量分析の式を導くためには、構成結晶相の被照射体積と散乱能の違いを考慮することが必要となる。

新しい定量分析法では、K 種の結晶相からなる混合物試料がある場合、その k 番目の成分の重量分率は次式で求められる（記号の説明を表1に与える）。

$$w_k = \frac{M_k \left(\sum_{j=1}^{N_k} I_{jk} G_{jk}\right) \left(\sum_{i=1}^{N_k^A} n_i^2\right)^{-1}}{\sum_{k'=1}^{K} \left[M_{k'} \left(\sum_{j=1}^{N_{k'}} I_{jk'} G_{jk'}\right) \left(\sum_{i=1}^{N_{k'}^A} n_i^2\right)^{-1}\right]} \quad (1)$$

式(1)は、G_{jk} で補正した観測積分強度の和、および各構成結晶相の化学式量と化学式単位中の原子に属する電子の個数のみから定量分析できることを示している。なお、式の導出の詳しくは文献4)を参照されたい。

表1. 記号の説明

記号	意味
M_k	化学式量（chemical formula weight）
n_{ik}	化学式単位（Chemical formula unit）に含まれる原子に属する電子の個数
I_{jk}	j 番目の反射の積分強度
G_{jk}	Lorentz-polarization に依存した量

3. 新定量分析法の評価結果

この方法の評価試験に用いた試料のリストを表2に与える。通常の粉末回折測定で得られたこれら試料の回折データを本方法、Rietveld法、およびRIR（Reference Intensity Ratio）法[5,6]を用いて定量分析し、$RMSE$（Root-Mean-Square Error）（次式）を用いてそれぞれの正確度を評価した。

$$RMSE = \left(\sum_{k=1}^{K} \left(w_k - w_k^{weighed}\right)^2 / K \right)^{1/2}$$

ここで$w_k^{weighed}$は秤量値である。得られた結果を表3に比較して示す。5件の内、4件で本方法が一番低い$RMSE$を与えており、定量分析に十分に使えることを示している[4]。

表2. 方法の評価試験に用いた試料のリスト．各試料の二行目の数値は混合重量比を示す．

試料	構成結晶相および秤量した重量比(%)
1	TiO_2(anatase)+TiO_2(rutile)+Si 54.00 : 24.47 : 21.53
2	$BaSO_4$(barite)+Al_2O_3+SiO_2 50.27 : 38.13 : 11.60
3	$CaCO_3$(calcite)+CaF_2+TiO_2(anatase) 43.40 : 33.37 : 23.23
4	Fe_3O_4(magnetite)+Fe_2O_3(hematite)+TiO_2(anatase) 62.87 : 35.00 : 2.13
5	CaF_2+TiO_2(anatase)+Al_2O_3+$CaSO_4 \cdot 2H_2O$ 51.83 : 25.21 : 12.99 : 9.97

表3. 三種の方法で得られた定量値の比較．一番低い$RMSE$を太字で示す．

試料	新定量法	Rietveld法	RIR法
1	**1.24**	1.61	1.82
2	**1.41**	9.32	10.74
3	2.85	**1.47**	12.32
4	**0.61**	0.84	1.33
5	**1.24**	1.61	1.82

4. ポルトランドセメント定量分析への応用

ポルトランドセメントの標準試料として市販されているNIST SRM 2686の測定データを評価試験に用いた。測定にはRigaku社製卓上型X線粉末回折装置MiniFlexが使用された。Pawley法[7]に基づく全パターン分解法プログラムWPPF[8]を用いて積分強度を得た。図1にWPPFでフィッティングした結果を示す。定量精度はSRM 2686のcertificateに報告されている値に対して、現在、$RMSE$で3.1%である。

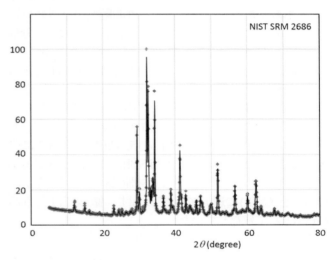

図1. WPPFでフィッティングした結果

5. まとめ

新しい定量分析法をポルトランドセメントの定量分析に応用することを試みた。この方法は化学組成に関する情報のみを用いるため、積分強度さえ得られれば、複雑系の解析に適していると考えられる。

【参考文献】

1) Bogue, R. H. (1929). *Ind. Eng. Chem.*, **1**, 192 – 197.
2) Rietveld, H. M. (1969). *J. Appl. Cryst.* 2, 65 – 71.
3) Hill, R. J. & Howard, C. J. (1987). *J. Appl. Cryst.* 20, 467 – 474.
4) Toraya, H. (2016). *J. Appl. Cryst.* 49, 1508 – 1516.
5) Chung, F. H. (1974a). *J. Appl. Cryst.* 7, 519 – 525.
6) Chung, F. H. (1974b). *J. Appl. Cryst.* 7, 526 – 531.
7) Pawley, G. S. (1981). *J. Appl. Cryst.* 14, 357 – 361.
8) Toraya, H. (1986). *J. Appl. Cryst.* **19**, 440 – 447.

[2106]

X線吸収微細構造を用いた高炉スラグ微粉末の還元効果の評価

日鉄住金高炉セメント(株)　技術開発センター　技術開発グループ　　○平本真也
　　　　　　　　　　　　　　　　　　　　　　　　　　　　　　　　大塚勇介
　　　　　　　　　　　　　　　　　　　　　　　　　　　　　　　　植村幸一郎
日鉄住金高炉セメント(株)　技術開発センター　技術サービスグループ　植木康知

1. はじめに

セメントに含有するCr(VI)は水和過程において生成するエトリンガイトやモノサルフェートなどに固定される[1]と言われており、硬化体としては問題無いと考えられているが、コンクリートの炭酸化が進行し水和物が分解した場合、Cr(VI)溶出量が増加するとの報告もある[2]。この対策として、セメントに還元剤を添加しCr(VI)を無害なCr(III)に還元する事も一つの方法として考えられる。

筆者らはこれまで、高炉スラグの還元効果に着目し、セメントに高炉スラグ微粉末を10%添加することで、セメントの水和過程に伴い、Cr(VI)をCr(III)に経時的に還元することが可能であるとXAFS測定の結果より明らかにしてきた[3]。しかしながら、材齢28日時点で完全にCr(VI)をCr(III)に還元できておらず、微量ではあるがCr(VI)として残存していた。

そこで、本検討では3年間湿潤養生を施したセメントペースト供試体を用いて、長期における高炉スラグの還元効果の影響について、XAFS測定からCrの形態割合を算出することにより評価した。加えて、還元剤種類の影響を調査するために、一般的な還元剤を用いた場合についても同様に評価した。

2. 試験概要
2.1 使用材料及び試験水準

試験に使用した材料は研究用普通ポルトランドセメント(以下N)、高炉スラグ微粉末(以下BFS)、石灰石微粉末(以下LSP)、還元剤としてFeSO$_4$・H$_2$OおよびFeSO$_4$・7H$_2$Oを用いた(表1)。FeSO$_4$を2種類用いた理由としては、溶解速度の影響を調査するためであり、溶解速度はFeSO$_4$・H$_2$OのほうがFeSO$_4$・7H$_2$Oと比較して遅い。

長期の還元効果を調査するための試験水準としては、N、Nの内割でBFS及びLSPをそれぞれ10%質量置換したB、Lの3水準とした。還元剤種類の影響を調査するための試験水準としては、B、Nの内割でFeSO$_4$・H$_2$O及びFeSO$_4$・7H$_2$Oをそれぞれ1%質量置換したF1、F7の3水準とした。また、FeSO$_4$を過剰添加した場合、凝結が遅延する事や硬化体物性に悪影響を及ぼすため、本検討では1%質量置換とした。また、全てのセメントは、

表1　使用材料

粉体種類	記号	密度(g/cm^3)	比表面積(cm^2/g)	備考
普通ポルトランドセメント	N	3.16	3430	SO$_3$=2.0%
高炉スラグ微粉末	BFS	2.89	4120	S=0.77%
石灰石微粉末	LSP	2.71	6240	-
硫酸第一鉄1水和物	FeSO$_4$・H$_2$O	3.14	-	粉砕後、300μm以下に調整
硫酸第一鉄7水和物	FeSO$_4$・7H$_2$O	1.90	-	

SO$_3$=2.0%になるように二水石こう用いて調整した。

測定試料はW/C=50%のセメントペーストを作製し、材齢1、7、28日の脱型時まで封かん養生(20℃一定)とした。材齢3年の試験体に関しては、材齢28日まで封かん養生を行った後、標準養生を施した。試験材齢に達した試料は水和停止を行い、振動ミルで微粉砕したものを用いてXAFS測定を実施した。また、比較用として未水和のセメントに関しても測定を実施した。

2.2 測定及び解析方法

XAFS測定は大型放射光施設(九州シンクロトロン光研究センター)のBL11を使用した。検出器は19素子SSDを用い、1試料当たり2～3時間の測定を要した。なお、試料中に数%程度含有しているFeなどの金属元素による影響を防ぐためにバナジウムフィルターを用いた。標準試料としてはK$_2$CrO$_4$、Cr(OH)$_3$・1.3H$_2$O、Cr$_2$O$_3$を使用し、それぞれ窒化ホウ素と混ぜ合わせてペレットを作製し、透過法で測定した。測定はCr-K吸収端近傍のエネルギー領域(XANES)に対して実施したが、測定対象である硬化体中のCrの含有量が数十ppm程度と希薄であるため、蛍光法を選択した。

解析はAthenaを用い、XANESスペクトルを数値化し、測定試料と標準試料の結果を最小二乗近似することにより、試料中のCr(VI)及びCr(III)の割合を算出した。なお、データの解析は2回測定した結果の平均値を用いて実施した。測定結果の妥当性については既報[3]に示している通り、ICP法及びXAFSを用いて測定した場合の結果が概ね同等であったため、評価は可能であると判断した。

3. 結果及び考察

図1に各試料のXANESスペクトルを示す。B-3y以外の試料において5992eV付近にCr(VI)のpre-edgeピーク

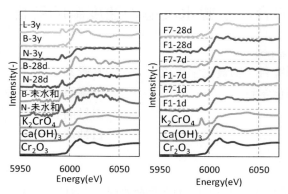

図1 XANES スペクトル

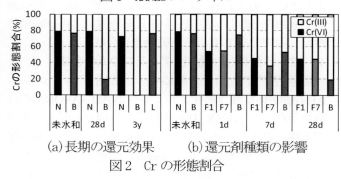

(a) 長期の還元効果　　(b) 還元剤種類の影響

図2　Cr の形態割合

が明確に確認されたことから、セメント中にCr(VI)が存在していることが確認された。6000eV 以降のスペクトル形状から、Cr(III)の存在も確認された。また、XANES スペクトルから算出した Cr の形態割合を図2に示す。

3．1　長期における高炉スラグの還元効果

図2(a)より、未水和ではN 及びB ともに、Cr(VI)割合は80%程度であった。材齢28 日の場合、N は未水和時と差が無いが、B では Cr(VI)割合が20%程度となった。材齢3 年の場合、N の Cr(VI)割合は75%程度となり、未水和及び材齢28 日と比較して若干減少したが、L に関しては、N の未水和及び28 日と同程度であった。N 及び LSP は還元物質を含有しておらず、還元効果がないため、材齢3年においてもCrの形態割合に変化がない事が確認された。一方、B に関しては材齢3 年において Cr(VI)割合が解析上0%となり、BFS をN に添加した場合、長期においても還元反応が進行している事が確認された。

3．2　還元剤種類の影響

図2(b)より、還元物質を添加した全ての試料においてCr(VI)割合は減少する事が確認された。F1 及び F7 の場合、材齢1 日から 7 日の短期において、B と比較してCr(VI)割合がより減少すると確認されたが、材齢7 日から28 日の減少は確認されず、概ね同程度であった。B の場合、材齢7 日までは F1 及び F7 と比較して Cr(VI)割合が多かったが、材齢28 日においてはB の方が少なくなる傾向であった。また、FeSO$_4$の種類による差は明確に表れず、溶解速度に関わらず同程度であった。

N に含有する Cr(VI)はクリンカー鉱物に広く分布[4]しており、水和反応に伴い溶出すると考えられる。そのため、N の反応がある程度進行するまで硬化体中を還元雰囲気に維持する事で、Cr(VI)を効率的に還元する事ができると考えられる。FeSO$_4$は BFS と比較して、還元能力が高く、早期に Cr(VI)以外の溶存物質とも酸化還元反応が起こるため、長期における還元効果はほぼ無いと推察される。一方、BFS は還元の主要因である S(硫化物)[3]が高炉スラグのガラス相内に安定して存在している事に加えて、スラグの水和に伴い S を供給するため、硬化体中の Cr(VI)を継続的に還元できると考えられる。以上より、N に対して BFS を10%添加した場合と、硬化体物性を考慮して FeSO$_4$ を1%添加した場合を比較すると、添加量の差はあるが、セメント硬化体中における Cr(VI)還元効果は FeSO$_4$と比較して BFS の方が優位である。

4．まとめ

各種条件がセメント硬化体中における Cr の形態変化に与える影響について、XAFS を用いて調査したことで得られた知見を以下に示す。

(1) N 及び LSP を用いた場合、材齢3 年における Cr の形態割合は材齢28 日と同等であり、還元性は確認されなかった。BFS を用いた場合、材齢28 日において Cr(VI)割合が 20%程度であったが、材齢3 年では Cr(VI)割合が 0%になることが確認された。

(2) FeSO$_4$を N に添加した場合、材齢1 日及び7 日に関しては BFS 以上の還元効果を示したが、それ以降の還元効果は確認されなかった。

(3) BFS をN に対して 10%添加することで、継続的にCr(VI)を還元できる事が確認された。

【謝辞】

本研究は、九州シンクロトロン光研究センターのBL11を用いて実施したもので、関係各位に感謝いたします。

【参考文献】

1) 大宅淳一ほか：六価クロムの AFm 相への固定化と溶出挙動、Cement Science and Concrete Technology、No.64、pp.35-41(2010)
2) 土木学会：コンクリートからの微量成分溶出に関する現状と課題、コンクリートライブラリー111、pp.62-63(2003)
3) 平本真也ほか：X 線吸収微細構造を用いたセメント硬化体中の微量クロムの定量評価、第 70 回セメント技術大会講演要旨、pp.140-141(2016)
4) 白坂徳彦ほか：廃棄物中の特定成分がクリンカー鉱物の微細組織及び構成鉱物への固溶分配に及ぼす影響、セメントコンクリート論文集 No.49、pp.14-19(1995)

CAH_{10} と AH_3 およびそれらの重水素化物の合成と脱水反応の速度論的解析

龍谷大学大学院　理工学研究科　物質化学専攻　　〇氷置泰
龍谷大学　理工学部　物質化学科　　　　　　　　馬場悠
　　　　　　　　　　　　　　　　　　　　　　　田村朋香
　　　　　　　　　　　　　　　　　　　　　　　白神達也

1. 諸言

セメントの一種にアルミナセメントがある。アルミナセメントは Al_2O_3 が50%以上含まれており、主な化合物としては $CA(CaAl_2O_4)$、$C_{12}A_7(Ca_{12}Al_{14}O_{33})$、$CA_2(CaAl_4O_7)$ の三種である。アルミナセメントの水和の特徴は水にセメント粒子が溶解し、その後水和物が析出する反応で、強度発現は非常に速い。しかし、その水和物の水素位置を含めた結晶構造は $CAD_{10}(CaAl_2O_4\cdot10D_2O)^{1)}$ を除き、ほとんどわかっていないため、強度発現の詳細なメカニズムは解明されていない。

詳細なセメントの硬化メカニズムの解明に、中性子回折を用いて結晶構造の解析を行い、水素結合の状態を明らかにすることが有効であると考えられているが、中性子回折で水素位置の決定には、軽水素では非干渉性散乱が大きく、バックグラウンドが高くなり有効な測定が困難であることから、軽水素を非干渉性散乱断面積の小さい重水素に置換する方法が挙げられる。特に、セメント水和物などでは水酸基、結晶水、水和水、自由水など数多くの水素を含むことから、重水素への置換率が低いと、軽水素からの非干渉性散乱による影響により、精度の高い結晶構造解析が困難となる。それゆえ重水素化度の向上が必要である。

本研究では、中性子回折による構造解析の精度向上を考慮し、$CA(CaAl_2O_4)$ の低温合成および軽水和物 $CAH_{10}(CaAl_2O_4\cdot10H_2O)$、重水和物 CAD_{10} の合成、また関連水和物でもある水酸化アルミニウムの合成および重水素化を行ない、各々の軽水和物と重水和物の比較を行なった。

2. 実験

2.1 CAの合成および水和

Sol-Gel法を用いてCAの合成を行なった。$Al(OC_2H_5)_3$、$CaCO_3$ のモル比が 2:1 になるよう秤量し、トールビーカーにエチレングリコール、$Al(OC_2H_5)_3$、$CaCO_3$、クエン酸の順に投入し、90℃で透明になるまで撹拌し、その後ゲル化するまで200℃で撹拌した。その後、マントルヒーターで仮焼し850℃で6時間焼成した。

合成したCAを用いて軽水、重水を用いて水和した。軽水、重水をそれぞれ脱炭酸処理し、合成したCAを投入し5℃で90分撹拌した。その後、試料懸濁液を吸引濾過で固相を分離し、液相分を3日間放置後に再び固相分離し、固相分を10℃以下で乾燥させ合成した。

2.2 水酸化(重水酸化)アルミニウムの合成

塩基性下での加水分解により水酸化アルミニウム $AH_3(Al(OH)_3)$、重水酸化アルミニウム $AD_3(Al(OD)_3)$ の合成を行なった。$Al(OC_2H_5)_3$ を脱炭酸処理した軽水および重水中に投入し、エタノールを少量加え、加水分解を促進させるための触媒として $8molL^{-1}$ の重水酸化ナトリウム溶液(NaOD)を3mL加え-12℃で撹拌した。その後、固液分離し固相分を十分に洗浄後、真空乾燥機で乾燥した。

2.3 合成した試料の評価

合成した試料は粉末X線回折(XRD：RINT2000、Rigaku)で結晶相の同定を行ない、フーリエ変換赤外分光法(FT-IR：FT-720、HORIBA)で重水素化を確認した。また、熱重量・示差熱分析(TG-DTA：Thermo plus TG8120、Rigaku)により熱分解挙動及び活性化エネルギーの評価を行なった。

3. 結果及び考察

3.1 CA、CAH_{10}、CAD_{10}の合成と評価

図1に合成したCAのXRDパターンを示す。

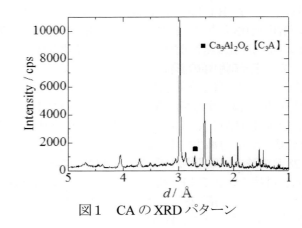

図1　CAのXRDパターン

一部 C_3A ($Ca_3Al_2O_6$) のピークが検出されたが、ほぼ単

一な CA を得ることができた。図2に先の試料を用いた軽水和物および重水和物の XRD パターンを示す。CAH_{10} および CAD_{10} のピークが得られ、水和に成功したと判断した。次に、重水素化の確認のため測定した IR スペクトルを図3に示す。

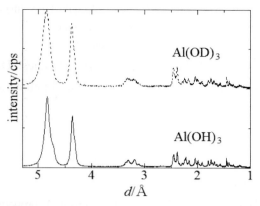

図4　AH_3 および AD_3 の XRD パターン

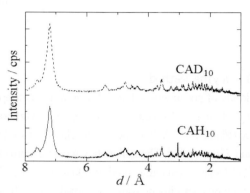

図2　CAH_{10} および CAD_{10} の XRD パターン

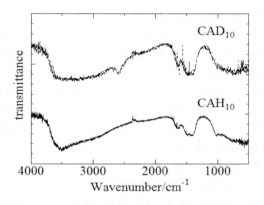

図3　CAH_{10} および CAD_{10} の IR スペクトル

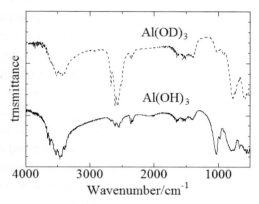

図5　AH_3 および AD_3 の IR スペクトル

CAD_{10} のスペクトルの2500cm^{-1} 付近にO-D 伸縮振動に帰属される赤外吸収ピークが確認され重水和に成功したと判断した。また、Ozawa法[2]を用いて脱水反応の速度論的解析を行い、活性化エネルギーを算出した結果、CAH_{10} が 3.1 $kJmol^{-1}$、CAD_{10} が 4.8 $kJmol^{-1}$ という結果を得た。

3.2　水酸化(重水酸化)アルミニウムの合成と評価

図4に合成した $AH_3(Al(OH)_3)$ および $AD_3(Al(OD)_3)$ の XRD パターンを示す。AH_3、AD_3 共にほぼ単一なピークを得ることができた。また、ほぼギブサイトのピークであることが確認できた。

次に、重水素化の確認のため測定した IR スペクトルを図5に示す。AD_3 のスペクトルの2500cm^{-1} 付近にO-D 伸縮振動に帰属される赤外吸収ピークが確認され重水素化に成功したと判断した。

また、Ozawa 法を用いて脱水反応の速度論的解析で活性化エネルギーを算出した結果、AH_3 が 140 $kJmol^{-1}$、AD_3 が 151 $kJmol^{-1}$ という結果を得た。

4．まとめ

以上の実験により次のことが確認できた。

Sol-Gel 法を用いることで低温でのCAの合成に成功した。また、その試料を用いて CAH_{10} 及び CAD_{10} の合成に成功した。

$Al(OC_2H_5)_3$ を出発原料として塩基性下での加水分解により、AH_3 及び AD_3 の合成に成功した。また今回の合成法で得られたのは、ほぼ単一のギブサイトであった。

両実験で得た水和物の脱水反応の速度論的解析での活性化エネルギーは、共に重水和物の方が高い値を示した。

【参考文献】

1) A.N. Christensen et al.: Structure of calcium aluminate decahydrate ($CaAl_2O_4 \cdot 10D_2O$) from neutron and X-ray powder diffraction data, *Acta Cryst.* **B63**, pp.850–861(2007)
2) 齋藤安俊：物質化学のための熱分析の基礎、共立出版株式会社、pp.323-336(1990)

Effect of hydration stoppage methods and pretreatment on sorption test of matured white cement paste

Nagoya Univ. School of Engineering Studies, Dept of Civil Engineering and Architecture　　○SugimotoHiroki
Nagoya Univ. Dept. of Environmental Engineering and Architecture　　KuriharaRyo
　　MaruyamaIppei

1. Introduction

Fundamental research to evaluate physical properties of concrete under the construction process of concrete structures and during long-term service period is significant to reflect design and maintenance. For this purpose, properties of hardened cement paste and concrete should be evaluated though hydration reaction of cement because the properties of those are governed by the chemical reactions. Consequently, hydration of cement should be stopped once to check the internal microstructure and hydration status of cement. However, pretreatment method for the sorption test has not been clarified, even though such basic knowledge and data is necessary for concrete engineering and cement chemistry. In this contribution, we focused on different methods are used to grasp the impact on the sorption experiments.

2. Experiment method

2.1 Materials

White cement was used in this experiment. The chemical composition of the white cement used is shown in Table 1. Cement paste was prepared with water cement ratio of 0.55. Mixing was carried out for 3 minutes with a Hobart mixer. After mixing, remixing every 30 minutes until the breathing disappeared. It was then cast into molds. And after demolding, It had been underwater curing for 5 years.

2.2 Hydration stoppage method

The specimen was crushed with a hammer and classified to 2mm or less. It was immersed in each of acetone and isopropanol for 6 hours. Thereafter, the sample and the solvent were separated by suction filtration, and the hydration was stopped. Thereafter, vacuum evacuation was carried out for 1 hour with an aspirator, and the specimens were dried.

2.3 Drying method

Two kinds of specimens subjected to hydration stoppage by solvent exchange and specimens not stopping hydration were prepared.(Plain, IPA, ACE) They were classified to 25μm or more and 75μm or less. Thereafter, they were vacuum-dried by FLOVAC Degasser(manufactured by Quantachrome). For the drying methods, specimens were vacuum-dried at 20 °C for 6 hours and 105 °C for 30 minutes were prepared.

2.4 Nitrogen sorption test

The specimen was classified into 25μm or more and 75μm or less, and a sample of 100±10mg was put into the sample cell. Thereafter, the sample was pretreatment-dried, and measurement was carried out. Measurement was carried out in 77.4 K environment with BELSORP-mini-MPT(manufactured by Microtrac BEL). The specific surface area by nitrogen adsorption was calculated using BET theory.

2.5 Water vapor sorption test

The specimen was classified into 25μm or more and 75μm or less, and a sample of 30±5mg was put into the sample cell. Thereafter, the sample was pretreatment-dried, and measurement was carried out. The measurement was carried out with Hydrosorb 1000 (manufactured by Quantachrome). The specific surface area by water vapor adsorption was calculated using BET theory.

3. Results and discussion

Fig.1 shows nitrogen sorption isotherms of Plain, IPA, ACE, at 20°C for 6hours and 105°C for 30 minutes. Here, a sudden reduction in adsorbed amount such as near P/P_0=0.40 in the desorption process of sorption isotherm is called a kink[1]. From Fig.1 the kink of the sorption isotherm of the specimen hydration stop with IPA appeared the most. In addition, the

Table 1 The chemical composition of the white cement used experiment

LOI (%)	Chemical composition (mass%)								
	SiO_2	Al_2O_3	Fe_2O_3	CaO	MgO	SO_3	Na_2O	K_2O	Cl^-
2.93	22.43	4.67	0.16	65.69	0.98	2.51	0.00	0.07	0.00

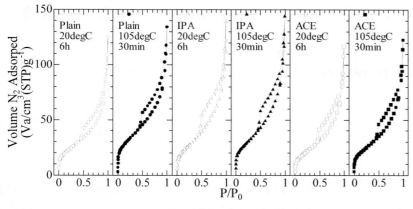

Fig.1 Nitrogen sorption isotherm

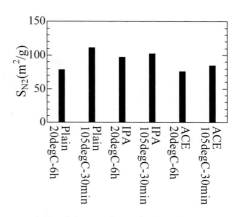

Fig.2 Nitrogen specific surface area

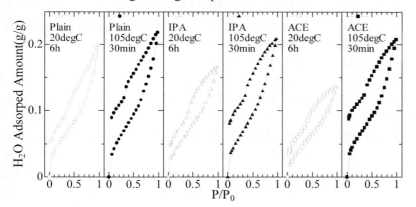

Fig.3 Water vapor sorption isotherm

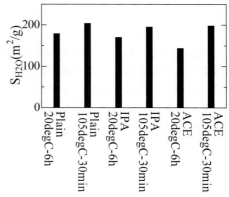

Fig.4 Water vapor specific surface area

adsorption amount near $P/P_0=0.95$ is larger than the sorption isotherm of Plain's sample dried at 105°C for 30 minutes, which is considered to be the effect of solvent exchange with isopropanol.

Fig.2 shows the nitrogen specific surface area (S_{N2}). Plain's sample dried at 105°C for 30 minutes showed the highest S_{N2}. From this, it is considered that the specimen which stopped hydration with IPA is overestimating the nitrogen sorption isotherm and kink.

Fig.3 shows water vapor sorption isotherm. The adsorption amount near $P/P_0=0.95$ is the largest at Plain's sample dried at 105°C for 30 minutes.

Fig.4 shows a graph of water vapor specific surface area (S_{H2O}). The value of S_{H2O} was the highest when vacuum drying was performed at 105 °C for 30 minutes without stopping hydration.

From the above, it was confirmed that the optimum pretreatment method in sorption test of fully hydrated cement paste was a method of performing vacuum drying at 105 °C for 30 minutes without stopping hydration.

4．Conclusion

The findings of this research are shown below.

1) When carrying out the sorption test with sufficiently hydrated white cement paste, it was confirmed that a pretreatment method which performs vacuum drying at 105°C for 30 minutes without stopping hydration is suitable.

2) In the fully hydrated white cement paste, when isopropanol was used to stop hydration, both the kink and the maximum adsorption amount increased in the nitrogen sorption test, but this is presumed to be the influence of isopropanol remaining in the pores.

Acknowledgement

Part of this research was supported by collaborative research with the Ministry of Education, Culture, Sports, Science and Technology foundation S (16H06363), foundation B (15H04077), and Chubu Electric Power Co., Ltd.

【References】

1) Thommes, M., et al.: Adsorption hysteresis of Nitrogen and Argon in pore network and characterization of novel micro- and mesoporous silicas, Langmuir, 22, pp756-764(2006)

[2201]

高炉セメントC種を用いたコンクリートの初期材齢に与える膨張材の影響

デンカ株式会社青海工場セメント・特混研究部　　○石井泰寛
　　　　　　　　　　　　　　　　　　　　　　　　岩崎昌浩
　　　　　　　　　　　　　　　　　　　　　　　　宮口克一
　　　　　　　　　　　　　　　　　　　　　　　　盛岡実

1. はじめに

近年、生産の過程で大量のCO_2を排出するポルトランドセメントの代替として高炉スラグを使用することがCO_2排出削減を目的として時の有効な手段として注目されており、環境負荷の小さいコンクリートとして活発に研究が行われている[1),2)]。中でも環境負荷低減の観点から高炉スラグの含有率の高い高炉C種セメントが着目されている[3)]。しかし、高炉スラグを含むセメント用いたコンクリートは、混和材を多量に含むため材齢初期の水和活性が小さく、凝結が遅延したり、初期材齢の圧縮強度が小さくなる傾向が認められ、特に高炉スラグの含有率が高い高炉セメントC種ではその傾向が顕著になると考えられる。

そこで本研究では、これらの性質の改善を目的として高炉セメントC種を用いたコンクリートに膨張材を混和したときの基礎物性、特にコンクリートの材齢初期の物性に与える影響に着目して検討を行った。

2. 実験概要
2.1 使用材料とコンクリート配合
(1) 使用材料

本研究では普通ポルトランドセメント(C：密度$3.15g/cm^3$、ブレーン値$3240cm^2/g$)の質量比70%を高炉スラグ(BFS：石膏混和型、密度$2.89g/cm^3$、ブレーン値$4310cm^2/g$)で置換混合して、高炉セメントC種を調製した。膨張材はエトリンガイト石灰複合系の膨張材：A1(密度：$3.10g/cm^3$、ブレーン値：$3530cm^2/g$)とエトリンガイト系の膨張材A2(密度：$2.96g/cm^3$、ブレーン値：$2930cm^2/g$)を使用した。細骨材(S)には姫川産の川砂(表乾密度$2.63g/cm^3$)、粗骨材(G)には姫川産の川砂利(最大粒径：25mm、表乾密度：$2.66g/cm^3$)を使用した。

(2) コンクリート配合

表-1に本実験で使用したコンクリート配合を示す。膨張材A1、A2の標準混和量をそれぞれ、$20kg/m^3$、$30kg/m^3$としてセメントに置換した。高炉セメントC種配合について、膨張材の影響を検討するため、標準混和量の配合に加えて、単位量±5kg 変化させたものも検討の対象とした。そのため、普通セメントと高炉スラグの総粉体量を固定し、膨張材は砂に置換させ外割で混和した。普通セメントのコンクリート配合(表-3：OP)で、スランプ、空気量の目標値を12±2.5cm、4.5±1.5%とし、ポリカルボン酸系の高性能減水剤を0.8%、アルキルエーテル系陰イオン界面活性剤を AE剤として0.4%(対セメント比)を水の内割で混和した。

2.2 試験項目と試験方法
(1) コンクリートのフレッシュ性状

各コンクリートについて、練り上がり直後のスランプをJIS A1101、空気量をJIS A1128に準拠して測定した。

(2) 硬化体の物性

JIS A1108に準拠し、φ10cm x 20cmのコンクリート供試体を作製し、圧縮強度を測定した。測定材齢は2日、7日とした。養生条件は材齢2日まで封緘とし、脱型後

表-1　コンクリート配合

No.	W/B(%)	s/a(%)	単位量(kg/m³)						
			W	C	BFS	A1	A2	S	G
OP	55	48	170	309	—	—	—	864	947
BC	55.0	48.0	170	92.7	216.3			859.2	941.7
BC-A11	52.5	47.6	170	92.7	216.3	15		846.5	941.7
BC-A12	51.7	47.5	170	92.7	216.3	20		842.2	941.7
BC-A13	50.9	47.4	170	92.7	216.3	25		838	941.7
BC-A21	50.9	47.3	170	92.7	216.3		25	837	941.7
BC-A22	50.1	47.2	170	92.7	216.3		30	832.5	941.7
BC-A23	49.4	47.1	170	92.7	216.3		35	828.1	941.7

20℃水中養生とした。

3. 実験結果
3.1 コンクリートのフレッシュ性状

試験結果を表-2に示す。練り上がり直後のスランプは普通セメントの配合(OP)で15cmであるのに対して、高炉C種型の膨張材無混和の配合(BC)ではスランプは19cmと大きくなっていた。さらに、膨張材を混和させた場合、膨張材の種類に拠らずスランプは20cm程度と同等であった。

3.2 コンクリートの圧縮強度

試験結果を図-1に示す。高炉セメントC種に膨張材A1を混和させた場合、膨張材無混和のBCと比較して、圧縮強度は材齢2日で約1.4倍、材齢7日で約1.3倍の強度発現であった。一方で、膨張材A2を混和させた場合、BC基準での圧縮強度比はA1よりも高く、材齢2日で約1.9倍、材齢7日で約1.4倍の強度発現であった。膨張材の種類に拠らず混和量の増加によって強度増進している傾向にあり、どれも膨張材無混和のBCより圧縮強度は高かった。これは膨張材を高炉セメントC種に対して砂置換による外割混和を行っているため、みかけの水／粉体比がBCより小さくなることなどが影響していると考えられる。

普通セメント系(OP)と膨張材を混和した高炉セメントC種系を比較すると、材齢2日では膨張材を混和しても、圧縮強度比は0.5～0.6倍程度であった。材齢7日では、A1混和の場合、約0.8倍、A2混和の場合、約0.9倍でほぼ普通セメントと同程度の圧縮強度であった。

以上の結果より、高炉セメントC種は普通セメント系コンクリートのスランプと合わせて高炉セメントC種の単位水量を減らすことが可能であるので、材齢初期の強度改善は可能であり、材齢7日以降では普通セメント系コンクリート以上の強度発現が望める可能性がある。

4. まとめ

以下に本研究の範囲内で得た結論をまとめる。

(1)コンクリートのフレッシュ性状
　高炉セメントC種系コンクリートの練り上がり直後のスランプ、空気量は膨張材の混和、無混和にかかわらず同等であり、普通セメント系コンクリートよりスランプは大きい。

(2)コンクリートの圧縮強度
　高炉セメントC種系コンクリートに膨張材を混和すると膨張材の種類に拠らずBCより大きい強度発現が見られる。普通セメント系と比較すると、材齢2日では強度比約0.5～0.6倍と低いが、材齢7日でほぼ同等になる。従って、高炉セメントC種は普通セメント系コンクリートのスランプに合わせて単位水量を減らすことが可能であるので、材齢初期の強度改善は可能であり、材齢7日以降では普通セメント系コンクリート以上の強度発現が望める可能性がある。

表-2　コンクリートのフレッシュ性状

	スランプ(cm)	空気量(%)	CT(℃)
OP	15.0	5.0	21.6
BC	19.0	5.3	19.1
BC-A12	20.0	5.9	20.9
BC-A22	20.0	5.8	21.4

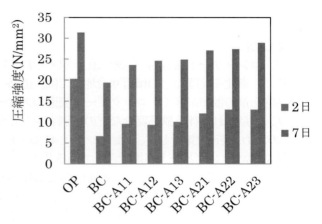

図.1　圧縮強度試験結果

表-3　圧縮強度比

No.	(a)OP基準		(b)BC基準	
	2日	7日	2日	7日
OP	1	1	-	-
BC	0.33	0.62	1	1
BC-A11	0.48	0.75	1.44	1.22
BC-A12	0.46	0.78	1.40	1.27
BC-A13	0.50	0.79	1.51	1.28
BC-A21	0.60	0.86	1.81	1.40
BC-A22	0.64	0.87	1.94	1.41
BC-A23	0.64	0.92	1.94	1.49

【参考文献】
1)坂井悦郎ほか：高炉セメント硬化体の相組成と強度発現性、コンクリート工学年次論文集、Vol.26、No.1、p.135-140　(2004)
2)和地正浩ほか：高炉スラグ高含有セメントを用いたコンクリートの性質、コンクリート工学年次論文集、Vol.32、No.1、p.485-490　(2010)
3) 伊代田岳史：高炉スラグ微粉末を大量使用したコンクリート、コンクリート工学年次論文集、Vo.25、No.5、p.409-414　(2014)

膨張材と中空微小球を併用したフライアッシュコンクリートの収縮低減効果とスケーリング抵抗性

デンカ株式会社　　　　○本間一也
　　　　　　　　　　　　宮口克一
日本大学 工学部　　　　前島拓
　　　　　　　　　　　　岩城一郎

1. はじめに

近年、コンクリート構造物の高耐久化が求められている。特に、東北や北陸などの積雪寒冷地域では、道路への凍結防止剤の散布が多く、コンクリート表面のスケーリング、ひび割れに伴う鉄筋腐食などの事例も少なくない。そのため、凍害対策として、水セメント比45%以下、空気量6.0%のコンクリートが推奨されている[1]。しかし、フライアッシュ使用下において、空気量6.0%を確保するには、フライアッシュ中の未燃カーボンが障害となり安定的にこれを確保することは難しい[2]。また、コンクリートの運搬・施工時のバイブレータによる過剰な締め固め等により耐凍害性に有効な気泡が減少することも考えられ、所定量の空気量を確保できない場合もある。そこで近年、エントレインドエアの気泡と大きさや形状が類似な中空微小球(FTP)が開発され、物理的にエントレインドエアのような微細な気泡をコンクリート中に形成できるようになった。しかし、フライアッシュを配合し、かつひび割れ低減を目的に膨張材を使用したコンクリートにおいて、凍結防止剤散布下を想定した耐凍害性の評価は十分に行われていない。そこで、実橋を模擬した床版供試体を用い、膨張材とFTPを併用したフライアッシュコンクリートの収縮低減効果とスケーリング抵抗性について評価することを本研究の目的とした。

2. 実験概要
2.1 使用材料

セメントは普通ポルトランドセメント(OPC)、フライアッシュ(FA)はⅡ種品、膨張材はエトリンガイト・石灰複合型膨張材(CSA)、骨材は砕砂(S)(福島県白河市産、密度2.64g/m³)、砕石2005(G)(福島県いわき市産、密度2.67g/m³)、練り水は地下水(W)、混和剤はリグニン系AE減水剤(AD)、アニオン系AE剤(AE)、シリコン系系消泡剤(T)、中空微小球はアクリロニトリル系樹脂(FTP)で、平均粒子径80μm、真密度0.13g/m³のものを用いた。

2.2 コンクリートの配合および供試体

表-1にコンクリートの配合を示す。水結合材比(W/B)45%、細骨材率(s/a)44.1%とし、スランプが12.0cm、空気量はFTPとの合計で6.0%を目標にAd添加率、AE添加率を調整した。また、巻き込み空気による影響を排除するためT添加率を調整した。FTPはコンクリート1m³あたり1.5vol%添加した。図-1に実橋供試体の配筋図およびゲージ位置を示す。実物大のコンクリート床版を模擬し、床版中央および両端の上、中、下、鉛直方向に埋込ゲージを設置した。また、1年間の曝露試験後に床版供試体張出し部よりφ150mmのコアを各3本ずつ採取し、床版上面から30mmで切断した供試体を用いてスケーリング試験を実施した。

表-1　コンクリートの配合

水準	単位量(kg/m³)							混和剤(B×%)	
	W	B			S	G	FTP	AD	AE
		OPC	FA	Ex					
標準	170	313	0	0	834	1001	0	1.4	0
FTP+FA	170	295	63	20	748	977	1.95	1.2	0.02

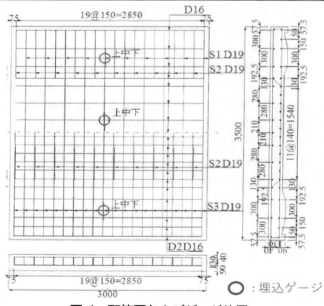

図-1　配筋図およびゲージ位置

2.3 試験項目および試験方法

コンクリートの練混ぜにあたっては、レディーミクストコンクリート工場にて強制2軸ミキサーを用い、60秒間ベースコンクリートを練り混ぜた後、低速攪拌状態で中空微小球を投入、さらに60秒間練り混ぜた。評価は、

スランプ(JISA1101)、空気量(JISA1128圧力方法、JISA1116質量方法)、長さ変化率(埋め込み型ひずみ計)、スケーリング抵抗性(ASTM C672)とした。ここで、スケーリング試験には3%NaCl水溶液を用いた。

3．実験結果と考察

表-2にフレッシュ性状試験結果、図-2.1および図-2.2に長さ変化率試験結果、図-3にスケーリング試験結果を示す。スランプおよび空気量はポンプ打設直前に測定した。長さ変化率では、FTP+FAにおいて、材齢初期で床版橋軸方向では120～150×10^{-6}、床版鉛直方向では300×10^{-6}程度の膨張を発現した。床版鉛直方向は鉄筋による拘束が小さいため、橋軸方向よりも膨張量が大きくなったものと考えられる。FTP+FAは材齢450日経過後も標準より小さい収縮率を示しており、フライアッシュコンクリートに対する膨張材の効果を確認できた。スケーリング試験においては、両者の空気量が同一ではないものの、凍結融解15サイクルからスケーリング量に差が見られはじめ、50サイクルにおいて標準が0.28kg/m^2であるのに対して、FTP+FAでは0.15kg/m^2と1/2程度のスケーリング量となった。これは既往の研究[3]でも明らかにされており、FTPを用いることで硬化過程での空気量の減少がないとされていることから、今回の実験においてもFTPを用いたことにより高いスケーリング抵抗性が得られたものと考える。

4．まとめ

膨張材とFTPを併用したFAコンクリートの収縮低減効果とスケーリング抵抗性を評価した結果、以下の知見を得た。
(1) 膨張材を混和することで所定の膨張が得られ、床版鉛直方向で、最大300×10^{-6}程度の膨張を発現した。
(2) 膨張材を混和することにより、材齢450日経過後も無混和のものより収縮は小さく、長期にわたり膨張材の膨張効果が持続していることを確認した。
(3) FTPを所定量配合することにより、無混和のものに比べ、高いスケーリング抵抗性が得られた。

【参考文献】
1) 東北コンクリート耐久性向上委員会(2009)：東北地方におけるコンクリート構造物設計・施工ガイドライン(案)
2) 千歩修, 浜幸雄：フライアッシュコンクリートの空気連行製・気泡組織と耐凍害性, 日本建築学会構造系論文集, No.558, pp.1-6, 2002
3) 田中舘悠登, 羽原俊祐, 小山田哲也, 五十嵐数馬：ソルトスケーリング抵抗性に及ぼす小径空気泡混和材の導入効果, セメント・コンクリート論文集, Vol.69, pp484-489, 2015

表-2　フレッシュ性状試験結果

水準	スランプ(cm)	空気量	
		圧力方法	質量方法
標準	11.5	4.5	—
FTP+FA	13.5	6.0	6.8

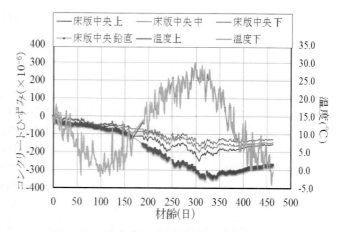

図-2.1　長さ変化率試験結果(標準)

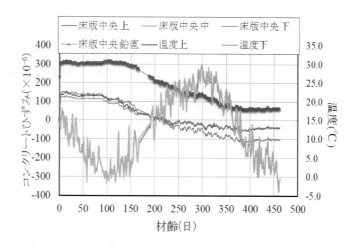

図-2.2　長さ変化率試験結果(FTP+FA)

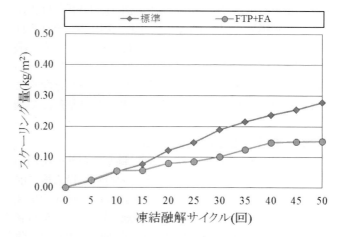

図-3　スケーリング試験結果

[2203]

補強繊維を用いた重量コンクリートの自己治癒性能に関する研究

日本ヒューム株式会社　技術研究所	○江口秀男
足利工業大学　工学部　創生工学科	横室隆
首都大学東京　大学院都市環境科学研究科	橘高義典
日本ヒューム株式会社　技術研究所	井川秀樹

1. はじめに

　重量コンクリートは放射線の遮蔽性能に優れており、汚染廃棄物用の遮蔽容器等への利用研究[1]が進められている。放射線汚染廃棄物の遮蔽容器は、地上に設置されるケースが多く、乾燥収縮や温度変化によるひび割れの発生リスクが高く、その部分から汚染物質の漏えいする危険性が高まる。その対策として、ひび割れの自己治癒性能に関する研究[2]に着眼し、重量コンクリートにおける自己治癒性能の研究を始めた。既往の研究から、重量コンクリートにひび割れの自己治癒性能を持たせるには、フライアッシュと膨張材を同時に混和することで自己治癒性能が高くなること、また、透水試験を応用し、自己治癒性能を定量的に評価する方法[3]を見出した。その過程で、ひび割れ幅が同じでも初期透水量は異なり、初期透水量が比較的大きな場合でも、繊維補強することで、効果的な自己治癒性能が得られることが分かった[4]。
　本研究は、補強繊維の種類と混入量を変化させた場合の重量コンクリートにおける自己治癒性能について報告するものである。

2. 試験概要
2.1 使用材料および調合

　使用材料とコンクリートの調合を表1と表2に示す。細骨材、粗骨材ともに、金属系のスラグ骨材を用いた。補強繊維としてポリプロピレン短繊維（以下PPと称す）、ビニロン短繊維（以下PVAと称す）、を用い、それぞれコンクリートの容積に対して0.05、0.1、0.2%とした。繊維を混練するためにコンクリートはスランプフローが50cmとなるように設定し、目標空気量が4.5%となるように、それぞれ高性能減水剤および空気量調整剤にて調整した。

2.2 混練方法および養生方法

　コンクリートの練混ぜは、強制二軸型ミキサーを用いて1バッチ35Lとした。繊維は全ての材料を投入後に混入した。コンクリート排出後は100×100×L400mmの角柱供試体に2層詰めとし、各層20秒振動成形した。蒸気養生は、前置き4時間、昇温20℃/h、最高温度40℃で3時間保持し、翌日まで自然降温で徐冷した。脱型後は、20±2℃、60±5%R.H.環境下で気中養生を材齢14日まで実施した。

表1　使用材料

材料	記号	物理的性質など
セメント	C	普通ポルトランドセメント 密度3.16g/cm³　比表面積3320cm²/g
膨張材	EX	エトリンガイト系膨張材、密度3.01 g/cm³
フライアッシュ	FA	JIS II 類品、密度2.20g/cm³
重量細骨材	S	金属系スラグ骨材　表乾密度4.20g/cm³ 吸水率1.67%、粗粒率3.83
重量粗骨材	G	金属系スラグ骨材　表乾密度4.27g/cm³ 吸水率0.45%、粗粒率6.52
補強繊維	PP	ポリプロピレン短繊維　密度0.91 g/cm³
	PVA	ビニロン短繊維　密度1.30 g/cm³
水	W	上水道
高性能減水剤	SP	ポリカルボン酸系高性能減水剤
空気量調整剤	SP2	変性ロジン酸化合物系陰イオン界面活性剤

表2　コンクリート調合

試験体記号	単位量 (kg/m³)						混和材		繊維補強
	W	C	EX	FA	S	G	SP1	SP2	
PL	144	450	60	160	1075	1377	7.65	0.068	なし
PP0.05							7.65	0.225	PP0.05Vol%
PP0.1							8.55	0.293	PP0.1Vol%
PP0.2							9.45	0.270	PP0.2Vol%
PVA0.05							9.00	0.270	PVA0.05Vol%
PVA0.1							9.45	0.270	PVA0.1Vol%
PVA0.2							9.00	0.293	PVA0.2Vol%

3. 自己治癒性能の評価試験
3.1 透水試験用供試体作製方法

　図1に示すように、透水試験用の供試体は気中養生14日間後の角柱供試体の中央部を曲げ試験治具により割裂し、模擬ひび割れを作製した。この際、ひび割れ幅を保持するために、厚さ0.2mm×幅10mmのアルミ板10枚を割裂部の両側に挟み込み、供試体の両端から、鋼製治具と鋼棒を用いてトルクレンチで仮に固定した。また、アルミ板を挟み込んだ両側部分はシーリング加工を施し、一方向に透水させる構造とした。

3.2 ひび割れ透水試験とマイクロスコープ

　角柱供試体試験面に平たいゴム輪、塩ビ管を重ねて置き透水試験装置とし、水位の変化をレーザー変位計により計測した。測定方法は、水位の下降を0.5mm毎に10mm

下降した所までの時間を測定して、1秒間当たりの平均透水量を試験値とした。なお、試験では供試体をすべて水中しん漬とし、24時間しん漬後の透水量を初期値とした。その際、供試体の両端から、鋼製治具と鋼棒を用いて締付け力を加減し、初期透水量が$0.25\pm0.05cm^3/s$と、$0.55\pm0.05cm^3/s$となるように調整した。以降1週毎のしん漬日数で28日まで評価した。ひび割れ閉塞の観察については試験面のひび割れ部をクラックスケールで計測し、0.15〜0.20mm幅の部分に目印をつけて、所定のしん漬日数にマイクロスコープで観察した。

4．試験結果

図2に示すように透水試験結果では、初期の透水速度が比較的コントロールできているため、透水速度を透水率として表した。すなわち、透水率が小さくなる程、透水速度が小さくなり自己治癒性能が高いということである。いずれの繊維も繊維混入していないプレーンに比べて、繊維混入することで透水率は小さくなる傾向となった。これは水和物であるカルサイトの析出が繊維周りを中心に自己修復物質として付着することで透水を妨げていると考えられる。本実験においても図3に示すようにSEMの二次電子像による観察で確認ができた。補強繊維の種類による透水率の違いでは、初期透水速度$0.25cm^3/s$ではPVA、初期透水速度$0.55cm^3/s$ではPPの自己治癒性能が高いという結果であった。いずれも繊維補強を混入したコンクリートは、浸漬して初期の段階で透水率が小さくなる傾向を示しているが、浸漬日数28日でも透水率0%には至らなかった。補強繊維量による比較では補強繊維の混入率が増えても透水率の減少の差は少なく自己治癒性能が向上する明確な関係性は得られなく、コンクリート表面ひび割れ部におけるマイクロスコープによる観察でも、浸漬28日でも完全な閉塞には至らなかった。しかし、透水試験から補強繊維を混入することでの効果はあると考えられる。今後はSEMによる分析を浸漬日数等で実施して確認したいと考えている。

5．まとめ

① 供試体のひび割れは、繊維を破断せず架橋させたままとする製法でひび割れ幅を固定し、初期透水速度も一定とする方法が見出せた。
② 重量コンクリートに繊維補強を施すことで、水中浸漬後のひび割れ部の透水率は小さく、自己治癒性能が向上することが確認できた。
③ 補強繊維の混入率が増えても、自己治癒性能が向上する明確な関係性は、今回の実験では得られなかった。
④ 補強繊維混入の効果は、水和物であるカルサイトの付着により自己治癒性能を高めるものと考えられる。

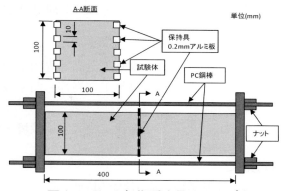

図1　（No.2 初期透水量 0.25 cm^3/s）

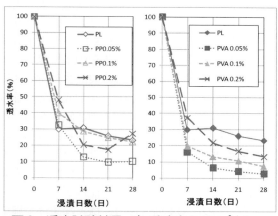

図2　透水試験結果（初透速度 0.55cm^3/s）

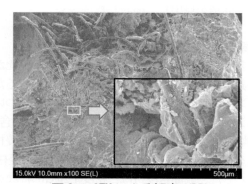

図3　SEMによる観察（PP）

【参考文献】
1) 橘高義典ほか：X線透過デジタル画像の2層明度分析によるコンクリート製遮蔽容器のX線遮蔽性能の評価、コンクリート年次論文集36巻1号、pp.1990-1995(2014)
2) 小出貴夫、岸利治、安台浩：造粒したひび割れ自己治癒材料および高炉スラグ細骨材を用いた自己治癒コンクリートに関する基礎的研究、コンクリート工学年次論文集34巻1号、pp.1408-1413(2012)
3) 江口秀男ほか：重量コンクリートにおける自己治癒性能に関する研究、第69回セメント技術大会講演要旨、pp.260-261、2015
4) 井川秀樹、横室隆、橘高義典、江口秀男：繊維補強した重量コンクリートの自己治癒性能に関する研究、コンクリート工学年次論文集、Vol.38、No.1、pp.1677-1682、2016

けい酸塩系表面含浸材施工後のビッカース硬度分布に関する一考察

高知工業高等専門学校　環境都市デザイン工学科　　○樋口和朗
高知工業高等専門学校　ソーシャルデザイン工学科　　近藤拓也
　　　　　　　　　　　　　　　　　　　　　　　　横井克則
金沢工業大学　環境・建築学部環境土木工学科　　　　宮里心一

1. はじめに

コンクリート構造物の品質確保の機運の高まりを受けて、近年積極的に研究開発を行われている工法の一つに表面含浸工法がある。このうちけい酸塩系表面含浸工法は、コンクリート中に含浸させることでコンクリート中に存在する$Ca(OH)_2$と反応し、C-S-Hゲルを生成することでコンクリートを緻密化させ劣化因子の侵入を阻止するものである。近年、けい酸塩系表面含浸材の含浸深さを特定する技術として、C-S-Hゲル生成部分の強度が増加することに着目し、ビッカース硬さ試験を用いる方法が黒岩らにより提案されている[1]。さらに宮島らは考えを発展させ、**図-1**のように非含浸部分と含浸部分の硬度差と、含浸深さで囲まれる面積が、けい酸塩系表面含浸材の劣化因子侵入阻止性を示す可能性があることを述べている[2]。そのため本研究では、様々な条件で施工した供試体から得られる、含浸深さとビッカース硬さ増分で囲まれた面積を算出し、検討した。

2. 実験方法

試験要因及び水準を**表-1**に示す。水セメント比がけい酸塩系表面含浸材の効果に与える影響を検証するために、水セメント比は3種類の水準とし、W/C=70%については事前に28日間中性化促進を行ったものも要因に含めた。けい酸塩系表面含浸材は、各けい酸塩系表面含浸材の種類による特性を検証するため、3種類の表面含浸材とブランクとした。表面含浸材は、密度$1.2g/cm^3$になるように調整した。

供試体はモルタルとし、40×40×160mmの角柱供試体とした。打込み後材齢7日まで水中養生を行った。その後打込み面を含む4面についてエポキシシーリングを行い、材齢28日まで気中養生を行った。中性化を事前に行うシリーズについては、この段階で28日間CO_2濃度5%の環境下で促進中性化を行った。材齢28日（予め中性化を行ったものは材齢56日）で$0.4ℓ/m^2$のけい酸塩系表面含浸材を施工し、さらに28日間気中養生を行った。

その後、電子顕微鏡付き微小硬さ試験機を用いて、モルタル切断面の表面硬度を測定した。測定は表面含浸材の含浸面とし、深さ方向に1mm間隔で最大10mmまで測定した。なお、電子顕微鏡により打撃面で骨材を排除

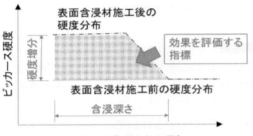

図-1　けい酸塩系表面含浸工法施工
前後のビッカース硬度分布の模式図

表-1 試験要因および水準

試験要因	水準
水セメント比	40%, 55%, 70%, 70%（予め28日中性化させたもの）
けい酸塩系表面含浸材の種類	リチウム、ナトリウム、カリウム、ブランク

し，セメントペースト部分のみのビッカース硬さを測定したことが本法の特徴である。

3. 実験結果および考察

3.1 含浸深さ

供試体表面から深さ10mmまでのビッカース硬さ分布を**図-2～図-5**に示す。この値は，同一深さにおけるビッカース硬さの値が±2Hvに収まる5点の値の平均値とした。ブランクを除く各パターンの含浸深さを比較すると、いずれの水セメント比も3～4mm程度硬度が増加している。これはけい酸塩系表面含浸材がコンクリート中の$Ca(OH)_2$と反応し、コンクリート組織が緻密化したためであると考えられる。ここで、表面含浸材を施工していないブランク供試体でのビッカース硬さの平均の線より上の部分を硬度増分とし、その面積を1mmごとに台形の面積の計算により求め、それらの総和により表面硬度の増加量と含浸深さにより得られる面積を求めた。

3．2 表面含浸材の含浸深さと含浸による表面硬度の増加量で得られる面積（指標）の算定

前述の方法で算出した面積について、各 W/C およびけい酸塩系表面含浸材でまとめたグラフを図-6 に示す。いずれのけい酸塩系表面含浸材においても、最大の面積を示す W/C は 55％であった。W/C の増加による面積の減少は、けい酸塩系表面含浸材と反応する $Ca(OH)_2$ が減少するためだと考えられる。W/C=40％で面積が減少する理由は、$Ca(OH)_2$ と反応するために必要なけい酸塩表面含浸材が不足したためだと考えられる。また、W/C=70％で実施した中性化促進有無による面積比較を行った結果、中性化させた供試体は面積が減少する傾向を示した。これは、コンクリート中の $Ca(OH)_2$ が中性化により $CaCO_3$ に変化したため、けい酸塩と反応する量が少なくなったためだと考えられる。

これらの結果により、けい酸塩系表面含浸材を施工することにより得られる効果の指標に関する基礎資料が得られたものと考えられる。これら資料に基づいて、今後は塩分や CO_2 といった、劣化因子侵入阻止性との関連性について検討を行う必要がある。

4．まとめ

1) けい酸塩系表面含浸材の塗布による含浸部分でのビッカース硬度の硬度増分と含浸深さの面積は、水セメント比が低くなるにつれ、増加する傾向が得られた。
2) 硬度増分と含浸深さの積については、同一水セメント比の場合、中性化促進を行った供試体にけい酸塩系表面含浸材の施工によるビッカース硬さ試験と含浸深さの積については、中性化促進を行っていないものと比較して、小さくなる傾向を示した。

【謝辞】

本論文は、科研費若手研究(B)（研究課題：16K18133）の補助を受けて実施した。また、けい酸塩系表面含浸材については、富士化学（株）の協力をいただいた。

【参考文献】

1) 黒岩大地, 宮里心一：けい酸塩系表面含浸材の改質部における見かけの拡散係数の推定方法の提案と発錆遅延期間の試算, 土木学会論文集 E2（材料・コンクリート構造）, Vol.71, No.2, pp.124-134, 2015
2) 宮島 英樹, 近藤 拓也, 佃 陽一, 宮里心一：13 年暴露したけい酸塩系表面含浸材の性能に関する一考察, コンクリート構造物の補修、補強、アップグレードシンポジウム論文報告集, Vol.15, 2015.10

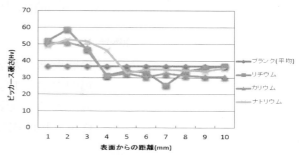

図-2 ビッカース硬度分布（W/C=40％）

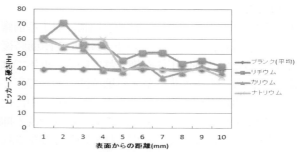

図-3 ビッカース硬度分布（W/C=55％）

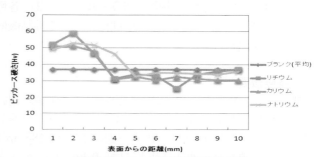

図-4 ビッカース硬度分布（W/C=70％）

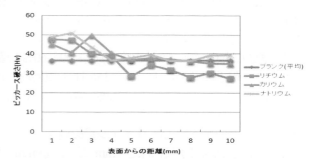

図-5 ビッカース硬度分布（W/C=70％+中性化）

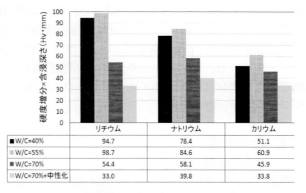

図-6 硬度増分と含浸深さからなる面積

中性化抑制に及ぼす亜硝酸リチウムの影響に関する基礎的研究

福岡大学　大学院　資源循環環境工学専攻　〇山田正健
福岡大学　工学部社会デザイン工学科　　　櫨原弘貴
福岡大学　大学院　資源循環環境工学専攻　添田政司
極東興和株式会社　　　　　　　　　　　　江良和徳

1. はじめに

塩化物イオンの浸透や鉄筋腐食の抑制に対する補修工法として、亜硝酸リチウム（以下：NLi）を断面修復材に混和するという補修工法が施されている。近年では、防錆効果以外にも中性化に対する抵抗性が極めて高くなると言った事例が報告されている[1]。しかし、中性化に対する抑制機構ついては、保水性による CO_2 の侵入抑制や内部養生効果によって緻密化されていると推察されている程度であり、明確な知見やその機構が示されていない。本研究では、中性化期間に伴うモルタル内部の各種イオンの経時変化から、NLiの中性化に対する抑制機構について検討を行った。

2. 実験概要

表1には、作製した供試体の配合を示す。実験に用いた供試体は、4×4×16cm の角柱モルタルであり、早強セメント（密度：3.14g/cm³）、海砂（表乾密度：2.58g/cm³）を用い、作製した。練り混ぜ水には、0.4mol/L の NLi を 0、5、12.5、25％の割合で置換している。打設後は温度20℃湿度60％の環境で7日間の気中養生を行った。

2.1 中性化促進試験

本試験は、CO_2濃度5％、温度20℃、湿度60％の環境で行った。促進開始から44、91、156日目に供試体を割裂し、1％フェノールフタレイン溶液を噴霧して赤色に呈色しなかった範囲を中性化深さとした。

2.2 pHの測定および各種イオン量の測定

中性化促進試験終了後に深さ2mmごとにφ9mm のコンクリートドリルにて粉体を採取した。採取した粉体0.3±0.001g を蒸留水 30±0.002g に混合した後、温度20℃の環境下で24時間撹拌した。その後は、吸引濾過を行い、その溶液を用いて、pHの測定および、イオンクロマトグラフィーによる、アニオンとカチオンの測定を行った。測定対象イオンは、亜硝酸イオン、リチウムイオン、カルシウムイオンとした。

3. 結果及び考察

3.1 中性化深さ

表2には各促進期間における各供試体の中性化深さを示し、その一例として、図1に促進期間156日におけるフェノールフタレイン溶液噴霧による呈色状況を示す。0％の中性化深さは、促進156日目で18.5mmであったのに対し、NLiを混和したものは、混和率の増加に従って中性化が抑制される結果を示し、5％混和で6.6mm、12.5％混和で4.0mmとなった。25％混和では、促進期間内で中性化は確認されず、顕著な中性化抑制がなされる結果となった。

3.2 pH分布

図2には、促進156日目における各種供試体のpH分布を示す。無添加のpHは、いずれの深さにおいても9.0程度であったのに対し、5％、12.5％混和したものは、中性化深さが確認されている表層から5mm程度までの範囲でpHの低下が確認された。一方の、25％混和では、表層においてもpH12.0程度と高い値を示している。以上のことから、NLiを混和することで、高いpHを保持できるという結果を示した。

3.3 各種イオン量の分布

図3は、無添加とNLiを25％混和したモルタルの促進期間91日及び156日におけるCa^{2+}量分布の一例を示す。無添加のCa^{2+}量は、中性化の進行によりいずれの深さにおいても減少する結果を示し、促進期間に伴ってその絶対量も減少しているのが分かる。

表1　供試体配合表

亜硝酸濃度	W/C	S/C	W		C	S
			亜硝酸	水		
0%	60	3		295	480	1425
5%			14.75	280.25		
12.5%			36.875	258.125		
25%			73.75	221.25		

表2　各促進期間における各供試体の中性化深さ (mm)

促進期間	0%	5%	12.5%	25%
44日	10.1	4.3	2.5	0
91日	15.5	4.9	3.2	0
156日	18.5	6.6	4.0	0

図1　促進期間156日におけるフェノールフタレイン溶液噴霧による呈色状況

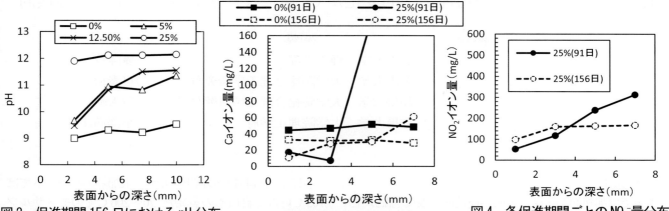

図2 促進期間156日におけるpH分布　図3 各促進期間ごとのCa^{2+}量分布　図4 各促進期間ごとのNO_2^-量分布

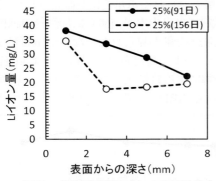

図5 各促進期間ごとのLi^+量分布

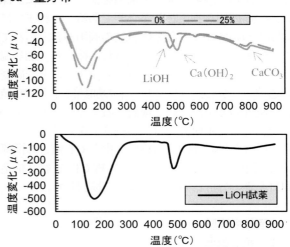

図6 示差熱熱量分析

一方の、25%混和した場合には、91日目において表層のみ減少する結果となっているが、156日目になると無混和と同様に全体的に減少する傾向を示した。これは、CO_2のモルタル内部に侵入したことで$Ca(OH)_2$が炭酸化されたものと考えられる。しかし、図1、2および表2に示した通り、25%混和した中性化の進行は、実際のところ認められておらず矛盾する結果となった。

そこで、図4、5には、NLiを25%混和した促進期間ごとのNO_2^-量およびLi^+量の分布をそれぞれ示す。この結果、NO_2^-量分布は、表層部になるに従って減少する傾向を示し、促進期間が長くなるとその絶対量も減少しているのが分かる。これは、CO_2の侵入によってNO_2^-がNO_3^-へと分解されたものと考えられ、以下のような反応過程が存在すると推察した。

$$2LiNO_2 + CO_2 + H_2O \rightarrow Li_2CO_3 + NO_3^- \quad [1]$$

一方の、Li^+に着目してみると、その分布は、Ca^{2+}やNO_2^-の分布とは異なり、表層になるに従って増加する傾向を示している。特に156日目では、表層のみにLi^+量が顕著に増加している。つまり、25%混和において中性化が進行しなかった要因としては、Ca^{2+}が減少しても代わりにLi^+が増加しているため、LiOHによってpHが保持されていると考えられる。ただし、CO_2はCa^{2+}よりも分子が小さく反応性に富むLi^+と先行的に反応すると考えられる。この知見に基づいて考察すると、式[1]に示

した様にLi^+は、CO_2と一旦反応してLi_2CO_3を生成するが、このLi_2CO_3は、可溶性であることから、以下の反応過程が存在する可能性を考えた。

$$Li_2CO_3 + H_2O + Ca(OH)_2 \rightarrow CaCO_3 + 2LiOH \quad [2]$$

そこで、示差熱熱量分析によりLiOHの同定を試みたところ、図6に示す様に、指示薬LiOHと同温度域で脱水による温度変化を確認することができた。

4．まとめ
1) 亜硝酸リチウムを混和すると中性化に対する抵抗性が向上し、混和率25%以上になると中性化は限りなく進行しないことが分かった。
2) CO_2が侵入したとされる範囲においては、Ca^{2+}の減少の他に、NO_2^-の減少とLi^+の増加が確認された。LiOHの生成によってpHが保持されている可能性が示された。

【参考文献】
1) 行徳圭洋ほか：亜硝酸塩がポリマーセメントモルタルに与える影響に関する研究，日本コンクリート工学年次論文集、Vol.34、No.1、pp.1684-1689（2012.）

[2206]

第71回セメント技術大会講演要旨 2017

加熱されたペーストの物理化学的変化がCT値に及ぼす影響に関する基礎検討

近畿大学	理工学部	麓隆行
近畿大学	大学院総合理工学研究科	○裏泰樹
島根大学	大学院総合理工学研究科	新大軌
群馬大学	大学院理工学府	小澤満津雄

1. はじめに

火災では加熱面から深さ方向へ連続的に温度勾配が生じることから、適切な補修・補強を講じるために、深さ方向への連続的な劣化診断が必要である。これまでに火害診断について様々な非破壊試験の適用が試みられている[1]。著者らはX線CT法に着目して検討し、加熱温度により、コンクリートのCT値が変化することを確認している[2]。しかし、コンクリートの加熱に伴うCT値の変化と物性の変化について検討するまでには至っていなかった。そこで本研究では、ペーストを対象とし、一面加熱を受けた供試体内部の物性変化とCT値との関係について、全面加熱された供試体のX線CT法、細孔構造、TG-DTA等の分析結果との比較から検討した。

2. 全面加熱実験

2.1 実験概要

水道水、早強セメント、高機能特殊増粘剤（C×0.9%）を用いて、W/C=50%のペーストでΦ100mm×100mmの円柱供試体12体を作製した。翌日脱型して標準養生し、材齢22～24日に10体を105℃で3日間乾燥させた。その後、材齢25～27日に供試体8体を2体ずつ用いて電気炉にて約5℃/分で加熱した。2体のうち1体の中央に埋め込んだ熱電対が最高温度210、460、680および870℃となるまで加熱後、自然冷却して取り出した。

加熱前後にX線CT装置（管電圧200kV、管電流100μA）により供試体の再構成画像を得た。高さ中央から上下25mmの範囲のCT値分布の最頻値を算出し、その値を各最高温度の代表値とした。その後、供試体中心部から試料を採取し、アセトンにて水和停止後、細孔径分布、XRD、TG-DTAを計測した。

2.2 実験結果と考察

図1に全体加熱実験で得られたCT値減少量を示す。CT値の減少量は105℃で大きくなり、105～680℃まで緩やかに増加後、680～870℃で緩やかに減少した。

図2に加熱温度による細孔径分布の変化を示す。常温で細孔空隙径の最頻値は0.05μmだが、105℃の加熱で0.166μmに増加した。その後、大きな変化はなかったが、660℃以上では0.38μm以上の空隙径が増加した。

図3にTG-DTAの結果を示す。未加熱のペーストでは105℃付近で自由水の蒸発と 70～200℃でのモノサルフェート等のセメント水和物の分解、450～500℃でのCa(OH)$_2$の分解とみられる重量変化が確認された。105℃に加熱後の試料では自由水が、460℃に加熱後の試料ではセメント水和物の分解が見られなくなった。680℃以上で加熱後の試料では、温度範囲の異なるCa(OH)$_2$やCa(CO)$_3$の分解による質量減少が確認された。紙面の都合上省略するが、XRDでも同様の結果が得られている。

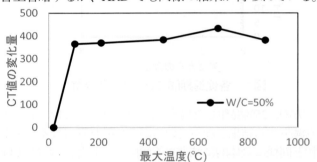

図1 最高温度とCT値の減少量との関係

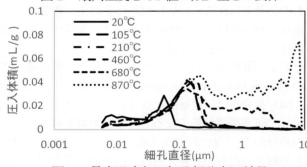

図2 最高温度毎の細孔径分布の結果

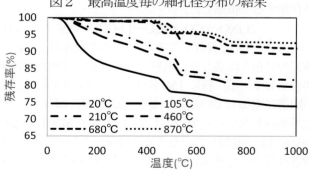

図3 TG-DTAの結果

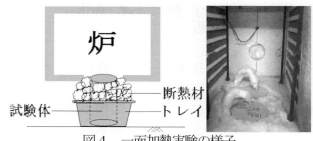

図4　一面加熱実験の様子

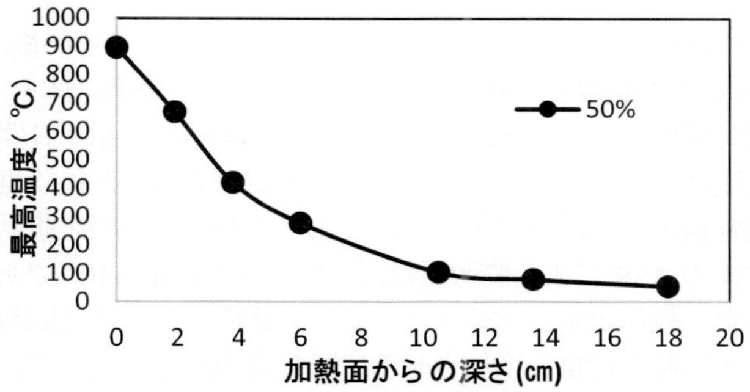

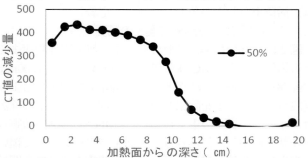

図5　加熱面からの深さと最高温度との関係

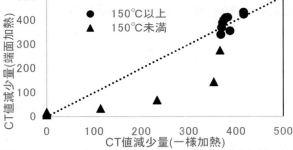

図6　加熱面からの深さとCT値の減少量との関係

図7　同じ温度での加熱法によるCT値減少量の比較

以上から、加熱を受けたペーストのCT値は、105℃までの加熱で自由水の逸散によるCT値が大きく減少後、温度上昇に伴い一部のセメント水和物の分解による緩やかに減少し、660℃以上では分解された$Ca(OH)_2$の炭酸化による増加すると考えられる。

3．一面加熱実験
3．1　実験概要

全面加熱と同様のペーストを作製し、Φ100 mm×200 mmの円柱供試体を3体作製し、翌日脱型後、標準養生した。材齢26～27日に、図4のように供試体を設置後、炉内を5℃／分で約900℃まで加熱し、150分保持後に加熱をやめた。その後180分放置して扉を開き、供試体を取り出した。なお、供試体内部の温度分布は、別途熱電対を埋め込んだ供試体で同様の加熱を実施し、計測した。

全面加熱と同様に、加熱前後にX線CT装置により得た再構成画像から、深さ10mm毎の範囲のCT値分布の最頻値を算出し、その値を各深さの代表値とした。

3．2　実験結果と考察

図5のように深さ方向に温度分布が生じた。表面付近は約900℃であったが、深さ約20mmで620℃、深さ約100mmで104℃であった。

図6に深さ方向のCT値分布を示す。深さ20mmまでCT値の減少量が増加した後、緩やかな減少に転じ、深さ90～130mmの間で大きく減少して、ほぼ0となった。図5と合わせて考えると、一面から加熱された場合、CT値は、100～200℃での大きな減少し、200～670℃までの緩やかな減少し、そして670℃以上での増加しており、全面加熱と同様の傾向だと考えられた。

図7に、図6で得られたCT値の減少量と、その深さと同じ温度で加熱された全面加熱でのCT値の減少量との関係を示す。全面加熱でのCT値の減少量は図1より、一面加熱での深さ毎の温度は図5より推定した。一面加熱でのCT値の減少量の傾向は、全面加熱での場合とほぼ同じだが、150℃以下では異なった。100℃以下では、全面加熱でのCT値の減少量は、一面加熱でのCT値の減少量の3割程度に低下した。これらは加熱時の自由水の移動や周囲の雰囲気の影響が大きいと考えられることから、今後、詳細に検討したい。

4．まとめ

CT値は、全面加熱の場合、100℃までの自由水の蒸発により大きく減少した後、460℃までのセメント水和物の分解により緩やかに減少し、680℃以上の温度で分解された$Ca(OH)_2$の炭酸化により緩やかに増加する。一面加熱でも同傾向だが、150℃以下では傾向が異なった。

【謝辞】

本研究はセメント協会研究奨励金の助成を受けたものである。関係各位に謝意を表する。

【参考文献】

1) 岩野聡史他：衝撃弾性波法による火害を受けたコンクリートの劣化深さの推定に関する基礎検討、土木学会年次学術講演会講演概要集、pp.925-926（2016）
2) 麓隆行他：加熱を受けたモルタル内部における連続的な劣化変化の推定へのX線CTの適用性、コンクリート構造物の補修・補強・アップグレード論文報告集、第15巻、pp.241-246（2015）

ラテックス改質速硬コンクリートを用いて部分打換えしたASRと疲労により複合劣化したRC床版の耐疲労性評価

太平洋セメント株式会社　　○岸良竜
　　　　　　　　　　　　　兵頭彦次
日本大学　　　　　　　　　岩城一郎
　　　　　　　　　　　　　前島拓

1. はじめに

近年、アルカリ骨材反応(以下，ASR)による道路橋RC床版の劣化事例が報告されている．また，ASRによってRC床版の耐疲労性能が低下する可能性が明らかとなっている[1]．通常、RC床版がASRによって劣化した場合，劣化程度に応じて断面修復等の措置がなされると考えられるが、補修にともなう耐疲労性能の回復に関する検討はほとんどなされていない．

速硬コンクリートにSBR(スチレン・ブタジエンゴム)ラテックスを組み合わせたラテックス改質速硬コンクリート（以下，LMFC）が，早期交通開放が求められる道路構造物の補修材として検討されている[2]．LMFCは早期強度発現性を有し、かつ物質抵抗浸透性や付着性の向上を図ったコンクリートである．

本報告では，ASRと疲労により劣化したRC床版の事後保全的な対策の検討を行った．ASRと疲労損傷を実験的に生じさせたRC床版供試体に対して，LMFCを用いて部分打換えを行い、輪荷重走行試験により耐疲労性の向上効果を評価した．

2. 実験概要

2.1 床版供試体の概要

図1に床版供試体の概要を示す．長さ3000mm、幅2000mm、厚さ160mmとし、主鉄筋にD16(SD295A)、配力鉄筋にD13(SD295A)を使用した．表1にコンクリートの配合を示す．既設コンクリートの粗骨材には、化学法およびモルタルバー法ともに無害でないと判定されたASR反応性を有する骨材を使用した．また、ASRを促進するため、NaClを10kg/m³(Na₂Oeq)使用した．床版供試体は作製後、材齢44日まで湿布養生を行った．その後、疲労損傷を与える目的で、輪荷重走行試験装置により予備載荷を行った．載荷条件は、載荷荷重を98kNとし、乾燥状態で実走行回数10万回まで走行させた．その後、ASRの促進養生を行った．促進養生は、床版供試体を、屋外環境下で5%NaCl溶液(平均水温14.6℃)に610日間浸漬させた．その後、132日間真水に浸漬させた後、再度輪荷重走行試験に供した．なお、この時点での床版供試体のASRによる膨張量は、鉛直方向で$1090×10^{-6}$であった．輪荷重走行試験条件は水張り状態とし、規定回数ごとに載荷荷重を増加させる段階載荷方式を採用して、疲労限界状態まで試験を行った．ここで疲労限界状態とは、活荷重たわみが急増した時点と定義した．

2.2 LMFCによる部分打換えの概要

図2に、部分打換えの概要を示す．疲労限界状態まで疲労損傷を与えたRC床版供試体の上面2800×1800mmの範囲を、上側配力鉄筋下方約20mmまで露出するよう既設コンクリートを除去した．既設コンクリートの除去はウォータージェットで行った．LMFCの製造は傾胴式ミキサを使用し、打込み後、上面をブルーシートで覆い養生を行った後、材齢8日から、輪荷重走行試験を開始した．なお、LMFCの材齢8日における圧縮強度は61.5N/mm²、静弾性係数は31.6kN/mm²であった．

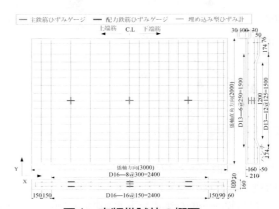

図1　床版供試体の概要

図2　部分打換えの概要

表1　コンクリートの配合

コンクリートの種類	W/C (%)	単位量(kg/m³)					Ad (C×%)	外割 (kg/m³)		
		W	L*1	C*2	S	G		NaCl	F*4	Re*5
既設コンクリート	65.0	175	-	269	818	1032*3	-	18.9	-	-
LMFC	34.8	59	115	353	769	941	1.5	-	160	1.54

*1:SBR系ラテックス　*2:普通ポルトランドセメント　*3:ASR反応性粗骨材
*4:速硬性混和材(カルシウムアルミネート系)　*5:硬化調整剤(オキシカルボン酸系)

2．3 測定項目および測定方法

規定走行回数ごとに，98kNを床版中央に静的載荷した際の活荷重たわみの測定およびRC床版下面のひび割れ観察を行った．またRC床版中央部において，下面より小型加振器を用いた強制振動試験[3]を行い，共振周波数を測定した．

3．結果および考察
3．1 活荷重たわみ

図3に活荷重たわみと等価繰返し走行回数の関係を示す．打換え前は，走行回数の増加に伴い活荷重たわみが緩やかに増加し，8.9×10^6回で疲労限界に達した．打換え後は，同一等価繰返し走行回数で比較すると，打換え前よりも，活荷重たわみが小さくなった。これは，損傷を受けていた床版上側のコンクリートがLMFCに置き換わることで，床版供試体の剛性が回復したことを示す結果と考えられる．走行回数が増加しても活荷重たわみは0.7mm程度一定で推移した．1.0×10^8回付近から徐々に増加し，1.6×10^9回で疲労限界に達した．打換え後の走行回数は，打換え前の約180倍となり，一度，疲労限界に達したRC床版であるにもかかわらず，大幅な疲労性能の回復が確認された．

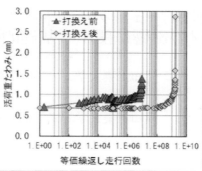

図3　活荷重たわみ

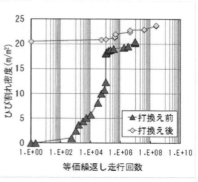

図4　ひび割れ密度

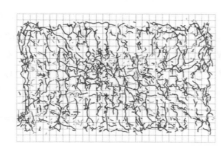

図5　RC床版下面のひび割れ

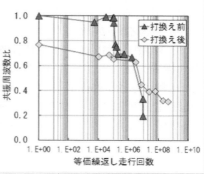

図6　共振周波数比

3．2 ひび割れ発生状況

図4にひび割れ密度と等価繰返し走行回数の関係を，図5に載荷試験終了後のRC床版下面のひび割れ状況を示す．打換え前は，走行回数の増加に伴いひび割れ密度が増加し，疲労限界状態では20.2m/m²であった．走行回数1.0×10^5回でひび割れ密度が急増しているが，これはASR促進期間におけるひび割れの発生によるものである．ASR促進養生後は，打換え後も含めて、ひび割れ密度の増加は小さい傾向であった．これは，打換え前のひび割れが断面を貫通しているものが多く，新たなひび割れが生じにくくなったためと考えられる．ただし，ひび割れ状況観察から，打換え後に新たに発生したひび割れも確認されている．LMFCの引張強度や付着強度といった力学特性によって，既設コンクリートのひび割れが必ずしもLMFCに進展せず，ひび割れ分散性が向上した可能性が考えられる．

3．3 共振周波数

図6に共振周波数比と等価繰返し走行回数の関係を示す．ここで共振周波数比は，各段階で測定された共振周波数と予備載荷試験前における共振周波数との比である．打換え前は，予備載荷の時点では共振周波数比の大きな低下は見られないが，その後のASR膨張による部材内部のひび割れの進展と，輪荷重による疲労損傷の蓄積により低下し，疲労限界状態では0.20まで低下した．打換え後は，共振周波数比が0.77まで回復したものの，健全時には達しなかった．本手法による共振周波数は，部材全体ではなく局所的な部材内部の損傷を評価していると考えられる．打換え後も，RC床版下側はASRと疲労による損傷を受けた既設コンクリート部分が残存しているため，共振周波数が健全時までは回復しなかったものと考えられる．打換え後は，走行回数の増加に伴う共振周波数比の低下が，打換え前より緩やかであり，活荷重たわみの進展状況と符合する。

4．まとめ

本検討では，ASRと疲労により複合劣化したRC床版を対象に，事後保全的対策としてLMFCを使用した部分打換えによる耐疲労性の向上効果を検討した．その結果，極めて高い耐疲労性向上効果が確認された．理由として、LMFCの引張強度や付着強度などの力学的性能が高いことにより，部材内部のひび割れの進展が抑制され、疲労性能が向上した可能性が考えられる．今後，床版供試体を切断し，破壊状況や，既設コンクリートとLMFCの付着状況について詳細に検討する予定である．

【参考文献】
1)前島ほか：アルカリシリカ反応が道路橋RC床版の耐疲労性に及ぼす影響，土木学会論文集E2, Vol.72, No.2, pp126-145, (2016)　2)郭ほか：ラテックス改質速硬コンクリートの基礎物性と耐久性能に関する基礎的検討，コンクリート工学年次論文集, Vol.37, No.1, pp.1939-1944(2015)　3)内藤ほか：振動試験に基づくコンクリート部材の損傷同定に関する基礎的検討，コンクリート工学年次論文集, Vol.22, No.2, pp.949-954(2011)

[2208]

空中超音波法を適用性したコンクリートの内部探査結果に及ぼす粗骨材および仕上げ材の影響に関する基礎的研究

愛知工業大学　大学院工学研究科　　〇金森藏司
　　　　　　　　　　　　　　　　　関俊力

愛知工業大学　工学部　　　　　　　瀬古繁喜
　　　　　　　　　　　　　　　　　山田和夫

1. まえがき

空中超音波法は、弾性波の入力・検出を非接触で行うことができる利点を有している。この点を踏まえて筆者らは、別報[1]において、空中超音波法をコンクリートの内部探査方法として実用化するための基礎的研究として、試験体厚さが95mmまでのモルタル試験体を用いて、内部探査結果に及ぼす細骨材と試験体厚さの影響について検討を行った。本研究では、引き続き内部探査結果に及ぼす粗骨材および仕上げ材の影響について検討した。

2. モデル実験の概要

2.1 試験体

本実験では、表1および図1に示す内部欠陥探査と表層欠陥探査の2シリーズの実験を行った。

①**内部欠陥探査**：長さ×幅が200×200mmで、厚さが75mmの試験体内部中央に、幅×長さ×厚さが50×200×5mmの初期欠陥モデル（発泡スチロールまたは鉄板）が埋設してある試験体を使用して、骨材寸法（d=5、15および25mmの3種類）の影響を調査した（図1(a)参照）。

②**表層欠陥探査**：長さ×幅×厚さが200×200×75mmの試験体を使用して、試験体表面に接着した仕上げ材（無しおよび石膏ボード（厚さ9.5mm）の2種類）、表層欠陥の種類（無しおよび空洞2種類）および表層欠陥の寸法（厚さ×幅：5×50mmおよび20×50mmの2種類）の影響について調査を行った（図1(b)および(c)参照）。

2.2 計測方法

空中超音波の入力・検出に際しては、変換子（エアプローブ）の設置位置を、図2に示すように、入力用変換子の先端が試験体表面から8mmの位置、検出用変換子の先端が入力用変換子から120mmの位置とし、図3に示す平板試験体表面の中央部を自動走査しながら試験体側面から10mmの間隔で超音波計測を行った。なお、発振用矩形パルスの電圧および周波数は、それぞれ200Voltおよび200kHz、並びに超音波のサンプリングの間隔および個数は、それぞれ0.5μsおよび1024個に設定した。

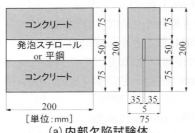

(a) 内部欠陥試験体

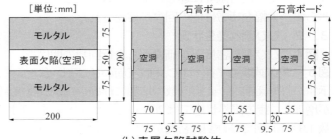

(b) 表層欠陥試験体

図1　試験体の形状・寸法

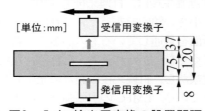

図2　入力・検出用変換の設置間隔

[注] 〇：測定位置、□：変換子設置位置
[単位：mm]

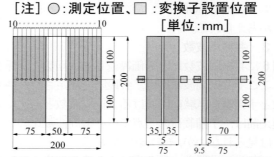

図3　測定位置および変換子の設置位置の例

表1　実験の概要

試験体記号	母材コンクリート		試験体寸法(mm)	仕上げ材種類	欠陥の詳細		
	W/C(%)	骨材寸法 d(mm)			位置	種類	厚さ×幅(mm)
AIR-d05	60	5	75×200×200	—	内部	発泡スチロール	5×50
AIR-d15		15					
AIR-d25		25					
STL-d05		5				平鋼	
STL-d15		15					
STL-d25		25					
NON-05	60	5	75×200×200	—	表層	空洞	5×50
PLAST-05				石膏ボード			
NON-20				—			20×50
PLAST-20				石膏ボード			

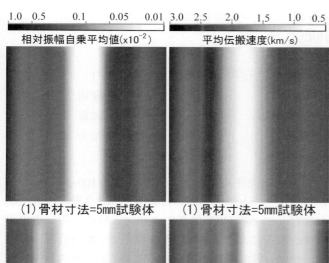

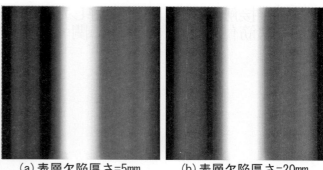

(a) 表層欠陥厚さ=5mm　　(b) 表層欠陥厚さ=20mm
図5 検出波形の振幅値に着目した表層欠陥探査結果
（仕上げ材料：厚さ9.5mmの石膏ボード）

(a) 表層欠陥厚さ=5mm　　(b) 表層欠陥厚さ=20mm
図6 検出波形の振幅値に着目した表層欠陥探査結果
（仕上げ材料：仕上げ材料無し）

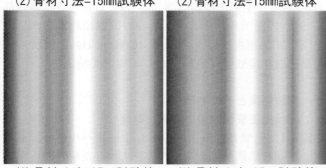

(3) 骨材寸法=25mm試験体
(a) 欠陥種類：発泡スチロール　　(b) 欠陥種類：鉄板
図4 検出波形の振幅値に着目した内部探査結果

(a) 表層欠陥厚さ=5mm　　(b) 表層欠陥厚さ=20mm
図7 平均伝搬速度に着目した表層欠陥探査結果
（仕上げ材料：仕上げ材料無し）

3. 実験結果とその考察
3.1 内部欠陥探査結果

図4は、内部欠陥試験体について、検出波の相対振幅二乗平均値[1]を用いて評価した内部探査結果を骨材寸法および欠陥種類別に示したものである。図によれば、別報[1]で示したように、骨材寸法に関わらず健全部と欠陥部では検出波の振幅値が異なるため、欠陥部評価が可能であるが、骨材寸法が大きくなるほど推定精度が低下する傾向にある。また、本研究で取り上げた欠陥（発泡スチロールと鉄板）の範囲では、空中超音波法による内部探査結果に及ぼす欠陥種類の影響は認められなかった。

3.2 表層欠陥探査結果

図5は、試験体表面に厚さ9.5mmの石膏ボードを仕上げ材として接着した場合の表層欠陥探査結果を表層欠陥厚さ別に示したものであるが、欠陥厚さに関わらず精度の良い探査結果が得られている。これに対して、表面仕上げ材がない場合には、図6から明らかなように、表層欠陥厚さが20mmの場合であっても、内部探査の評価指標として検出波の相対振幅二乗平均値を用いると、内部探査が困難であるが、評価指標として平均伝搬速度[1]を用いることによって、表層欠陥厚さが5mmの場合であっても、精度の良い内部探査が可能であることがわかる。

4. まとめ

本研究の結果、コンクリートおよび石膏ボードなどの仕上げ材がある場合であっても、空中超音波を使用した内部探査方法が適用可能であることが明らかとなった。

【参考文献】
1) 関俊力、瀬古繁喜、山田和夫：空中超音波法を適用したセメント系複合材料の内部探査の適用性、コンクリート工学年次論文集、Vol.37、pp.1759-1764 (2015)

非接触型検出器を使用した衝撃弾性波法による鉄筋コンクリートの鉄筋付着不良部探査に関する基礎的研究

愛知工業大学　大学院工学研究科　〇関俊力
　　　　　　　　　　　　　　　　金森藏司
愛知工業大学　工学部　　　　　　瀬古繁喜
　　　　　　　　　　　　　　　　山田和夫

1. まえがき

コンクリートをハンマーなどで打撃することによって発生させた衝撃波を利用する衝撃弾性波法は、入力弾性波の伝播距離が超音波と比べて格段に長くなり、超音波では測定が困難な厚いコンクリートの内部探査にも適用可能であるという利点を有している。筆者らも、従来から衝撃弾性波法によるコンクリートの内部探査方法を確立するための基礎的研究を行ってきたが、本研究では、電磁パルスと非接触型検出器を併用した衝撃弾性波法による内部探査の適用性について実験的に検討を行った。

2. 実験の概要
2.1 試験体

本実験では、表1および図1に示すように、φ22×400mmの丸鋼が断面中央に配筋してある100×100×376mmの鉄筋コンクリート中の丸鋼の付着不良部長さを0、100、200および300mmの4種類に変化させた試験体を用いて、衝撃弾性波法による鉄筋付着不良部探査実験を行った。なお、衝撃弾性波の発生源としては、インパルスハンマと電磁パルスの2種類、伝搬衝撃弾性波の検出器としては、超小型圧電式加速度ピックアップと非接触型検出器(レーザドップラ振動計)の2種類を使用し、衝撃弾性波法による鉄筋不良部探査の適用性を相互に比較した。

2.2 計測方法

本実験では、衝撃弾性波を図2に示す鉄筋両端部(入力1:付着健全部側鉄筋端部、入力2:付着不良部側鉄筋端部)の2箇所から入力し、所定の位置に設置した超小型圧電式加速度ピックアップ(CH1～CH4の4箇所)と超高感度非接触型検出器(CH5)を用いて検出を行った。

3. 実験結果とその考察
3.1 検出衝撃弾性波の最大加速度

図3は、衝撃弾性波入力源としてインパルスハンマを用いて鉄筋端部から衝撃弾性波を入力した場合の検出弾性波の最大加速度とピックアップ位置との関係を示した例である。なお、図には5回の計測結果の平均値と最大・最小値が示してある。図によれば、衝撃弾性波の入力方法に関わらず鉄筋の付着不良部に設置したピックアップで検出した衝撃弾性波の最大加速度は、付着健全部表面に設置したピックアップと比較して最大加速度が小さ

表1　実験の概要

測定方法		試験体寸法(mm)	鉄筋径×長さ(mm)	付着不良長さ(mm)
入力方法	検出方法			
ハンマー 電磁パルス	加速度計 非接触振動計	100×100 ×376	φ22 ×400	0, 100, 200, 300

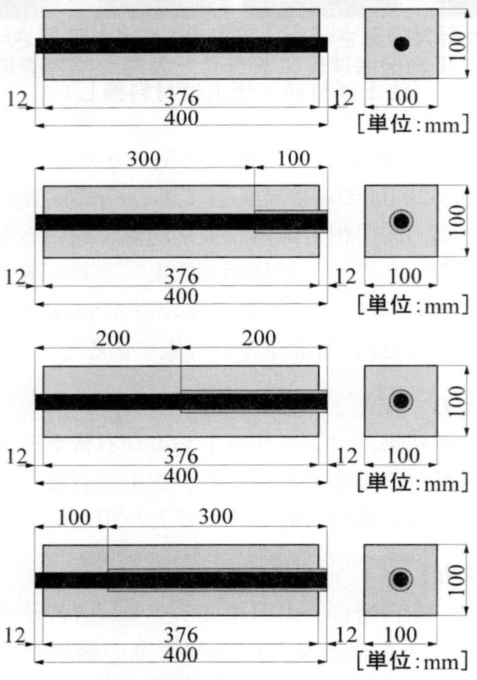

図1　試験体の形状・寸法

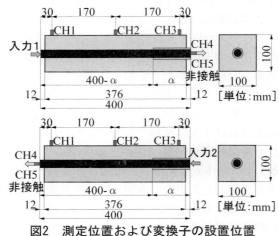

図2　測定位置および変換子の設置位置

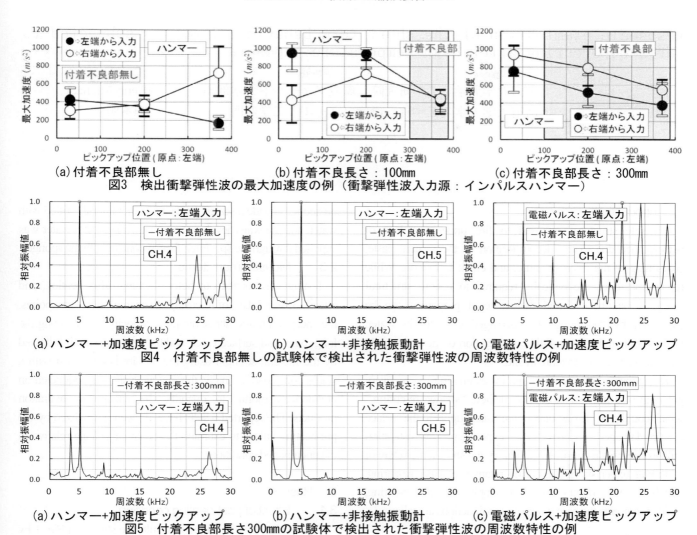

図3 検出衝撃弾性波の最大加速度の例（衝撃弾性波入力源：インパルスハンマー）

図4 付着不良部無しの試験体で検出された衝撃弾性波の周波数特性の例

図5 付着不良部長さ300mmの試験体で検出された衝撃弾性波の周波数特性の例

くなっており、鉄筋付着不良部で鉄筋からコンクリートへの衝撃弾性波の伝搬が不十分となって検出衝撃弾性波の最大加速度が低下しているのがわかる。なお、図には示していないが、衝撃弾性波入力源として電磁パルスを用いた場合も同様の傾向が認められ、かつ検出弾性波の最大加速度のバラツキが極めて小さいことがわかった。

3.2 検出衝撃弾性波の周波数特性

図4は、鉄筋付着健全試験体で得られた検出衝撃弾性波の周波数特性を衝撃弾性波の入力源および検出器の種類別に示した例である。図によれば、加速度ピックアップで衝撃弾性波を検出した場合は、衝撃弾性波の入力源に関わらず約5kHz間隔で卓越する周波数が観察されるが、この約5kHzの周波数は、試験体の長さ、密度および動弾性係数から計算した試験体全体の縦一次共振周波数と一致することがわかった。また、得られた周波数特性は、衝撃弾性波入力源として電磁パルスを用いた方が10kHz以上の高周波数成分が増大する傾向にあることがわかる。なお、衝撃弾性波の検出に非接触振動計を用いた場合は、約10kHzまでの周波数帯域であれば、加速度ピックアップとほぼ同様の周波数特性が得られることが確認できる。図5は、鉄筋付着不良部長さ300mmの試験体について示したものであるが、図によれば、衝撃弾性波入力源および検出器の種類に関わらず、前述の付着健全試験体で観察された約10kHzの卓越周波数成分が喪失し、代わりに約9kHzの周波数成分が卓越しているのが確認できる。この卓越周波数は、付着不良部鉄筋の縦波速度を5,390m/s（空中にある鉄筋の縦波速度の測定結果）とした場合の300mm間の多重反射波の周波数と一致しており、鉄筋の付着不良部の存在により、付着健全部と不良部との界面で衝撃弾性波の多重反射が生じていることが予想される。なお、図には示していないが、非接触振動計で検出した弾性波形は、電磁パルスの入力エネルギーが小さいため、卓越周波数成分の確認が難しかった。

4．まとめ

本研究の結果、試験体内部に鉄筋付着不良部が存在すると、その箇所の検出弾性波の最大加速度が低下すること、付着健全部と不良部との界面で生じる多重反射に起因した周波数成分が卓越すること、などに着目すれば、付着不良部を推定できる可能性のあることがわかった。

Mesoscale examination of the short-term behavior of mortar subjected to surface re-curing after high temperature exposure

| 北海道大学大学院工学研究院　環境フィールド工学部門 | ○HenryMichael |
| 北海道大学大学院工学院　環境フィールド工学部門 | 網本明洋 |

1. Introduction

Concrete structures exposed to fire undergo a loss of performance due to the decomposition of the cement paste, coarsening of the microstructure, and crack formation. While repair operations are typically required to restore structural safety, it has been found that material properties can be recovered by "re-curing" the damaged concrete in water. However, there has been little consideration on how to supply water to a damaged structure in-situ.

This paper addresses this issue by examining the recovery potential of a new water supply method, "sponge re-curing," which could provide one-directional water supply to the surface of fire-damaged concrete. The experimental investigation utilizes mesoscale specimens to clarify the short-term behavior of mortar under sponge re-curing relative to water re-curing, which provides maximum water supply, and air re-curing, which represents the case where no repair actions are taken.

2. Experimental program

2.1 Mortar specimen preparation

Mortar prisms (100×100×400mm) were prepared using water (W), normal portland cement (C), river sand (S), and a superplasticizer (SP) per the proportions shown in Table 1. After casting, specimens were cured in water for 670 days, then removed and stored in room conditions until cutting into the mesoscale specimens (10×20×100mm) used for measuring physical and chemical properties. The compressive strengths at 28 and 670 days were 53.7 MPa and 68.1 MPa, respectively.

2.2 Heating and re-curing conditions

High temperature exposure was carried out using an electric furnace with a temperature control program. The temperature increased at a rate of 10°C per minute until reaching 600°C, which was maintained for 30 minutes. Specimens were then cooled to room temperature, after which they were transferred to the post-heating program or testing.

The post-heating program encompassed three re-curing conditions: atmospheric (air: A), water submersion (water: W), and sponge (S). For sponge re-curing, specimens were placed on sponges inside a sealed plastic container partially filled with water, and the water level was maintained such that water was supplied through the specimen face in contact with the sponge.

2.3 Measurement items

Testing was carried out before heating, after heating, and after 1, 3, and 7 days of re-curing. At each of these time points, the specimen mass, ultrasonic pulse velocity (UPV; along the long axis), and surface crack widths were measured, followed by the flexural strength using the 3-point bending test with a single point load[1]. Finally, thermal analysis was conducted on powderized mortar to quantify the change in hydration products. The reported results have all been normalized by the pre-heating values to examine the behavior change relative to the undamaged condition.

3. Results

3.1 Effect of post-heating condition

The residual flexural strength results are shown in Fig. 1 by post-heating condition. After the initial decrease of 36% due to high temperature exposure, specimens under sponge re-curing

Table 1 Mortar mix proportions

| W/C | S/C | kg/m^3 | | | SP |
		W	C	S	(%C)
0.5	2.3	269	537	1235	0.9

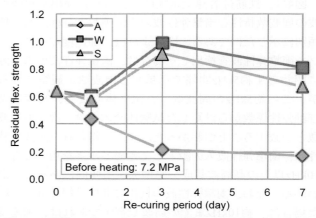

Figure 1 Effect of post-heating condition on residual strength

experienced strength recovery that, after 3 days, reached peak values similar to the pre-heating level. However, the residual flexural strength decreased thereafter to 67% by day 7. This was 14% less than the residual flexural strength for water re-curing at 7 days, but greater than the 17% of air re-cured specimens. Furthermore, the strength recovery under sponge re-curing followed the same trend as that of water re-curing.

3.2   Surface crack conditions

Fig. 2 shows the change in surface cracks under sponge and air re-curing in the center span of the specimens. While the crack width can be seen to increase drastically by 7 days for the air re-cured specimen, no such crack expansion can be seen under sponge re-curing. Closer examination suggests that crack self-healing may be occurring along the crack surface under water supply from the sponge.

3.3   Comparative examination

The residual values for $Ca(OH)_2$, flexural strength, UPV, and mass change under sponge re-curing are summarized in Fig. 4 to understand the observed flexural strength behavior. The trend of residual flexural strength is generally similar to that of the three other values up to 3 days, but the decrease in strength up to 7 days is only seen in the results of $Ca(OH)_2$. Both mass change and UPV follow a similar pattern, with little change in the residual values after 1 day of re-curing.

3.3   Effect of sponge re-curing period

The results shown in Fig. 5 examine the effect of the sponge re-curing period, whereby some specimens were moved from sponge to air re-curing after 1 (S1A6) or 3 (S3A4) days. Specimens moved to air re-curing after 1 day can be seen to undergo steady strength recovery, with a 7-day residual flexural strength value of 82% percent. Sponge re-curing for 3 days leads to a similar value of 86% by day 7, but peaks at day 3 before stabilizing. Both values are higher than that of specimens subjected to 7 days sponge re-curing (S7).

4.   Discussion and conclusion

At the mesoscale level, it was found that sponge re-curing can achieve similar performance recovery as water re-curing, despite only directly absorbing water from one face, and superior recovery compared to air re-curing. However, strength was found to decrease after 3 days, in spite of observed crack self-healing behavior. As the amount of $Ca(OH)_2$ decreases concurrently, this may be caused by calcium leaching under sustained water supply, as strength was observed to increase when water supply was removed after just 1 day. Although this result suggests sponge re-curing as a promising means for initiating water re-curing in fire-damaged concrete, the effect of specimen size will have to be addressed in future studies.

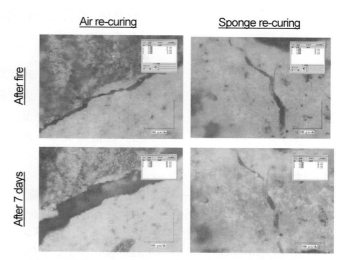

Figure 2 Example of change in surface crack conditions

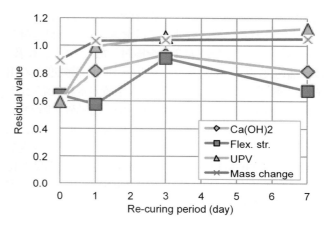

Figure 4 Comparative examination for sponge re-curing

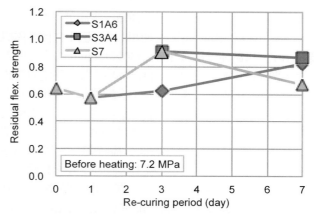

Figure 5 Effect of sponge re-curing period on residual strength

References

1) O. Rongviriyapanich, et al. : Damage evaluations of over-dried mortar subjected to one-directional fire, Journal of Asian Concrete Federation, Vol. 2 No. 1, pp. 31-45 (2016)

[2301]

超音波法による凝結硬化過程のモルタルの強度推定に関する基礎的研究

群馬大学　理工学部　　　　　　　　　　　○山本哲
群馬大学　大学院　理工学府　　　　　　　小澤満津雄
丸栄コンクリート工業　総合技術研究所　　阪口裕紀
群馬大学　理工学部　　　　　　　　　　　赤坂春風

1. はじめに

プレキャストコンクリート部材は、蒸気養生を実施することで初期強度の発現を促進させ、生産性の向上を図っている[1]。一方、蒸気養生時のコンクリートはセメントの水和反応が促進し、急激な物性の変化が生じるため脱枠時にひび割れを生じる危険性がある。ひび割れの発生には強度の発現状況が関係しており、蒸気養生時の強度発現性状が確認できれば、脱枠時期の判定に有効であると考えられる。既往の研究ではセメント系材料の凝結硬化過程における物性の変化を検討したもの[2],[3]、超音波伝播速度(以下、US)とコンクリートの圧縮強度との相関性を検討[4]したものおよび蒸気養生時の水和反応と細孔構造を検討したものなど[5]があるが、凝結硬化時の強度推定を行ったものは少ない。そこで、本研究では、蒸気養生時における凝結硬化過程のコンクリートの強度推定を行う基礎的資料を得ることを目的として、温度変化を与えたモルタルの凝結硬化過程のUSの変化から、圧縮強度の経時変化の推定を試みた。

2. 実験概要

表1、2にモルタルの配合と使用材料を示す。水セメント比を0.5とし、セメントの種類は普通ポルトランドセメント（密度3.16g/cm³）を使用した。図1に供試体概要を示す。供試体寸法は150×150×150mmの立方体とした。型枠は木製を使用し、供試体中心部に熱電対を設置した。型枠の側面に鋼製ボルトを配置してモルタルとの接触子とした。接触子に超音波計測用の発信子と受信子を密着させた。接触子間の距離は100mmとした。型枠にモルタルを打設し、超音波伝播時間を計測し、USを求めた。併せて、同寸法の型枠にモルタルを打設し、プロクター貫入試験を実施した。貫入抵抗値試験により凝結の始発時間と終結時間を推定した。凝結の始発は3.5N/mm²、終結は28N/mm²とした。強度試験用にφ50×L100mmの円柱供試体を作製した。US計測用供試体と凝結供試体および圧縮強度試験用供試体を恒温槽に入れて、温度変化を与えた。凝結供試体は、測定毎に恒温槽から取り出して、貫入抵抗値を測定した。図2に恒温槽の温度設定パターンを示す。すなわち前養生は20℃を2hrとした。その後、20℃から40℃まで3hrかけて温度

表1　モルタル配合

W/C	単位体積 kg/m³					圧縮強度 N/mm²	フロー cm
	W	C	S1	S2	Ad		
0.5	245	490	736	736	0.49	23.3	11.0

表2　使用材料

C	普通ポルトランドセメント（密度3.16/cm³）
S1	佐野市中町産細目砕砂（吸水率1.06%、絶乾密度2.60g/cm³）
S2	大間々町小平産砕砂（吸水率1.93%、絶乾密度2.68g/cm³）
Ad	高性能減水剤

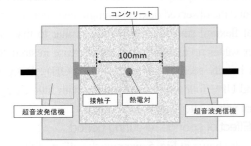

図1　供試体概要

を上昇させた。最高温度が40℃となった時点で、40℃で2hr保持した。その後、自然冷却とした。自然冷却後、材齢3日で恒温槽から圧縮供試体を取り出し、強度試験とUSの計測を行った。得られた圧縮強度と凝結時間およびUSのデータから凝結硬化時の圧縮強度推定式を検討した。本研究で用いた凝結硬化過程での圧縮強度推定式を式[1]に示す。ここでは、材齢3日までの範囲を適用範囲とする。

$$f_c(mt) = \frac{US(mt) - US(mt_{ini})}{US(N) - US(mt_{ini})} \cdot f_c(N) \quad [1]$$

ここに
$f_c(mt)$：積算温度 mt での推定圧縮強度
mt：積算温度
N：基準積算温度
mt_{ini}：凝結始発時の積算温度
$f_c(N)$：基準積算温度 N の圧縮強度
$US(mt)$：積算温度 mt の US
$US(mt_{ini})$：凝結始発時の積算温度 mt_{ini} での US
$US(N)$：基準積算温度 N 時の US

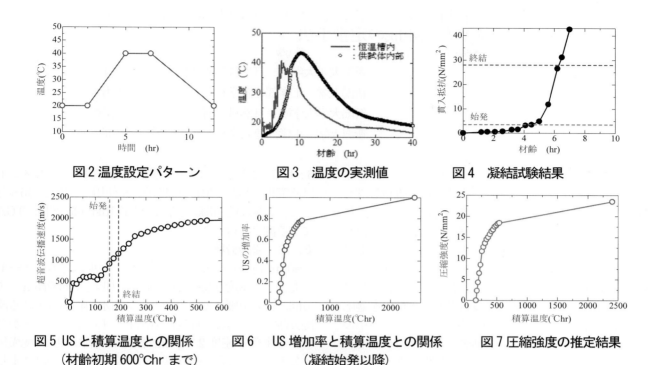

図2 温度設定パターン　　図3 温度の実測値　　図4 凝結試験結果

図5 USと積算温度との関係　図6 US増加率と積算温度との関係　図7 圧縮強度の推定結果
（材齢初期600℃Chrまで）　　（凝結始発以降）

3．実験結果

図3にUS供試体の内部温度および恒温槽内温度の経時変化を示す。恒温槽内の温度が上昇するに伴い、モルタルの内部温度も上昇していることがわかる。供試体内部温度の最高温度は45℃程度であった。図4に貫入抵抗値の経時変化を示す。貫入抵抗値は、時間の経過に伴い水和反応が促進するとともに増加する傾向を示した。凝結始発と終結時間はそれぞれ3.5hと6.5hであった。図5にUSと積算温度との関係を示す。材齢の経過とともに、USの値は増加する傾向を示した。材齢初期の108℃Chrを変曲点として、その後急激にUSの値が増加していることがわかる。一方、凝結始発に相当する積算温度は155℃Chrであった。USの変曲点の凝結始発点の関係について、内田ら[2]はセメント系材料が状態変化する点であることを報告している。この点はさらに検討が必要であると考えられる。図6に凝結始発以降のUS増加率を示す。US増加率は500℃Chrで0.8程度であった。図7に式[1]を用いて、圧縮強度を推定した結果を示す。強度試験の実データは材齢3日相当の積算温度2400℃Chrで23.5N/mm^{2}であった。この値を基準して、凝結始発付近から圧縮強度は増加し、500℃Chrでは、19N/mm^{2}程度であった。以上より、USの経時変化と凝結試験結果を使用することで、凝結硬化過程の圧縮強度を推定することができる可能性が示された。

4．まとめ

本研究により得られた知見を以下に示す。

(1) 超音波法によりモルタルの凝結硬化の変化を確認できることがわかった。

(2) モルタルの積算温度と超音波伝播速度の関係と実圧縮強度の測定値から凝結硬化過程のモルタルの圧縮強度発現を予測できる可能性がある。

今後、蒸気養生時の実部材への適用を行い、データの蓄積を行う予定である。

【参考文献】

1) 河野清：コンクリート製品の促進養生、コンクリートジャーナル、pp.22-28、Vol.4、No.3-4、1966

2) 内田慎哉,河村彰男、鎌田敏郎、久田真：超音波測定に基づくコンクリートの硬化挙動の評価手法に関する基礎研究、コンクリート工学年次論文集、pp.1569-1574、Vol.24、No.1、2002

3) 寺本篤史、五十嵐豪、丸山一平：硬化過程におけるモルタルの動弾性係数に及ぼす骨材量の影響に関する基礎的研究、セメント・コンクリート論文集、pp.132－139、No.65、2011

4) 佐藤周之、服部九二雄、緒方英彦、高田龍一：各種コンクリート供試体の強度発現と養生・締固め効果、-非破壊試験方法によるコンクリートの強度推定(Ⅲ)-、農業土木学会論文集、No.199、pp.83-88、1999.2

5) 鏡健太、佐藤正己、梅村靖弘：蒸気養生履歴がフライアッシュモルタルの水和反応と細孔構造に及ぼす影響、セメント・コンクリート論文集、pp.144～150、vol.66、2012

[2302]

重液を用いた骨材分離によるコンクリート中セメント水和物の非晶質相を含めた相組成の定量手法

新潟大学大学院　自然科学研究科　○高市大輔
新潟大学　工学部建設学科　斎藤豪
新潟大学大学院　自然科学研究科　佐藤賢之介
新潟大学　工学部建設学科　佐伯竜彦

1. はじめに

近年、長寿命化したコンクリート構造物の維持管理や長期供用を目的とした新規設計が課題となっている。長期供用されたコンクリートは、セメント水和物が変質することによって性能が低下すると考えられている。セメント水和物の変質について分析する際にはXRD/Rietveld解析が主として行われているが、コンクリートにおいては骨材の影響を受けるため本解析を適応することは困難であった。そのため、コンクリート中のセメント水和物の変質に関して研究された例は少なく、劣化理由が明確になっていないという問題がある。そこで、著者らは骨材とセメント水和物を重液を用いて遠心分離し、浮遊分と沈殿分の双方をXRD/Rietveld解析することによって未反応セメント分の定量値を加味したセメントペースト部分全体の「相組成を定量すること」を可能にした[1]。しかし、その妥当性については議論されていない。そこで、本研究では実際にセメントペーストと、重液分離を行ったモルタルを用いて相組成の比較を行い、重液分離を用いた本手法が骨材の影響を排除することで測定精度が向上したことを示し、この手法を確立することを研究目的とした。

2. 実験概要
2.1 供試体の作製
(1) 結晶相の検討

セメントペースト供試体とモルタル供試体を作製して結晶相における構成鉱物割合の比較を行った。モルタルは細骨材として石灰石骨材と硅石骨材の二種類を使用し、体積比はセメント＋水：細骨材＝1：1とした。セメントは研究用OPCを使用し、W/C=45%としてイオン交換水で練り混ぜを行い、20mlプラスティック棒ビンにそれぞれ打設した。材齢28日で水和停止させ、試料を90μmに粉砕してモルタルは重液分離を行った試料と行っていない試料を作製した。試料質量が恒量になった後、XRD/Rietveld解析、熱重量分析(以下：TGA)による測定を行った。一試料に対してそれぞれ5回測定し、比較を行った。

(2) 非晶質相の検討

体積比でセメント＋水：細骨材＝3：7、4：6、5：5、6：4、7：3としたモルタル供試体を打設した。セメントは研究用OPC、細骨材は標準砂を使用し、W/C=45%として、実験(1)と同様に打設、XRD/Rietveld解析、TGAによる測定を行った。

2.2 重液分離

90μm粉砕したモルタルにブロモホルムとエタノールを混合した密度2.3g/cm³の重液を加え、3,500rpmで5分間、遠心分離することでセメント水和物が含まれる浮遊分(密度2.2 g/cm³程度)と細骨材、未反応セメントが含まれる沈殿分(密度2.7 g/cm³程度)に分離させた。乾燥後、各分析を行い、浮遊分・沈殿分の測定値を重みづけにより合算し、セメントペースト部分の相組成とした。骨材は含まれないものとし、計算上で定量値から排除した。

3. 実験結果および考察
3.1 結晶相の検討

図1にセメントペースト(PQ)、重液分離を行い、浮遊・沈殿分を合算させた硅石モルタル(MQPF)の結晶相における構成鉱物の定量値割合を示す。また、図2に石灰石モルタル(MCPF)を同様に示す。図より、モルタルとセメントペーストの構成鉱物の定量値割合を比較すると各成分の差が小さく、分析精度が高くなっている。

この傾向を定量的に評価するために値のばらつきを表す標準偏差を用いて測定の分析精度を評価する。同一試料5回の繰り返し測定による構成鉱物の定量値割合のばらつきを表す標準偏差を表1に示す。標準偏差は式[1]により表され、数値が小さいほど測定誤差が小さいと言える。表1より、二種類の骨材ともに重液分離を行ったモルタル(MCPF,MCPF)が行っていないモルタル(MQ, MC)と比較して測定誤差が低下している。

$$\{\sigma, \sigma_{PQ}\} = \frac{1}{n}\sum_{i=1}^{n}\sqrt{\frac{1}{m}\sum_{j=1}^{m}(x_{ij} - \{\bar{x}_i, \overline{PQ_i}\})^2} \quad [1]$$

σ:同試料の繰り返し測定の標準偏差
σ_{PQ}:セメントペースト試料平均値からの残差の標準偏差
x_{ij}:試料xの各成分の定量値(%)
$\bar{x}_i, \overline{PQ_i}$:試料x,セメントペースト試料の各成分の平均値(%)

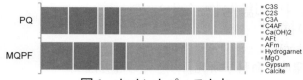

図1　セメントペーストと
硅石モルタルの結晶相における鉱物組成

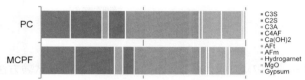

図2　セメントペーストと
石灰石モルタルの結晶相における鉱物組成

表1　繰り返し測定による標準偏差(結晶相)

PQ	MQPF	MQ	PC	MCPF	MC
0.87	1.86	2.50	0.91	1.33	2.46

表2　PQからの残差の標準偏差(結晶相)

MQPF	MQ	MCPF	MC
3.61	4.88	4.48	7.10

図3　骨材量によるによるC-S-H定量値(%)

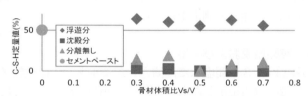

図4　セメントペーストと骨材量を変化させた
モルタルの相組成(重液分無し)

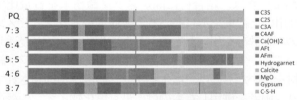

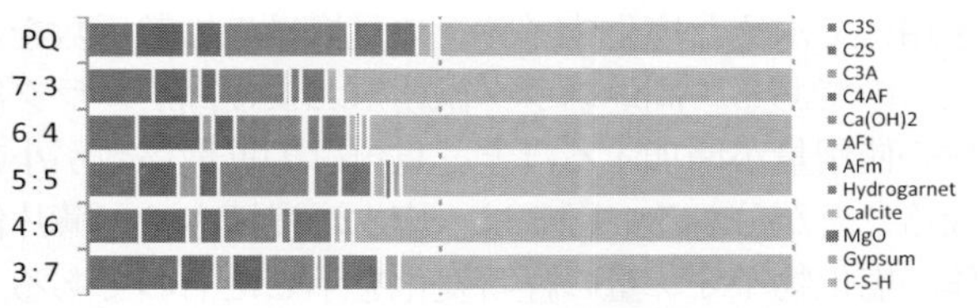

図5　セメントペーストと骨材量を変化させた
モルタルの相組成(重液分離有り、浮遊分補正有り)

表3　骨材量の変化による標準偏差

分離有り 補正有り	分離有り 補正無し	分離無し 補正無し
1.14	1.86	3.58

表4　PQからの残差の標準偏差

分離有り 補正有り	分離有り 補正無し	分離無し 補正無し
2.55	3.45	8.75

また、セメントペーストからの残差の標準偏差を表2に示す。この値は式[1]により表され、数値が小さいほどセメントペーストに近似していると言える。表2より、こちらも二種類の骨材とも重液分離によりセメントペーストに近似している。

3．2　非晶質相の検討

図3にセメントペーストと骨材量を変え、重液分離を行ったモルタルの浮遊分と沈殿分と重液分離を行っていないモルタルのC-S-H定量値を示す。沈殿分においてはほぼ0%程度で一定であり非晶質相は沈殿分には含まれず、浮遊することが分かる。また、重液分離を行っていないモルタルもC-S-Hの定量値は小さくなっており骨材の影響を強く受け、沈殿分と同様にセメントペーストとの差が大きくなっている。一方、浮遊分は60%程度で一定でありセメントペーストのC-S-H定量値と同等であることが分かる。このため本報では、重液分離を行ったモルタルの浮遊分・沈殿分ともに分析を行い、測定値を質量の重みづけで合算させた後にC-S-H定量値のみ浮遊分定量値で置き換えることにより結晶相・非晶質相を合わせたセメントペースト部分相組成とすることとした。

図4、5にセメントペースト、重液分離を行っていないモルタル、重液分離に加え、C-S-H定量値による補正を行ったモルタルの非晶質相を含めた相組成を示す。また、表3、4に式[1]より求めた骨材量の変化によるモルタル相組成の標準偏差、セメントペーストからの残差の標準偏差を示す。これより、重液分離に加え、C-S-H定量値を補正したモルタルでは骨材量に関わらず相組成のばらつきが小さく、且つセメントペーストの相組成に近似したと言える。これは浮遊分を測定したことによる効果であるため、重液分離の大きな意義であると言える。

4．まとめ

本研究では骨材とセメント水和物を重液によって分離し, 浮遊分・沈殿分それぞれ水和解析をして合算させた後にC-S-H定量値を浮遊分定量値で置き換えることで沈殿分の未反応セメント分を加味する「相組成の定量手法」を提案し、骨材を取り除いたモルタルとセメントペーストの相組成で検証を行った。その結果、セメント水和物の定量およびセメントペースト部分の非晶質相も含めた全体の相組成分析における測定精度の向上がみられ、二種類の骨材を用いたモルタルともにセメントペーストの相組成に近似できることが確認できた。

【参考文献】

1) 高市大輔ほか：長期暴露したコンクリートにおけるセメント水和物の化学分析と炭酸化機構に関する検討、セメント・コンクリート論文集、Vol.69、pp.257-263 (2015)

薄片供試体を用いたモルタル中の塩化物イオンの見掛けの拡散係数試験方法の検討

岡山大学　大学院環境生命科学研究科　　○藤井隆史
　　　　　　　　　　　　　　　　　　　　堀水紀
　　　　　　　　　　　　　　　　　　　　藤原斉
　　　　　　　　　　　　　　　　　　　　綾野克紀

1. はじめに

鉄筋コンクリート構造物における塩害は、部材の耐力を低下させる有害な劣化の一つである。コンクリートの塩化物イオン浸透性を評価する方法は、JSCE-G 571「電気泳動によるコンクリート中の塩化物イオンの実効拡散係数試験方法(案)」や、JSCE-G 572「浸せきによるコンクリート中の塩化物イオンの見掛けの拡散係数試験方法(案)」が規格化されている[1]。しかし、高炉スラグを用いた場合や低水セメント比のもののように遮塩性の高いものでは、試験結果を得るのに1年以上の長い時間を必要とする場合も少なくない。本研究では、厚さ2mmの薄片供試体を用いて、モルタル中の塩化物イオンの見掛けの拡散係数を求める試験方法について検討した。

2. 実験概要
2.1 使用材料および配合

実験には、水結合材比が50%のモルタルを用いた。結合材には、普通ポルトランドセメント（密度：3.15 g/cm³、ブレーン値：3,350cm²/g）および高炉スラグ微粉末4000（密度：2.89 g/cm³、ブレーン値：4,150cm²/g）を用いた。細骨材には、硬質砂岩砕砂（表乾密度：2.64g/cm³、吸水率：1.78%）および高炉スラグ細骨材（表乾密度：2.72g/cm³、吸水率：0.58%）を用いた。

2.2 試験方法

浸漬による方法は、JSCE-G 572「浸せきによるコンクリート中の塩化物イオンの見掛けの拡散係数試験方法(案)」に準拠して行った。モルタルは、材齢7日まで水中養生を行った後、成形およびエポキシ樹脂の塗布を行った後、材齢14日より10%塩化ナトリウム水溶液に浸漬させた。薄片による方法は、厚さ2mmのモルタル薄片を用いた。モルタル薄片は、浸漬による方法に用いたモルタルのうち、塩化物イオンが浸透していない最深部のものから成形して用いた。浸漬中の薄片供試体を写真1に示す。モルタル中の塩化物イオン量の定量は、JIS A 1154「硬化コンクリート中に含まれる塩化物イオンの試験方法」に従って測定を行った。

3. 実験結果および考察

図1は、3年間塩水に浸漬させたモルタルの塩化物イオン量の分布を示したものである。図中の■および□は、結合材に普通ポルトランドセメントのみを用いた結果を、○および●は、結合材に高炉スラグ微粉末を質量比で60%用いた結果を示している。普通ポルトランドセメントのみと砕砂を用いたものが最も塩化物イオンが浸透している。一方、高炉スラグ微粉末もしくは高炉スラグ細骨材を用いたものは、塩化物イオンの浸透が抑制されており、両者を併用したものは、最も塩化物イオンの浸透が抑制されている。図2は、図1に示した塩化物イオン量の分布をフィックの第2法則に基づいた拡散方程式の解を用いて求めた塩化物イオンの見掛けの拡散係数を示したものである。高炉スラグ微粉末および高炉スラグ細骨材の使用量が増加するほど、見掛けの拡散係数が小さくなることが分かる。図3は、塩水に浸漬させた薄片供試体の塩化物イオン量の経時変化を示したものである。普通ポルトランドセメントおよび砕砂を用いたものは、比較的早期に塩化物イオン量が増加しているのに対し、高炉スラグ微粉末および高炉スラグ細骨材を用いたものは、塩化物イオン量の増加が遅くなっている。いずれのモルタルも、28日程度の浸漬期間で、塩化物イオン量が飽和に近付いていることが分かる。図4は、薄片供試体の塩化物イオン量の経時変化から、差分法を用いて求めた塩化物イオンの見掛けの拡散係数を示したものである。図2に示した浸漬による方法で求めた見掛けの拡散係数

写真1　薄片供試体を用いた浸漬試験

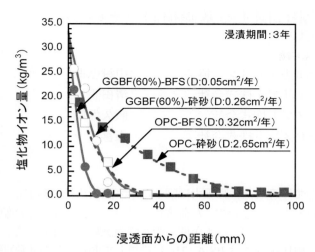

図1 塩水に浸漬したモルタルの塩化物イオン量分布

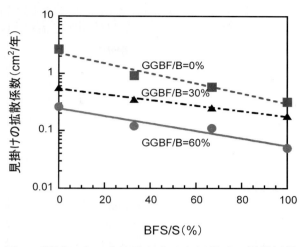

図2 浸漬による方法から求めた見掛けの拡散係数

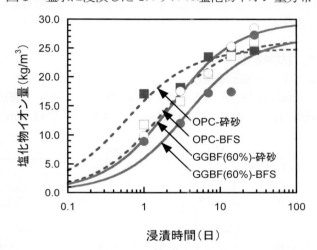

図3 薄片供試体の塩化物イオン量の経時変化

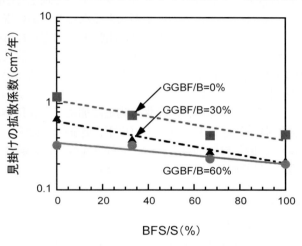

図4 薄片から求めた見掛けの拡散係数

と同様に、高炉スラグ微粉末および高炉スラグ細骨材の使用量が増加するほど、見掛けの拡散係数が小さくなっている。図5は、3年間の浸漬による方法から求めた見掛けの拡散係数と薄片から求めた見掛けの拡散係数を比較し示したものである。浸漬による方法で求めたものと薄片で求めたものの間には、相関関係が認められる。

4．まとめ

厚さが2mmの薄片供試体から求めた見掛けの拡散係数は、3年間の塩水浸漬によって求めたものと相関関係が見られる。薄片供試体を用いれば、高炉スラグ微粉末や高炉スラグ細骨材を用いた塩化物イオン浸透性の小さいモルタルであっても、1ヶ月程度で見掛けの拡散係数を求めることが可能である。

【謝辞】
本研究は、内閣府総合科学技術・イノベーション会議の「SIPインフラ維持管理・更新・マネジメント技術」（管理法人：NEDO）によって実施された。ここに謝意を表する。

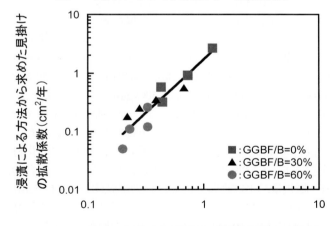

図5 見掛けの拡散係数の比較

【参考文献】
1) 土木学会：2013年制定コンクリート標準示方書[規準編] 土木学会規準および関連規準 (2013)

セメント系固化材による改良体の膨張に関する基礎検討（その1）
― 膨張率と膨張力の測定結果について ―

一般社団法人セメント協会	○中村弘典
三菱マテリアル株式会社	清田正人
日立セメント株式会社	飯久保励
太平洋セメント株式会社	森喜彦

1. はじめに

セメント系固化材は、JIS 規格品のセメントでは固化しにくい土に対し、改良効果を高めるためエトリンガイトの生成量が多くなるように設計されている。そのため、固化対象土への過剰添加や混合ムラによって固化材が偏在する場合は、改良体の膨張が大きくなることが報告されている[1),2)]。これらの報告は自由膨張を測定したものであるが、改良体の膨張が問題となるケースは、改良体上部の構造物が押上げられる状況であり、これについては検討されていない。

そこで、改良体の自由膨張の測定に加えて、改良体が上部の構造物を押し上げる力（以下、膨張力と記す）について、固化材添加量や締固めの程度を変えた供試体を作製して実験的に検討した結果を報告する。

2. 試験概要
2.1 使用材料

試料土の物理性状を表1に示す。試料土はマサ土（笠間市産）、固化材は汎用固化材（密度 3.03g/cm³）とした。

2.2 試験水準および供試体作製方法

試験水準を表2に示す。固化材の添加方式は粉体添加とし、固化材添加量は①現場目標強さに設定される強度の添加量、②粉体添加で常識的な添加量、③高添加量を考慮して、0、50、100 および 400kg/m³ とした。また、試料土の含水比は3水準とし、同一の締固めエネルギーで締固め程度が異なる供試体を作製できるようにした。

混合時間は、所定の含水比に調整した試料土に固化材を投入し、5分間（2.5分でかきおとし）とした。混合の後、膨張量および膨張力の測定用の供試体（φ15×12.5cm）をCBR試験方法（JIS A 1211）に、一軸圧縮強さ試験用の供試体（φ5×10cm）をJCAS L-01 に準拠し作製した。

2.3 測定項目および方法

測定項目は、膨張量、膨張力および一軸圧縮強さとした。膨張量は、CBR試験方法（JIS A 1211）の吸水膨張試験方法に準拠して測定した。ここで、自由膨張の測定のため、軸付き有孔板を5kgから120gに変更し、上載荷重の影響を小さくした。供試体を作製した後、直ちに給水し、膨張量の測定を開始した。膨張量は膨張率に換算して整理した。膨張力は図1に示す試験治具で測定し、ロードセルで計測した荷重を供試体の断面積で除した値とした。なお、給水条件は吸水膨張試験と同様とした。一軸圧縮強さはJIS A 1216に準拠して測定し、吸水膨張試験と同様に、供試体上下面から給水させ、試験材齢まで養生した。

3. 試験結果
3.1 一軸圧縮強さ

一軸圧縮強さを図2に示す。材齢28日における一軸圧縮強さは、固化材添加量 50kg/m³ では 1300〜2200kN/m²

表1 試料土の物理性状

土粒子の密度	粒度(%)			
ρ_s(g/cm³)	粘土分	シルト分	砂分	礫分
2.656	7.9	32.6	30.5	29.0

表2 試験水準

固化材添加量 (kg/m³)		0、50、100、400		
固化材無添加における吸水膨張試験用供試体の物性	含水比 w(%)	5.75	12.22	15.59
	湿潤密度 ρ(g/cm³)	2.107	2.195	2.099
	乾燥密度 ρ_d(g/cm³)	1.992	1.956	1.816
	間隙比 e	0.333	0.359	0.463

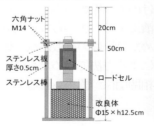

(A)試験治具　　(B)測定状況

図1 膨張力の測定治具

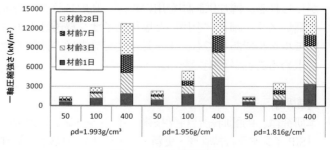

図2 一軸圧縮強さ

であった。高添加量を想定した 400kg/m³ では 12000～15000kN/m² と高強度であった。

3．2 膨張率および膨張力

膨張率の測定結果を図3(A)に、固化材添加量と最大膨張率の関係を図4に示す。膨張率は固化材無添加を除き、材齢1日程度で収束した。膨張率は試料がよく締まるものほど大きくなり、固化材無添加でその影響が大きくなった。また、固化材を添加することで膨張率は小さくなり、固化材無添加で膨張率が大きいものほど低減効果が大きくなった。なお、高添加量である400kg/m³でも、膨張率が著しく大きくなる傾向は見られなかった。

次に、膨張力の測定結果を図3(B)に、固化材添加量と最大膨張力の関係を図5に示す。膨張力は膨張率と同様に材齢1日程度で収束する傾向がみられたが、試料の締固め程度の影響は明確でなく、また固化材添加量が多くなるほど増加する傾向にあった。その値は最大で約50kN/m²であった。木造2階建で約6kN/m²、RC造2階建で約30kN/m²の重量を有している[3),4)] ことを考慮すると、固化材添加量400kg/m³の膨張力は大きいと考えられる。しかし、膨張力は材齢1日程度で収束する傾向にあることから、長期にわたり膨張が継続するケース[5)] を除き、本試験条件のように均一に混合され、水和に必要な水分が十分ある場合は、地盤改良後に建設された構造物が、改良体の膨張で押上げられる可能性は小さいことが示唆された。

最後に膨張力が大きくなる原因について、改良体中の間隙比との関係から整理した。固化材無添加すなわち土の間隙比 e は $(\rho_s/\rho_d)-1$ で求め、改良体の間隙比 e は ρ_s に改良土の密度を代入した。改良土の密度は、土と固化材の混合割合と土粒子および固化材の密度から算出した。間隙比と膨張力の関係を図6に示す。固化材添加量が同じ場合、膨張力は間隙比が小さいほど増加する傾向にあることが判明した。

4．おわりに

セメント系固化材を用いた改良体の膨張率および膨張力について、以下のことが判明した。

(1) 膨張率および膨張力は固化材添加量および試料の締固め程度が影響する。
(2) 膨張力は最大で約50kN/m²と大きいが材齢1日程度で収束する傾向にあるため、均一に混合され、水和に必要な水分が十分ある場合は、地盤改良後に建設された構造物が、改良体の膨張で押上げられる可能性は小さいことが示唆された。
(3) 固化材添加量が同じ場合、膨張力は改良体の間隙比が小さいほど増加する傾向にある。

本報告は（一社）セメント協会セメント系固化材技術専門委員会の成果である。今後は固化対象土の影響や、膨張力測定方法の妥当性について検討する予定である。

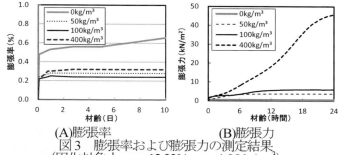

(A) 膨張率　　　　(B) 膨張力
図3　膨張率および膨張力の測定結果
（固化対象土：w=12.22%、ρ_d=1.956g/cm³）

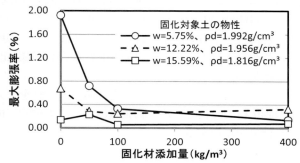

図4　固化材添加量と最大膨張率（材齢10日）の関係

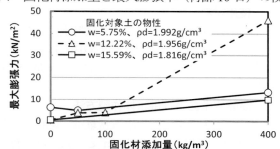

図5　固化材添加量と最大膨張力（材齢24時間）の関係

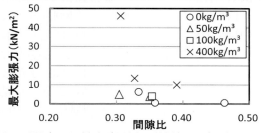

図6　間隙比と最大膨張力（材齢24時間）の関係

【参考文献】
1) (社)セメント協会：砂および砂質土に用いたセメント系固化材による改良体の膨張特性、セメント・コンクリート誌、No.736、pp.3-6、Jun.2008
2) (社)セメント協会：粘性土に用いたセメント系固化材による改良体の膨張特性、セメント・コンクリート誌、No.762、pp.8-12、Aug.2010
3) 住まいの水先案内人：
http://www.ads-network.co.jp/taishinsei/kozo-kagaku-01.htm
4) (社)日本建築学会：建築物荷重指針・同解説、p.110、1993
5) 重田ほか：セメント系固化材による改良体の膨張に関する基礎検討（その2）、第71回セメント技術大会に投稿中

[2305]

セメント系固化材による改良体の膨張に関する基礎検討（その2）
―固化対象土の硫酸塩濃度の影響について―

株式会社トクヤマ	○重田輝年
宇部三菱セメント株式会社	有馬克則
三菱マテリアル株式会社	神谷雄三
一般社団法人セメント協会	野田潤一

1. はじめに

セメント系固化材が固化対象とする土は多種多様である。温泉地や干拓地などの硫酸塩濃度が高い土を固化した場合、エトリンガイトが多量に生成され、過大な膨張が生じる可能性が懸念される。また、再生半水石膏が地盤改良資材として有効活用される[1]ことがあり、この用途で地盤改良された土を固化対象とした場合も同様に改良体の膨張が懸念される。

そこで、硫酸塩濃度の異なる土を作製し、これをセメント系固化材で改良した際の膨張量について実験的に検討した結果を報告する。

2. 試験概要
2.1 使用材料

試料土の物理性状を表1に示す。試料土はマサ土（笠間市産）、固化材は汎用固化材（密度 $3.03 g/cm^3$）とした。硫酸塩濃度の調製には、市販の半水石膏（SO_3 量：52.5%）を用いた。

2.2 試験水準および供試体作製方法

試験水準を表2に示す。半水石膏量は、試料土に対して 0、50、100、200 および $400 kg/m^3$ とした。固化材の添加方式は粉体添加とし、固化材添加量は試料土と半水石膏の混合土に対して、50、100 および $400 kg/m^3$ とした。改良体の作製方法として、まず試料土に所定の半水石膏量を添加して3分間（1.5分でかきおとし）混合した。この混合土の温度が室温となるまで約1時間封かんした後、固化材を投入して、5分間（2.5分でかきおとし）混合した。その後、JCAS L-01 に準拠して供試体（φ5×10cm）を作製した。

表1 試料土の物理性状

含水比 (%)	湿潤密度 $\rho_t (g/cm^3)$	土粒子の密度 $\rho_s (g/cm^3)$	粒度(%)			
			粘土分	シルト分	砂分	礫分
12	2.090	2.656	7.9	32.6	30.5	29.0

表2 試験水準

半水石膏量 (kg/m^3)	0	50	100	200	400
固化対象土の乾燥質量に対する SO_3 量 (%)	0	1.4	2.7	5.1	9.2
固化材添加量 (kg/m^3)	50、100、400				

2.3 測定項目および方法

測定項目は膨張量と粉末X線回折とした。膨張量は、供試体（φ5×10cm）の鉛直方向の長さ変化量とし、膨張率に換算して整理した。養生は水中で行い、給水条件は供試体の上下面を開放させた場合と供試体全面を開放させた場合の二通りとした。

粉末X線回折（管球：Cu、管電圧：40kV、電流：46mA、半導体検出器、Kβフィルタ（Ni））には、上下面を開放して水中養生した供試体を粉砕し、150μmふるいを全通させた試料を用いた。

3. 試験結果

材齢と膨張率の関係を図1に示す。膨張率は給水条件の影響を受けるものの、半水石膏量が多いほど、また固化材添加量が多いほど大きくなった。膨張率の増加割合をみると、半水石膏量 $0 kg/m^3$ および $50kg/m^3$ については、材齢7日以内で膨張率は収束するものの、半水石膏量 $200kg/m^3$ では材齢7日以降も膨張する傾向にあった。半水石膏量 $200kg/m^3$ の膨張率を固化材添加量ごとにみると、固化材添加量 $50 kg/m^3$ および $100kg/m^3$ では材齢20日以内で収束するものの、固化材添加量 $400kg/m^3$ では材齢20日以降も漸次膨張率は大きくなった。半水石膏および固化材の添加量によって、材齢経過に伴う膨張率の増加傾向が異なった。

粉末X線回折結果を図2に示す。ここでは膨張率の増加割合が異なった試料を対象とするため、固化材添加量 $400kg/m^3$ の半水石膏量 0、50 および $200kg/m^3$ の水準を選定した。半水石膏量 $0 kg/m^3$ および $50kg/m^3$ については材齢7日以内で膨張率が収束したが、$200kg/m^3$ はこれ以降も増加する傾向にあった。材齢21日と材齢91日の回折線を比較すると、半水石膏量 $0 kg/m^3$ および $50kg/m^3$ はエトリンガイトのピークに変化はないものの、半水石膏量 $200kg/m^3$ については、材齢経過に伴い二水石膏が減少し、エトリンガイトのピークがやや大きくなる傾向にあった。改良体の膨張挙動とエトリンガイトの生成程度は対応していることが示唆された。

固化対象土の SO_3 量と最大膨張率の関係を図3に示す。SO_3 量の増加とともに最大膨張率は大きくなった。硫酸

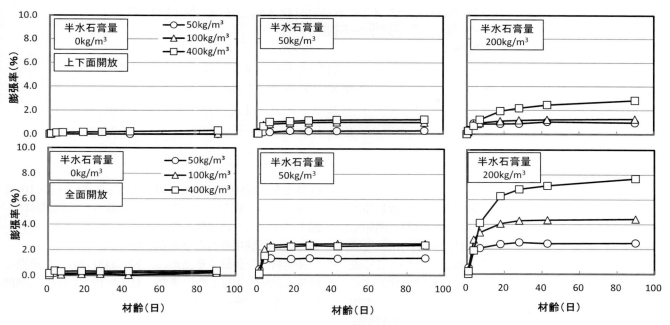

図1 材齢と膨張率の関係（上段：供試体上下面を開放、下段：全面開放）

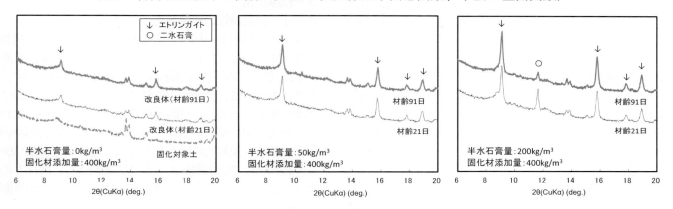

図2 粉末X線回折結果

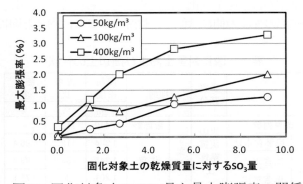

図3 固化対象土のSO₃量と最大膨張率の関係

塩濃度が高い土をセメント系固化材で改良する際は、固化材の使用ならびに添加量に留意する必要があると考えられる。

4．おわりに
半水石膏を用いて硫酸塩濃度を調製した土をセメント系固化材で改良した結果、以下のことが判明した。

(1) 膨張率は給水条件の影響を受けるものの、半水石膏量が多く、また固化材添加量が多い水準ほど、膨張率は大きくなった。
(2) 改良体の膨張挙動とエトリンガイトの生成程度は対応していることが示唆された。
(3) 硫酸塩濃度が高い土をセメント系固化材で改良する際には、固化材の使用や添加量に留意する必要がある。

本報告は（一社）セメント協会セメント系固化材技術専門委員会の成果である。今後は固化対象土を変えた検討を行い、データの蓄積を図る予定である。

【参考文献】
1) （公社）地盤工学会関東支部：地盤改良材を中心とした廃石膏ボードの再資源化 研究委員会報告、平成25年2月25日

周辺土の含水比がセメント系固化材による改良体の強度特性へ与える影響～材齢1年～

一般社団法人セメント協会	○泉尾英文
住友大阪セメント株式会社	吉田雅彦
三菱マテリアル株式会社	清田正人
広島大学	半井健一郎

1. はじめに

セメント協会では、セメント系固化材による改良体の長期安定性を検討するため、1990年に長期試験を開始し、材齢22年の調査[1,2]を行った。改良体は長期的に強度増進し、安定的に存在していることを確認したが、ごく表層部に低強度層が認められた。これらの結果を検証するため、同等の材料を用いた再現試験[3,4]に着手した。本報では、材齢1年までの結果をとりまとめ、水分の移動に着目して報告する。なお、本検討は、セメント協会セメント系固化材技術専門委員会の変質機構分析WGにおいて実施したものである。

2. 試験概要

改良体（Φ5×10cm）を、図1に示すように、一面（供試体底面）のみ周辺土に接触させたモデル試験を行い、改良体の強度特性について経時変化を測定した。また、モデル試験の結果を検証するために、改良体の含水比と強度特性の関係について追加試験を行った。

2.1 使用材料および配合

土は長期試験[1,2]を実施した場所から採取し、固化材は当時使用したもの（一般軟弱土用）と同成分の固化材を試製した。配合についても長期試験[1,2]と同じ配合とし、含水比の検討においては加水する水量を減じた。なお、周辺土については、試料量の関係で類似した別の土を用いた。土の性状を表1に配合を表2に示す。

1. 周辺土の突固め 2. 底面をだす 3. 型枠をつなげる 4. 流し込む

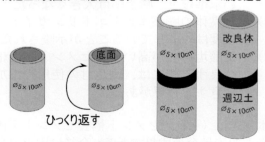

図1 供試体の作製方法

2.2 練混ぜおよび供試体の作製方法

土と水を10分間混合した後、固化材を粉体添加して5分混合、掻き落とし後にさらに5分混合した。混合後の改良土を、JGS 0821-2000に準拠して、型枠（φ5×10cm）に流し込んで成型した。周辺土と接触させる供試体は、図1に示すように作製した。

2.3 試験項目および準拠規格

強度特性を評価するために、JGS 3431:2012に準拠し針貫入試験を実施した。また、JIS A 1203:2009に準拠して含水比試験を実施した。

3. 試験結果

3.1 強度特性の経時変化

改良体と周辺土が接触する界面から、深さ方向に複数点測定することで針貫入勾配の分布を得た。図2に自然含水比、図3に高含水比、図4に低含水比の結果を示す。自然含水比では、界面から内部にかけて改良体は一様に強度発現しているが、材齢190日以降にごく表層部において強度の伸びが低かった。高含水比では、表層部が内部と比較して相対的に低くなる傾向にあるが、材齢368日の長期強度では表層部も大きく強度増進し、内部との強度差が小さくなった。低含水比では、周辺土との界面にむけて改良体の針貫入勾配が大きくなった。これは、硬化前の改良体から低含水比の周辺土へ水分が移動し、改良体の含水比が変化したためと考えられる。しかし、表層部の強度の伸びは低く、材齢368日では内部と同程

表1 改良対象土および周辺土の性状

	土質区分	採取		湿潤密度 g/cm³	含水比 %	飽和度 %
改良対象土	火山灰質粘性土	千葉県	習志野	1.412	113.7	-
周辺土 自然含水比			佐倉	1.384	112.3	96.4
周辺土 高含水比※				1.346	138.3	98.7
周辺土 低含水比※				1.201	80.7	71.1

※加水または風乾により含水比を調整

表2 改良体の配合

検討	土	水	固化材	水固化材比
	kg			%
モデル試験	600	525	200	262.5
含水比検討		446		223.0
		366		183.0

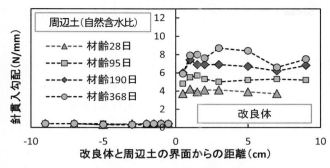

図2 針貫入勾配の分布（自然含水比）

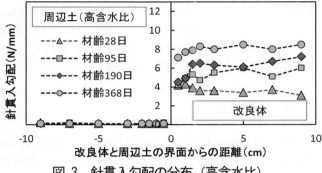

図3 針貫入勾配の分布（高含水比）

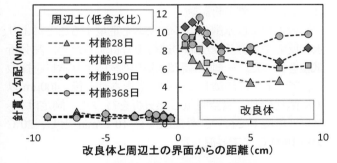

図4 針貫入勾配の分布（低含水比）

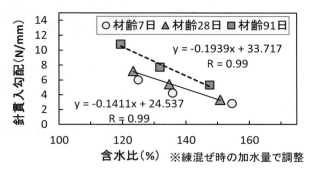

図5 改良体の含水比と針貫入勾配の関係

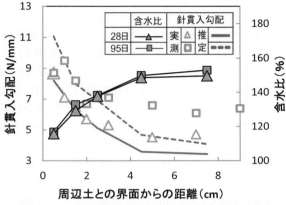

図6 含水比から推定した針貫入勾配の分布

度の強度となった。材齢190日までは、周辺土の含水比によって強度分布に差が生じる傾向にあったが、材齢368日ではその差が小さくなる傾向となった。

3．2 含水比と強度特性の関係

配合（水量）を調整し含水比を変化させた改良体について、含水比と針貫入勾配との関係を図5に示す。含水比が低いほど針貫入勾配は大きくなった。含水比による影響は、材齢の経過とともに大きくなっており、低含水比ほど強度の増進が大きかった。

含水比と針貫入勾配との関係式を用いて、モデル試験の結果を検証した。含水比から推定した針貫入勾配の分布を図6に示す。界面から5cm以降の改良体内部において推定値と実測値に差があるものの、表層付近において推定値はおおむね実測値を示した。このことから、低含水比のモデル試験の結果は、改良体からの水分の移動による影響であることが定性的に確認することができた。

4．まとめ

周辺土の含水比によって改良体の強度発現性が変化した。特に、周辺土が低含水比の場合、改良体の強度は界面に近いほど大きくなった。この結果について、含水比と強度との関係から検証し、硬化前の改良体から周辺土へ水分が移動したことによる影響であることを確認した。周辺土の含水比によって異なった強度分布は、長期（材齢368日）になると、その差は小さくなる傾向にあった。今後、Ca量の分析など、検討を進めていく予定である。

【参考文献】

1) （一社）セメント協会：セメント系固化材を用いた改良体の長期安定性に関する研究 —材齢22年試験結果報告—、セメント・コンクリート No.804、pp.9-14（2014）

2) 清田正人ほか：セメント系固化材を用いた改良体の長期安定性—材齢22年—、セメント系構築物と周辺地盤の化学的相互作用研究小委員会（345委員会）成果報告書およびシンポジウム講演概要集、pp.473-478（2014）

3) 野田潤一ほか：周辺土の含水比がセメント系固化材による改良体へ与える影響（その1）強度特性、土木学会第71回年次学術講演会 III-246、pp.491-492（2016）

4) 泉尾英文ほか：周辺土の含水比がセメント系固化材による改良体へ与える影響（その2）含水比およびpH、土木学会第71回年次学術講演会 III-247、pp.493-494（2016）

[2307]

養生温度およびセメント種がセメント改良土の反応および強度増加に及ぼす影響

広島大学　大学院工学研究院	半井健一郎
広島大学　大学院工学研究科	○ 江口健太
	HO SiLanh
デンカ株式会社　青海工場　セメント・特混研究部	佐々木崇

1. はじめに

セメント改良土は、軟弱地盤に対してセメントを添加混合することで、強度向上や沈下、滑り破壊の抑制の効果が期待できることから、現在、地盤安定処理工法や液状化対策などに使用されている。セメント改良土の強度は、セメントの水和反応や土自身の物性の改良に加え、長期的には、セメント水和物と土粒子のポゾラン反応によって増加する[1]。養生温度の影響として、コンクリートやモルタルにおいては、養生温度が高くなるほど材齢初期の強度は高くなるが、長期強度の伸びが抑制されることが知られている[2,3]。一方、セメント改良土では、養生温度が高いほど水和反応が活発になり、初期および長期の強度発現が良くなることが知られており[4]、これは、ポゾラン反応を活性化したためと考えられる。また、地盤改良の現場での養生期間中は、水和熱の影響により50℃近い養生温度が長時間持続することも報告されている[5]。

本研究では、初期強度発現の促進や長期強度の過剰発現の抑制といった地盤改良現場における施工性、安全性の向上を目指し、養生温度の影響を検討することとした。普通ポルトランドセメントおよび早強ポルトランドセメントを用い、高温養生を行ったセメント改良土における圧縮強度発現に与える影響を、モルタルと比較した。

2. 試験概要
2.1　供試体概要

セメント改良土供試体（CT）の配合および養生条件を以下に示す。使用材料は豊浦砂、普通ポルトランドセメント（O）または早強ポルトランドセメント（H）、水道水とし、W/C は 100% とした。セメント添加率は、砂の質量に対して 8%、目標の湿潤単位体積質量を 1.67g/cm² とした。供試体寸法は φ50mm×100mm とし、打込みは 3 層に分けて 1.5kg のランマーを用いて各層 12 回突き固めた。供試体作製後、試験材齢まで養生温度 20±3℃ または 40±3℃ の室内で封緘養生を行った。

セメント改良土との比較のために、モルタル供試体（M）を作製した。モルタル供試体の配合および養生条件を以下に示す。使用材料は豊浦砂、普通ポルトランドセメントまたは早強ポルトランドセメント、水道水とし、W/C は 50% とした。供試体寸法は φ50mm×100mm とし、打込みは人力による振動を与えて締固めを行った。室温での供試体作製後、試験材齢まで養生温度 20±3℃ の恒温室または 40±3℃ の恒温槽で封緘養生を行った。

2.2　試験方法
2.2.1　一軸圧縮試験

強度増加を検証するため、JIS A1216 土の一軸圧縮試験方法を参考に、室温にて一軸圧縮試験を行った。載荷速度は 0.1%/min とした。

2.2.2　熱分析試験

結合水および水酸化カルシウムを定量することにより、水和反応やポゾラン反応の進行を分析するために熱分析試験を行った。一軸圧縮試験後の供試体より試料を採取し、アセトンに浸漬して水和反応をさせた後、400μm 以下に微粉砕し、真空脱気し熱分析を行った。測定は N_2 フロー環境下で行い、昇温温度を 10℃/min とし、20℃から 1000℃ まで昇温した。

3. 試験結果と考察
3.1　圧縮強度

図 1、図 2 にモルタル供試体（M）、セメント改良土供試体（CT）の圧縮強度の経時変化をそれぞれ示す。

まず、OPC モルタルでは、良く知られているように、40℃ 養生によって初期強度は増加するものの、長期強度（91 日）は 20℃ 養生よりも小さくなった。一方の OPC 改良土では、材齢初期から長期まで、40℃ 養生の方が 20℃ 養生よりも常に高い強度を示した。

次に、HPC モルタルでは、20℃ 養生では、一般によく知られるように、OPC モルタルよりも初期強度が高く、長期強度は同程度となった。一方、あえて HPC モルタルで 40℃ 養生を行ったところ、OPC モルタルと同様に長期強度が 20℃ 養生よりも小さくなるだけでなく、材齢 3 日という若材齢で 20℃ 養生による強度が上回った。これに対し HPC 改良土では、20℃ 養生においては、材齢初期から長期まで、OPC 改良土よりも大幅に強度が増加した。40℃ 養生では 20℃ 養生よりも強度が低下し、材齢 91

日では 40℃養生の OPC 改良土と同程度になった。

3．2　熱分析

　図3、図4 に、セメント改良土供試体の結合水量、水酸化カルシウム量の経時変化を示す。図3 より、OPC 改良土の結合水量は、材齢初期から長期まで、40℃養生の方が 20℃養生よりも常に高い値を示し、強度増加と合致する傾向を示した。また、図4 より、OPC 改良土の水酸化カルシウム量は、材齢初期では 40℃養生の方が 20℃養生よりも高い値を示したが、材齢 28 日以降では 40℃養生における水酸化カルシウム量は減少し、20℃養生を下回った。高温養生では、材齢初期はセメントの水和反応が促進されたことによって水酸化カルシウムが比較的多く生成された後、材齢 28 日以降は、ポゾラン反応によって水酸化カルシウムが消費されたと考えられる。これらより、高温養生による OPC 改良土の強度増加は、材齢初期のセメント水和の促進とともに、長期的にはポゾラン反応が促進されたことによるものと説明される。

　HPC 改良土では、20℃養生における結合水量が OPC 改良土よりも大きく、強度増加と整合する傾向を示したものの、40℃養生の結合水量は 20℃養生よりも多いか同程度であり、強度発現を説明しなかった。HPC 改良土の水酸化カルシウム量からは、OPC 改良土と同様に、40℃養生におけるポゾラン反応の進行が示唆された。モルタルとは大きく異なる HPC 改良土の強度発現を説明するためには、生成水和物や空隙構造形成などの追加的な分析が必要と考えられた。

4．まとめ

　セメント種、養生温度が異なるセメント改良土の強度発現を、圧縮強度試験および熱分析試験によって、モルタルと比較検討した。その結果、普通ポルトランドセメントを用いた改良土を 40℃養生すると、モルタルと同様のセメントの水和促進に加え、ポゾラン反応によって長期強度も増加すること、早強ポルトランドセメントを用いた改良土では、モルタルとは異なり、20℃養生において強度が大幅に増加することなどが明らかになった。

【参考文献】

1) セメント協会：セメント系固化材による地盤改良マニュアル第4版、p.36（2012）
2) 田澤栄一編：エースコンクリート工学、p.76（2013）
3) K. Ezziane et al.: Compressive strength of mortar containing natural pozzolan under various curing temperature、Cement and Concrete Composites、Vol.29、pp.587-593（2007）
4) セメント協会：セメント系固化材による地盤改良マニュアル第4版、p.54（2012）
5) 大村哲夫ほか：深層混合処理土の水和熱現地測定結果と養生温度による強度への影響について、第 36 回土木学会年次学術講演会講演概要集、pp.732-733（1981）

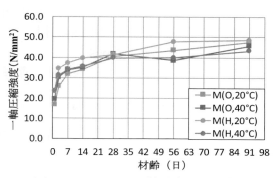

図1　モルタルの圧縮強度の経時変化

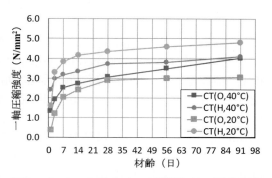

図2　セメント改良土の圧縮強度の経時変化

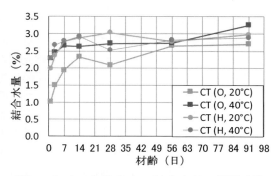

図3　セメント改良土の結合水量の経時変化

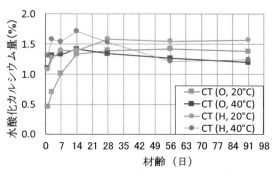

図4　セメント改良土の水酸化カルシウム量の経時変化

[2308]

セメント系固化材と多硫化カルシウムを用いた改良土の炭酸化による強度および六価クロム特性

デンカ株式会社　青海工場　セメント・特混研究部　　〇佐々木　崇
　　　　　　　　　　　　　　　　　　　　　　　　　　渡辺　雅昭
　　　　　　　　　　　　　　　　　　　　　　　　　　盛岡実
広島大学大学院　工学研究院　社会環境空間部門　　　半井　健一郎

1. はじめに

　震災や異常気象に伴う土砂崩れが報じられ、より一層セメント系固化材の需要が増している。セメント系固化材は、セメントクリンカーと石膏を主成分とし、必要に応じて高炉スラグ微粉末などが配合されている。セメント系固化材の添加量が下がれば環境負荷の低減に期待できることから、使用量が少なくても所定の強度発現が可能となるセメント系固化材の開発が望まれている。近年、改良土を炭酸化処理することで強度増進が認められており[例えば1),2)]、この技術を活用することで、二酸化炭素の吸収・固定化による、環境負荷の低減につながることが期待できる。一方、改良土に係わる環境基準の重要な項目として六価クロム溶出量が挙げられ、炭酸化により六価クロムの溶出が上がる報告もある[3)]。有害な六価クロムを無害な三価クロムに還元させることで六価クロムの溶出が抑えられることが知られており[4)]、その還元剤の一つとして多硫化カルシウムがある。そこで、炭酸化処理させ、さらに多硫化カルシウムを利用することで、環境負荷の低減と六価クロムの環境基準適合の両立が可能と考えられる。本報では、一般軟弱土用セメント系固化材と実地盤の粘性土と多硫化カルシウムを用いて表層改良工事を想定した場合の基礎性状を確認したので報告する。

2. 実験概要

　使用材料はセメント系固化材として、六価クロム溶出が懸念される一般軟弱土用セメント系固化材（密度3.08g/cm³）をあえて用いた。粘性土は、茨城県笠間市から採取した密度1.57g/cm³、含水比62.6%のものを使用した。配合は、表層改良工事で汎用的に行われている粘性土1m³に対し、セメント系固化材を200kg/m³添加したものを用いた。配合を表1に示す。さらに、多硫化カルシウムの水溶液（pH＝10.8、ORP＝-532mV）をセメント系固化材に対して0.5重量%添加したものも試験した。

表1　試験配合

配合（kg/m³）	
セメント系固化材	粘性土
187.8	1474.3

表2　試験方法

試験内容	測定材齢	試験規格
中性化深さ	7、28日	JIS A 1151
溶出 pH	28日	-
一軸圧縮強さ	7、28日	JIS A 1216
六価クロム溶出量	7日	環境省告示46号法

表3　中性化率試験結果

多硫化カルシウム添加量（%）	測定材齢（日）	養生方法	中性化率（%）
0	7、28日	封緘	0
0	7、28日	炭酸化	100
0.5	7、28日	封緘	0
0.5	7、28日	炭酸化	100

　練混ぜには、モルタルミキサを使用した。供試体はφ50×100mmの円柱とし、3層に分けて締め固めて仕上げた。養生は封緘養生と促進炭酸化の2種類とした。いずれの供試体も温度20℃で練混ぜ、初期養生として封緘養生3日後に、脱型し各養生を行った。なお封緘養生は、20℃下、促進炭酸化養生は20℃、RH60%、二酸化炭素濃度5%環境下でそれぞれ供試体を静置した。材齢7、28日後、中性化深さ、溶出pH、一軸圧縮強さ、六価クロム溶出量を測定した。試験内容、試験項目と測定材齢についてまとめたものを表2に示す。

3. 実験結果

3.1 中性化深さ試験

　表3にフェノールフタレイン法により、多硫化カルシウム添加の有無、さらに封緘養生、炭酸化養生の各材齢における中性化深さを円柱供試体の割裂面（直径50mmの面）に対して測定した結果を示す。表3より、炭酸化養生により材齢7日時点で供試体内部まで中性化が進んでおり、フェノールフタレインによる発色は確認できなかった。実質、炭酸化材齢4日で中性化が進行しており、既往の研究[2)]とも一致している。この傾向は、多硫化カルシウムを添加したものも同様な結果を示した。

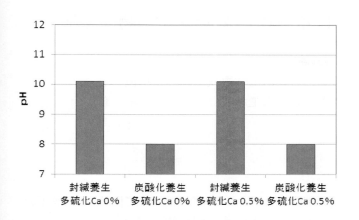

図1　溶出 pH の測定結果

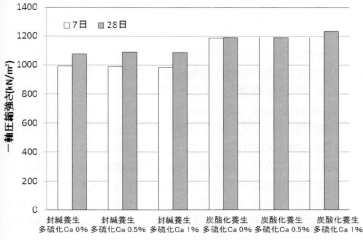

図2　一軸圧縮強さの測定結果

表4　六価クロム溶出量の測定結果

多硫化カルシウム添加量（％）	養生方法	六価クロム溶出量（mg/L）
0	封緘	0.13
0.5	封緘	ND
0.5	炭酸化	ND

※ND：検出限界以下

3．2　溶出 pH

図1に pH を測定した結果を示す。pH は、試験体を粉砕し2mm の目ふるいを通過して得た試料に10倍の重量の水を加え、6 時間連続振とうした後の溶液を測定した。図1から、中性化による pH の低下が確認でき、多硫化カルシウムを添加したものも同様な結果を示した。

3．3　一軸圧縮強さ試験結果

図2に多硫化カルシウム添加の有無、封緘養生、炭酸化養生の材齢7、28日における一軸圧縮強さ試験の結果を示す。なお、試験は各材齢3本実施しているが、その値に大きな違いはないことから、これらの平均値を示している。

炭酸化養生は、材齢7日と材齢28日の結果に大きな差異が見られなかった。このことは、材齢7日時点で中性化がある程度進行しており、大きな強度変化はないものと推察されるが、さらに長期材齢でも測定する予定である。

一方、封緘養生では材齢7日から28日にかけて強度増進が見られる。しかし、材齢28日後の圧縮強さであっても促進炭酸化した材齢7日より低く、炭酸化による強度増進効果が高いことが確認できる。

以上は、多硫化カルシウムの添加によらずに確認され、多硫化カルシウムの添加が一軸圧縮強さに影響を及ぼさないことがわかる。

3．4　六価クロム溶出量の測定結果

表4に材齢7日における六価クロム溶出量を測定した結果を示す。多硫化カルシウムを添加しないものは、封緘養生下で環境省の土壌環境基準である六価クロム溶出量0.05mg/L 以下よりも高い値を示した。これは、セメントに含まれる六価クロムに由来するものと推察できる。多硫化カルシウムを添加した固化材は炭酸化の有無に係わらず、検出限界以下の値を示した。このことは、多硫化カルシウムの添加により三価クロムに還元された影響であると考えられ、この詳細な解析は今後の課題としたい。

4．まとめ

一般軟弱土用セメント系固化材と多硫化カルシウムと実地盤の粘性土を用いて表層改良工事を想定した場合の炭酸化による圧縮強さ、六価クロム溶出量を確認し、以下の知見を得た。促進炭酸化養生を施すと、材齢7日でフェノールフタレインによる発色が確認されず、溶出 pH は低い値を示した。また、促進炭酸化養生を施すことで早期に高い圧縮発現を示した。さらに多硫化カルシウムを添加しても、炭酸化率、溶出 pH、圧縮強さに影響を及ぼさず、六価クロムの溶出量が低減した。

【参考文献】

1) 西村直哉ほか：乾湿繰り返し養生によるセメント改良土の炭酸化促進とその影響、土木学会年次学術講演会講演概要集、Vol.69、pp.199-200 (2014)

2) 佐々木崇ほか：セメント系固化材を用いた改良土の炭酸化における強度特性およびエコロジカル評価、コンクリート工学年次論文報告集、Vol.38、No.1、pp.2241-2246(2016)

3) 田口信子ほか：汚染土の不溶化処理に関する研究（その1）、大林組技術研究所報、No.53、pp.115-120(1996)

4) 盛岡実ほか：高炉徐冷スラグの還元効果とその機構、Journal of the Society of Inorganic Materials, Japan、Vol.12、No.319、pp.408-415 (2005)

セシウム吸着ゼオライト固化技術における HPC-FA 系固化材の物性評価

八戸工業高等専門学校　産業システム工学専攻　　○馬渡大壮
八戸工業高等専門学校　産業システム工学科　　　庭瀬一仁
北海道大学　　　　　　　　　　　　　　　　　　佐藤正知

1. はじめに

現在、福島第一原子力発電所において、炉心冷却により発生する放射性汚染水は、放射性セシウム（以下、Cs）をゼオライトに吸着することで処理されている。Cs は、発生量と被ばく線量低減の観点から最重要な核種の一つであり、合わせて崩壊熱による発熱性が高いことが知られている。Cs を吸着したゼオライトは、発熱性の低減が見込める期間に亘って、中間管理（最終処分における段階管理を含む）が求められる可能性がある。中間管理としては化学的、物理的安定性はもとより、経済性にも優れることが要求される。そこで、セメント固化技術は、製作性や経済性に優れていることから、放射性廃棄物安定化方法として選択肢の一つとされている。放射性廃棄物セメント固化にあたっては、以下のことを考慮して作製方法や材料が決定される必要がある。

(1) 水の放射化分解や発熱により、セメントの水和に必要な水が時間と伴に減少すること。
(2) 硬化後の余剰水は放射化に伴う水素ガス発生量を増加させること。
(3) 長期的には、溶解度が低い緻密な固化体となる必要性があること。
(4) 高放射線環境における製作を極力簡便な方法とするため、自己充填性が確保できる充填材であること。

以上を踏まえ、当研究では予察的な充填性試験を基にHPC-FA 系充填材の配合を決定した。その配合により人工ゼオライト生成型コンクリート[1]（以下、人工ゼオライト）を混入した供試体を作製し、圧縮強度試験、電気泳動による塩化物イオンの拡散試験、水銀圧入による細孔径分布の測定を行った。

2. 試験概要
2.1 示方配合・供試体作製

当実験における示方配合を表1に示す。水の放射化分解の影響を考慮し、結合材には早強ポルトランドセメントを用いた。自己充填性確保のため W/B を 60%とし、高性能 AE 減水剤、石灰石微粉末を使用した。また、長期的な緻密性を確保するためフライアッシュを混入した。供試体作製においては、粒径を 5-10 mm に調整した絶乾状態の人工ゼオライトを型枠内に自由落下させたのち、その隙間にセメントミルクを充填して供試体を作製した。打設後は 20℃恒温室で 1 日静置した後、脱型した。

2.2 各種試験方法

圧縮強度試験においては、脱型後、エポキシ樹脂によるコーティングを行い、20℃、50℃、80℃で高温養生を行った。ここでエポキシ樹脂により水と非接触の状態としたのは、水の放射化分解による水和に必要な水が減少した状況を模擬するためである。供試体寸法は 40×40×160 mm の角柱 (n=2) とし、3、7、28 日において圧縮試験を行った。電気泳動による塩化物イオンの拡散試験 (JSCE-G571) においては、写真1に示す拡散セルにより、脱型直後と水中養生1ヶ月後 (20℃) の供試体での実効拡散係数を測定した。測定結果は、W/C が 55%の一般的な配合による普通コンクリート（水中養生1ヶ月）と比較した。水銀圧入試験においては、拡散試験に用いた供試体と同条件で製作した固化体（水中養生1ヶ月）を人工ゼオライト部とセメントマトリックス部に分離し、それぞれの細孔径分布を測定した。また、その結果を普通コンクリートと比較した。

表1　HPC-FA 系ゼオライト固化体の示方配合

W/B (%)	W/P (%)	W (kg/m³)	単位量			
			粉体P			LS (kg/m³)	SP (×P (%))
			結合材B			
			HPC (kg/m³)	FA (kg/m³)		
60	40.6	515	566	292	410	1.8

HPC: 早強ポルトランドセメント　　FA: フライアッシュ
LS: 石灰石微粉末　　SP: 高性能 AE 減水剤

写真1　実効拡散試験に用いた拡散セル

3. 試験結果および考察

図1にHPC-FA系固化体の圧縮強度試験結果を示す。養生期間3日では付与温度が高いほど圧縮強度は大きくなっている。この理由として高温履歴の付与によって水和が促進されたことが考えられる。一方で、養生期間7日では、80℃において圧縮強度が増加していない。これは試験結果のばらつきが原因だと考えられる。図2に養生期間を積算温度として整理した圧縮強度試験結果を示す。初期の強度増加と積算温度500℃・日以降の強度増加の傾向が異なっている。当実験では、水和に必要な水が限定された状態で高温養生を付与したことから、初期強度の強度発現は主に水和反応によるものが大きく、500℃・日以後の増加は主にポゾラン反応によるものである可能性がある。この点に関してはフライアッシュの配合量の違いにより圧縮強度を比較し、今後も考察していく必要がある。

電気泳動による塩化物イオンの実効拡散試験結果を図2に示す。実効拡散係数は、HPC-FA系固化体脱型直後が$1.37×10^{-12}$ m^2/s、1ヶ月養生後が$1.47×10^{-12}$ m^2/s、OPCコンクリートでは$3.18×10^{-12}$ m^2/sとなった。OPCコンクリートは養生期間が1ヵ月と短いことから、粗骨材の遷移帯の影響によって比較的実効拡散係数が高くなったと考えられる。一方、HPC-FA系セメント固化体では、人工ゼオライトによってセメントペースト中の水が吸水されることにより、W/B低下による緻密化とゼオライト界面での遷移帯生成が抑制され、実効拡散係数が低下したことが考えられる。

水銀圧入試験による細孔径分布を図3に示す。HPC-FA系固化体ではOPCコンクリートに比べ、空隙が0.03 μm以下に集中している。そのことによりHPC-FA系固化体の実効拡散係数が低くなった可能性がある。一方で、人工ゼオライトは細孔径0.03 μm以上の細孔も多く分布しているが、HPC-FA系固化体では実効拡散係数が低くなったことから、人工ゼオライト中には連続した空隙が少ないことが考えられる。

4. まとめ

当実験により、以下の知見が明らかになった。

1) 圧縮試験では、高温履歴を付与したもので15kN/mm2以上の結果が得られたことから、廃棄体落下時の飛散や積み上げ時の荷重に対して、十分な強度が期待できると考えられる。
2) 塩化物イオンに対する実効拡散係数は普通コンクリートに比べ小さくなった。

【参考文献】

杉山友明ほか：ゼオライト高含有硬化体の微細組織と陽イオン交換能、Journal of the Society of Materials Science, Japan, Vol. 64, No.8, pp.634-640, Aug.2015

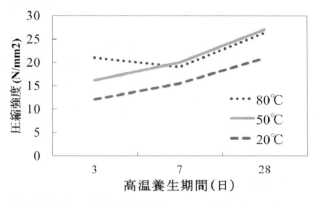

図1 圧縮強度試験結果

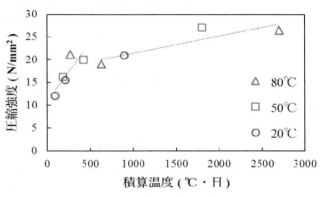

図2 圧縮強度試験結果

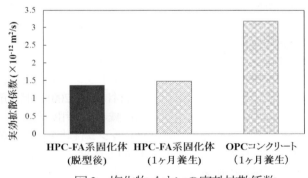

図3 塩化物イオンの実効拡散係数

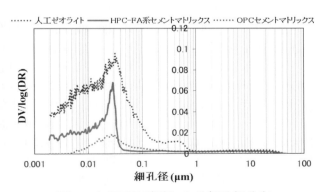

図4 水銀圧入試験による細孔径分布

[3101]

早期交通開放型コンクリート舗装の管理供試体の養生方法に関する検討

太平洋セメント株式会社　中央研究所　　　　○井口舞
株式会社太平洋コンサルタント　コンクリート技術部　　石田征男
太平洋セメント株式会社　中央研究所　　　　兵頭彦次

1．はじめに

早期交通開放型コンクリート舗装（以下、1DAY PAVE）の交通開放時期は、一般に、現場管理供試体の曲げ強度を確認することによって判断されている[1]。一方、舗装版と現場管理供試体は寸法が異なるため、両者の温度履歴には乖離が生じ、強度発現性が異なってくると考えられる[2]。通常、舗装版は、管理供試体よりも早期に強度を発現すると考えられるが、その乖離が大きくなると、1DAY PAVE の特長である早期交通開放性能を損なう可能性がある。

本検討では、標準期と冬期に断熱性を有する材料を使用した異なる方法で養生した場合の管理供試体の温度履歴と強度発現性を確認し、同時に作製した舗装版との温度履歴を比較することによって、1DAY PAVE の交通開放時期を判断するために適した養生方法の検討を行った。

2．試験概要
2．1　コンクリートの使用材料ならびに配合

使用材料は、セメントに早強ポルトランドセメント、細骨材に陸砂と砕砂の混合、粗骨材に砕石2005、混和剤にポリカルボン酸系の高性能 AE 減水剤を用いた。表1にコンクリートの配合およびフレッシュ性状を示す。試験実施日の平均気温は標準期12.4℃、冬期4.6℃であった。

2．2　舗装版概要および養生方法

寸法 L2000mm×B2000mm×H200mm の舗装版体を作製した。養生は、ブルーシート（ポリエチレン製）1枚で打込み面を覆った。併せて寸法 100×100×400mm の管理供試体を作製した。養生方法は、①打込み面を舗装版と同じシートで覆った場合（以下、現場養生）、②養生マット（連泡ウレタンフォーム・独泡ポリエチレン・ポリエチレンフィルムの複合）を1重または3重で巻いた場合（以下、マット1重ならびにマット3重）、③発泡スチロール製容器内（側面100mm、底面50mm）で養生した場合（以下、発泡養生）とした。なお、養生マットは、型枠との隙間が極力少なくなるよう結束バンドで固定した。図1に養生方法の概要を示す。

2．4　試験項目ならびに試験方法

表2に試験項目ならびに試験方法を示す。曲げ強度試験は養生開始から、18、24、30時間の3材齢で実施した。図2

表1　コンクリートの配合およびフレッシュ性状

施工時期	W/C (%)	s/a (%)	単位量(kg/m³)				フレッシュ性状		
			W	C	S	G	フロー (cm)	空気量 (%)	C.T. (℃)
標準期	35.0	42.0	165	471	696	995	42.0	4.4	24
冬期	35.0	44.5	160	457	758	972	35.0	4.4	16

表2　試験項目ならびに試験方法

試験項目	試験方法
スランプフロー	JIS A 1150 に準拠
空気量	JIS A 1128 に準拠
コンクリート温度	JIS A 1156 に準拠
曲げ強度	JIS A 1106 に準拠　試験体寸法：10×10×40cm
供試体の温度	試験体中心部を熱電対を用いて測定
模擬版体の温度	図1に示す位置を熱電対を用いて測定

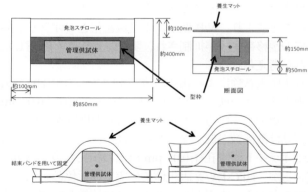

図1　管理供試体の養生方法と温度測定位置

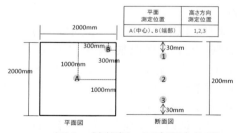

図2　舗装版の温度測定位置

に示すように、舗装版の平面内の中心部および端部から300mm の位置に、深さ方向に3点ずつ熱電対を設置し、養生開始後からの温度履歴を計測した。管理供試体については、熱電対を断面中心部に設置した。

3. 試験結果
3.1 舗装版・管理供試体の温度履歴

表3に、養生開始から24時間までの舗装版、管理供試体の最高・最低・平均温度を示す。また、図3に舗装版と管理供試体の温度履歴を、養生方法別に示す。なお、舗装版の温度履歴は、測点中最も低い履歴を示したB-1(端部から300mmで打込み面から30mm)の結果を示している。管理供試体の温度は、発泡養生したものが最も高く、次にマット養生、現場養生の順になった。マット養生の場合、使用枚数を増やしたことによる温度上昇の効果は小さかった。舗装版と管理供試体の温度履歴の乖離は、発泡養生したものが最も小さくなり、最大で8.7℃であった。

3.2 曲げ強度と積算温度の関係

表3に、材齢24時間の曲げ強度を示す。発泡養生が4.69 N/mm²、マット3重が4.33 N/mm²、マット1重が4.22 N/mm²、現場養生が4.17 N/mm²となり、養生中の平均温度が高いものほど曲げ強度が高くなった。図4に、曲げ強度と積算温度の関係を示す。両者の関係は、対数関数で整理される一般的な傾向を示した。交通開放に必要となる曲げ強度を3.5N/mm²と設定し、近似式より必要となる積算温度を求めると、521.5℃・時間であった。これに基づき、温度履歴から3.5 N/mm²となる時間を算出すると、舗装版が13時間、発泡養生が14時間、マット養生(3・1重)が16時間、現場養生が19時間であった。

4. 冬期での検証実験
4.1 試験結果

標準期において、発泡養生が舗装版と最も近い温度履歴を示すことを確認した。この結果に基づき、冬期においても同様の検討を行った。図5に舗装版および現場養生、発砲養生した管理試験体の温度履歴を示す。舗装版の温度は、最も低い温度履歴を示したB-3(端部から300mm、底面から30mm)の温度を用いた。冬期においても、発泡養生を用いると舗装版と近い温度履歴を示すことを確認した。その差は、最大で2.9℃であった。標準期の結果と比較すると、冬期のほうが両者の温度差が小さくなる結果となった。これは、低温環境でセメントの水和反応が緩慢になり、舗装版の温度上昇が抑制されたため結果的に管理供試体との温度差が小さくなったと考えられる。強度試験結果と積算温度の関係を対数近似し、曲げ強度3.5N/mm²となる時間を算出すると、舗装版が21時間、発泡養生が21時間、現場養生が27時間となった。

5. まとめ

標準期・冬期に、異なる方法で養生(現場、マット1・3重、発泡スチロール)した管理供試体の温度履歴と、同

表3 舗装版ならびに管理試験体の温度(標準期)

養生方法	平均温度(℃)	最高温度(℃)	最低温度(℃)	24時間曲げ強度(N/mm²)
外気温	12.4	22.2	5.6	—
発泡養生	28.1	31.1	24.4	4.69
マット3重	23.6	27.2	19.6	4.33
マット1重	23.2	27.2	19.6	4.22
現場	17.5	27.1	11.0	4.17
版体	31.1	37.6	20.9	—

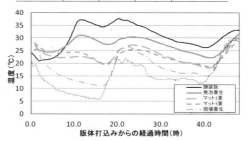

図3 舗装版と管理供試体の温度履歴(標準期)

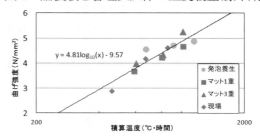

図4 曲げ強度と積算温度の関係

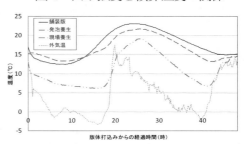

図5 舗装版体ならびに管理試験体の温度履歴(冬期)

時に作製した舗装版との温度履歴を比較することによって、1DAY PAVEの交通開放時期を判断するために適した養生方法の検討を行った。その結果、いずれの時期においても、発泡養生が舗装版と最も近い温度履歴を示すことを確認し、合理的な管理供試体の養生方法となる可能性を示した。ただし、本検討は、管理供試体の温度計測と強度試験によって、実際の舗装版の品質を推定しようとするものである。環境が変化する中で、舗装版自体が実際にどのような強度発現性を示すかといった面からの検討も併せて行う必要であると考える。

【参考文献】
1) 早期交通開放型コンクリート舗装1DAY PAVE 製造施工マニュアル[第1版]、セメント協会
2) 十文字拓也ほか:夏期環境下における早期交通開放型コンクリート舗装の温度および強度特性、第69回セメント技術大会要旨、p.214 (2015)

[3102]

新しい疲労設計方法を用いたコンクリート舗装の版厚に関する一検討

株式会社NAAファシリティーズ　　亀田昭一
一般社団法人セメント協会　研究所　コンクリート研究グループ　　〇吉本徹
広島大学名誉教授　　佐藤良一

1. はじめに

コンクリート舗装の版厚設計は疲労破壊に基づく設計法であり、その考え方および手順は、舗装設計便覧[1]に具体的に示されている。これは、昭和39年改訂のセメントコンクリート舗装要綱の考え方・手順を継承したものであり、その内容は現在も基本的に変わっていない。

一方、筆者らは東広島・呉道路に適用された50年設計のコンクリート舗装の版厚設計において寸法効果の影響を考慮した曲げ強度および曲げ疲労曲線を用い、新しい疲労設計手法を取り入れた版厚設計法を提案した[2), 3)]。

本論文ではこの手法を用いて、道路舗装における目地ありコンクリート舗装(以下、JPC舗装)と連続鉄筋コンクリート舗装(以下、CRC舗装)を対象に版厚設計を行い、舗装種別ごとの版厚設計の特徴とCRC舗装の優位性について論じた。

2. 疲労設計方法

図1は、JPC舗装における版長手方向の荷重応力分布と車両走行位置を示した一例である。この図に示すように、荷重応力は版長手方向中央部のいわゆる自由縁部を車両が走行するとき最大であるが、通常路肩があるため自由縁部での走行頻度は小さい。一方、走行位置が幅員方向内側へ移ると内側の走行頻度は高くなるが、発生する応力は小さくなる。したがって幅員や路肩の大きさ、走行位置および頻度により疲労度が最大になる箇所は必ずしも従来の疲労度算定の着目点である自由縁部とは限らない。

この点を考慮した本疲労設計法が従来の方法と大きく異なるところは、幅員方向の任意の位置の疲労度を求め、その中で最も疲労度が大きくなる位置を対象に版厚設計を実施するという点である。この考え方をJPC舗装およびCRC舗装に適用すれば、JPC舗装では版長手方向の応力を対象に幅員方向の任意の位置での疲労度を求めるのに対し、CRC舗装では幅員方向の応力を対象に任意の位置での疲労度を求め、最大の疲労度を示す位置の疲労度を用いて版厚を設計する。本疲労設計方法の概要は、図2のフロー図に示すとおりである。

3. 試設計条件

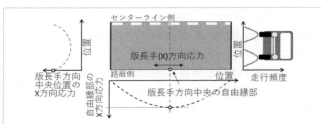

図1　版長手方向の荷重応力分布と走行位置分布の一例(JPC舗装)

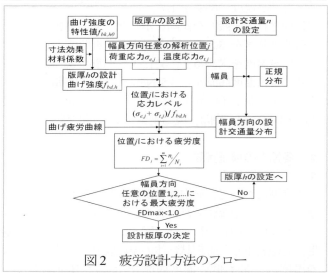

図2　疲労設計方法のフロー

この疲労設計方法を用いて道路舗装を対象とした、JPCおよびCRC舗装の版厚設計を行った。以下に設計条件および設計用値を示す。

3.1 設計耐用期間、破壊確率および対象道路区分

設計耐用期間は20年および50年とし、破壊確率は5%および50%とした。対象道路区分は図3に示すように、道路構造令に示されている第1種第3級(高速道路)および第3種第2級(一般道路)とした。それぞれのコンクリート版幅は4.0mおよび3.5mであり、規格上の車線幅はそれぞれ3.5mおよび3.25mである。しかし、疲労算定時においては路肩側の側線に車輪が載るものと仮定し、計算上の車線幅それぞれ3.7mおよび3.45mとした。

3.2 交通荷重、交通量および車両走行位置分布

荷重群と通過輪数は舗装設計便覧の設計例の値[1)]とした。交通量区分はN_6である。また車両走行位置分布は、近年

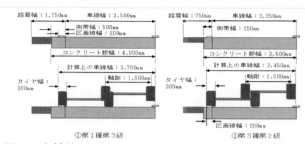

図3 車輪位置、コンクリート版幅などの設計条件

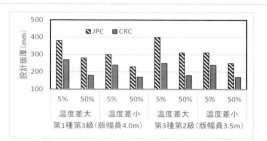

図4 JPC舗装とCRC舗装の設計版厚（20年）

の調査結果[4]に従い、車両走行位置分布は正規分布とし、車両の走行中心位置（外輪と内輪の中心位置）は車線幅に、車両走行位置の標準偏差は路肩幅に依存するとし、幅員方向の任意の位置での交通量を算定した（下式）。

（走行中心位置）＝0.65×（車線幅）－0.46　　　[1]

（標準偏差）＝0.04×（路肩幅）+0.23　　　[2]

3．3　コンクリート版の上下面の温度差とその発生頻度

コンクリート版上下面に発生する温度差および発生頻度は、舗装設計便覧の設計例に示されている温度差大および温度差小[3]とした。また、コンクリート版の温度差が正または負の時に走行するときの正負の比率は6:4とした。

3．4　目地間隔、設計曲げ強度、曲げ疲労曲線およびその他物性値

JPC舗装の目地間隔は10mとした。設計曲げ強度については、150mm×150mm角の供試体の曲げ強度の特性値$f_{bk,h0}$を4.5MPaとし、版厚hにおける設計曲げ強度$f_{bd,h}$を求め、用いた。コンクリートの曲げ疲労曲線は示方書式(解III-1.2.9)の寸法効果を考慮した疲労曲線を用いた。コンクリートの弾性係数は30,000MPa、ポアソン比は0.2、熱膨張係数は$10.0×10^{-6}$/℃とした。また、路盤の支持力係数は、0.1GPa/mとした。

4．試設計結果および考察

試設計結果を表1に示す。JCP舗装の版厚は、設計耐用年数20年の場合、交通量条件から舗装の構造に関する技術基準[4]の疲労破壊輪数に適合するセメントコンクリート舗装（設計期間20年）の版厚の規定値（以下、カタログ設計）は280mmであり、本疲労設計方法では第1種第3級、温度差大、破壊確率50%の設計条件が相当することがわかった。また、同じ交通量条件であっても、温度条件や破壊確率によって設計版厚は250mm～400mmと大きく変動する結果となった。一方、CRC舗装の場合、カタログ設計での版厚は250mmであり、本疲労設計では3種2級、温度差大、破壊確率5%の条件が相当する。また、図4にJPC舗装とCRC舗装の設計版厚の比較を示したが、CRC舗装の版厚は、JPC舗装に比べて非常に薄く設計できることがわかる。温度差大の場合で100mm～150mm、温度差小の場合で60mm～80mm薄くなるが、その版厚の差は、コンクリート版幅が狭い方（3種2級）が大きい。これは、道路舗装の場合、車輪走行位置が版縁部寄りに分布されることにより、CRC舗装の疲労解析位置での荷重応力はJPC舗装に比べ小さくなること、また車輪走行位置での温度応力は、JPC舗装の版中央部の温度応力よりもかなり小さくなることに起因し、版幅が狭い方がこの影響が顕著に表れたものと考えられる。また、設計耐用年数20年と50年の版厚を比較すると、JPC舗装、CRC舗装ともに10mm～40mm版厚を増厚することで設計耐用期間が20年から50年にすることができる。

5．まとめ

東広島・呉道路の版厚設計で導入した疲労設計方法を用いてJPC舗装とCRC舗装の版厚設計を行った。その結果、同じ設計条件下においてCRC舗装はJPC舗装よりも明らかに薄く設計できることがわかった。

なお、本報告は土木学会コンクリート舗装小委員会設計分科会の活動の一環として行ったものであり、ご協力いただいた関係各位に謝意を表します。

【参考文献】
1) 日本道路協会：舗装設計便覧（2006）
2) 吉本ほか：版厚効果を考慮した設計疲労曲線の提案、第69回セメント技術大会（2015）
3) 亀田ほか：不同沈下の影響を考慮したCRCPの版厚設計-東広島・呉道路への適用-第69回セメント技術大会（2011）
4) 渡邊直利ほか：車両の走行位置分布に関する分析、第27回日本道路会議（2007）
5) 日本道路協会：舗装の構造に関する技術基準・同解説（2001）

表1　版厚設計結果

道路区分		第1種第3級（版幅員4.0m）				第3種第2級（版幅員3.5m）			
温度条件		温度差大		温度差小		温度差大		温度差小	
破壊確率		5%	50%	5%	50%	5%	50%	5%	50%
版厚※(mm)	JPC	380 (420)	280 (300)	300 (320)	230 (240)	400 (430)	310 (330)	310 (320)	250 (260)
	CRC	270 (290)	180 (190)	240 (260)	170 (180)	250 (270)	180 (190)	240 (260)	170 (180)

※上段の数字：設計耐用年数20年、下段の（）内の数字：設計耐用期間50年

早強ポルトランドセメントと高炉セメントB種を混合した1DAY PAVEの施工

株式会社トクヤマ　セメント開発グループ　〇吉本慎吾
新見龍男
加藤弘義
西部徳山生コンクリート株式会社　本居貴利

1. はじめに

セメント協会が開発した早期交通開放型コンクリート舗装（1DAY PAVE）は、コンクリート舗装の課題の1つである養生期間の長さを短縮し、コンクリート打設後1日での交通開放を可能としたコンクリート舗装である。現在では、多くの検討が行われ全国各地で試験施工が実施されている。

筆者らはこれまで、生コン工場の既存の設備で製造できる、より施工しやすく、環境に配慮した1DAY PAVEの製造を目的として、早強ポルトランドセメント（HC）に高炉セメントB種（BB）を混合した1DAY PAVEの開発を行ってきた[1),2)]。その結果、BBの混合率を調節することで、養生終了の目安となる曲げ強度 $3.5N/mm^2$ を材齢1日で確保できること、およびBBを混合することによって生コンクリートの流動性が向上することを見出した。一方、BBはセメント中の30〜60%を高炉スラグで置換しているため、セメント中のクリンカー量が少なく、HCに比べて CO_2 排出量が削減された1DAY PAVEの製造が期待できるが、CO_2 排出量の算出に関しては未検討である。

そこで本研究では、これまでの検討結果を基に試験施工を実施し、HCにBBを混合した1DAY PAVEのコンクリート性状の確認と CO_2 排出量の試算を行った。

2. 試験概要

2.1 試験施工の概要

試験施工は、平成28年10月6日に（株）トクヤマ徳山製造所南陽工場構内で実施した。図1に施工平面図および断面図を示す。コンクリートは、施工現場から約2kmの生コンクリート工場で製造を行い、施工現場まではトラックアジテータにより運搬し、コンクリートの打設を実施した。コンクリートの打ち込みは、トラックアジテータより直接荷降ろしし、人力で敷き均した。仕上げ作業は、ハンドトロウェルにて平坦仕上げを行い、ほうきで粗面仕上げを行った。なお、気象庁発表の2015年10月初旬の山口県下松市の平均気温が18℃であったことから、養生温度の影響による強度発現性の低下が考えられた。そのため、養生は舗装版の上に養生マットを引き散水し、その上からブルーシートを2枚重ね、保温性を高めるためにブルーシートの間に空気緩衝材を敷く方法を用いた。

2.2 使用材料

セメントは、早強ポルトランドセメント（密度：$3.14g/cm^3$、記号：H）および、高炉セメントB種（密度：$3.04g/cm^3$、記号：BB）を使用した。細骨材は、硬質砂岩砕砂（表乾密度：$2.68g/cm^3$）を使用し、粗骨材は、硬質砂岩砕石1505（最大寸法：15mm、表乾密度：$2.79g/cm^3$、記号：G1）と2010（最大寸法：20mm、表乾密度：$2.79g/cm^3$、記号：G2）を使用し、混合割合は体積比で1505:2010=45:55とした。混和剤には、高性能AE減水剤およびAE剤を使用した。

2.3 コンクリートの配合

表1に、コンクリートの配合を示す。本施工での配合条件は水セメント比を35%とし、スランプは12.0±2.5cmを採用した。空気量は4.5±1.5%とし、粗骨材のかさ容積は $0.700m^3/m^3$ とした。

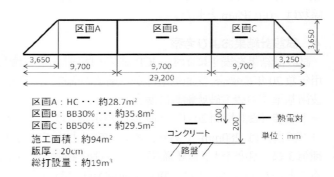

図1　施工平面図および断面図

表1　コンクリートの配合

配合名	BB混合率(%)	W	C		S	G1	G2	SP (C×%)	AE (A)
			H	BB					
HC	0	170	486	0	592	514	628	0.7	6.5
BB30%	30		340	146	587				
BB50%	50		243	243	585				

2．4　試験項目および試験方法

スランプはJIS A 1101「コンクリートのスランプ試験方法」に準拠し、空気量はJIS A 1128「フレッシュコンクリートの空気量の圧力による試験方法」に準拠して実施した。曲げ強度はJIS A 1106「コンクリートの曲げ強度試験方法」に準拠し測定した。曲げ供試体は、舗装版と同一の養生を行い、材齢1日で強度試験を行った。

3．試験結果

BBを混合した1DAY PAVEは、生コンクリート工場のミキサーによりHC単独の場合と同様の混練方法で製造した。表3にコンクリートのフレッシュ性の結果を示す。いずれの配合も同一配合、および同一の混練条件で目標値を満足した。スランプについてはBBの混合率増加に伴い大きくなることが確認された。このことから、BBを混合することによってコンクリートのコンシステンシーが改善され、コンクリートの打ち込み、および敷き均し工程における施工性が良好になると推察される。

図2に事前検討で得られた積算温度と曲げ強度の関係を、図3にBB混合率と曲げ強度の関係を示す。現場養生を行った供試体の曲げ強度を測定した結果、いずれも曲げ強度が$3.5N/mm^2$を満足していることが確認された。また、事前の検討で得られた積算温度と曲げ強度の関係と、試験施工時の舗装版の積算温度を基に、材齢1日での舗装版の曲げ強度の推定を行った。その結果、いずれのBB混合率でも推定値が目標の曲げ強度$3.5N/mm^2$を上回っていることが推察された。以上のことから、試験施工を行った舗装版の曲げ強度は養生終了の目安となる$3.5N/mm^2$に達していると判断し、コンクリート打設後1日での交通開放を実施した。

4．CO_2排出量の試算

土木学会参照のインベントリデータを使用し、舗装版$1m^3$あたりのCO_2排出量の試算を行った。算出範囲は、コンクリートの材料を製造する際に発生するCO_2排出量とした。表4に試算したCO_2排出量の試算結果を示す。BBの混合率増加に伴い、CO_2排出量が少なくなることが確認された。その程度は、BBの混合率が30％で10％程度、混合率が50％で20％程度であった。このことから、BBを混合することによって、現行の1DAY PAVEに比べCO_2排出量の観点で優位になると推察される。

表3　コンクリートのフレッシュ性状

サンプル名	BB混合率(%)	スランプ(cm)	空気量(%)	コンクリート温度(℃)
HC	0	12.0	3.9	29.3
BB30%	30	12.5	4.2	29.1
BB50%	50	14.5	4.0	29.5

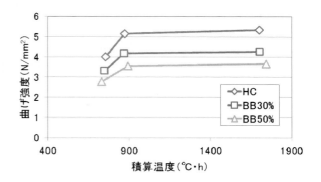

図2　積算温度と曲げ強度の関係

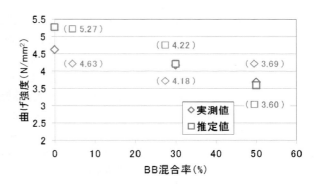

図3　BB混合率と曲げ強度の関係

表4　CO_2排出量試算結果

配合名	BB混合率(%)	CO_2排出量($kg-CO_2/m^3$)	CO_2排出量比(HCを1.0とする)
HC	0	375	1.0
BB30%	30	332	0.89
BB50%	50	302	0.81

5．まとめ

(1) BBを混合することによって、コンクリートのコンシステンシーが改善された。
(2) BBの混合率が50％までの1DAY PAVEの施工を実施し、コンクリート打設後1日での交通開放を実現した。
(3) BBの混合率が30％の場合は10％程度、BBの混合率が50％の場合は20％程度、現行の1DAY PAVEに比べてCO_2排出量を削減できる。

【参考文献】
1) 新見龍男ほか：高炉セメントB種と早強ポルトランドセメントを混合したセメントの諸性状および舗装用コンクリートへの適用性検討、コンクリート工学年次論文集、第37巻、pp.1873-1878（2015）
2) 吉本慎吾ほか：早強ポルトランドセメントと高炉セメントB種を混合した1DAY PAVEの検討、第70回セメント技術大会講演要旨、pp.194-195（2016）

石灰石骨材を用いたコンクリート舗装のひずみ挙動の調査

三菱マテリアル株式会社　セメント研究所　　○木村祥平
　　　　　　　　　　　　　　　　　　　　　森田浩一郎
　　　　　　　　　　　　　　　　　　　　　黒岩義仁
　　　　　　　　　　　　　　　　　　　　　中山英明

1. はじめに

コンクリート舗装は体積変化によるひび割れを防ぐために目地を設ける。横方向収縮目地の間隔は温度応力や乾燥応力を考慮して経験的に定められており、例えば版厚250mm以上で鉄網を使用しない場合には6.0mを標準としている[1]。目地は車両の走行性、乗り心地に対しては悪影響を及ぼすため、目地間隔は長い方が望ましい。一方、コンクリートに石灰石骨材を使用した場合、乾燥収縮および線膨張係数が小さくなることが明らかになっている[2]。石灰石骨材を使用したコンクリート舗装は目地間隔を拡大できる可能性がある。そこで、石灰石骨材を使用したコンクリート舗装の目地間隔を変えた時のひずみの挙動を調査した。

2. 試験概要
2.1 使用材料および配合

使用材料を表1に、コンクリートの配合条件を表2に示す。著者らはLSPをBBの内割りで10%置換したセメントを使用することで強度発現性を維持しつつ $LCCO_2$ が低減できる舗装コンクリートを製造できると提案している[3]。そこで、本試験ではこのコンクリート(LG)と、比較として硬質砂岩砕石を用いた一般的なコンクリート(SG)の2種類でコンクリート舗装のひずみの挙動を調査した。また、W/Cは事前の試験から材齢28日で曲げ強度が $6.0N/mm^2$ となるW/Cを選定した。また、目標スランプは6.5±1.5cm、目標空気量は4.5±1.5%とした。

2.2 コンクリート舗装の概要

コンクリート舗装の断面図を図1に示す。コンクリートの版厚は250mmとし、アスファルト中間層とコンクリート舗装版との層間には摩擦の軽減を目的にLSPを散布した。幅は3.5m、目地間隔は5、9、13mの3水準とした。コンクリート版内部には深さ方向の温度とひずみを測定するために、各舗装版の中央部の表面から30、125、220mmの位置に測温型の埋込型ひずみ計を車両の走行方向と平行に設置した。また、コンクリートの自由収縮ひずみを測定するため、コンクリート版と同じ厚さの小型試験体(530×150mm)を作成し、コンクリート版と同様に中央の深さ方向3箇所に埋込型ひずみ計を設置した。なお、小型試験体は断熱の模擬のため厚さ200mmの発泡スチロールで覆い、型枠への応力伝達を絶つために型枠にテフロンシートを貼り付けた。施工期間は2015年8月31～9月19日で、コンクリートの打込みは、SGは9月15日に、LGは9月16日に行った。

3. 結果および考察
3.1 コンクリート版のひずみ

コンクリート版のひずみの推移の一例として目地間隔9mの測定結果を図2に示す。LGのひずみはSGに比べて年間の温度変化による変動は小さく、他の目地間隔でも同様であった。これはLGのほうが線膨張係数が小さいためと考えられる。乾燥収縮や自己収縮の影響が少なく

表1　使用材料

名前	記号	備考
高炉セメントB種	BB	密度：$3.04g/cm^3$
石灰石微粉末	LSP	Blaine比表面積：$4430cm^2/g$
細骨材	S	硬質砂岩砕砂と石灰石砕砂を7:3(容積比)で混合
粗骨材 硬質砂岩砕石	SG	表乾密度：$2.72g/cm^3$
粗骨材 石灰石砕石	LG	表乾密度：$2.71g/cm^3$
AE減水剤	Ad	リグニンスルホン酸化合物とポリカルボン酸エーテルの複合体

表2　配合条件

配合名	W/C (%)	粗骨材かさ容積(m^3/m^3)	粗骨材種類	LSP
SG	47	0.7	SG	―
LG	46	0.7	LG	BBの内割り10%置換

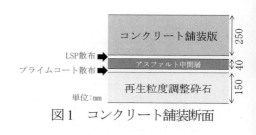

図1　コンクリート舗装断面

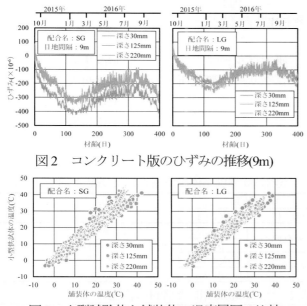

図2 コンクリート版のひずみの推移(9m)

図3 小型試験体と舗装体の温度履歴の比較

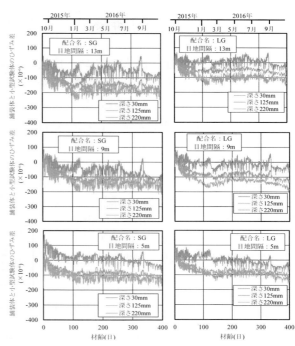

図4 コンクリート版のひずみと小型試験体のひずみ差

なる材齢300日以降でコンクリートの線膨張係数を求めたところ、SGで約$10.2\times10^{-6}/℃$、LGで約$6.1\times10^{-6}/℃$となり、LGの方が約40%小さくなることが確認された。

深さ方向のひずみは、SGの深さ30mmは材齢初期から高く、深さ125mmと220mmのひずみは同程度で推移した。LGでは深さ方向によるひずみの差異はSGほど認められなかった。なお、他の目地間隔でも同様の傾向であった。この要因としてはSGとLGの収縮挙動の違い、舗装版が路盤との摩擦から受ける拘束の違いが考えられる。舗装版と小型試験体の深さ方向の温度勾配が同等であれば図2の舗装版のひずみと小型試験体で測定した自由収縮ひずみの差(以下、ひずみ差とする)から拘束の影響が評価できると考えられる。図3に示すように両者の温度履歴はほぼ同等であったため、温度勾配も同等であると考え、ひずみ差にて拘束の影響を評価した。

3.2 舗装版と小型試験体とのひずみ差

ひずみ差を図4に示す。自由収縮ひずみは走行方向の拘束の影響を受けていないため、乾燥収縮と自己収縮の影響のみとみなすことができる。LGの深さ30mmのひずみ差は、日変動が大きいものの、目地間隔の違いは認められず、いずれも0×10^{-6}程度であった。SGの深さ30mmのひずみ差は、目地間隔5mで0×10^{-6}程度で、目地間隔9、13mでは-100×10^{-6}程度であった。これより、深さ30mmではLGは目地間隔の影響がないが、SGでは目地間隔9m以上で目地間隔の影響を受けていることがわかる。

深さ125mm、220mmのひずみ差は配合の種類に係らず材齢100日程度まで増加し、それ以降は大きな増減がなかった。また、SGではいずれの目地間隔でも220mmのほうが125mmよりも$20\sim30\times10^{-6}$程度引張側に推移し、路盤に近いほど拘束の影響を受けていることがわかる。深さ220mmのひずみ差の差は目地間隔が13mの方が5mよりも100×10^{-6}程度引張側に推移し、目地間隔が長いほど拘束の影響が大きいことが確認された。一方、LGでは目地間隔5mにおいて深さ125mmと220mmのひずみ差の挙動が異なるものの、目地間隔9mと13mのときのひずみ差の差はほとんどなかった。以上から、LGではSGとは対照的に拘束に対する目地間隔の影響が少ないことがわかった。

4. まとめ

石灰石骨材を使用したコンクリート舗装の目地間隔を変化させ、ひずみの挙動について調査した。結果、硬質砂岩砕石を使用した一般的なコンクリートと比べてひずみの変動が小さく、また走行方向に対する拘束の影響も少ないことが判った。今後はコンクリート版内の応力状態について調査し、石灰石骨材を用いたコンクリート舗装における目地間隔の拡大の可能性について検証する。

【参考文献】

1) 土木学会:2014年制定舗装標準示方書、pp.303-304(2014)
2) 石灰石鉱業協会:石灰石骨材とコンクリート 増補・改訂版(2005)
3) 木村祥平ほか:石灰石微粉末の混和が舗装コンクリートの性能に及ぼす影響、第68回セメント技術大会講演要旨(2012)

[3105]

石灰石骨材の舗装用コンクリートへの適用に関する検討
－室内試験結果及び試験施工3年目調査結果－

一般社団法人セメント協会　コンクリート研究グループ	○瀧波勇人
住友大阪セメント株式会社　セメント・コンクリート研究所	小林哲夫
明星セメント株式会社　糸魚川工場	上川容市
東京農業大学　地域環境科学部	小梁川雅

1. はじめに

石灰石骨材は、ひび割れ抑制の観点から建築用のコンクリートでは、積極的に利用がされてきた。そのため、地域によっては生コンクリートプラントで、石灰石骨材しか使用していない場合がある。しかし、舗装用コンクリートでは、石灰石骨材はすべり抵抗に対する懸念から、その適用が控えられることがあり、舗装用コンクリート製造・出荷における課題となっている。本報は、石灰石骨材の舗装用コンクリートへの適用性について、セメント協会舗装技術専門委員会が検討した、すべり抵抗に関する室内試験結果及び、試験施工とその供用3年までの調査結果について報告するものである。

2. 室内試験

室内試験は、舗装用コンクリートへ石灰石骨材を適用する事による、すべり抵抗への影響を評価することを目的に実施した。試験では、表1に示す石灰石の粗骨材と細骨材及び、一般的な骨材を組み合わせた4種類のコンクリートを、ノーマルタイヤを用いた回転ラベリング試験にかけ、すべり抵抗（BPN、舗装試験法便覧 S021-2）の変化を評価した。試験に用いた骨材の物性は表2に示す通りである。供試体は、成形後28日以上水中養生した後に、ショットブラスト処理を行い、粗骨材が路面に露出した状態にして、試験に供した。回転ラベリング試験の試験条件は表3に示す通りであり、タイヤと供試体の速度に差をつけ、タイヤが常にスリップするような設定とした。試験中は、適宜、供試体表面のBPNを測定し、すべり抵抗の変化を把握した。

試験結果を図1に示す。この図に示されているように、結果として細・粗骨材共に石灰石骨材を用いた LiG-LiS は、すべり抵抗が極端に低下した。しかし、細・粗骨材のどちらか一方に石灰石以外の山砂または硬質砂岩砕石を用いることにより、すべり抵抗低下を抑制出来ることが示された。

表1　室内試験用供試体の使用骨材及び配合条件

略号	骨材種類		配合条件
	粗骨材	細骨材	
LiG-LiS	石灰石砕石	石灰石砕砂	W/C=42%
LiG-PG		山砂	単位粗骨材かさ容積＝0.72m³/m³
HS-LiS	硬質砂岩砕石	石灰石砕砂	SL＝5cm±1.0
HS-PG		山砂	Air＝4.5%±1.0

表2　室内試験で用いた骨材の物性

骨材種類		表乾密度 (g/cm³)	吸水率 (%)	FM	単位容積質量 (kg/L)	L.A.すり減り減量（%）
細骨材	山砂	2.65	1.57	2.43	-	-
	石灰石砕砂	2.61	1.54	3.47	-	-
粗骨材 2005	硬質砂岩砕石	2.64	0.82	6.60	1.57	18.7
	石灰石砕石	2.70	0.41	6.63	1.57	24.1

表3　回転ラベリング試験条件

試験条件	試験値
タイヤ種類	ノーマルタイヤ
タイヤ荷重（kN）	1.2
タイヤ回転速度（km/h）	30
供試体回転速度（km/h）	25
散水量（L/min）	2
試験室温度（℃）	20

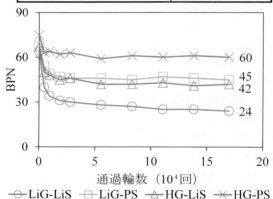

図1　回転ラベリング試験結果

3. 試験施工

回転ラベリング試験では、相対的な評価しか出来ないため、この結果のみでは、実道に適用できるか判断出来ない。そこで、明星セメント社糸魚川工場田海鉱業所の協力を得て、一般林道にて試験施工を行い、供用中のすべり抵抗の変化について追跡調査を行なった。調査は現在までに供用3年まで行なっており、その結果を示す。

試験施工では、表4に示す4種類のコンクリートを20mずつ施工した。コンクリートの配合及び、使用した骨材の物性は、表4及び表5に示す通りであり、目標スランプ 8±2.5cm、目標空気量 4.5±1.5%、粗骨材最大寸法20mm、セメントは早強セメントを使用した。路面は写真1に示すように、すべり止めのために横断方向にスリットを入れた。このスリットですべり抵抗を確保するため、箒目などの粗面仕上げは行なわず、コテ仕上げのまま供用を開始した。すべり抵抗の調査は、BPN及びDFT（舗装試験法便覧S021-3）による動摩擦係数（μ）の測定を行なった。ただし、施工箇所はスリットがあるために、わだち部ではDFTの測定ができない。よってDFTは版中央のみで測定し、BPNをわだち部及び版中央にて測定した。現場は積雪寒冷地であり、交通量は、N_4交通相当であるが、ほとんど積載量10tのダンプトラックのみの走行である。

　調査結果を表6及び図2に示す。最もすべり抵抗が減少しやすいと考えられる、わだち部のBPN（図2）に注目すると、供用0年では、すべり抵抗に差が認められない。これは、供用開始時の路面はコテ仕上げのみの路面であり、一様にセメントペーストで覆われていたことが原因であると考えられる。供用1年では、石灰石の細骨材を用いたLiG-LiS及びRG-LiSはすべり抵抗が低いが、細骨材に川砂を用いたLiG-RSとRG-RSは十分なすべり抵抗を有しており、供用3年でも同様の傾向であった。これは、供用1年及び3年では、路面のセメントペーストがはがれ骨材が路面に出てきたため、用いた骨材種別ごとの特徴が現れたためであると考えられる。

4．考察

　室内試験の結果からは、舗装用コンクリートに石灰石骨材を用いた場合、細・粗骨材のどちらか一方に石灰石以外を用いることにより、すべり抵抗低下を抑制出来ることが示された。試験施工の調査結果からは、細・粗骨材両方に石灰石骨材を用いた場合は、すべり抵抗が低下する傾向が示されている。また、粗骨材に川砂利を用い、細骨材に石灰石骨材を用いた場合は、川砂を用いた場合に比べるとすべり抵抗値は低いが、施工初期からの低下は認められなかった。また、石灰石の粗骨材を用いても細骨材に川砂を用いた場合、供用3年の時点では、十分なすべり抵抗を有しており、粗骨材に川砂利を用いた場合と同等であった。以上の結果から、粗骨材に石灰石を用いても細骨材を石灰石以外にすることにより、石灰石骨材がすべり抵抗の確保が必要とされる舗装用コンクリートに適用出来ないわけではなく、適用の可能性を見いだすことが出来た。

5．今後

　試験施工箇所については、今後も調査を継続し経年変化を評価したいと考えている。また、本委員会では骨材種類だけでなく、配合や供用環境も含めたコンクリート舗装のすべり抵抗に関する検討を進める予定である。

写真1　試験施工箇所の様子

表4　試験施工で用いたコンクリートの配合

略号	粗骨材	細骨材	W/C (%)	s/a (%)	単位量（kg/m³）			
					W	C	S	G
LiG-LiS	石灰石砕石	石灰石砕砂	42.6	48.5	166	390	859	920
LiG-RS	石灰石砕石	川砂	42.6	48.5	166	390	859	913
RG-LiS	川砂利	石灰石砕砂	41.4	45.3	166	401	783	974
RG-RS	川砂利	川砂	41.4	45.3	166	401	783	967

表5　試験施工で用いた骨材の物性

骨材種類		絶乾密度 (g/cm³)	吸水率 (%)	FM	単位容積質量 (kg/L)	L.A.すりへり減量（%）
細骨材	川砂	2.62	2.43	2.71	-	-
	石灰石砕砂	2.64	1.00	2.93	-	-
粗骨材 2005	川砂利	2.66	1.13	6.95	1.63	13.7
	石灰石砕石	2.68	0.27	6.52	1.68	23.6

表6　すべり抵抗調査結果

測定箇所		BPN			μ60（DFT）		
		供用0年	供用1年	供用3年	供用0年	供用1年	供用3年
LiG-LiS	版中央	52	59	51	0.35	0.35	0.21
	わだち部	48	43	33	-	-	-
RG-LiS	版中央	59	69	60	0.39	0.37	0.36
	わだち部	45	52	48	-	-	-
LiG-RS	版中央	47	78	69	0.28	0.59	0.53
	わだち部	45	84	68	-	-	-
RG-RS	版中央	45	83	70	0.29	0.63	0.54
	わだち部	50	78	67	-	-	-

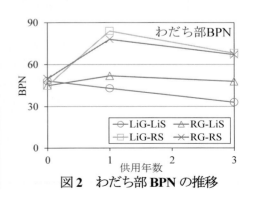

図2　わだち部BPNの推移

早期強度発現型舗装用スリップフォーム工法コンクリートについて

宇部興産株式会社　建設資材カンパニー　技術開発研究所　　〇佐々木彰
　　　　　　　　　　　　　　　　　　　　　　　　　　　　岡田裕
　　　　　　　　　　　　　　　　　　　　　　　　　　　　大西利勝

1. はじめに

近年、コンクリート舗装の補修に対応することを目的に、比較的小規模の現場を想定した早期交通開放型舗装コンクリート（以下、1DAY PAVE）が開発され、その施工実績が増えている。一方で、大規模施工に適したスリップフォーム工法に関しても工期短縮を図るべく、早期強度発現型のコンクリートの適用が望まれている。そこで本報では、早強ポルトランドセメントを用いた舗装用スリップフォーム工法コンクリートについて、その自立性、締固め性、仕上性および強度発現性を評価した。

2. 試験概要

使用材料および配合条件をそれぞれ表1および表2に示す。粗骨材の最大寸法は、1DAY PAVEと同様に20mmとした。配合条件は、目標スランプ、水セメント比および粗骨材かさ容積を変え、過去の施工実績を参考に表2のとおりとした。なお、N42-73は過去の施工実績を模擬した配合である。

試験項目および試験方法を表3に示す。コンクリートの締固め性として締固め度を、変形抵抗性の指標として写真1に示すエッジスランプ（以下、ES）およびオーバーフロー（以下、OF）を、すべり抵抗性としてDFテスタによる動的摩擦係数を測定した。なお、スランプがESおよびOFに与える影響を検討するため、混和剤添加量によりスランプを変えた場合の箱型装置を用いた変形性試験も実施した。

表1　使用材料

種別	銘柄および産地
セメント	早強ポルトランドセメント(H)（密度:3.14g/cm³） 普通ポルトランドセメント(N)（密度:3.16g/cm³）
細骨材	①東京都奥多摩産砂岩砕砂（表乾密度:2.66g/cm³） ②千葉県香取産山砂（表乾密度:2.60g/cm³） ③埼玉県秩父産石灰砕砂（表乾密度:2.67g/cm³） ※①：②：③＝50：20：30にて混合使用
粗骨材	東京都奥多摩産砂岩砕石2005（表乾密度:2.67g/cm³）
混和剤	AE減水剤（W/C=42%, 43%の配合に使用） 高性能AE減水剤（W/C=35%, 39%の配合に使用）
水	上水道水

表2　配合条件

記号	セメント種類	スランプ (cm)	W/C (%)	単位水量 (kg/m³)	セメント量 (kg/m³)	粗骨材かさ容積 (m³/m³)	細骨材率 (%)
H43-73	H	4	43	145	337	0.730	36.7
H39-70	H	4	39	144	370	0.700	38.5
H39-73	H	4	39	137	351	0.730	37.1
H39-76	H	4	39	130	334	0.760	35.7
H35-73	H	4	35	142	406	0.730	35.0
H39-73-12	H	12	39	157	403	0.730	33.6
N42-73	N	4	42	145	346	0.730	33.6

表3　試験項目および試験方法

試験項目	試験方法
スランプ	JIS A 1110 コンクリートのスランプ試験方法
締固め性 [1]	鋼製容器（φ150mm×175mm）に所定量のコンクリートを充填し、ウェイト（約260g）を載せ、モルタルフローテーブル上での落下運動を繰り返し、0,5,10,20,40,60,80回においてコンクリート上面の下がりを測定し、みかけの密度をコンクリートの単位容積質量で除した値を締固め度とした。
箱型装置を用いた変形性試験 [1]	写真1に示す箱型装置（250×250×250mm）にコンクリートを投入し、内部振動機を用いて締固めを行い、表面を鏝で仕上げ、スライド板を引き抜き、スライド板の接していた試料上面中央部分の下がり量（ES）および膨らみ出し量（OF）を測定した。
仕上性	木製型枠（450×450×100mm）にコンクリートを打込み、金鏝仕上げ後に、ほうき目を施し、硬化後にDFテスタを用いて動的摩擦係数を測定した。
曲げ強度	JIS A 1106 コンクリートの曲げ強度試験方法

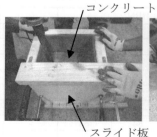

写真1　変形性試験用箱型装置

3. 試験結果
3.1 締固め度

落下回数(打撃)と締固め度との関係を図1に示す。N42-73に比べ、Hを用いた場合は、締固め度がやや小さな値で推移したが、いずれの配合も落下回数60回までに締固め度が100%程度となった。また、粗骨材かさ容積が小さくなると締固めがやや容易であることがわかった。

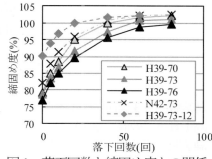

図1 落下回数と締固め度との関係

3.2 箱型試験装置による変形性

スランプとESとの関係を図2に、スランプとOFとの関係を図3に示す。既往の研究[1]と同様に、スランプが小さいほどESおよびOFは小さくなった。スランプが4.0～5.5cmの場合の粗骨材かさ容積とESとの関係を図4に、OFとの関係を図5に示す。粗骨材かさ容積が大きくなるほどESおよびOFが小さくなる傾向を示した。

50×50×30cmの箱型試験装置を用いた既往の研究[2]と比較すると、スランプとESおよびOFとの関係はほぼ同等であった。同報告では実用に供することができる暫定基準としてESが10mm以下、OFが15mm以下[2]を挙げており、本報のH39-73およびH39-76も実用に供することができる性状であると推察される。

3.3 仕上性

コンクリートの打設および締固め後に行った金鏝仕上げは、いずれの配合も容易であったが、粗骨材かさ容積が大きくなるにつれ、やや難しくなる傾向にあった。また、ほうき目はいずれの配合においても明瞭に施すことができた。図6のようにHを用いた配合の動的摩擦係数は、N42-73よりも大きな値を示した。

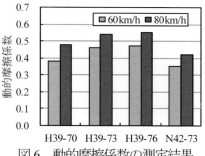

図6 動的摩擦係数の測定結果

3.4 曲げ強度

水セメント比が43%、39%および35%の材齢1日における曲げ強度は、それぞれ3.71N/mm^2、4.56N/mm^{2}および5.10N/mm^{2}であった。安全を考慮し水セメント比を39%程度とすれば、材齢1日の曲げ強度が3.5N/mm^{2}を満足することがわかった。

4. まとめ

本報では、目標スランプが4cmの早強ポルトランドセメントを使用したコンクリートを中心に、スリップフォーム工法への適用性を検討した。その結果、本報の範囲では、変形性および締固め度を考慮すると、粗骨材かさ容積を0.730m^3/m^{3}程度とすることで、良好な施工性を備えたコンクリートが得られることがわかった。また、水セメント比を39%程度とすることで、材齢1日における所要の曲げ強度を確保できることがわかった。今後の課題としては、各種性状の温度依存性の確認および経時変化を含む実機による施工性の確認などが挙げられる。

謝辞 株式会社佐藤渡辺の浅野嘉津真氏、野口純也氏、亀田峰雪氏のご協力に深謝いたします。

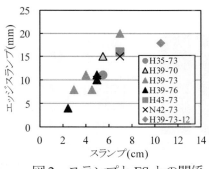

図2 スランプとESとの関係

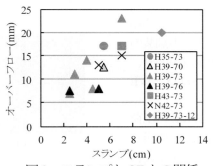

図3 スランプとOFとの関係

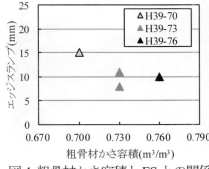

図4 粗骨材かさ容積とESとの関係

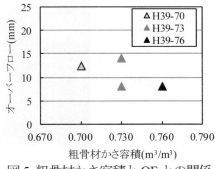

図5 粗骨材かさ容積とOFとの関係

【参考文献】
1) 国立研究開発法人土木研究所：骨材資源を有効利用した舗装コンクリートの耐久性確保に関する共同研究報告書、pp28-48（2016）
2) 鈴木徹ほか：舗装用スリップフォーム工法コンクリートの自立性、脱型性を評価する品質管理手法について、道路建設 No.740、pp.71-77（2013）

[3107]

一般市道に施工した早期交通開放型コンクリート舗装の版内温度調査

宇部興産株式会社　技術開発研究所　　○佐藤喜英
　　　　　　　　　　　　　　　　　　桐山宏和
　　　　　　　　　　　　　　　　　　吉田浩一郎

1. はじめに

コンクリート舗装の養生期間を試験によって定める場合、その期間は、現場養生供試体の曲げ強度が配合強度の70%以上となるまでとされている[1]。早期開放型コンクリート舗装（以下、1DAY PAVE）の場合、新設工事を除いては養生終了後から交通解放される場合が多い。しかしながら、交通開放時の舗装版の強度は明確でなく、これを把握する術が必要となっている。

舗装版の強度を推定するための一手段として、版内温度を把握することが考えられ、これは品質管理に活用できる可能性がある。本調査では、保温養生供試体の品質管理適用の可能性を検討するため、舗装版内との温度比較を行うと共に曲げ強度を確認した。

2. 調査概要
2.1 施工概要

施工概要を表1に、舗装構成および施工平面図を図1に示す。本事例は、一般市道の右折レーンへの適用であり、アスファルト舗装からの打換え工事である。適用箇所は大型車の交通量が多く、轍掘れの発生に伴う改修頻度が高かったため、LCCの観点からコンクリート舗装の適用が検討された。また、周辺に大型商業施設があり、交通規制による渋滞悪化が懸念されたため、1DAY PAVEが採用された。

コンクリートの製造は、これまで1DAY PAVEの出荷実績があるレディーミクストコンクリート工場が担当した。アジテータ車からの荷卸しにはバックホウを用い、スクリードによって敷均した後にバイブレータで締固めを行った。タンパやフロートによる平坦仕上げを行った後、ほうき（PP繊維使用）によって粗面仕上げを行った。なお、曲げ強度確認まではシート養生を行った。施工状況を写真1に示す。

2.2 配合条件・試験項目

表2にコンクリートの配合条件を示す。水セメント比は事前に試し練りを行い35%とした。粗骨材最大寸法は20mmとした。混和剤は高性能AE減水剤を使用した。

表3に試験項目とその方法を示す。荷卸し時にスランプ、空気量およびコンクリート温度を測定した。また、舗装版内の3箇所（図1参照）において、打込みから材齢1日までの温度を測定した。測定には熱電対を用い、舗装版表面から10cmの位置に設置した。曲げ強度は、現場養生した場合と保温養生した場合で確認した。なお、保温養生用の型枠は合板で製作し、型枠上面と両側面にスチレンボードを貼り付けた。図2に使用した保温養生用型枠と熱電対の位置を示す。

表1　施工概要

適用箇所	打設時期	延長(m)	幅(m)	版厚(m)	面積(m²)	打設量(m³)
一般市道	11/30	50	1.00～2.85※	0.25	128	36

※轍掘れの顕著な右折レーンに適用

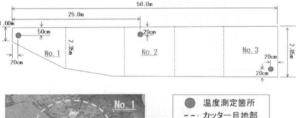

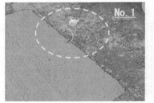

図1　舗装構成および施工平面図

写真1　施工状況

表2 配合条件

W/C (%)	単位水量 (kg/m³)	粗骨材かさ容積 (m³/m³)	目標値 スランプ (cm)	目標値 空気量 (%)
35.0	165	0.73	12±2.5	4.5±1.5

表3 試験項目

試験項目	試験方法
スランプ・空気量 コンクリート温度	JIS に準じて試験
舗装版内温度	測定方法：熱電対による 測定期間：打込みから材齢1日まで
曲げ強度	JIS A 1106 に準じて試験 供試体寸法：10×10×40cm

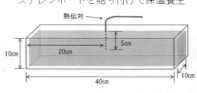

図2 保温養生用型枠と熱電対位置

3. 試験・調査結果
3.1 フレッシュ性状・曲げ強度

表4にフレッシュ性状と曲げ強度試験結果を示す。スランプと空気量はいずれも目標値を満足した。現場養生した供試体は、材齢0.8日時点で3.91N/mm²となり、養生終了の目安となる3.5N/mm²を満足した。また、保温養生した供試体は、材齢1日で5.47N/mm²となった。

3.2 版内温度と推定される舗装版の曲げ強度

図3に材齢1日までの温度履歴を示す。また、表5に平均温度と積算温度を示す。舗装版はシート養生としたが最高温度は30℃を越えた。各測定箇所の平均温度はNo.3＞No.2＞No.1の順となり、道幅が狭まっているNo.1ではNo.3よりも最高温度が3℃低かった。なお、現場養生供試体と舗装版内の平均温度は7.6～10.6℃の差があった。

保温養生供試体の平均温度と積算温度は、舗装版No.2およびNo.3の位置とほぼ等しいことがわかった。既往の報告では、試験室で成形した供試体と舗装版から採取した試験体は、同じ積算温度と曲げ強度の関係で整理できる可能性が示されている²⁾。このため、本施工における舗装版の曲げ強度は保温養生供試体と同程度となっている可能性がある。

3.3 施工後の路面状況

写真2に施工後の路面状況を示す。目地間隔を10mとして、積算温度が200℃·hrを目安にソフカットを行ったところ、ひび割れの発生は認められなかった。

表4 フレッシュ性状と曲げ強度

スランプ (cm)	空気量 (%)	コンクリート温度 (℃)	曲げ強度 (N/mm²) 現場養生	曲げ強度 (N/mm²) 保温養生
12.5	5.0	20.0	3.91※1	5.47※2

※1：材齢0.8日、※2：材齢1.0日

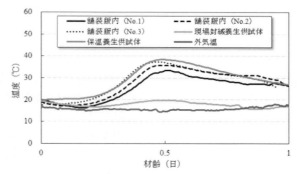

図3 材齢1日までの温度履歴

表5 平均温度と積算温度

温度測定対象		平均温度 (℃)	積算温度 (℃·時間)	平均外気温 (℃)
舗装版	No.1	25.4	944	15.7
舗装版	No.2	27.6	1052	
舗装版	No.3	28.4	1124	
現場養生供試体		17.8	647	
保温養生供試体		29.3	1133	

写真2 施工後の路面状況

4. おわりに

本調査に用いた保温養生供試体の温度履歴は舗装版内とほぼ等しかった。このため、舗装版は保温養生した供試体と同程度の曲げ強度が得られている可能性がある。

謝辞：本調査では、宇部市、三和企業(株)、萩森興産(株)にご協力頂きました。ここに感謝の意を表します。

【参考文献】
1) (公社)日本道路協会：舗装施工便覧、pp.166 (2006)
2) 瀧波勇人ほか：普通ポルトランドセメントを使用した早期開放型コンクリート舗装に関する検討 (その1：交通開放時期)、第69回セメント技術大会講演要旨、pp.202-203 (2015)

[3108]

舗装路面のテクスチャとすべり抵抗性に関する一検討

一般社団法人セメント協会　研究所　　〇泉尾英文
瀧波勇人
佐藤智泰
首都大学東京　　　　　　　　　　　　上野敦

1. はじめに

道路交通の安全性を確保するうえで、路面のすべり抵抗性は重要な管理項目のひとつである。すべり抵抗性には路面のテクスチャが大きく影響しており、これまでに多くの研究が行われてきた。PIARC では、波長が 0.5～50mm の範囲の凹凸をマクロテクスチャ、波長が 0.5mm 未満の凹凸をマイクロテクスチャと定義[1)2)]している。主に、マクロテクスチャは排水機構として、マイクロテクスチャは摩擦機構として、すべり抵抗性に寄与する[3)]ものと考えられている。一般的に、コンクリート舗装では、粗面仕上げによりテクスチャを形成するため、粗面仕上げの状態によってすべり抵抗性が変化するものと考えられるが、検討事例は少ない。特に、マイクロテクスチャを評価した事例が少ないことから、マイクロテクスチャに着目して実験的検討を行った。

2. 試験概要
2.1 供試体

供試体は、試験施工を行ったコンクリート供試体と室内試験で成形したモルタル供試体を使用し、また、実道から採取した供試体を一つ追加した。何れの供試体も、打設時には、こて仕上げを行い、静置後にほうきで粗面仕上げを行ったものである。供試体の一覧を表 1 に示す。

2.2 試験項目

すべり抵抗性の評価は、舗装調査・試験法便覧 S021-2「振り子式スキッドレジスタンステストによるすべり抵抗測定方法」(BPN)に準拠してすべり抵抗値を測定した。一部、S021-3「回転式すべり抵抗測定器による動的摩擦係数の測定方法」(DFT) に準拠して動的摩擦係数 $\mu(60km/h)$ を測定した。

路面のテクスチャは、光切断法による非接触式の三次元形状測定機を使用して、50×50mm の領域の凹凸を測定した。粗さの指標として、測定値から式（1）に示す面の算術平均高さ S_a (ISO 25178 準拠)を算出した。計測した断面曲線から直接算出した S_a は、測定領域に含まれる全ての波長の凹凸を含むことから、波長の大きな凹凸による影響が大きいと考え、これをマクロテクスチャによる粗さとした。一方、マイクロテクスチャによる粗さは、図1に概念図を示すとおり、計測断面曲線から波長 0.5mm を基準としたうねり曲線を差し引くことで、波長 0.5mm 未満の凹凸による粗さ曲線を求め、その曲線から S_a を算出した。

3. 試験結果
3.1 すべり抵抗性

BPN および DFT の結果を表 1 に示す。粗面仕上げを行うタイミング（検討(i)(ii)）によって BPN は変化し、適切な時間よりも遅すぎても早すぎても BPN は低下した。これは、時間の経過によってコンシステンシーが変化し、テクスチャの付き易さと保持のし易さが変化したものと考えられる。W/C による影響（検討(iii)～(vi)）について、明確な傾向はなかった。S/C による影響（検討(iv)～(vi)）について、一部（W/C=35%）を除き、S/C が 1.5 と細骨材の量が少ないと BPN が低かった。仕上げ補助剤による影響（検討(vii)）については、噴霧量に応じて BPN が高くなった。噴霧した後の粗面仕上げを行うタイミングは、同等のほうき目となるよう目視で確認しながら適宜調整を行った。実道の調査（検討(viii)）では、BPN は 85 であり、十分なすべり抵抗性が確保されている路面であった。DFT による動的摩擦係数は、BPN による結果と同様の結果であった。

$$S_a = \frac{1}{A} \int\int_A |Z(x,y)| dxdy \quad\quad 式(1)$$

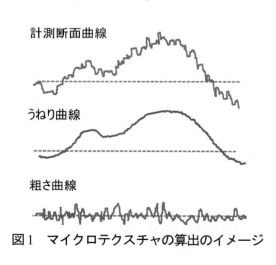

図1　マイクロテクスチャの算出のイメージ

表1 供試体およびすべり抵抗値の一覧

供試体	凡例	検討項目	セメント	W/C (%)	S/C (-)	仕上げ時間 (h)	仕上げ補助剤	BPN	DFT μ 60km/h
モルタル	(i)	仕上げ時間	H	33.8	1.3	1	無	70	
						2		58	
						3		44	
	(ii)			35		0.2		59	
						2		75	
	(iii)	W/C		35		1		71	
				40				70	
				45				62	
	(iv)	S/C		35	1.5			74	-
					2			71	
					2.5			73	
	(v)	W/C S/C		40	1.5	0.5		67	
					2			75	
					2.5			74	
	(vi)	S/C		45	1.5			56	
					2			81	
					2.5			82	
コンクリート	(vii)	仕上げ補助剤		35	1.3	任意	無	58	0.34
							少	67	0.43
							中	78	0.55
							多	82	0.63
	(viii)	実道	BB	38	2.6	任意	無	85	0.65

H：早強ポルトランドセメント（JIS R 5210:2009）
BB：高炉セメントB種（JIS R 5211:2009）

3．2 テクスチャとBPNとの関係

マクロテクスチャによる算術平均高さS_aとBPNの関係を図2に示す。マクロテクスチャによるS_aとBPNに、相関は認められなかった。一方、図3に示すように、マイクロテクスチャによるS_aとBPNには相関が認められ、S_aが大きいほどBPNは高かった。検討項目(vii)では、同程度のテクスチャを目視で確認しながら、粗面仕上げのタイミングを調整した。1点を除きマクロテクスチャによるS_a（図2）は300μmと同程度となったがBPNは異なった。また、1点のS_aは400μmと他よりも大きなマクロテクスチャであったが、BPNは低い結果であった。これらの結果を、マイクロテクスチャによるS_aとの関係（図3）でみると、S_aが大きいほどBPNが高く、明確な相関が認められた。この結果から、十分なマクロテクスチャを確保したとしても、下地として適切なマイクロテクスチャが形成されていなければ、すべり抵抗性は確保できないものと考えられる。検討項目(viii)の実道では、マクロテクスチャが小さいものの、BPNおよびDFTは高く、十分なすべり抵抗性を確保している。これは、マイクロテクスチャが適切に形成されていたためと考えられる。また、S/Cの検討結果から、砂が少ないとマイクロテクスチャを形成しにくいものと考えられる。

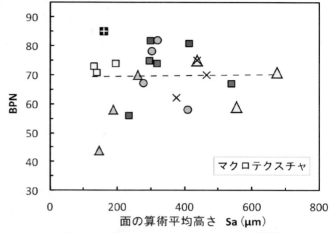

図2 マクロテクスチャとBPNの関係

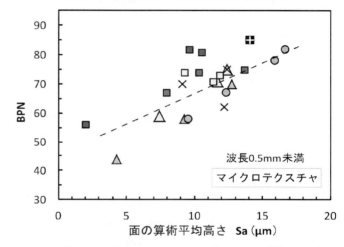

図3 マイクロテクスチャとBPNの関係

4．まとめ

マイクロテクスチャとBPNに正の相関が認められた。マイクロテクスチャの形成は、粗面仕上げのタイミング、仕上げ補助剤の有無や砂の量によって影響を受け、それに応じてBPNも変化した。今後、DFTによる動的摩擦係数との関係やマクロテクスチャによる影響も含めた総合的な評価など、さらなる検討が必要と考えられる。

【参考文献】
1) PIARC : Optimization of Surface Characteristics, PIARC Technical Committed on Surface Characteristics, Report to VXIIIth World Road Congress, Brussles, Belgium, 1987
2) 土木学会 舗装工学委員会：舗装工学ライブラリー10 路面テクスチャとすべり、土木学会、p.2 (2013)
3) 斉藤和夫、ジョンJ.ヘンリー：舗装路面の粗さとすべり抵抗の関係に関する研究、交通工学 Vol.23、No.6、pp.19-27（1988）

異なるフレッシュ性状のモルタルが吹付け性状に与える影響

芝浦工業大学大学院　理工学研究科　地域環境システム専攻　〇三坂岳広
芝浦工業大学大学院　理工学研究科　建設工学専攻　伊藤孝文
芝浦工業大学　工学部　土木工学科　伊代田岳史

1. はじめに

吹付け工法は、既存構造物の断面修復やトンネルの一次覆工などの様々な用途で広く用いられている。のり面保護工の1つであるモルタル吹付工は、斜面が軟岩以上で十分な安定性を保持しており、湧水処理が可能な場合に適用する。吹付けモルタルの特徴としては、単位セメント量400kg/m³程度、水結合材比(W/B)が60%、砂粉体比(S/C)が4でモルタルフローが120mm程度の硬練りモルタルが一般的に使用されている[1]。現場での吹付けモルタルの製造は、規定質量の砂、セメント、水を混合しており、モルタルのフレッシュ性状は、砂の表面水率、粒度分布等に影響を受ける。一方で、吹付けに関する既往の研究は、吹付けコンクリートを対象したものが多く、コンクリートの岩盤との付着強度や凍結融解、施工性、フレッシュ性状についての研究が多くなされている。しかし、吹付けモルタルでの研究は少なく、材料設計からの混和剤や混和材の使用による改良の余地があると考えた。

本研究では、吹付工で使用される吹付けモルタルの施工性向上を目的に、使用材料や配合を変動させた際の吹付け施工性、圧送性等を検討し、吹付けモルタルのフレッシュ性状と吹付け性状の関係性について把握する。

2. 試験概要

図-1に吹付けの概略を示す。モルタルの吹付けは、空気圧送方式の湿式吹付機を用いた。

2.1 使用材料および配合

表-1に吹付け試験を行ったモルタルの計画配合を示す。各配合は、水結合材比(W/B)、普通ポルトランドセメント(N)に対する高炉スラグ微粉末(BFS)やフライアッシュ(FA)といった混和材による置換、増粘剤(V)や高性能AE減水剤(SP)のような混和剤の添加を行って吹付けモルタルのフレッシュ性状を変化させた。各配合の略号は、W/B、セメントや混和材の種類、混和材の置換率、混和剤の種類を示したものである。43Nは現場吹付け実験時に実際に吹付けしていた配合であり、その他配合は15打のスランプフローが120mm程度になるように調整をした。

2.2 試験概要

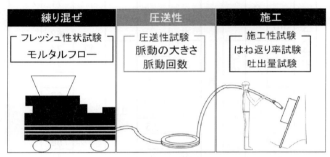

図-1　吹付けの概略

表-1　計画配合

	単位量(kg/m³)					Ad
	W	C	BFS	FA	S	
43N	187	431			1781	
60N	241	402			1661	
60NV	241	402			1661	V
60BFS45	240	220	180		1653	
53BFS25	218	308	103		1703	
60FA15	239	339		60	1649	
43NSP	192	427			1764	SP
50NSP	209	418			1728	SP

本研究では、図-1の試験項目について検討し、モルタルのフレッシュ性状、圧送性、施工性を評価した。

（1）フレッシュ性状試験

モルタルの流動性等を評価するためにモルタルフロー試験をJIS規格に準拠して行った。使用するモルタルは固練りのため15打だけではなく、45打でもモルタルフローの測定を行い、変形や粘性についても評価した。

（2）圧送性試験

圧送性を評価するために実機を用いてモルタルホースの脈動の大きさと回数を測定した。

（3）施工性試験

施工性は、実機を用いて吹付け試験を行い、作業速度に影響をおよぼすモルタルの吐出量とはね返り率から評価した。

3. 試験結果および考察

3.1 フレッシュ性状と施工性の関係

図-2に15打のモルタルフローとはねかえり率の関係を

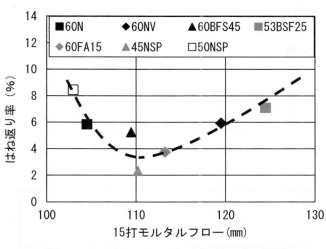

図-2 モルタルフローとはね返り率の関係

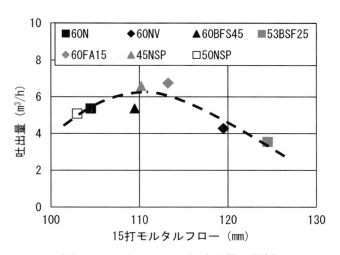

図-3 モルタルフローと吐出量の関係

を示す。はね返り率は、15打のモルタルフローが110mmで最小値を示している。図-3に15打のモルタルフローと吐出量の関係を示す。吐出量は、フローが110mm程度で最大値を示している。これらの結果から、吹付けモルタルのはね返り率と吐出量は、15打モルタルフローが110mm程度の時に最も良いと考えられる。

3．2 圧送性と施工性の関係

表-2に圧送性と施工性の関係を示す。脈動の回数が少なく、脈動の大きさが小さいモルタルを圧送性の良いモルタルと判断し、吐出量が多くはね返り率の小さいものを施工性の良いモルタルと判断をした。表から圧送性と施工性の両方を満足する配合は無かった。圧送性はモルタルの粘性が低い方が圧送しやすいのに対し、施工性は粘性が高くないと、はね返り率が大きくなることが原因と考えられる。

3．3 フレッシュ性状と圧送性能の関係

図-4に脈動の大きさとフロー増加率の関係を示す。図の横軸は、15打から45打でのモルタルフローの増加割合である。モルタルフローの増加割合が大きいモルタルでは、脈動の大きさが小さくなっている。この理由として、モルタルフローの増加割合が大きいモルタルは、変形性や流動性が大きいと考えられ、吹付機で空気により圧送する際に継続的に送られると考えられる。一方で、モルタルフローの増加割合が小さい粘性の高いモルタルは、断続的に圧送されるために脈動が大きくなってしまったことが考えられる。

4．まとめ

1) 吹付けモルタルの15打のモルタルフローを110mm程度にすることで、吹付けの際のはね返り率を小さくし、吐出量を多くできる。これにより、施工性の向上が可能と考えられる。
2) 15打から45打のモルタルフローの増加割合を得るこ

表-2 圧送性と施工性の関係

	圧送性		施工性	
	脈動回数	脈動の大きさ	吐出量	はね返り率
43N	×(多)	×(大)	×(少)	×(大)
60N	○(少)	○(小)	△	△
60NV	×(多)	○(小)	△	△
60BFS45	×(多)	○(小)	△	△
53BFS25	×(多)	○(小)	×(少)	×(大)
60FA15	×(多)	×(大)	○(多)	○(少)
43NSP	○(少)	×(大)	○(多)	○(少)
50NSP	×(多)	×(大)	△	×(大)

図-4 脈動の大きさとフロー増加率の関係

とで圧送の際の脈動の大きさを評価できる。

吹付けモルタルは、15打のモルタルフローを110mm程度とし、材料分離しない範囲で粘性と流動性を調整することで圧送性と施工性を向上できる可能性がある。

【参考文献】

1) 土木学会：吹付けコンクリート指針（案）〔のり面編〕No.122、pp.39-40、(2005)

謝辞）本研究はアイビック社との共同研究である、実験を実施した卒業生である田中彰君に感謝する。

ラテックス改質速硬コンクリートの構造性能に関する基礎的研究

宮崎大学　工学部　　　　　　　　　　　　　　〇井野椋太
　　　　　　　　　　　　　　　　　　　　　　李春鶴
宮崎大学　教育研究支援技術センター　　　　　安井賢太郎
太平洋マテリアル株式会社　開発研究所　　　　郭度連

1. はじめに

現在、建設から50年以上が経過した構造物が多く供用されており、その老朽化が深刻な問題となっている。老朽化等に対する補修・補強材料には速硬性のみならず、高い曲げ強度、付着強度および耐久性などの性能が求められているが、これら要求性能を満足する材料としてラテックスが有効であると考えられる。郭ら[1]の研究によれば、速硬性混和材による速硬化効果とラテックスによる改質効果が融合された場合においても、それぞれの効果が阻害されることなく、速硬化コンクリートと同様の高強度に加えて優れた靭性を有することが確認されている。高強度、あるいは高靭性を有する材料の構造性能に関する既往の研究[2),3)]では、高強度コンクリートはりや高靭性コンクリートはりが普通強度コンクリートはりに比べて構造的に優れていることが確認されているが、その両方の性質を併せ持つ新しいコンクリート材料の構造性能に関する研究はほとんど行われていない。

そこで、本研究では高強度かつ高靭性であるラテックス改質速硬コンクリートを用いたRC部材の一軸引張試験を行い、その基礎的構造性能についての検討を行った。

2. 実験概要

2. 1 使用材料およびコンクリートの配合

表-1にコンクリートの配合を示す。本研究で使用する材料は既往の研究[1)]を参考に、特殊カルシウムアルミネートを主成分とした速硬性混和材(F)を用いた。ラテックス(L)はポリマーディスパージョンの中で、SBRラテックスを使用した。ラテックスは普通コンクリートの単位水量120kg/m^{3}を置換し混和した。LMFCはラテックスの効果により十分なフレッシュ性状が得られるため、減水剤

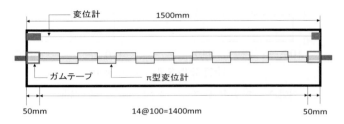

図-1　供試体概略図

(Ad)を使用していない。また、硬化時間の調整を行うためオキシカルボン酸系の硬化調整剤(Re)を添加している。また、供試体は、普通ポルトランドセメントのみを用いた供試体(PL)、速硬コンクリートを用いた供試体(FC)、ラテックス改質速硬コンクリートを用いた供試体(LMFC)の三種類の供試体を作製し実験を行った。

2. 2 供試体概要および実験項目

図-1は一軸引張試験用供試体の概略を示す。形状寸法は100mm×100mm×1500mmの棒部材であり、中心に呼び名がD22の鉄筋(SD345)を配置した。供試体は打込み終了後材齢2日で脱型し、材齢28日まで室内で湿布養生を行った。

一軸引張試験では、供試体の片側面にπ型変位計を14個設置してひび割れ幅を測定した材料試験では、圧縮および割裂引張試験にφ100mm×200mmの円柱供試体を用い、曲げ強度試験に100mm×100mm×400mmの角柱供試体を用いた。これらの供試体は打込み終了後材齢2日で脱型し、半分ずつ室内で湿布養生と水中養生を行った。

3. 実験結果および考察

表-2に各種強度試験の結果を示す。表より圧縮強度においてLMFCはPLの約1.4倍の強度を示し、高強度で

表-1　コンクリートの配合

配合の種類	W/C (W/B)	P/C (P/B)	単位量 (kg/m^3)						外割添加 (kg/m^3)		スランプ (cm)	空気量 (%)
			W	L	C	S	G	Ad	F	Re		
PL	65.0	—	178	—	274	908	959	C×0.7%	—	—	15.0	2.4
FC	650 (44.5)	—	178	—	274	908	959	C×0.7%	117	2.74	22.0	1.4
LMFC	45.2 (31.7)	19.7 (13.8)	58	120	274	908	959	—	117	2.74	21.0	3.0

表-2 強度試験結果(N/mm²)

	圧縮強度	割裂引張強度	曲げ強度	曲げ靭性係数
室内湿布養生(28日)				
PL	31.8	2.8	5.6	0.42
FC	43.8	4.6	8.0	0.77
LMFC	50.2	5.3	10.2	1.10
水中養生(28日)				
PL	34.9	3.4	6.0	0.46
FC	45.0	4.6	7.6	0.62
LMFC	45.8	5.5	11.2	1.17

あることが確認できた。また曲げ強度においてLMFCはPLの約1.8倍の強度であり、曲げ靭性係数も約2.5倍あることから高靭性であることが確認できた。表-3に一軸引張試験における各供試体の初期ひび割れ発生荷重、鉄筋降伏荷重、ひび割れ本数を示す。表より、初期ひび割れ発生荷重はLMFC、FC、PLの順で高い結果となり、LMFCはPLの2.1倍の初期ひび割れ発生荷重を示した。初期ひび割れ発生荷重からLMFCが優れた構造性能を有していることが明らかとなった。

図-3に平均ひび割れ幅と鉄筋ひずみの関係を示す。また、表-4に各荷重におけるひび割れ本数を示す。図よりPLに比べてFCは同様な鉄筋ひずみに対して、平均ひび割れ幅が小さくなっているが、LMFCは載荷初期段階を除くと、平均ひび割れ幅が増加している。表より載荷初期段階ではLMFCのひび割れ本数が他のものに比べて半分以上少ないことが確認できる。LMFCの平均ひび割れ幅が大きくなる原因として、LMFCの高靭性によりひび割れ発生が遅延し、本数が少ない。変形が大きくなるとひび割れ発生部位の局所性により変位が増大し、結果的に平均ひび割れ幅が大きくなることが推察される。

4. まとめ

一軸引張試験により、LMFCの初期ひび割れ発生が遅延されることが確認できた。また、ひび割れ発生後、鉄筋が降伏するまでLMFCが最も荷重に対する変位量が小さいことが確認できた。従って、ラテックス改質速硬コンクリートを構造物に適用した場合、優れた構造性能を有することが示唆された。

参考文献

1) 郭度連、森山守、菊池徹、李春鶴：ラテックス改質速硬コンクリートの基礎物性と耐久性能に関する基礎的検討、コンクリート工学年次論文集、Vol.37、No.1、pp.1939-1944、2015
2) 西拓馬、大野義照、中川隆夫、グエンテクオン：高強度コンクリートを用いた鉄筋コンクリート梁の曲げひび割れ性状、コンクリート工学年次論文集、Vol.29、No.3、pp.571-576、2007
3) 中村允哉、渡部憲、白都滋、山田友也：再生骨材を使用した高靭性コンクリート製RC梁の破壊挙動、コンクリート工学年次論文集、Vol.34、No.1、pp.358-363、2012

表-3 一軸引張試験結果

供試体種類	初期ひび割れ発生荷重(kN)	鉄筋降伏荷重(kN)	ひび割れ本数(本)
PL	37	150	11
FC	56	151	12
LMFC	78	150	12

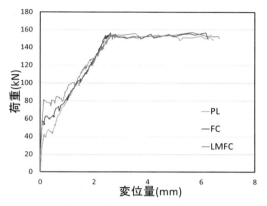

図-2 荷重と変位量の関係

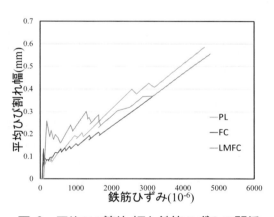

図-3 平均ひび割れ幅と鉄筋ひずみの関係

表-4 各荷重におけるひび割れ本数

荷重(kN)	供試体種類		
	PL	FC	LMFC
40~79	7	7	3
80~119	9	10	6
120~159	11	12	12

超高強度コンクリートの構成相が練混ぜ性に及ぼす影響

住友大阪セメント株式会社　セメント・コンクリート研究所　　〇野村博史
東京大学　大学院工学系研究科　　　　　　　　　　　　　　　　野口貴文

1. 目的

超高強度コンクリートの製造において、練混ぜの所要時間や負荷電力（以下、練混ぜ性という）は生産性及びコストに直接影響を及ぼす重要な因子だと言える。超高強度コンクリートの練混ぜに対し、結合材料のどのような特性が最も影響を及ぼすのかは、練混ぜ自体がどのように進行するのかということと密接に関連すると考えられたため、既報[1),2)]では、水結合材比（以下、W/B）20%未満のペーストを対象に練混ぜプロセスに係る実験検討を行った。その結果、低W/Bペーストの練混ぜ性に対し、粉体粒子の分散性及び充填性が最も重要な特性であることが判明した。そこで本報では、結合材料の特性がペーストのみならず超高強度コンクリートの練混ぜ性に影響を及ぼすことを明確にすべく、コンクリートの構成相が練混ぜ性に及ぼす影響について仮説を立て、これらを検証する実験を行った。

2. 材料及び調合

使用材料を表1及び表2に示す。なお、比表面積はBET法（N_2吸着法）により計測した。結合材の調合条件を表3に示す。コンクリート調合は単位水量135kg/m³、細骨材比率55%で一定とした。高性能AE減水剤は添加量をSP/B=2.4%とし、固形分補正を行わずに練混ぜ水の一部とみなした。また、モルタル調合はコンクリートから粗骨材を除く形で、ペースト調合はモルタルから細骨材を除く形でそれぞれ単位量を決定した。

3. 実験概要

コンクリートは、強制2軸型ミキサ（容量55L）を用いて1回当りの量を30Lとして練り混ぜた。モルタル及びペーストは、パドル式ミキサ（JIS R 5201）を用いて1回当りの量を0.7Lとして練り混ぜた。材料の投入方法は、何れも結合材及び骨材を30秒空練りした後、練混ぜ水を一括投入した。

3.1 ペーストの練混ぜ性；シリーズ(1)

超高強度コンクリートの調合において、ペーストは単位容積の約半分を占める。そこで「超高強度コンクリートの練混ぜ性は、概ね同一結合材を用いたペーストの練混ぜ性に依存する」との仮説を立て、コンクリート及びペーストを練り混ぜた。このときのミキサ負荷変動は、材料の練混ぜ状態を反映して推移する。そこで、練混ぜ状態の目視確認とミキサ負荷変動に基づき練上がりを判断して所要練混ぜ時間を計測した。

3.2 モルタルの変形性；シリーズ(2)

超高強度コンクリートの練混ぜプロセスは、ミキサ負荷変動から「ペースト及びモルタルが形成される段階」と「コンクリート塊が一体化し、均質化する段階」の2つに区分することができる。後者の段階において、コンクリート塊が一体化し易いかどうかには、モルタルないしペーストの変形性が影響を及ぼしていると考えられる。そこで「超高強度コンクリートの練混ぜ性は、同一結合材を用いたモルタルの変形性の影響を受ける」との仮説を立て、調合A及びBのモルタルを練り混ぜた。上述の

表1　使用材料；結合材

品種	試料記号	密度 (g/cm³)	比表面積 (m²/g)	シリーズ (1)	シリーズ (2)
低熱ポルトランドセメント	LC-a	3.22	0.7	*	*
シリカフュームおよび代替品	SF-a	2.34	19.8	*	*
	SF-b	2.32	22.0	*	
	CC-a	2.73	16.3	*	
	SS-a	2.27	5.7	*	
フライアッシュ	FA-a	2.40	1.6	*	*
	FA-b	2.52	1.5	*	
	FA-c	2.25	0.8	*	

表2　使用材料；結合材以外

材料	品種	記号	密度 (g/cm³)
骨材	フェロニッケルスラグ細骨材	FNS	2.89
	硬質砂岩6号砕石	G	2.63
水	上水道水	W	-
化学混和剤	ポリカルボン酸系高性能AE減水剤	SP	
	ポリオキシアルキレンアルキルエーテル系消泡剤	Non.AE	-

表3 結合材の調合条件

W/B	調合記号	低熱セメント 名称	低熱セメント 比率	シリカフューム等 名称	シリカフューム等 比率	フライアッシュ 名称	フライアッシュ 比率
16%	A	LC-a	70	SF-a	10	FA-a	20
	B	LC-a	90	SF-a	10	-	0
	C	LC-a	70	SF-a	10	FA-b	20
	D	LC-a	70	SF-a	10	FA-c	20
	E	LC-a	70	SF-b	10	FA-a	20
	F	LC-a	90	SF-b	10	-	0
	G	LC-a	70	CC-a	10	FA-a	20
14%	A	LC-a	70	SF-a	10	FA-a	20
	B	LC-a	90	SF-a	10	-	0
12%	A	LC-a	70	SF-a	10	FA-a	20
	C	LC-a	70	SF-a	10	FA-b	20
	H	LC-a	70	SS-a	10	FA-a	20

方法で所要練混ぜ時間を計測すると共に、0打フロー、20cmフロー時間及びレオロジー特性を計測してその変形性を評価した。

4．結果及び考察
4．1 ペーストの練混ぜ性；シリーズ(1)

コンクリートとペーストの所要練混ぜ時間の関係を図1に示す。調合Bを除くと両者には相関性が認められ、「超高強度コンクリートの練混ぜ性は、概ね同一結合材を用いたペーストの練混ぜ性に依存する」ことが確認された。ここで相関から外れた調合Bと同一のシリカフュームを用いた調合Aを比較すると、ペーストでは調合Bの方が、コンクリートでは調合Aの方がそれぞれ早く練上がる逆転現象が認められた。この理由として、構成相であるモルタルないしペーストの変形性がコンクリートの練混ぜ性に影響を及ぼした可能性が考えられる。

4．2 モルタルの変形性；シリーズ(2)

コンクリート練混ぜ時のミキサ電流値を図2に示す。これより、比較的負荷変動の小さい「ペースト及びモルタルが形成される段階」と練混ぜ負荷が激しく変動する「コンクリート塊が一体化し、均質化する段階」の両者で、調合Bは練混ぜを進展させるのにより多くの時間を要したことが分かる。次に、モルタル試験結果を表4に示す。モルタルの変形性を示す指標としてフロー値及び降伏値を比較すると、調合BはAに比べて変形性に乏しいことが確認された。従って、コンクリートとペーストで練混ぜ性が逆転する現象は、構成相であるモルタルの変形性の違いに起因すると考えられ、「超高強度コンクリートの練混ぜ性は、同一結合材を用いたモルタルの変形性の影響を受ける」との仮説には妥当性があると言える。

5．まとめ

本報では、超高強度コンクリートの練混ぜ性は、同一結合材を用いたペーストの練混ぜ性に概ね依存することを実証した。また、その他の影響因子としてモルタルの変形性が関与していると考えられ、モルタルの変形性が乏しいとコンクリートの練混ぜ性は悪化することが確認された。

【参考文献】
1) 野村博史、野口貴文：低水結合材比ペーストの練混ぜによる粒子の凝集・分散状態評価、セメント・コンクリート論文集、vol.69、pp.573-579、2015
2) 野村博史ほか：粉体粒子の分散性および充填性が低水結合材比ペーストの練混ぜ性に及ぼす影響、セメント・コンクリート論文集、vol.70（投稿中）

表4 モルタル試験結果

W/B	調合名称	練混ぜ時間(分)	0打フロー(mm)	フロー時間(秒)	降伏値(Pa)	塑性粘度(Pas)
16%	A	3.3	339	4.2	(データなし)	
	B	2.3	324	7.5		
14%	A	6.7	245	11.7	586	13.0
	B	7.8	198	—	836	11.1

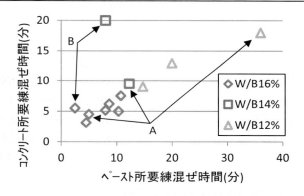

図1 コンクリートとペーストの所要練混ぜ時間の関係

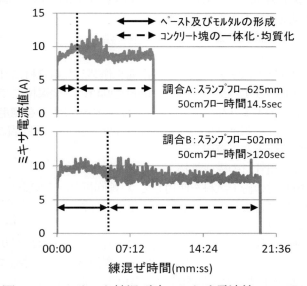

図2 コンクリート練混ぜ時のミキサ電流値；W/B14%

高温履歴を受けた高炉セメント高強度コンクリートの強度改善に関する一検討

住友大阪セメント株式会社　セメント・コンクリート研究所　　〇宮原健太
　　　　　　　　　　　　　　　　　　　　　　　　　　　　小田部裕一
　　　　　　　　　　　　　　　　　　　　　　　　　　　　永井勇也

1. はじめに

著者らは、高炉セメントと石灰石粗骨材を組み合わせた高強度コンクリートでは、高温履歴を受けた場合に高炉セメントペーストと石灰石粗骨材の線膨張係数の差が大きいため、粗骨材界面に乖離が生じ、高温履歴を受けた場合の強度が標準養生の値を大きく下回ることを明らかにしている[1]。

本検討では、石灰石粗骨材の中でも線膨張係数が比較的大きな粗骨材[2]を選定し、粗骨材の構成鉱物を分析し線膨張係数が大きくなる因子について検討を行うとともに、その粗骨材と高炉セメントを組み合わせた高強度コンクリートの強度性状について検討を行った。

2. 実験概要

2.1 使用材料およびコンクリートの配合

使用材料を表1に示す。本研究でのセメントは、市販の高炉セメントB種(記号：BB)を使用した。細骨材は山砂(記号：S)、粗骨材は硬質砂岩砕石(記号：SG)、石灰石砕石①(記号：LG①)、石灰石砕石②(記号：LG②)をそれぞれ使用した。なお、コンクリートの配合は表2に示すとおりである。

2.2 コンクリートの養生条件

養生条件は、標準養生およびJASS 5T-606に準じた高温履歴養生の2水準とした。

2.3 試験方法

(1) 粗骨材の線膨張係数

粗骨材の線膨張係数は、平滑面を作製した粗骨材に1軸計測のひずみゲージ(検長3mm)を貼付け、変温槽にて図1に示すような温度変化を与えた際の全ひずみを測定し、それら測定結果から得られる温度とひずみの関係における傾きから算出した[3]。

(2) 粗骨材の構成鉱物

粗骨材の粉末試料を使用してX線回折分析を実施し、粗骨材に含まれる構成鉱物の同定を行った。

(3) コンクリートの圧縮強度

強度試験は3試験体の平均値にて評価した。コンクリートの圧縮強度は、φ100×200mm試験体により材齢7日、28日および高温履歴養生のみ91日で測定を行った。

表1　使用材料

材料	記号	物性・密度
セメント	BB	高炉セメントB種 密度：3.04g/cm³
細骨材	S	山砂 密度：2.57g/cm³
粗骨材	SG	硬質砂岩砕石 密度：2.65 g/cm³
粗骨材	LG①	石灰石砕石① 密度：2.71g/cm³
粗骨材	LG②	石灰石砕石② 密度：2.71g/cm³

表2　コンクリートの配合

配合	W/C (%)	単位量(kg/m³)					
		C	W	S	SG	LG①	LG②
BB-SG	24	708	170	627	882	—	—
BB-LG①	24	708	170	627	—	902	—
BB-LG②	24	708	170	627	—	—	902

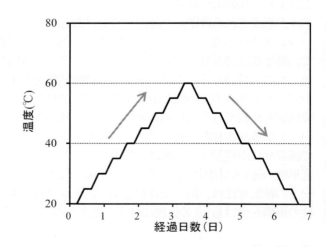

図1　粗骨材に与えた温度履歴

3. 実験結果
3.1 粗骨材の線膨張係数

粗骨材の線膨張係数の測定結果を図2に示す。図2より、線膨張係数はそれぞれSGで9.9×μ/℃、LG①で2.4×μ/℃、LG②で6.4×μ/℃となった。石灰石骨材であるLG①とLG②を比較すると、LG②の線膨張係数はLG①を4.0μ/℃上回る結果となった。

3.2 粗骨材の構成鉱物

粗骨材のX線回折図を図3に示す。ここで、LG②の構成鉱物に着目する。LG②は石灰石骨材の特徴である$CaCO_3$が骨材中に存在する。更に、SGのような石英系由来の骨材の特徴であるSiO_2も骨材中に存在する。また、LG②の一部では、$CaMg(CO_3)_2$が骨材中に存在するようなケースも確認された。

このことから、LG②は石灰石骨材および石英系由来の骨材の両者の特徴を併せ持つ粗骨材であるため、線膨張係数が石灰石骨材として純度が高いLG①を上回り、石灰石骨材の中でも比較的大きな値を示したと推察される。

3.3 コンクリートの強度性状

コンクリートの圧縮強度結果を図4に示す。なお、図中に示した数値は、材齢28日の標準養生の強度と材齢91日の高温履歴を受けた場合の強度の差($_{28}S_{91}$)である。図4より、$_{28}S_{91}$はそれぞれBB-SGで9.0N/mm²、BB-LG①で15.4N/mm²、BB-LG②で10.2N/mm²となり、粗骨材にLG②を使用したケースは、LG①のケースに比べて養生条件による強度の差は5.2N/mm²小さくなる結果が得られた。

これらの結果から、LG②は線膨張係数が石灰石骨材の中でも比較的大きいことから、高炉セメントペーストとの線膨張係数の差はLG①と比べて小さくなり、先に述べたような高温履歴を受けた場合の強度低下は改善されたと考えられる。

4. まとめ

本検討で得られた知見を以下に示す。

1) 石灰石骨材は、骨材中に$CaCO_3$を多量に含有し、他の鉱物の含有が少ない、つまり純度が高い骨材の場合は線膨張係数が小さくなり、SiO_2や$CaMg(CO_3)_2$を含有した骨材の場合は同値が大きくなった。
2) 粗骨材に石灰石骨材の中でも線膨張係数が比較的大きなLG②を使用した場合、LG①に比べて養生条件による強度の差は小さくなった。

【参考文献】
1) 宮原健太ほか：高温履歴を受けた高炉スラグ混合高強度コンクリートの強度性状、セメント・コンクリート論文集、No.70, pp.488-493（2017）
2) 岡田清ほか：コンクリート工学ハンドブック、朝倉書店、(1981)
3) 社団法人日本コンクリート工学会：マスコンクリートのひび割れ制御指針改訂調査委員会、p.11(2014)

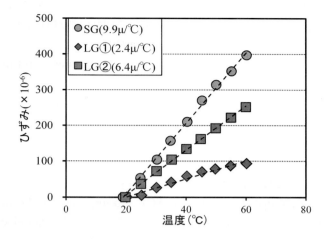

図2 粗骨材の線膨張係数

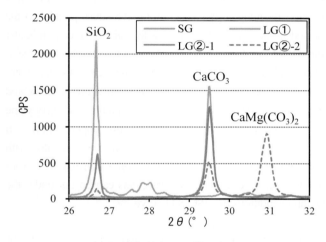

図3 粗骨材のX線回折図

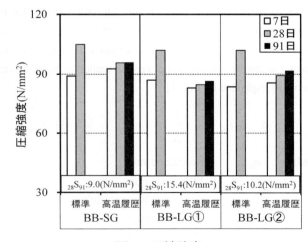

図4 圧縮強度

Analysis of spalling behavior of ring restrained high-strength concrete specimen at elevated temperatures

Gunma University Department of Environmental Engineering ○Subedi ParajuliSirjana
OzawaMitsuo
Brandskyddslaget AB, Sweden Jansson McNameeRobert
Taiheiyo Materials TanibeToru

1. Introduction

High-strength concrete (HSC) structures are likely to develop cracks and structural defects through explosive spalling when exposed to high temperatures during fire hazards. There are two main mechanisms by which concrete can be damaged by spalling during fire. One is the restrained thermal dilation resulting in biaxial compressive stress parallel to the heated surface, which leads to tensile strain in the perpendicular direction[1]. Another is build-up of concrete pore-pressure due to vaporization of the physically and chemically bound water resulting in tensile loading on the micro-structure of the heated concrete[2]. To prevent such explosive spalling, polypropylene fibres are often added to HSC. This paper reports an experimental study of spalling behavior of restrained HSC with and without fibre content. The estimation of thermal stress from the strain in a restraining steel ring was carried out under the heating conditions of a ISO 834 curve.

2. Model for estimation of thermal stress and tensile strain failure[3]

Ring restrained specimens of diameter 300 mm and length 100 mm was used. The internal concrete deformation due to thermal expansion by heating was restrained by the steel rings, as a result compressive stress was induced. And the thermal stress calculation was based on the thin-walled cylinder model theory as explained by Eq. [1].

$$\sigma_{re} = \varepsilon_\theta \cdot E_s \cdot \frac{t}{R} \quad [1]$$

where, σ_{re}: Restrained stress
ε_θ: Steel ring strain
E_s: Steel ring elastic modulus
t: Steel ring thickness
R: Steel ring radius

Strain at a certain depth from the heated surface was calculated using Eqs. [2] and [3]. Tensile strain failure occurred when the index of the strain failure model exceeded 1.0 ($I_u > 1.0$). The elastic modulus of concrete was estimated to be 30 GPa for granite aggregate[4] at 20℃. Model of residual elastic modulus is used for aij model[5]. Internal concrete temperature was estimated using thermal stress of concrete analysis software (MACS).

$$\sigma_{re} = \sigma_{x,y} = \varepsilon_{x,y} \cdot E_c \quad [2]$$

$$\varepsilon_z = 2\varepsilon_{x,y} \cdot v_c \quad [3]$$

$$I_u = \varepsilon_z / \varepsilon_{t-f} \quad [4]$$

where,
$\sigma_{(x,y)}$: Stress in the x or y direction
E_c: Elastic modulus of concrete
ε_{t-f}: Ultimate strain upon tensile (200 μ)
ε_z: Strain at certain depth from heated surface
$\varepsilon_{x,y}$: Strain in the x or y direction
v_c: Apparent Poisson's ratio of concrete (0.2)
I_u: Index of the strain failure model

3. Experimental Outline

Two types of concrete specimen, each for HSC and HSC+PP fibres respectively were used in this experiment. For both the specimen the mixing proportion [w/c ratio- 0.33 vol.%, 0-8 mm aggregate- 796 Kg/m^3, 0-16 mm aggregate- 855 Kg/m^3, amount of water- 161 Kg/m^3, cement(CEMI)- 510 Kg/m^3, superplasticizer- 0.9% of cement weight] was kept constant. The polypropylene fibres of length 6 mm and diameter 18 micron was used in the HSC+PP specimen. The melting and ignition point of polypropylene fibres is 160 and 365 ℃. Figure 1 shows the configuration and dimensions of the experimental specimens with a pair of steel ring (diameter:300 mm, length:100 mm, steel ring thickness: 11 mm, Ec: 210 Gpa, Fy (yield strength): 295 MPa). Heating tests were carried out for 60 min. as of standard ISO 834 using gas furnace(Fig.2). All the four restrained steel ring specimens were subjected to heating tests to measure the concrete surface temperature, steel ring temperature, steel ring strain, spalling time and spalling depth.

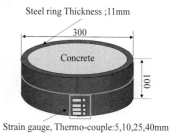
Fig.1 Detail of ring restrained specimen

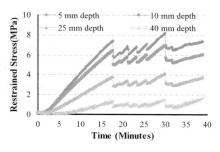
Fig.2 Gas Furnace and heating test

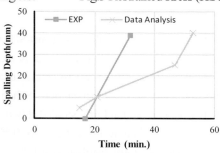
Fig.3 Restrained stress (HSC)

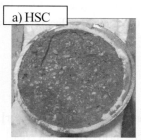
a) HSC

b) HSC+PP

Fig.4 Heated face

Fig.5 Spalling depth and time (HSC)

4. Result and discussion

Figure 3 shows the result of restrained stress calculation based on ring strain at points 5, 10, 25 and 40 mm from the heated surface of the HSC specimen. Maximum value of restrained stress were 4.1 MPa at 5 mm from the heated surface after 10 minutes of heating for HSC. Restrained stress at 40 mm from heated surface after 15 minutes of heating was 0.95 MPa. Figure 4 shows the heated surface of HSC and HSC+PP specimens. HSC specimen was severely damaged with maximum spalling depth of 40 mm whereas, HSC+PP fibred specimen did not show any spalling after 60 minutes of heating test. Figure 5 shows spalling depth and heating time of experimental and analysis results for HSC specimen. The experimental values for spalling starting and finishing time were 17 min. and 32 min. whereas, for the analytical results the spalling starting and finishing time were 15 min and 53 min. respectively. The experimental result and analysis values for spalling time was similar until 21 min. of heating.

The deviation after 21 min. of heating is due to parameter assumption such as, internal concrete temperature and, elastic modulus of concrete.

5. Conclusion

1) The HSC specimen was severely damaged with the maximum spalling depth of 40 mm whereas; the HSC+PP specimen did not show the sign of spalling.
2) The addition of PP fibres improved the spalling of HSC during heating.
3) The experimental result and analysis values for spalling time was similar until 21 minutes of heating whereas the spalling time deviated afterwards.

Acknowledgement

The authors would like to express their gratitude to Dr. Lars Boström of SP Technical Research Institute of Sweden for providing us the experimental specimens. This study was financially supported by a Grant-in Aid for Scientific Research C (General) from the Japan Society for the Promotion of Science (Dr. M. Ozawa).

References

1) Ulm F. J. et al.: The Chunnel Fire. II Analysis of concrete damage, Journal of Engineering Mechanics, No.125,pp.283-289 (1999)
2) Anderberg Y.: Spalling phenomena in HPC and OC, Proceedings of the International Workshop on Fire Performance of High-Strength Concrete,pp.69-73 (1997)
3) Tanibe.T. et al.:Steel Ring-based Restraint of HSC Explosive Spalling in High-temperature Environme-nts, Journal of Structural Fire Engineering, Volume 5, No.3, pp.239-250 (2014)(In Japanese)
4) Hans Beushausen: The influence of aggregate type on the strength and elastic modulus of high strength concrete, Construction and Building Materials, No.74,pp.132-139 (2015)
5) Architectural Institute of Japan: Guidebook for fire-resistive performance of structural materials, 2009 (In Japanese)

Durability optimization of functionally gradient SHCC for chloride ingress under cracking

Graduate School of Urban Innovation, Yokohama National University ○Pavel Trávníček
Faculty of Urban Innovation, Yokohama National University Tatsuya TSUBAKI

1. Introduction

The potential of FG (Functionally Gradient)-SHCC to increase durability or reduce cost of repair layer is studied. Compared to ordinary RC, formed micro-cracks increase resistance to moisture, gas and salt penetration. Scheme of optimized FG-SHCC is presented in Fig.1, studied at two strain levels, i.e., first linear distribution from 1.2% to 0.4% of average strain and second a uniform distribution at 1.2%.

2. Strain distribution under localized crack

The crack width in FG-SHCC is determined from fiber content and average strain values. FEM analysis is used to obtain average strain of specimen loaded by a live load value. Stress increase form a live load in a reinforcement is generally around 100MPa, i.e., with Young's modulus of a steel at 200GPa, expected strain from a live load is $\Delta u = 5.0 \times 10^{-4}$m. Strain at the prescribed displacement is presented in Fig.2 for three different order of layers consisted of three materials; H, N, L, i.e. high (2.5%), normal (2.0%) and low (1.5%) fiber content, and the average values are used in further analysis. Because average crack width has a dominant effect on the diffusivity, it is assumed, that higher fiber content causes lower diffusivity due to finer cracking despite the higher porosity on ITZ (Interfacial Transition Zone) between a fiber and matrix.

Fig.3 shows the effect of fibers on SHCC cracking[3]. Low fiber content has very limited strain of 0.6%, and so using this material directly on the interface could lead to a crack localization before reaching a designed load. The amount of fibers in the SHCC layer near the crack was set so that the predicted average crack width would not be larger than 100μm, that is generally the upper limit of crack width formed in average SHCC.

3. Diffusion of chloride ions into cracked SHCC

From obtained strain values and fiber content of respective SHCC layer, average crack width and diffusivity of 15mm FG-SHCC are calculated. Using the test data [1),2)], a parameter D_0 (used range of 0.062 to 0.228) describing the effect of cracks in SHCC can be obtained using equation for effective diffusivity defined in Eq. [1][1]. Crack width effect on diffusivity is presented in Fig.4.

$$D_{eff} = D_k + D_0 \log_{10}(\varepsilon \cdot w^2) \quad [1]$$

where
D_k : diffusivity of uncracked SHCC [cm^2/year]
D_0 : parameter for cracks in SHCC [cm^2/year]
ε : average strain of SHCC [%]
w : average crack width of SHCC [μm]

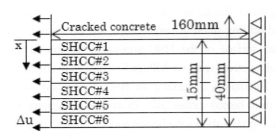

Fig. 1 Schematic representation of FG-SHCC repair material

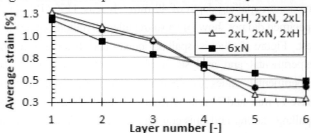

Fig. 2 FG-SHCC average strain from uniaxial tension

4. Results and Discussions

Optimization of FH-SHCC layers shows a beneficial behavior compared to homogeneous SHCC. Highest durability (T_{dur}) is achieved by two layers of SHCC, one with low effective diffusivity (0.24 cm^2/year, 2.6% fiber) on the surface and other with an average effective diffusivity (1.44 cm^2/year, 1.4% fiber) on the concrete interface. This FG-SHCC shows 156% of durability of homogeneous SHCC, but with a risk of a localized crack due to the stress concentration near the crack.

Following the crack width limit of 100μm, fiber content

Table 1 Effective diffusivity of SHCC and optimized FG-SHCC for different strain distributions S1 and S2

Function	Uniform			S1, Fig.5		S2, Fig.6		
Layer #	Strain ε [-]	Fiber [%]	Deff [cm²/year]	Fiber [%]	Deff [cm²/year]	Strain ε [-]	Fiber [%]	Deff [cm²/year]
1	1.20	2.00	0.698	1.70	1.061	1.20	1.70	1.061
2	1.04	2.00	0.666	1.60	1.149	1.20	1.70	1.061
3	0.88	2.00	0.644	1.45	1.284	1.20	1.70	1.061
4	0.72	2.00	0.628	2.05	0.605	1.20	1.70	1.061
5	0.56	2.00	0.614	2.60	0.251	1.20	2.60	0.290
6	0.40	2.00	0.602	2.60	0.239	1.20	2.60	0.290
T_{dur}:		10.3 years		14.02 years			12.12 years	

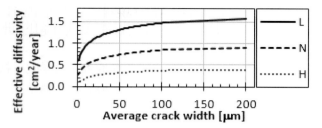

Fig. 4 Crack width vs effective diffusivity of various SHCC

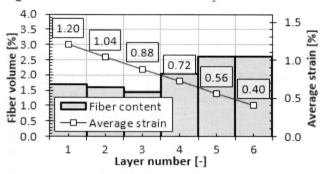

Fig. 5 Fiber distribution of SHCC layers optimized for the decreasing strain

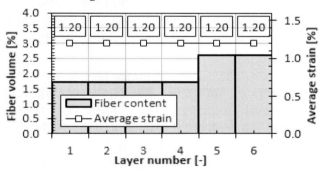

Fig. 6 Fiber distribution of SHCC layers optimized for the uniform strain

Fig. 3 Effect of fibers on crack width of SHCC [3]

near the interface is then set to 1.7%. Material with the lowest diffusivity is placed on the surface acting as a shield against environmental effects. Ideal FG-SHCC layer order, with respect to minimal fiber content on the interface is shown in Table 1 with the code S1. This layer shows 136% durability of homogeneous layer at identical strain distribution and total fiber content. Schematic representation of fiber distribution and average strain is shown in Fig.5. The same durability as with homogeneous layer, i.e., equal distribution of 2% of fiber and identical strain values, is achieved with 1.78% of fiber content using 2.5mm SHCC layers with 1.7%, 1.6%, 1.45%, 1.2%, 2.3 and 2.4% of fiber content respectively in direction of x.

FG-SHCC designed for high uniform average strain of 1.2% is shown in Table 1, code S2. This FGM shows even at larger strain 118% higher durability at the same fiber content. Schematic representation of fiber distribution and average strain is shown in Fig.6.

5. Conclusions

1) FG-SHCC compared to homogeneous SHCC can improve durability up to 136% using 1.7% of fiber, or up to 156% using 1.4% of fiber on the interface layer.
2) Identical durability of homogenous SHCC having 2.0% of fiber can be achieved by FG-SHCC with 1.78% of fiber content. Higher fiber reduction of up to 1.7% is achieved when layer with 1.4% of fiber content is used on the interface.

【References】

1) JSCE, Recommendations for design and construction of high performance fiber reinforced cement composite with multiple fine cracks, Concrete Library No. 127, App. II-3, Chloride ion penetration of HPFRCC (2007)
2) Kobayashi, K., et al.: Effects of crack properties and w/c ratio on the chloride proofing performance of cracked SHCC suffering from chloride attack, Cement and Concrete Composites, Vol. 69, pp. 18-27 (2016)
3) Paul, S.C. et al.: Acoustic emission for characterizing the crack propagation in strain-hardening cement-based composites (SHCC), Cement and Concrete Research, Vol.69, pp. 19-24 (2015)

[3115]

凍結融解環境下にある飽和したポーラスコンクリートの温度解析に関する基礎的研究

鳥取大学大学院　持続性社会創生科学研究科　　○ 菊池史織ラニヤ
鳥取大学　農学部　　兵頭正浩
　　緒方英彦

1. はじめに

多孔質体であるポーラスコンクリートは、環境負荷低減型の機能（透水・排水性、吸音・遮音性、保温性など）を有する材料として広く普及している。ただし、寒冷地において用いる場合には、空隙中に存在する水が凍結する際の膨張圧の繰返し作用（凍結融解作用）により機能が早期低下することが問題となっている。この問題を解決するためには、凍結膨張圧の要因となる飽和状態の温度変化を明らかにする必要がある。そこで、著者らは、飽和したポーラスコンクリートの凍結・融解過程における熱特性値を実験的・解析的に評価し、凍結融解環境下における温度解析手法を構築するための研究を実施している。

これまでの研究により、飽和状態のポーラスコンクリートの温度には、顕熱変化と潜熱変化の区間が明瞭に現れることが明らかになっている[1]。本研究では、凍結・融解過程における潜熱変化の評価に取り組む前段として、ポーラスコンクリートの空隙が常温で水に満たされた状態（以下、常温・飽和状態）、低温で氷に満たされた状態（以下、低温・飽和状態）における顕熱変化の熱特性値（熱伝導率、比熱）を検討した。

2. ポーラスコンクリート供試体の作製

熱特性値の同定に用いるポーラスコンクリート供試体はφ10×20cmの円柱供試体である。供試体には、中心温度を測定するために、作製時にT型の熱電対温度計を埋設している。目標空隙率20%のポーラスコンクリート（粗骨材が7号砕石）の配合を表1に示す。また、試験には水温20±1℃の水槽内で養生した材齢28日経過以降のものを用いている。

3. ポーラスコンクリートの温度測定

3.1 常温・飽和状態のポーラスコンクリート

常温・飽和状態では、供試体中心温度を20℃から30、40、50、60℃まで温度上昇させる昇温過程と、30、40、50、60℃から20℃まで温度降下させる降温過程で温度測定を行った。供試体を飽和状態に保つための措置として本研究では、打設時に用いた型枠を脱型せずに型枠内を水で満たした状態で温度測定を行った。また温度境界条件は、供試体の上面と底面に厚さ4cmのポリスチレンフ

表1　ポーラスコンクリートの配合

Target void (%)	W/C (%)	V_m/V_g (vol.%)	V_s/V_m (vol.%)	Unit weight (kg/m³)				
				W	B		S	G
					C	P		
20	30.0	47.5	17.5	103	322	20	117	1,456

V_m/V_g : volume ratio of mortar and coarse aggregate
V_s/V_m : volume ratio of mortar and fine aggregate

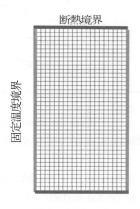

図1　解析モデル

ォームを設置した断熱境界、側面は水槽内の水温が一様に作用するとして固定温度境界とした。

3.2 低温・飽和状態のポーラスコンクリート

低温・飽和状態では、供試体中心温度を-35℃から-5℃まで温度上昇させる昇温過程と、-5℃から-35℃まで温度降下させる降温過程で温度測定を行った。供試体を飽和状態に保つための措置および温度境界条件は常温・飽和状態と同じとし、低温実験槽内で不凍結溶液の容器内に型枠付きの供試体を静置して温度測定を行った。

4. 熱特性値の同定方法

供試体内部の温度解析には3次元温度応力解析プログラム（ASTEA MACS、計算力学研究センター）を用いた。解析モデルは、図1に示すように、7号砕石の最大寸法が5mmであるため1メッシュ5mm間隔で作成した。温度境界条件は側面を温度固定境界（緑線）とし、上面と底面を断熱境界（青線）に設定した。

温度解析に用いるポーラスコンクリートの入力パラメータは、熱伝導率λ(W/mK)、比熱c(kJ/kgK)、密度ρ(kg/m³)、初期温度(℃)である。本研究では密度と初期温度はあら

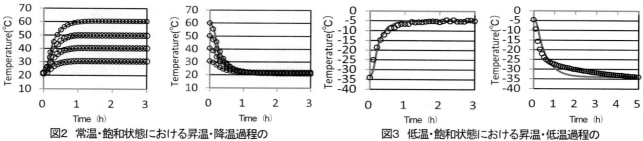

図2 常温・飽和状態における昇温・降温過程の実測値と解析値

図3 低温・飽和状態における昇温・低温過程の実測値と解析値

かじめ分かっているため、実測値を基準として熱特性値である熱伝導率と比熱を解析で同定することとした。同定方法は、熱伝導率と比熱を一定間隔で変化させて温度解析を行い、その時の解析温度と実測温度の残差平方和のコンターライン図を作成する格子点探索で行った。熱特性値の同定値は、残差平方和の最小値である。

5．ポーラスコンクリートの温度変化と熱特性値

同定した熱特性値を用いて解析した結果を実測温度と合わせて図2、図3に示す。

常温・飽和状態における熱特性値は、昇温過程では熱伝導率が3.5W/mK、比熱が1.4kJ/kgK、降温過程では熱伝導率が4.0W/mK、比熱が1.8kJ/kgKとなり、実測値と解析値はほぼ重なる傾向を示した。低温・飽和状態における熱特性値は、昇温過程では熱伝導率が5.0W/mK、比熱が1.8kJ/kgK、降温過程では熱伝導率が7.0W/mK、比熱が5.5kJ/kgKとなり、昇温過程に比べて降温過程の実測値と解析値の間には若干の差が出た。

熱特性値は常温・飽和状態、低温・飽和状態のいずれにおいても昇温過程と降温過程で異なり、また供試体中心温度が平衡状態に至るまでの時間は昇温過程より降温過程の方が長くなる。その考察を熱拡散率（温度伝導率）から行う。熱拡散率は、以下の式により求められる。

$$\lambda = \frac{\kappa}{\rho c}$$

λ：熱拡散率（m²/s）、κ：熱伝導率（W/mK）、c：比熱（kJ/kgK）、ρ：密度（kg/m³）である。

同定した熱伝導率、比熱および測定値である密度（常温・飽和状態 2,183kg/m³、低温・飽和状態 2,178kg/m³）から求めた熱拡散率は、常温・飽和状態で昇温過程が 1.14×10^{-3} m²/h、降温過程が 1.01×10^{-3} m²/h となり、低温・飽和状態で昇温過程が 1.28×10^{-3} m²/h、降温過程が 0.58×10^{-3} m²/h となる。つまり、常温・飽和状態と低温・飽和状態のいずれにおいても昇温過程の方が降温過程に比べて熱拡散率が大きく、温度が伝わりやすいことがわかる。

一方、常温・飽和状態に比べて低温・飽和状態の方が熱伝導率は上がり、比熱は下がることが想定されるが、本研究では低温・飽和状態の熱伝導率だけでなく比熱も上がった。これは、常温・飽和状態に比べて低温・飽和状態の実測値と解析値に大きく差が出る原因にも関係している。氷の熱物性値と水の常圧における熱物性値[2]は、0℃から-60℃間の氷において熱伝導率が 2.22～3.14 W/mK と 0.94W/mK 変化し、比熱が 2.06～1.56 kJ/kgK と 0.5kJ/kgK 変化する。それに対して0℃から60℃間の水は、熱伝導率が 4.22～3.94 W/mK と 0.28W/mK 変化し、比熱が 4.21～4.18 kJ/kgK と 0.03kJ/kgK しか変化しない。つまり、氷と水の温度変化による熱特性値は氷の方が温度による変化が大きいことがわかる。よって、特に低温側では、供試体の温度に応じて熱特性値を変化させた解析を行う必要があることが示唆される。しかし、現在の解析では、密度、比熱、熱伝導率の入力パラメータを供試体温度に関わらず一定値としていることから、厳密な解析には至っていない。そのため、低温・飽和状態では差が生じたものと考えられる。従って、今後は、供試体の温度に応じて熱特性値が変化できるように解析プログラムを修正して顕熱変化の再解析を行い、その結果を拡張して潜熱変化の解析を行う予定である。

6．まとめ

1) 7号砕石を用いた空隙率20%の飽和状態のポーラスコンクリートは、同じ常温・飽和状態、低温・飽和状態でも昇温過程と降温過程では熱特性値が異なる。
2) 常温・飽和状態と低温・飽和状態では、低温・飽和状態の方が熱伝導率、比熱ともに大きくなる。
3) 低温・飽和状態では、供試体温度に応じて熱特性値を変化させた解析を行うのが望ましい。

謝辞：ポーラスコンクリート供試体の作製に際しては、住友大阪セメント株式会社セメント・コンクリート研究所の竹津ひとみ氏に多大なるご協力をいただきました。ここに記して謝意を表します。

【参考文献】

1) 緒方英彦ほか：ポーラスコンクリートにおける空隙の飽和・不飽和状態が熱拡散率に及ぼす影響、セメント・コンクリート論文集 No.69、pp.243-250（2016）
2) 日本熱物性学会：新編熱物性ハンドブック、養賢堂、pp.65-75、pp.565-567（2008）

セメント代替混和材がコンクリート強度におよぼす影響の比較研究

山口大学　工学部　　　　　　　　　　　　○山本久留望
山口大学　大学院創成科学研究科　　　　　水島潤
　　　　　　　　　　　　　　　　　　　　宮本圭介
　　　　　　　　　　　　　　　　　　　　吉武勇

1. はじめに

コンクリートのフレッシュ性状や強度特性・耐久性を改善するために、セメントの一部代替材として様々な混和材が利用されている。これまでの多くの研究において、各混和材がコンクリート特性に与える影響は明らかにされているが、異なる混和材の影響を同条件下で比較した研究例は少ない。本研究では、セメントに対する質量置換率をパラメータとして、コンクリートの強度に対する混和材の影響を定量的に比較・評価した。本報では圧縮強度試験、割裂引張強度試験、曲げ強度試験の結果を報告するとともに、圧縮強度とセメント水比の関係に基づく混和材が強度発現に与える効果を求め、考察を加えた。

2. 材料および試験方法
2.1 使用材料

試験パラメータの混和材（P）として、フライアッシュ（F）、高炉スラグ微粉末（B）、石灰石微粉末（L）、シリカフューム（S）、およびコンクリート二次製品に用いられる耐塩害用混和材（C）を使用した。ここで耐塩害性混和材（C）は、SiO_2 を 60%以上含む BET 比表面積 $13m^2/g$ 以上の鉱物質微粉末である。セメントには、普通ポルトランドセメント（OPC）を使用した。粗骨材には、1505砕石（G1）と2015砕石（G2）を用いた。細骨材には、海砂（S1）と石灰砕砂（S2）を混合して用いた。

2.2 配合条件

配合条件を表1に示す。各混和材のセメントに対する置換率を、0%（Control）、20%、40%、60%に設定した。各配合において水粉体比は0.55に統一し、単位水量、単位粗骨材量も一定とした。フレッシュ性状の調整には高性能AE減水剤、AE減水剤等を用い、スランプの下限値が8cm、空気量の値が4.5±1.5%となるように調整した。

2.3 試験項目

すべての配合のコンクリートについて、圧縮強度試験、割裂引張強度試験および曲げ強度試験を、材齢3・7・28・91日で実施した。さらに、脱枠した材齢1日（材齢1日時点で、強度不足のため脱枠できない場合は材齢2日）にて圧縮強度試験を行った。各供試体は脱枠まで 20 ℃ 室内に静置し、脱枠後は20 ℃水中養生を行っている。

表1　配合条件

I.D.	単位量 (kg/m³)							
	W	OPC	P	S1	S2	G1	G2	Ad.
Control	162	295	-	618	265	488	486	1.18[a]
*F*20	162	236	59	604	259	488	486	1.18[a]
*F*40	162	177	118	589	253	488	486	1.18[a]
*F*60	162	118	177	575	246	488	486	1.18[a]
*B*20	162	236	59	615	264	488	486	1.48[a]
*B*40	162	177	118	612	262	488	486	1.33[a]
*B*60	162	118	177	609	261	488	486	1.48[a]
*L*20	162	236	59	612	262	488	486	1.18[a]
*L*40	162	177	118	607	260	488	486	1.18[a]
*L*60	162	118	177	601	258	488	486	1.18[a]
*S*20	162	236	59	603	259	488	486	4.43[a]
*S*40	162	177	118	589	252	488	486	5.31[b]
*C*20	162	236	59	607	260	488	486	4.43[a]
*C*40	162	177	118	595	255	488	486	5.16[b]

a：AE減水剤　b：高性能AE減水剤

3. 強度試験結果
3.1 圧縮強度および回帰結果

置換率別の圧縮試験結果を図1〜図3に示す。なお図中のプロットは圧縮強度の実測値を示す。また、以下の成長曲線式を用いた圧縮強度の回帰曲線も併記している。

$$f_{(t)} = f_{(91)} \times \left(1 - e^{-\gamma t^\beta}\right) \quad [1]$$

ここに t：材齢（日）
　　　$f(t)$：91日強度
　　　γ, β：回帰係数

圧縮強度の試験結果から、すべての置換率において、シリカフューム（S）、耐塩害性混和材（C）、高炉スラグ微粉末（B）、フライアッシュ（F）、石灰石微粉末（L）の順に高い強度が得られた。シリカフュームおよび耐塩害用混和材は、粉体の比表面積が大きいことから、硬化コンクリートの細孔構造が緻密になったことで、高強度発現を示したものと考えられる。なお、シリカフューム（S）、耐塩害用混和材（C）、フライアッシュ（F）はポゾラン反応性を有しているため、材齢28日から91日にかけて強度の増進が確認された。また、混和材置換率の増加に伴い強度が低下する傾向がみられた。特に、石灰

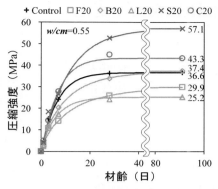
図1 圧縮試験結果（置換率20%）

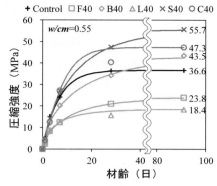
図2 圧縮試験結果（置換率40%）

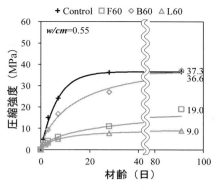
図3 圧縮試験結果（置換率60%）

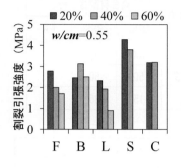
図4 割裂引張強度（材齢91日）

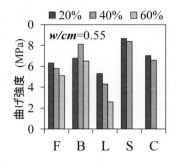
図5 曲げ強度（材齢91日）

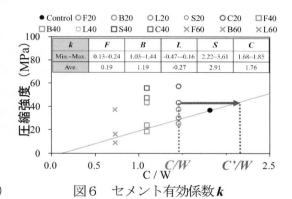
図6 セメント有効係数 k

石灰石微粉末（L）を含む配合では、その傾向が顕著であり、これは石灰石微粉末（L）が結合材としてほとんど強度増進に寄与しないため、セメント量の減少とともに強度が低下したものと推察される。一方、高炉スラグ微粉末（B）の配合では、置換率を変えても強度低下はみられず、Controlと同程度かそれ以上の圧縮強度が得られ、置換率40%において最も強度が高くなった。

3.2 割裂引張強度および曲げ強度試験結果

材齢91日時点における割裂引張強度および曲げ強度の試験結果を図4、図5に示す。混和材の置換率増加に応じて強度が低下するなど、圧縮強度と同様の傾向がみられた。さらに高炉スラグ微粉末（B）を混和したコンクリートでは、割裂引張強度・曲げ強度ともに、置換率40%において最も高くなり、圧縮強度試験と同様の傾向を示した。

4．各混和材のセメント有効係数 k による評価

圧縮強度とセメント水比（C/W）の関係、および混和材が強度発現に与える効果の指標としたセメント有効係数 k（以下、k 値）の一覧を図6に示す。各混和材をセメントに内割置換したコンクリートの圧縮強度と、同等の強度発現に必要な推定セメント量 C' から、実際の配合に用いられたセメント量 C を差し引き、使用した混和材量で除すことで k 値を求めた。シリカフューム（S）を含む配合は置換率の増加により k 値が減少したが、他の配合では置換率に関わらず一定の k 値を示した。特に耐塩害性混和材（C）、高炉スラグ微粉末（B）、フライアッシュ（F）では、それぞれ k 値が、1.76、1.19、0.19 となり、置換率の上限はあるがセメント代替材としてその寄与を推定できる可能性が窺えた。

5．まとめ

（1）高炉スラグ微粉末を用いた配合では、置換率40%時の圧縮強度が最大となったが、他の混和材では、セメントに対する混和材料の置換率の増加（20~60%）に応じて圧縮強度が低下した。

（2）圧縮強度と同様に、置換率の増加により割裂引張強度と曲げ強度の低下がみられ、高炉スラグ微粉末を含む配合では、置換率40%で最大強度を示した。

（3）耐塩害性混和材、高炉スラグ微粉末、フライアッシュの配合では、置換率によらずセメント有効係数 k は概ね一定値を示し、効果が高い順に平均1.76、1.19、0.19となった。セメント代替材としての混和材による強度寄与の効果を推定できる可能性が窺えた。

【参考文献】

1) 日本材料学会：コンクリート混和材料ハンドブック、pp.276-402．（2004）
2) 土木学会：コンクリート標準示方書［設計編］、p.316．（2012）

深さ方向を対象とした促進中性化後のpHと水和生成物の変化

芝浦工業大学大学院　理工学研究科　建設工学専攻　○伊藤孝文
芝浦工業大学　工学部　土木工学科　　　　　　　　伊代田岳史

1. はじめに

近年、様々な業界で環境負荷低減に向けた取り組みが広く行われており、セメント業界では高炉スラグ微粉末(BFS)やフライアッシュ(FA)などの混和材料の積極利用が望まれている。製造時に高温で燃焼するセメントは大量にCO_2を発生する一方で、産業副産物であるBFSやFAをセメントの一部に置き換えることでCO_2の排出量を大幅に抑制することができる。また、混和材料をセメントに置換した混合セメントは塩害抵抗性や化学抵抗性の向上、長期強度の増進などの利点がある一方で、セメント量が少ないことによる初期強度や中性化に対する抵抗性が低下する。本研究では、この混合セメントの欠点とされている中性化抵抗性に着目した。

コンクリートにおいて中性化の進行度合いを把握する手法としてフェノールフタレイン法が多く利用されている。しかし、この方法ではpHの値が10.2～10.3の境界は色の呈色によって判別することができるが、中性化域や未中性化域におけるpHの値は不明確である。また、その中性化域と未中性化域における水和生成物の量も確認することができない。促進環境で劣化させた供試体の分析方法として、塩水浸せき試験では深さ方向に試料を採取し電位差摘定により全塩化物イオン濃度や可溶性塩化物イオン濃度の分析を行う研究は広く行われており、特に混合セメントにおいては高い塩分遮蔽効果が確認されている。一方で、促進中性化試験を行った試験体を深さ方向に分析した研究は少なく、中性化による鉄筋の腐食をコンクリート中のアルカリ性やpHの低下が重要とするのであれば、深さ方向のpHの分布について検討を行うことは重要であると考えた。

そこで、本研究では促進中性化を行った試験体を用いて中性化前後でのpHや水和生成物の変化を深さ方向に分析を試みた。

2. 実験概要
2.1 使用材料及び供試体諸元

表-1に使用したモルタルの配合を示す。配合は、高炉セメントB種相当のB50と、極端に中性化が早い配合としてBFSを85%置換したB85を設定した。モルタル供

表-1　モルタルの配合

配合(略号)	W/B	S/C	結合材割合(%)		
			OPC	BFS	FA
N100	0.5	3	100	-	-
B50			50	50	-
B85			15	85	-

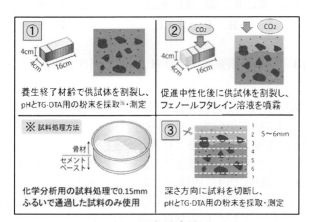

図-1　実験方法

試体の試験体寸法は40×40×160mmで、全てのモルタルで水結合材比W/Bを0.5で一定とし、水：結合材：細骨材の質量比を0.5：1：3とした。セメント種は普通ポルトランドセメントを使用し、打込みしたモルタルは翌日脱型をし、28日間の封緘養生を行った。

2.2 実験方法

図-1に実験の手順を示す。養生終了後、促進中性化を行う前に供試体を割裂し中性化前のpHと水和生成物の量を測定するための試料を採取した。その後、側面の1面を除きアルミテープでシールした供試体を促進中性化試験装置に静置した。4週間静置後に供試体を割裂し、中性化深さはJIS規格に準拠してフェノールフタレイン溶液を噴霧し、表面から赤紫色に呈色した部分を6点測定し、その平均値を中性化深さとした。中性化深さを測定後、深さ方向に6mm毎で切断を行い、各層のpHと水和生成物の量を測定するための試料を採取した。

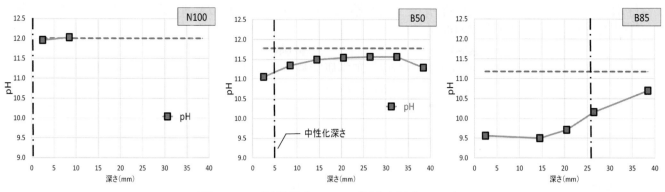

図-2　pH（封緘養生28日、促進中性化28日）

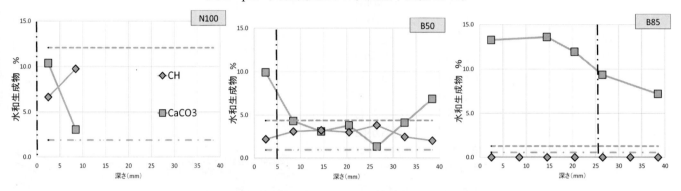

図-3　水和生成物（封緘養生28日、促進中性化28日）

3. 実験結果

3.1 pHの測定

図-2に中性化前後での深さ毎のpHの変化を示す。図中のN100は促進中性化を4週間行っても中性化深さは0mmであったため、1層目のpHも低下していない。B50の1層目ではフェノールフタレインで中性化域と判断した領域でもpHが11程度であることが分かる。一方、B85ではpHが9.5程度まで低下していることから、フェノールフタレインで中性化域と判断した領域でも配合毎にpHの値が大きく異なることが分かった。

また、B50に着目すると、フェノールフタレインで未中性化域と判断した3～6層目において中性化前よりpHが低下していることが分かる。このことから、未中性化域においても炭酸ガスが浸透していることが想定される。

次に、B85に着目すると中性化域においてはpHの値は深さ方向に一様であるが、未中性化域に近づくに連れてpHが若干上昇していることが分かる。

3.2 水和生成物の測定

図-3に中性化前後での深さ毎の水和生成物の変化を示す。中性化前後でpHの低下が確認できなかったN100の1層目に着目すると、中性化前より$Ca(OH)_2$が減少し$CaCO_3$が増加していることが分かる。このことから、pHに変化が確認できなくても水和物の炭酸化は進行していると考えられる。

一方、中性化が進行しているB50とB85に着目すると、中性化域では$Ca(OH)_2$が減少し$CaCO_3$が増加していることが分かり、$Ca(OH)_2$が完全に炭酸化する前に中性化深さが進行していることが分かる。また、pHが減少したB50の未中性化域の3～6層目において$CaCO_3$が生成されていることが確認できた。このことからも、未中性化域においても炭酸化が進行していると考えられる。

次に、特に中性化が進行しているB85に着目すると、中性化域における$CaCO_3$量は深さ方向に一様であることが分かる。B85のような結合材中のOPC割合が少ない配合では中性化前の$Ca(OH)_2$量が少ないため、ここで生成が確認された$CaCO_3$はC-S-Hによる炭酸化が主体であると考えられる。

4. まとめ

本研究で得られた知見を以下に示す。促進中性化後の供試体を深さ方向に分析を行ったところ

(1) フェノールフタレインで中性化域と判断した領域ではpHが減少しており、その値は配合毎に異なった。

(2) 未中性化域においても、pHの減少と$CaCO_3$が増加していることが確認できた。このことから、炭酸ガスは内部まで浸透し中性化が進行していると考えられる。

謝辞

本研究は、JSPS科研費（15K06169，研究代表者：伊代田岳史）の助成を受けたものである。

雨水等の影響を受ける箇所におけるコンクリート片の剥落に対するかぶりと中性化深さの関係性の検証

東京大学大学院　工学研究科　社会基盤学専攻　〇横山勇気
東京大学　生産技術研究所　岸利治

1. はじめに

既往の調査研究[1]により、かぶりコンクリートの剥落の主な原因は、かぶり厚さの不足と雨水等の影響であるとの知見が得られている。雨水等の影響を受ける場合には、中性化残りが10mmを上回る際にコンクリート片の剥落がほとんど生じていないことも確認されている。しかし、中性化残りが10mmを下回り、かぶり厚さを超えた範囲においても無剥落箇所が多く存在していることも事実である。この詳細なメカニズムについては明らかになっていないが、中性化深さの程度に拘わらずかぶりコンクリートの剥落が生じている可能性を示唆しており、かぶりコンクリートの剥落に影響を及ぼす因子について詳細に検討する必要がある。

そこで本研究においては、雨水等の影響を受ける箇所におけるコンクリート片の剥離・剥落に対しかぶりや中性化深さ、中性化残りが及ぼす影響の程度を把握することを目的とし、既往の調査結果[1]をもとに検討を行った。

2. 検討概要
2.1 既往の調査結果の引用

本研究では調査結果[1]をデータ化するためグラフ読取システム GSYS を用いた。図1にデータ化した雨水等の影響を受ける箇所における既往の調査結果を示す。識別が困難であった測定値が重複する数ヵ所を除き、論文中の調査結果をおおむね数値化することができた。データ化した調査結果は剥落箇所79点、無剥落箇所141点であり、合計220点を用いて検討を行った。調査対象の構造物は1965年以降に建設された高架橋である。雨水等の影響を受ける箇所とは、高架橋等の張り出し部に位置する高欄、地覆、張出スラブ下面、電柱基礎、桁座を基本としている。

2.2 コンクリート片の剥落割合にかぶり厚さ、中性化深さ、中性化残りが及ぼす影響

コンクリート片の剥落割合とかぶり厚さ、中性化深さ、中性化残りとの関係性について検討した。データ化した調査結果をかぶり、中性化深さ、中性化残りの各指標にて 4.9〜5mm 間隔で区分し、間隔ごとのコンクリート片の剥落割合を算出することで傾向を確認した。

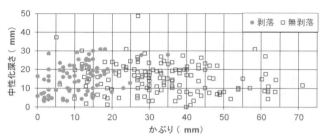

図1　データ化した既往の調査結果

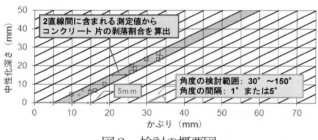

図2　検討の概要図

2.3 コンクリート片の剥落割合に対するかぶりと中性化深さの影響度の検討

コンクリート片の剥落割合に対するかぶりと中性化深さの影響度について検討した。まず、図2に示すようなかぶりと中性化深さの関係性を示す直線をかぶり 5mm 間隔で描き、その後直線の角度を変化させ、2直線間に含まれる測定値からコンクリート片の剥落割合を求めた。角度の検討範囲は30°から150°とした。30°から70°および100°から150°は5°ずつ、70°から100°の範囲については1°ずつ角度を変化させた。得られた角度ごとの剥落割合をロジスティック曲線により近似し、決定係数の値からコンクリート片の剥落に対するかぶりと中性化深さの影響度を分析した。ここでは、コンクリート片の剥落に対しかぶりと中性化深さの影響度が等しい場合は45°、中性化が大きく影響する場合は角度が0°、かぶりによる影響が大きい場合には角度が90°に近い直線の近似曲線の決定係数が高くなると考え検討を行った。なお、ロジスティック曲線の算出には、2直線間に測定値が含まれる最小のかぶりから剥落が見受けられなくなるまでのかぶりの範囲を用いた。

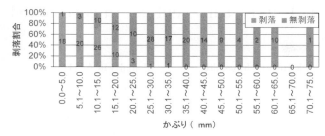

図3　コンクリート片の剥落割合とかぶりの関係

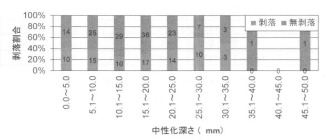

図4　コンクリート片の剥落割合と中性化深さの関係

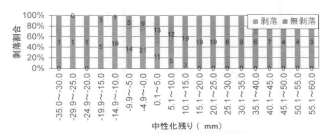

図5　コンクリート片の剥落割合と中性化残りの関係

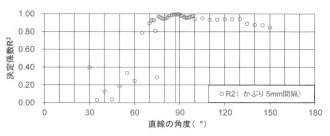

図6　各角度における近似曲線の決定係数

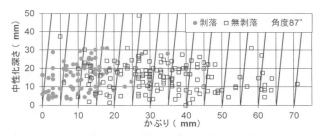

図7　かぶりと中性化深さの関係（直線の角度＝87°）

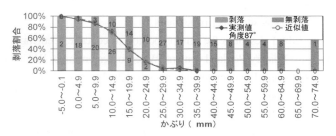

図8　コンクリート片の剥落割合とかぶりの関係および剥落割合の近似曲線（直線の角度＝87°）

3．分析結果
3．1　コンクリート片の剥落割合とかぶり、中性化深さ、中性化残りの関係についての検討

図3、4、5にコンクリート片の剥落割合とかぶり，中性化深さ、中性化残りの関係を示す。図中の棒グラフ内の数字は剥落または無剥落の箇所数を示す。

図3より、かぶりが増加するに伴い剥落割合は低下する結果となり、既往の知見[1]と同様の傾向を確認した。これはかぶりが厚いほど劣化因子が鋼材まで到達しにくく、鉄筋の腐食が抑制されたためだと考えられる。一方、図4に示した中性化の観点から検討を行った場合は、剥落割合との相関は部分的には認められるがかぶりと比較するとその程度は小さい。図5に示す中性化残りとコンクリート片の剥落割合の関係においては、中性化残りが増加するにつれ剥落割合が減少する傾向となり、相関があるように見える。ただし、中性化残りはかぶりから中性化深さを差し引いた指標である。かぶりに比べ中性化深さがコンクリート片の剥落へ及ぼす影響は小さいことから、剥落割合と中性化残りに高い相関が見えるのは、かぶりがコンクリート片の剥落に対して強い相関を持つことが大きく影響していると考えられる。

3．2　コンクリート片の剥落割合に対するかぶりと中性化深さの影響度の検討

図6に各角度における近似曲線の決定係数、図7に直線の角度を87°とした場合のかぶりと中性化深さの関係、図8にコンクリート片の剥落割合とかぶりの関係および剥落割合の近似曲線を示す。本検討結果より、直線の角度が87°のときに近似曲線の決定係数が最も高い値を示した。直線の角度が87°とおおよそ90°に近い値であることから、中性化の進行程度に拘わらずコンクリート片の剥落が生じている可能性が示唆された。

4．結論

かぶりがコンクリート片の剥落に対し強い相関を持つことを確認した。さらに中性化深さによらずコンクリート片の剥落が生じている可能性が示唆された。

【参考文献】
1) 石橋忠良、古谷時春、浜崎直行、鈴木博人：高架橋等からのコンクリート片剥落に関する調査研究、土木学会論文集、No.711/V-56、pp.125-134（2002）

An electrochemical conditions of conventional steel bars surface in carbonated concrete

Kyushu University ○Zeinab OKASHA
Hidenori HAMADA
Yasutaka SAGAWA
Daisuke YAMAMOTO

1. Introduction

This paper attempts to study the corrosion initiation of steel bars in accelerated carbonated concrete exposed in accelerated carbonation chamber. Electrochemical testing techniques was used. Such as the critical carbonation depth for corrosion initiation of steel bars, half-cell potential measurement (HCP), corrosion current density (i_{corr}), and also the destruction of passivity film due to carbonation was investigated.

2. Outline of experiment

2.1 Materials and mix proportions

Table1 describes the mix proportion of concrete. Cement type is Ordinary Portland cement. Water to cement ratio, W/C was 60%, and The compressive strength at 28 days was 23MPa.

2.2 Specimen design

Fig.1 shows the specimen design of two types of concrete prisms. Steel bars with a diameter of Ø13 mm and with 170mm of exposed length were embedded at 10, 20, 30mm of cover depths. A copper wire was connected to the steel bar for electrochemical measurement. The steel bars were assigned to 10mm, 20mm and 30mm of cover depth; S-10, S-20 and S-30, respectively. The end of a steel bar was covered with PVC pipe (Ø13 mm) and resin to avoid corrosion and to ensure the connection between steel and copper wire. Some sides of specimens were coated with epoxy and the other parallel sides were kept uncoated for CO_2 diffusion. At 24 hours after casting, specimens were de-molded and cured in a tempreature and humidity controled room of 20±2°C and 60% R.H. until 28 days.

2.3 Test procedures

The prism specimens were exposed in a carbonation chamber in which the conditions were controlled at 5% CO_2, 20°C, and 60% R.H.. HCP of steel bars, i_{corr} was measured periodically using Ag/AgCl double counter electrode sensor and portable corrosion meter. The corrosion probability was determined by following ASTM C876. The specimens were kept wet for 30 minutes by cloth to reduce the fluctuation of HCP values [1]. In this study, current flow (I) on exposed area of steel (cm^2) was calculated by polarization resistance

Table 1 Mix proportions of concrete

W/C	Unit weight (kg/m³)				AEWR	AE
(%)	W	C	S	G	(g/m³)	(L/m³)
60	190	317	800	969	990	7.92

* AEWR: Air entrained agent water Reducer;
* AE: Air entrained agent

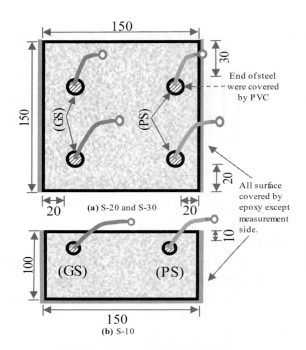

Fig.1 Specimen details and dimensions
* PS: Conventional steel bar   * GS: Galvanized Steel bar
measurement by using the AC-impedance method, Carbonation depths at 1, 4, 8, 13, 26 and 72 weeks were measured for a cylindrical specimen of prism of 100*100*400mm by phenolphthalein spraying method. Averaged carbonation depth, X_c was obtained for each specimen. Then, the relationship between X_c and i_{corr} was investigated.

3. Results and discussion

(a) Carbonation depth

Carbonation depth by accelerated test is illustrated in **Fig.2**. After certain exposure period it can be observed that X_c increase through the exposure period. And X_c is reached to the steel surface at 10mm, 20mm and 30mm.

(b) Half-cell potential

Fig.3 describes HCP of steel bars in carbonated concrete with the carbonation depth. The specimens at S-10 showed a more negative potential value than those at S-20 and S-30 and showed "uncertain" level of corrosion according to ASTM C876. HCP of all specimens showed almost stable values when exposure time increased. The trend that E_{corr} become higher in carbonated concrete is found.

(c) The current density

To detect corrosion, current density was measured. **Fig.4** shows the results of corrosion current density. In this figure, current density of all steel bars showed lower than 0.1 µA/cm². It can be confirmed that even though carbonation reaches to steel surface, corrosion cannot initiate in relatively dried concrete without sufficient moisture for corrosion reaction.

(d) Polarization curve

Anodic polarization curve were measured by the contact method after exposure period in accelerated carbonation chamber. It was measured to evaluate the condition of passivity film on the steel surface. **Fig.5** indicates the anodic polarization curve of steel bars. From this figure, all of steel bars were categorized in the Grade 5 which states that the excellent passivity condition exists [2].

4. Conclusion

(1) HCP was influenced by cover depth of concrete. Steel bars at 10mm cover depth showed more negative HCP with respect to those at 20mm and 30mm cover depth.

(2) The carbonation depth reached to the steel surface but the destruction of passivity film was not detected. This may be due to the oxygen supply and moisture might not be enough during exposure in carbonation chamber.

(3) From test results of anodic polarization curve it was observed that steel bars were categorized in Grade 5 which states the excellent passivity condition existing. This means that the passivity grade was not affected by carbonation progress even though the carbonation depth passed the 10mm and 20mm cover depths.

(4) From this experiment, in dried concrete even in carbonated concrete steel bar can be kept in good passivity condition.

References

[1] K Chansuriyasak, C Wanichlamlart, P Sancharoen, W Kongprawechnon and S Tangtermsirikul. "Evaluation on use of half-potential for measuring corrosion potential of steel bars in reinforced concrete subjected to carbonation", Research and Development Journal 21 (3), 2010

[2] N.Otsuki."A study of effectiveness of Chloride on Corrosion of Steel Bar in concrete."Report of Port & Harbor Research Institute pp.127-134, 1985.

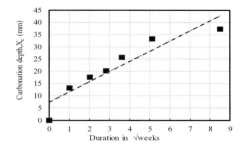

Fig.2 The carbonation depth of steel bars

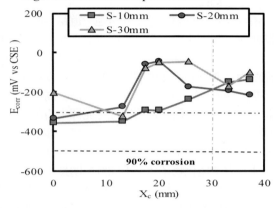

Fig.3 Half-cell potential vs. carbonation depth

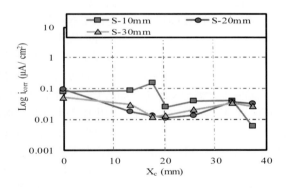

Fig.4 The current density vs. carbonation depth

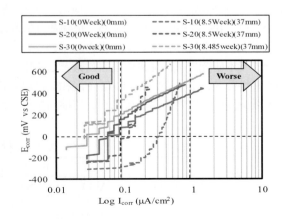

Fig.5 The polarization curve of steel bars

[3204]

$CaO \cdot 2Al_2O_3$ を混和した高炉セメントB種硬化体の塩化物イオン浸透性

デンカ株式会社　セメント・特混研究部　　○宇城将貴
森泰一郎
保利彰宏
盛岡実

1. はじめに

海洋からの飛来塩分や寒冷地で道路へ散布される凍結防止剤に起因する塩害は鉄筋コンクリート構造物の主要な劣化要因であり、対策として高炉セメントの使用や亜硝酸塩、あるいは亜硝酸型のハイドロカルマイトの混和が提案されている。高炉セメントは、高炉スラグ微粉末量の増加に伴い優れた遮塩性を発揮するが[1]、一方で初期の強度発現性が低下する。加えて、養生が不十分であるとその効果が十分に得られないばかりか、ひび割れの発生などで塩化物イオンの拡散を助長してしまうことがあり、高炉スラグ微粉末量の増加のみで遮塩性を向上させる場合は問題が発生する可能性がある。亜硝酸塩の使用は鉄筋の不動態膜の再生を担うが、それ自身は塩化物イオンの浸透を抑制する機能を持った材料ではなく、塩化物イオンの浸透を抑制することはできない。また、亜硝酸型ハイドロカルマイトは可溶性の塩化物イオンを固定化すると共に、防錆効果をもつ亜硝酸イオンを放出するが、水和物である亜硝酸型ハイドロカルマイトは嵩高く、流動性に影響を及ぼす。加えて、結合水を多く含んでいるため実効成分は少なく、硬化体の実質的な水粉体比も高くなるという課題があった。他方、盛岡らは、$CaO \cdot 2Al_2O_3$（以下、CA2）を混和することで生成するハイドロカルマイト（以下、HC）が可溶性塩化物イオンをフリーデル氏塩として結晶構造内に固定化し、鋼材腐食の原因となる可溶性塩化物イオンが減少することを報告している[3]。しかし、CA2の混和によるHCの生成挙動や塩化物イオンの固定化挙動へセメント種類が与える影響については、JISに規定された普通、早強及び低熱ポルトランドセメントについてしか報告されていない[4]。

そこで本研究では、従来の塩害対策として用いられている高炉セメントについて、CA2を混和した場合の塩化物イオン浸透性に対する影響について検討を行った。

2. 実験概要
2.1 使用材料と配合

高炉セメントには高炉スラグ微粉末量が43%である市販品の高炉セメントB種（以下、BB）を用い、混和材としてCA2を使用した。なお、CA2は工業原料の炭酸カルシウムと酸化アルミニウム、酸化鉄(III)を原料とし、$CaO/(Al_2O_3+Fe_2O_3)$のモル比が0.5、原料中の酸化鉄が5mass%となるように計量、粉砕混合を行い、水分を適量加えて造粒した後、内部温度を1750℃～1850℃に保持したロータリーキルンにて焼成することで合成した。徐冷して得られたクリンカーはブレーン値3000cm^2/gに粉砕した。表1に使用した材料の物理的性質、化学成分を示す。

2.2 硬化体の作製

BBにCA2を内割りで3、6、9mass%混和し、JIS R5201に準じてモルタルを調製した。また、分析用に水粉体比を50mass%としたセメントペーストを調整した。

2.3 試験方法
（1）圧縮強さ

40×40×160mmのモルタル供試体を作製して、JIS R 5201に準じて測定した。

（2）塩化物イオンの浸透深さ

材齢28日まで封緘養生を行い、側面を除く5面にエポキシ樹脂を塗布した40×40×160mmのモルタルをNaCl濃度が10mass%の水溶液に質量比で1：10として浸漬した。硝酸銀-フルオロセイン法で浸漬28日における塩化物浸透深さを測定した。

（3）水和生成物

材齢28日まで封緘養生したセメント硬化体を粉砕し、NaCl濃度が10mass%の水溶液に質量比で1：10として28日間浸漬した。浸漬前後のセメント硬化体について、水和生成物を粉末X線回折から同定した。

表1　材料の物理的性質、化学成分

材料	化学成分 (mass%)						密度 (g/cm^3)	ブレーン値(cm^2/g)
	CaO	Al_2O_3	SiO_2	Fe_2O_3	SO_3	R_2O		
BB	55.2	8.4	25.5	1.9	2.1	0.40	3.02	3860
CA2	23.9	67.7	0.6	7.1	0.0	0.20	2.96	3000

3. 実験結果

3.1 圧縮強さ

封緘養生したモルタルの圧縮強さを図1に示す。CA2の混和率が増加するのに伴い、強度の発現が低下していることが分かる。CA2の混和により結合水が増加して硬化体が緻密化するが、圧縮強さへの影響はセメントの種類によって異なることが報告されている[3)4)]。本結果より、CA2はBBの強度発現には寄与しないことが確認された。

3.2 塩化物イオンの浸透深さ

28日間の封緘養生後に、NaCl水溶液に28日間浸漬したモルタルの塩化物イオンの浸透深さを図2に示す。CA2の混和率が増加するのに伴い、塩化物イオンの浸透深さが8mmから3mm減少した。この結果から、BBにおいてCA2の混和により塩化物イオンの浸透が抑制されることが確認された。

3.3 生成物

NaCl水溶液への浸漬前後におけるセメント硬化体のXRDパターンを図3に示す（破線：浸漬前、実線：浸漬後）。浸漬前に着目すると、CA2の混和率が増加するのに伴いCHのピーク強度は低下し、HCのピークがブロードに変化していることが確認できる。この結果より、CA2がCHと反応してHCの結晶性や生成量に影響していることが推察される。また、浸漬後では、HCのピークが消失し、新たにフリーデル氏塩のピークが同定された。これは、NaCl水溶液から供給される塩化物イオンをHCが化学的に、フリーデル氏塩として固定化している事を示している。加えて、浸漬後に水酸化カルシウムのピーク強度は小さくなっているが、これは、CHが溶解度の高い塩化カルシウムに変化して水中に溶脱したためと考えられる。この結果より、BBにCA2を混和した場合にも既往の報告と同様の反応[3)4)]が進行することで、塩化物イオンの浸透が抑制されたと考えられる。

4. 考察・まとめ

BBに対してCA2を混和した場合の硬化体物性について検討を行い、以下の結論を得た。

(1) BBに対してCA2を混和すると、混和率の増加に伴い圧縮強さは低下した。

(2) BBに対してCA2を混和することで、塩化物イオンの浸透深さは抑制された。CA2無混和では8mmとなった浸透深さが、9mass%の混和により3mmまで減少した。

(3) CA2混和の有無に関わらず、封緘養生による水和生成物としてAFt、HC、CHのピークが確認された。

(4) NaCl水溶液への浸漬でHC、CHのピークが消失、または減少し、フリーデル氏塩のピークが同定された。

(5) BBに対してCA2を混和した場合、塩化物イオンはフリーデル氏塩として固定化されることで、塩化物イオンの浸透が抑制されたと推察された。

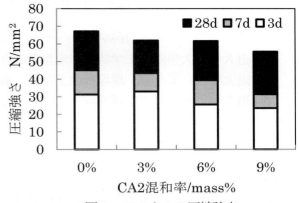

図1　モルタルの圧縮強さ

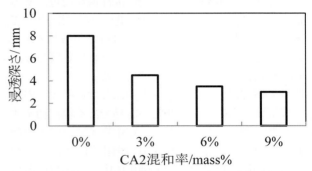

図2　モルタルでの塩化物イオンの浸透深さ

○:AFt　×:HC　△:フリーデル氏塩　□:CH

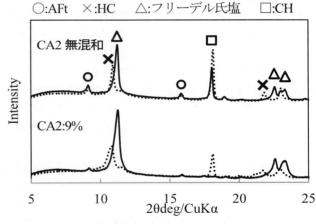

図3　セメント硬化体の浸漬前後のXRDパターン

【参考文献】

1) 高鳴笛ほか：高炉セメントコンクリートの塩化物イオン拡散係数に関する実験的検討、土木学会西部支部研究発表会講演概要集、pp.66-67、(2009)

2) 盛岡実ほか：$CaO \cdot 2Al_2O_3$の塩化物イオンの拡散抑制効果とその機構、混和材料を使用したコンクリートの物性変化と性能評価研究小委員会(333委員会)報告書No.2、pp.443-448、(2010)

3) 田原和人ほか：$CaO \cdot 2Al_2O_3$を混和した種類の異なるセメント硬化体の水和挙動および塩化物イオン固定化能力、セメント・コンクリート論文集、No.65、pp.427-434、(2011)

［3205］

セメント硬化体の細孔の屈曲度とフラクタル次元を用いた細孔連続性の評価

北海道大学　大学院　工学院　環境循環システム専攻　　　　畑中晶
北海道大学　工学部　環境社会工学科　資源循環システムコース　○吉田慧史
北海道大学　大学院工学研究院　　　　　　　　　　　　　　　Elakneswaran Yogarajah
　　　　　　　　　　　　　　　　　　　　　　　　　　　　　名和豊春

1. はじめに

各種構造物に用いられるコンクリートは長期に渡り十分な耐久性が求められる。特に海洋環境付近にある鉄筋コンクリート構造物が早期劣化する主要因として塩害が挙げられる。そのため構造材料であるセメント中における塩化物イオンの挙動や、それに影響を与える細孔構造に関する検討が必要である。

既往の研究においてセメント中におけるイオンの拡散を模擬するものとして測定が容易である塩化物イオンの拡散予測が行われており、塩化物イオンの主要な移動経路が粗大空隙とC-S-H中の細孔空隙であると考えられている。特にセメント硬化体中の大部分を占めるC-S-Hの細孔が全体の拡散に大きな影響を及ぼすと考えられる。拡散係数と空隙率の関係において様々な屈曲度が提案されているが、屈曲度は拡散に大きな影響を及ぼすにも関わらず、いずれもフィッティングパラメータであり物理的意味が希薄であるのが現状[1]である。さらにC-S-Hの構造評価として空隙率に関する関数のべき乗数をフラクタル次元と捉えた研究が存在するが[2]、屈曲度とフラクタル次元とを関連付けた説明はされていない。

そこで本研究では拡散経路を示す屈曲度を実験的に求め、べき乗数をフラクタル次元として捉えることにより細孔構造との比較を行うことで塩化物イオンの拡散経路と空隙の連続性との間に相関性を求めた。

2. 実験概要
2.1 使用材料と試料作製

試料には水中養生を14、28、91日間行った水粉体比0.40、0.50、0.70の普通ポルトランドセメントと高炉スラグ微粉末により50%、70%置換した硬化セメントペーストを用いた。

2.2 サーモポロメトリー法による細孔構造測定

示差査型熱量計（DSC）を用いて試験体の熱量測定を行った。測定試料には乾燥に十分注意しながら約28mgに粉砕したものを使用した。リファレンス試料にはアルミナ粉末を用いた。昇降温速度条件は2℃/minとし、10℃から-60℃へ降温、-60℃で10分間保持し、-60℃から10℃まで昇温するプログラムを設定し測定した。昇降温速度がDSC信号に与える影響に関しては永谷等による補正法[5]によって考慮した。

2.3 C-S-Hの空隙率推定

マイクロインデンテーション法により弾性係数を100点測定し、その中央値をC-S-Hの弾性係数とした。その値を関係式[6]に代入しC-S-Hの空隙率を算出した。

3. モデル概要
3.1 3次元イメージモデル[3]

反射電子像から粗大空隙、水酸化カルシウム、C-S-H、未水和セメント、高炉スラグの5相に分離し、自己相関関数を算出し3次元イメージモデルを構築した。このモデルを電気回路であると仮定し、C-S-Hの拡散係数と粗大空隙の拡散係数をインプットパラメータ、試料全体の拡散係数をアウトプットパラメータとした。後者と電気伝導率は同値であるため、電気伝導率を実測して逆解析することによりC-S-Hの拡散係数を導出した。

3.2 空隙構造評価拡張モデル

前川ら[4]はinner productとouter productに存在する毛細管空隙の連続性を評価するモデルを提案している。ここでは未水和セメント粒子を中心としてinner及びouter productが存在すると仮定している。ここに細孔構造を表現するパラメータであるフラクタル次元を導入し、以下の式で表現される拡張モデルを提案する。

$$\varphi_c(x) = \frac{r}{D+r} = \left(\frac{\varphi_{ou}}{\delta_{max}}\right) x^{3-F}$$

$$V_x = \int_0^x \varphi_c(x) 4\pi(x+x_0)^2 dx$$

$$= 4B\pi \left\{ \frac{1}{6-F} A^{\frac{6-F}{3-F}} + \frac{2x_0}{5-F} A^{\frac{5-F}{3-F}} + \frac{x_0^2}{4-F} A^{\frac{4-F}{3-F}} \right\}$$

$$B = \frac{\varphi_{ou}}{\delta_{max}} \quad A = \frac{1}{B}\frac{r}{D+r} \quad x_0 = \frac{1-\alpha}{1+0.05\alpha} \quad (\alpha:水和率)$$

$\varphi_c(x)$：未反応粒子の中心からの距離に応じた空隙率
D：C-S-H粒子径（19nm）[4]
r：空隙径（nm）

φ_{ou}：outer product の境界の空隙率
δ_{max}：単位格子の最大距離（ここでは、1 とした）
x_0：未反応粒子径（nm）
x：未反応粒子の中心からの距離（nm）
F：フラクタル次元

4．実験結果

3次元イメージモデルから水セメント比(W/C)毎のC-S-Hの空隙率と拡散係数の関係式を求めた結果を図1に示す。いずれの水セメント比の場合も塩化物イオンの拡散係数とC-S-Hの空隙率との関係式はべき乗則で示され、べき乗数を屈曲度の指標とした。屈曲度は水セメント比が増加するに従い小さくなる傾向が得られた。

3.2節で述べた空隙構造評価モデルを用いてフラクタル次元を求め実測値と比較した。養生日数91日、W/C=0.3、0.5 及び 0.7 の検討結果を図2に示す。C-S-Hには2つの異なる密度のC-S-H(LD-C-S-H 及びHD-C-S-H)が存在することが知られており、W/C=0.3の時は(HD)-C-S-H、W/C=0.5 では2つの C-S-H が、W/C=0.7 では(LD)-C-S-H が主に存在すると仮定し、両者を区分する空隙直径を 10nm として、3.2節に示した空隙構造評価モデルを用いてフラクタル次元Fを求めた[7]。その結果、3次元モデルから導出した屈曲度τとフラクタル次元Fは概ね一致する結果が得られた（表1）。

5．考察及びまとめ

前述の屈曲度とフラクタル次元が一致し、W/C比の影響も評価できた。屈曲度が塩化物イオンの拡散経路を表しており、2つの異なる C-S-H の効果も示していると言える。特に(HD)-C-S-H の割合が高い W/C=0.3 の時は、inner product の空隙の連続[4]が塩化物イオンの拡散経路となっていると考えられる。一方、W/C=0.7 の時は(LD)-C-S-H の割合が高く、outer product の空隙の連続[4]が塩化物イオンの拡散経路となっていると推察される。W/C=0.5 の時は(LD),(HD)-C-S-H が混在しているにも拘らず、1つのフラクタル次元で表現されることから、塩化物イオンの拡散経路は inner 及び outer product の両方であることが示唆された。

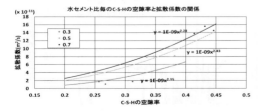

図1　水セメント比毎の空隙率と拡散係数の関係

表1　フラクタル次元(F)と屈曲度(τ)

W/C	F	τ
0.3	2.95	2.95
0.5	2.65	2.43
0.7	2.35	2.28

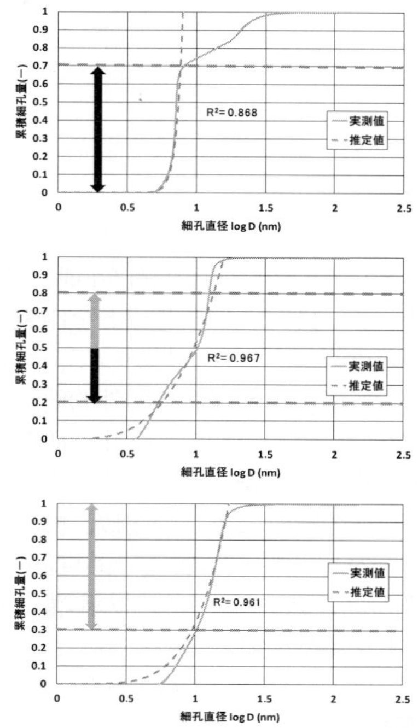

図2　細孔構造拡張モデルと実測値(養生日数91日、上：W/C=0.3、中：W/C=0.5、下：W/C=0.7)

【参考文献】
1) A.Hatanaka et al :The Impact of Tortuosity on Chloride Ion Diffusion in Slag-Blended Cementitious Materials, Journal of Advanced Concrete Technology, 2017(審査中)
2) H.Jennings:Refinements to colloid model of C-S-H in cement ,Cement and Concrete Research 38(2008)275-289
3) K.Kurumisawa:Prediction of the diffusivity of cement-based materials using a three-dimensional spatial distribution mode, Cement and concrete 34(2012)408-418
4) K.Maekawa et al:Multi-scale Modeling of Concrete Performance Integrated Material and Structural Mechanics, Journal of Advanced Concrete Technology,(2003)91-126
5) 永谷佳之、名和豊春：サーモポロメトリーを用いたセメント硬化体における細孔構造の定量化、セメント・コンクリート論文集、No. 65、pp. 116-123（2011）
6) Jennings et al : A Multi-Technique Investigation of the Nanoporosity of Cement Paste." *Cement and Concrete Research* 37(2007)329–36.
7) Paul D. Tennis, Hamlin M.Jennings: A model for types of calcium silicate hydrate in the microstructure of Portland cement pastes, Cement and Concrete Research 30(2000)855-863

屋外環境が鉄筋腐食に及ぼす影響についての基礎的研究

宮崎大学　大学院工学研究科　　〇坂元利隆
宮崎大学　工学部　　　　　　　李春鶴

1. はじめに

コンクリートにとって「水」は必要不可欠な存在であり、薬と毒としての相反する性質を同時に持ち合わせている[1]ため、より良いコンクリートを作製するには水への理解が大変重要である。したがって、コンクリート構造物は雨水や気温、相対湿度等の外的要因の影響を大きく受けている。しかしながら、既往の研究では室内環境における比較を行った研究は数多くあるが、屋外環境における雨水などの影響に対して比較、検討している研究は少ない。そのため本研究では、屋外環境においてコンクリート構造物が受ける雨水などの影響に着目し、鉄筋コンクリートを屋外環境に曝露することで異なる曝露履歴を持つ供試体の腐食状況の検討を行った。

2. 実験概要
2.1 供試体概要

本研究では、早強ポルトランドセメントを用いた供試体を用いた。供試体の概要図を図1に示す。供試体は、250mm×250mm×100mmの板状で、内部に鉄筋を配置している。鉄筋の材質はSS400で、直径が13mm、長さが300mmの丸鋼を供試体1体につき2本ずつ用いた。また、供試体は練混ぜの際予め8.24kg/m^{3}の塩分をコンクリートに添加したシリーズAと無添加のシリーズBを用意した。打設から材齢2日で脱型し5日間水中養生を行った後に材齢96日まで室内での気中養生を行った。材齢97日目において曝露環境を変え、半数の供試体を室内から屋外へ曝露させた。これにより室内で継続して曝露したもの(以下DDとする)と室内から屋外へと曝露環境を変化させたもの(以下DOとする)の計2種類の曝露遍歴を持つ供試体を用

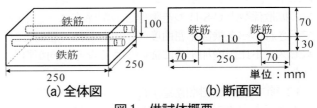

図1　供試体概要

意した。室内曝露は日光および直接的な雨風などの自然環境による外的要因の影響がない環境に静置し、屋外曝露は外的要因の影響を遮る障害物が少ない場所に設置した。屋内の相対湿度は湿度計を、屋外の曝露環境における降水量は曝露地点周辺の三点になる宮崎市、都城市、油津市から得られた気象庁のデータの平均値を用いた。

2.2 試験方法

本研究では完全非破壊方法で自然電位、腐食速度を計測した。自然電位による腐食の判断はASTMの規格[2]を基準とし、腐食速度による腐食の判断はCEB[3]の規格を基準とした。

3. 実験結果および考察

塩分を添加した供試体の実験結果を図2～図5に、無添加の供試体の実験結果を図6～図9に示す。

まず、自然電位の実験結果において10月以降の塩分有の自然電位に注目するとDDは腐食から徐々に貴へと転じていることが確認できるが、DOは曝露環境を変化させた直後から一度卑な値になり、その後貴へと転じていることが確認できる。DDにおいて相対湿度の低下が確認できることからコンクリート供試体から水分が逸散されることで自然電位が小さくなったと考えられる。DO

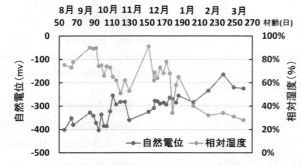

図2　自然電位と相対湿度の関係(DD環境シリーズA)

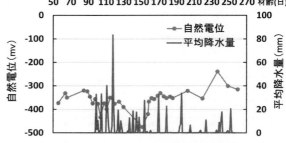

図3　自然電位と平均降水量の関係(DO環境シリーズA)

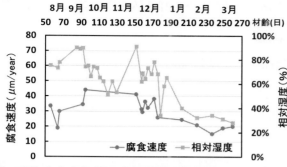

図4　腐食速度と相対湿度の関係（DD環境シリーズA）

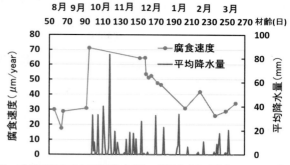

図5　腐食速度と平均降水量の関係（DO環境シリーズA）

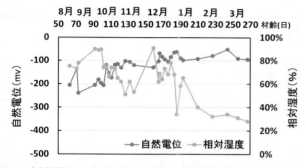

図6　自然電位と相対湿度の関係（DD環境シリーズB）

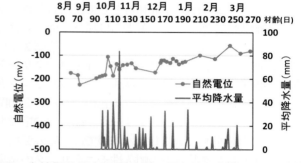

図7　自然電位と平均降水量の関係（DO環境シリーズB）

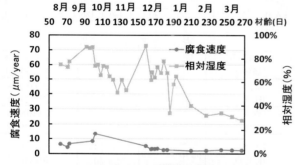

図8　腐食速度と相対湿度の関係（DD環境シリーズB）

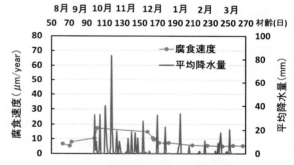

図9　腐食速度と平均降水量の関係（DO環境シリーズB）

においては雨水が直接供試体へと十分に供給されることで水分の逸散が抑えられ自然電位が一度卑な値となったが、降水量が減少していったことで供試体から水分が逸散し貴な値に転じていったと考えられる。また塩分の有無で供試体を比較したとき、DDにおいては自然電位の変遷が同様の傾向にあるが、DOにおいては屋外曝露直後の傾向が異なっており、塩分無の供試体は水分の供給を受けても自然電位が増大しないことが確認できる。

塩分の有無にかかわらず、腐食速度も自然電位と同様の傾向が確認できる。10月以降のDDにおける腐食速度は供試体中の水分が逸散され鉄筋腐食が進行しにくい環境に変化していることが確認できる。DOにおける腐食速度は屋外曝露が行われた直後の雨水の影響により一度大きく鉄筋腐食が進行しやすい環境となり、降水量の減少に伴って鉄筋腐食が進行しにくい環境へと変化していることが確認できる。

4．まとめ

屋外環境において十分な養生を施した供試体の場合、雨水による水分供給はコンクリート中の鉄筋腐食に対した大きな影響を及ぼしていることが確認できた。

謝辞：本研究の供試体の作製および試験装置の使用において、極東興和株式会社より多大な協力を頂いた。ここに感謝の意を表する。

【参考文献】

1) 岸利治、上田洋：水の理解とその制御・活用に向けて、セメント・コンクリート、No.812、 pp.1-7(2014)
2) ASTM C 876-91(Reapproved 1999)：Standard Test Method for Half-Cell Potetials of Uncoated Reinforcing Steel in Concrete, Annual Book of ASTM Standards、Vol.03.02、pp.457-462(1999)
3) CEB Working Party V/4.1: Strategies for Testing and Assessment of Concrete Structures Affected by Reinforcement Corrosion (draft 4)、BBRI-CSTC-WTCB、Dec. 1997

[3207]

異なる実環境に暴露したフライアッシュコンクリートの耐久性モニタリング

電源開発株式会社　茅ヶ崎研究所　　○石川　嘉崇
斎藤朋子
石川学

1. はじめに

フライアッシュ（FA）を混和材として使用したコンクリートの耐久性評価として、著者らは屋外環境におけるFAコンクリートの暴露実験を実施している。暴露2年目までの計測結果[1]では、屋外環境下でもFAコンクリートの強度が増進すること、暴露供試体から採取したコンクリートコアの比抵抗が、遮塩性や細孔径分布などと相関性が高く、比抵抗はFAコンクリートの耐久性の指標となり得ること等を明らかにした。本報では、屋外環境に暴露したFAコンクリートの耐久性モニタリングの結果として、現時点で暴露開始から7年目となった暴露供試体の計測結果を報告する。

2. 暴露実験の概要

2.1 使用材料および配合

表1に使用材料を、表2にコンクリートの配合を示す。本暴露実験では、3水準のFA置換率（普通ポルトランドセメントのみ(OPC)、FA置換率20%(FA20)、FA置換率30%(FA30)）の配合とし、スランプ12cm、空気量4.5%となるように試験練りで配合を決定した。

2.2 暴露供試体および暴露地点

暴露供試体の形状は、W770mm×H540mm×D300mmの角柱とし、経年ごとの評価としてコア（φ74mm）を年1本採取できるものとした。表2のコンクリートを上記形状の型枠に打ち込み、脱型までの7日間散水養生を行い、その後4週間室内で静置したのち屋外暴露を開始した。

暴露地点の概要は表3に示すとおり5地点6箇所（F地点のみ2箇所設置）とした。

2.3 コンクリートコアの計測項目

表4に暴露供試体から採取したコンクリートコアの計測項目とその方法を示す。本暴露実験では1年に一本のコアを採取し計測を行っているが、コア抜き部は補修材で修復し、暴露供試体の耐久性に影響を与えないよう対処している。

3. 実験結果および考察

3.1 圧縮強度の経時変化

圧縮強度の経時変化を図1に示す（例として環境の大きく異なる3地点を取り上げた）。前報[1]では、暴露前のOPCコンクリートとFAコンクリートの間の圧縮強度差が、暴露2年目までにいずれの暴露地点においてもほとんど認められなくなった。暴露7年までの計測では、コア一本による評価のため暴露の経過に伴う強度の変動は

表1　使用材料

材料名	諸元
セメント	普通ポルトランドセメント 密度：3.16 g/cm³、ブレーン比表面積：3310cm²/g
FA	JIS II種品、密度：2.25 g/cm³、 ブレーン比表面積：3800 cm²/g
細骨材	海砂、密度：2.57 g/cm³、吸水率：1.3%
粗骨材	砕石(G_{max}=20mm)、密度：2.85 g/cm³、吸水率：1.58%
混和剤	AE減水剤およびAE剤

表2　コンクリートの配合

水準	W/P [%]	s/a [%]	F/(C+F) [%]	単位量[kg/m³]				
				W	C	F	S	G
OPC	55	43	0	159	289	0	779	1,144
FA20			20	151	220	55	785	1,154
FA30			30	146	186	80	790	1,161

表3　暴露地点の概要

設置箇所 （略称）	環境	数量	供試体作製日 暴露開始日
北海道 （H地点）	寒冷地 内陸	各配合1体 （計3体）	2009/09/18 2009/11/06
青森県 （A地点）	寒冷地 海洋環境	各配合1体 （計3体）	2009/09/15 2009/10/13
神奈川県 （K地点）	温暖、 海岸より約 2km内陸	各配合1体 （計3体）	2009/09/15 2009/10/22
福岡県 （F地点）	温暖 海洋環境	各配合1体 ×2箇所 （計6体）	2009/09/09 2009/10/07
沖縄県 （O地点）	亜熱帯地帯 海洋環境	各配合1体 （計3体）	2009/09/09 2009/10/09

表4　コンクリートコアの計測項目とその方法

計測項目	方法
圧縮強度	材齢28日の供試体（φ100×200mm）はJIS A 1108に、暴露供試体から採取したコア（φ74×130mm）はJIS A 1107に準拠して測定
体積抵抗率 （比抵抗）	採取したコアの比抵抗をJSCE K 562-2008に準拠し、温度の影響を除去するために一定温度の室内にて測定（交流印加電圧：30V、周波数：70Hz）
細孔径分布	採取したコアの表層から深さ20～30mm部のペースト領域を5mm角で切り出し、凍結乾燥処理したのち水銀圧入式ポロシメータで測定

216

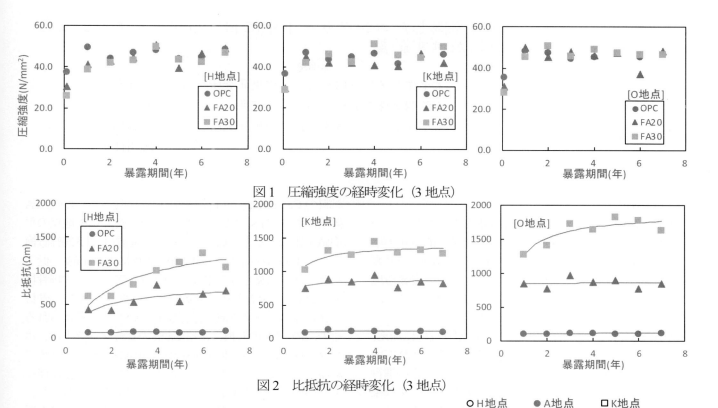

図1 圧縮強度の経時変化（3地点）

図2 比抵抗の経時変化（3地点）

多少生じるものの、暴露7年経過後もOPCコンクリートとFAコンクリートの強度はどの地点でもほぼ同等となっていることが認められた。

3．2 比抵抗の経時変化

比抵抗 ρ の経時変化を図2に示す（3地点のみ）。図中の曲線は $\rho(t) = abt/(1+bt)$ で回帰して得られたものである（a, b:定数, t:暴露期間）。前報[1]と同様、比抵抗の値はFA30＞FA20＞OPCの順であり、OPCの値は低く、ほとんど一定である。FAコンクリートの比抵抗は、3～4年は増加していくが、その後はゆるやかに増加しほぼ一定の値に収束していくことが認められた。

3．3 空隙構造と比抵抗の関係

図3は細孔径分布の計測から得られた全細孔比表面積と比抵抗との関係である。比抵抗の大きいFAコンクリートでは全細孔比表面積が大きいことが分かる。比抵抗の値が大きいということは空隙構造が複雑化している、すなわち屈曲度が大きいことを意味する。拡散係数 D と比抵抗 ρ および屈曲度 τ との関係（$D \propto \rho^{-1}, D \propto \tau^{-1}$）から、OPCに対するFAの空隙の屈曲度比を算定した（表5、ただし比抵抗は回帰曲線の値を使用）。その結果、OPCにFAを置換すると、FAコンクリートの拡散係数が、20%置換では約1/8～1/7倍、30%置換では約1/15～1/11倍に低減されることが推定される。

4．まとめ

(1) 屋外環境下で暴露2年までにFAコンクリートの強度はOPCコンクリートとほぼ同等となり、以降7年経過後もその状態は維持された。

(2) FAコンクリートの比抵抗は、3～4年は増加していくが、その後はゆるやかに増加しほぼ一定の値に収束していくことが認められた。

(3) PCにFAを置換すると、FAコンクリートの拡散係数が、20%置換では約1/8～1/7倍、30%置換では約1/15～1/11倍に低減されることが推定される。

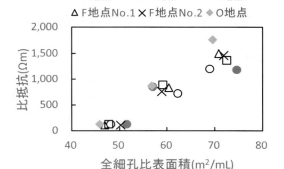

図3 比抵抗と全細孔比表面積の関係

表5 OPCに対するFAの屈曲度比

水準	H地点	A地点	K地点	F地点#1	F地点#2	O地点
FA20	7.22	7.97	7.69	8.34	7.09	7.55
FA30	12.30	11.24	12.00	15.07	13.81	15.46

【参考文献】

1) 有薗大樹ほか:フライアッシュを混和したコンクリートの暴露試験による長期耐久性モニタリング、コンクリート工学年次論文集、Vol.34、No.1、pp.700-705 (2012)

[3208]

環境の違いが7年間屋外暴露したコンクリート中におけるフライアッシュのポゾラン反応の進行度に及ぼす影響

太平洋セメント株式会社　中央研究所　〇曽我亮太
電源開発株式会社　茅ヶ崎研究所　石川嘉崇
太平洋セメント株式会社　中央研究所　林建佑
細川佳史

1. はじめに

著者らは、フライアッシュ(FA)を混和したコンクリートの長期的な耐久性の変化を評価するため、10ヵ年の屋外暴露試験を2009年より実施しており[1]、現時点で暴露開始から7年が経過している。別報[2]では、各暴露環境におけるFAコンクリートの強度および比抵抗の7年間の経時変化を中心に計測結果を報告した。FAコンクリートの強度や耐久性には、基材セメントの水和反応に加え、FAのポゾラン反応の進行が密接に関係するとされている。そこで本報では、環境の違いがポゾラン反応の進行度に与える影響を明らかにすることを目的とし、気候条件が大きく異なる北海道、神奈川および沖縄の3地点に7年間暴露したFAコンクリートの分析結果を報告する。

2. 実験

前報に示した条件[1]で作製した、FA置換率0%、20%および30%のコンクリート暴露試験体のうち、北海道、神奈川および沖縄の3地点に暴露した合計9試料を評価の対象とした。これらの暴露試験体の強度ならびに耐久性は別報[2]の通りである。

本研究では、ポゾラン反応の進行度を、コンクリート中のセメントペースト部分のCa/Siにより評価した。Ca/Siは小早川の手法[3]を参考に、EPMAで測定した。元素マップは、1点を1×1μm、測定範囲を400×400μmとした。得られた元素マップの160,000点についてCa/Siをモル比で算出し、Ca/Siの度数分布を作成した。度数分布におけるCa/Siのピーク位置を比較し、ポゾラン反応の進行度を評価した。また、ポゾラン反応の進行に伴い変化すると考えられる細孔径分布を水銀圧入法により測定した。加えて、ポゾラン反応の進行に必要である$Ca(OH)_2$の有無をTG分析により求めた。

3. 結果と考察
3.1 EPMA分析

図1に、一例として、FAを30%置換し北海道にて暴露した試験体の反射電子像を、図2にCa/Siの元素マップを示す。Ca/Siの出現頻度を0.05刻みで数え上げて作成したCa/Siの度数分布を図3に、度数分布から得た各試料のCa/Siのピーク位置を表1に示す。図3より、FA置換によりCa/Siの低下が見て取れ、表より3地点の平均値を比較すると、Ca/Siのピーク位置は、FA20%置換により1.95から1.72へ、FA30%置換により1.63へ低下した。図1に見られる未反応のフライアッシュや細骨材のCa/Siは、図2より1未満であったため、FAや細骨材は、Ca/Siのピーク位置には影響しないものと考えられる。そのため、FAの置換によるCa/Siのピークシフトは、ポゾラン反応によって低Ca/Siの水和物が生成したためであるといえる。小早川[3]は、FA反応率が高くなるに伴って、ペースト部のCa/Siのピーク位置が線形に低下し、骨材を含むような試料でもCa/Siのピーク位置からFA反応率の推定が出来るとしている。そこで、本報においても、Ca/Siのピーク位置に基づいて地点間におけるポゾラン反応の進行度の比較を行った。表のCa/Siのピーク位置を見ると、FA置換率20%で地点間の差は最大で0.05であり、FA置換率30%での差も最大で0.05となった。FA置換による変化量と比較すると、地点間に差はほとんど認められない。そのため、Ca/Siのピーク位置からポゾラン反応の進行度を比較すると、気候条件によらず全地点においてポゾラン反応の進行度は同等であったものと推察された。

3.2 細孔径分布

図4に水銀圧入法により求めた細孔径分布を示す。図の5nmから20nmまでの空隙を見ると、FA置換率が高くなるにつれて、細孔容積も大きくなる傾向が認められた。一方で、20nmから330nmまでの空隙量は減少していた。このような5nmから20nmまでの細孔容積の増加と20nmから330nmにおける減少は、既往の文献[4]と同様な傾向であった。次に地点間の比較のため、FA置換の影響が大きい5nmから20nmまでの空隙を見ると、暴露環境による顕著な差は認められず、ポゾラン反応の進行度は同等であったものと考えられる。

ペースト部のCa/Siや細孔径分布の観点からは、材齢7年におけるポゾラン反応の進行度に差異は認められなかった。一方、別報[2]においても材齢7年での圧縮強度はほとんど同等であった。以上のことから、ポゾラン反応の進行度は、練混ぜから十分な期間が経てば、寒冷地の

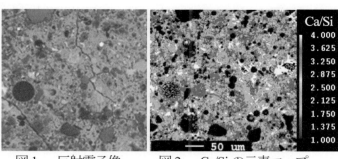

図1　反射電子像　　図2　Ca/Siの元素マップ

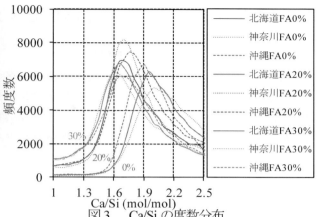

図3　Ca/Siの度数分布

北海道から亜熱帯の沖縄までほとんど差異がなくなるものと推定される。

3．3　TG分析

図5にモルタル部分のTG分析により得られたDTG曲線を示す。図より、FA0%では400-500℃にCa(OH)$_2$の重量減少を確認できた。一方、FAが混和されたコンクリートではほとんどCa(OH)$_2$の重量減少は認められなかった。以上のことから、気温の違いによらずFAの反応の進行度が同等になった原因は、全てのFAコンクリートにおいて、既に硬化体中のほとんどのCa(OH)$_2$がポゾラン反応によって消費され、それ以上のポゾラン反応が進行しなくなったことによると考えられる。つまり、平均気温が異なる地点に暴露されたFAコンクリートでは、7年という十分な期間を経た結果、FAのポゾラン反応によりCa(OH)$_2$がほとんど消費され、その時点でポゾラン反応が止まったものと考えられる。

表1　Ca/Siのピーク位置

FA置換率(%)	地点			平均
	北海道	神奈川	沖縄	
0	1.95	2.00	1.90	1.95
20	1.70	1.70	1.75	1.72
30	1.65	1.60	1.65	1.63

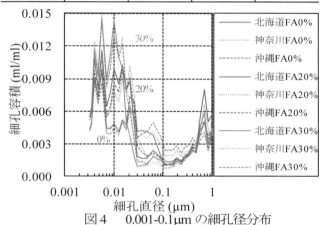

図4　0.001-0.1μmの細孔径分布

4．まとめ

北海道、神奈川および沖縄という環境の異なる3地点に暴露したFAコンクリートを対象に、暴露環境がポゾラン反応の進行度に与える影響を評価した。セメントペースト部分のCa/Siや細孔径分布から、各地点におけるポゾラン反応の進行度はほぼ同等であったものと考えられた。また、暴露地点によらずFAコンクリート中のCa(OH)$_2$はほとんど消費されていることが分かった。これらの事から、本試験条件のようなFAコンクリートでは、7年という十分な期間を経た結果、Ca(OH)$_2$が消費されるまでポゾラン反応が進行し、暴露環境によらず同等な硬化体性状を得られるものと考えられる。

【参考文献】
1) 有薗大樹ほか：フライアッシュを混和したコンクリートの暴露試験による長期耐久性モニタリング、コンクリート工学年次論文集、Vol.34、No.1、pp.700-705 (2012)
2) 石川嘉崇ほか：異なる実環境に暴露したフライアッシュコンクリートの耐久性モニタリング、第71回セメント技術大会講演要旨集、投稿中 (2017)

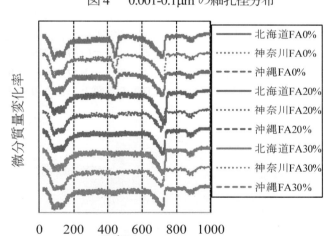

図5　モルタル部分のDTG曲線

3) 小早川真：フライアッシュのポゾラン反応解析法と既設構造物への適用、学位論文、東京工業大学 (2009)
4) 山本武志ほか：フライアッシュのポゾラン反応に伴う組織緻密化と強度発現メカニズムの実験的考察、土木学会論文集 E、Vol.63、No.1、P 52-65 (2007)

海洋環境における低発熱型高炉セメントを使用したコンクリートの長期耐久性

日鉄住金高炉セメント株式会社	技術開発センター 技術開発グループ	○大塚勇介
日鉄住金高炉セメント株式会社	技術開発センター 技術サービスグループ	植木康知
日鉄住金高炉セメント株式会社	品質保証部 品質保証グループ	前田悦孝
日鉄住金高炉セメント株式会社	技術開発センター セメント・コンクリートグループ	岩井久

1. はじめに

低発熱型高炉セメントB種(以下LBB)は、高炉セメントB種のJIS規格に適合したセメントとして2000年代前半よりマスコン対策として適用事例が増加している。しかしながら、港湾用途への使用実績は少なく、特に実構造物において長期的な耐久性を評価した事例は極めて少ない。そこで、海洋環境下にて実際に供用されている橋脚よりコアを採取して塩化物浸透深さや強度発現性を調査しLBBの塩害抵抗性を評価した。

2. 試験方法
2.1 概要

調査対象は九州北部に設置された海上連絡橋であり水和熱低減を目的として橋脚部にLBBが使用された。この橋脚は2005年に海上に設置され、調査時点で材齢11年が経過していた。

2.2 コアの採取

図1に示す様にコンクリート表面部の塩化物イオン濃度が比較的高いと考えられる干満帯よりコアを採取した。なお、コンクリート表層部には貝類等の付着物があったため、これらを除去した後、図1に示す位置で南西及び北東側よりφ50mmの水冷式コンクリートカッターを用い計6本のコアを採取した。LBBの品質とコンクリート配合を表1および表2に示す。

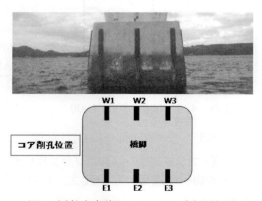

図1 橋柱部概観およびコア採取位置

2.3 試験項目

調査は橋脚の概観観察及び各コアの中性化深さ、圧縮強度、塩化物イオン濃度分布を測定した。中性化深さは各コアの外周部にフェノールフタレイン溶液を噴霧し計12点を測定し平均値を求めた。圧縮強度はJIS A1107に準じて行った。塩化物イオン濃度は、E2、E3、W2、W3の計4本のコア表層部より約5mm間隔でスライスし、JSCE-G573-2010「実構造物におけるコンクリート中の全塩化物イオン分布の算定方法(案)」に準じ電位差滴定法(以下滴定法)及びEPMA法により塩化物イオン濃度分布を測定した。得られた濃度分布を回帰計算により見かけの塩化物イオン拡散係数及び表面塩化物イオン濃度を求めた。

3. 試験結果
3.1 概観観察及び中性化深さ

コア採取時に橋柱部を目視観察したところひび割れ、豆板等の欠陥部は無く表層劣化は認められなかった。また、表3に中性化深さを示すが、海水による湿潤状態の影響により中性化の進行は平均で2mm以下であった。

表1 LBBの品質

品質	密度 g/cm³	比表面積 cm²/g	安定性 パッド法	凝結 水量 %	凝結 始発 h-m-m	凝結 終結 h-m-m	圧縮強さ N/mm² 3d	圧縮強さ N/mm² 7d	圧縮強さ N/mm² 28d
低発熱型高炉セメントB種	2.98	3260	良	27.0	2-56	4-46	13.3	23.8	48.7

表2 コンクリート配合

呼び強度 (N/mm²)	Gmax (mm)	目標 スランプ (cm)	目標 空気量 (%)	W/C (%)	s/a (%)	単位量(kg/m³) W	C	S	G
24	20	8	4.5	44.8	42.6	148	330	766	1080

表3 採取コア供試体の寸法および中性化深さ

	供試体寸法(mm) 直径(d)	供試体寸法(mm) 長さ(h)	密度 (g/cm³)	中性化深さ (mm)
E1	49.8	90.2	2.439	1.1
E2	49.8	138.6	2.428	1.3
E3	49.8	132.2	2.424	3.5
W1	49.9	84.3	2.427	1.3
W2	49.9	147.1	2.340	2.9
W3	49.8	143.9	2.420	0.0
平均値	49.8	122.7	2.413	1.7

3．2 圧縮強度

図2に採取コアと当時のコンクリート品質管理に用いた標準水中養生供試体の圧縮強度を示す。材齢11年の圧縮強度は、60〜68N/mm²を示しており28日強度に比べ1.6〜1.8倍の強度となっている。各種低発熱型高炉セメントを用いた円柱供試体（φ10×20cm）を10年間干満帯に暴露した結果[1]によると、W/C＝50%で圧縮強度は約60 N/mm²を示しており本研究とは供試体の作製条件が異なるものの、概ね同等の強度を有していることが確認できた。

表3　採取コア供試体の圧縮強度

	標準養生供試体		コア供試体	
	圧縮強度(N/mm²)		圧縮強度 (N/mm²)	静弾性係数 (kN/mm²)
	7日	28日		
E1	24.1	36.6	60.0	46.5
W1			68.1	49.4
平均	-	-	64.1	48.0

3．3 塩化物イオン濃度

各分析方法により表層部からの塩化物イオン濃度分布を測定した結果の平均値を図2に示す。また、各コアの塩化物イオン濃度分布より算出した見かけの拡散係数(D_{ap})及び表面塩化物イオン濃度(C_0)を図3に示す。なお、図2に示した様に表層より2mm程度は塩化物イオン濃度の低下が確認されたため、この部分は回帰計算からは除外した。D_{ap}は滴定法では0.069〜0.089(cm²/年)の範囲に分布し平均値は0.081(cm²/年)であった。EPMAにより同じくD_{ap}を求めた結果、平均値は0.086(cm²/年)であり測定方法は異なるものの滴定法とほぼ同等の値が得られた。一方、C_0は滴定法に比べてEPMAの方が小さい傾向にあった。

ここで、既往文献を基に各種高炉セメントのD_{ap}とW/Cの関係を調査した結果[2]に本研究で得られた測定結果及び室内試験により求めた結果（当社LBB技術資料掲載値）をプロットしたものを図4に示す。コアコンクリートのW/Cは45%付近であるが、湿式法及びEPMAにより得られたD_{ap}は、既往文献値の範囲内に位置してい

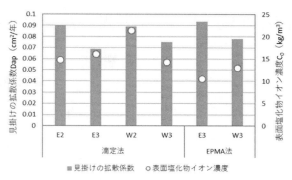

図3　拡散係数および表面塩化物イオン濃度

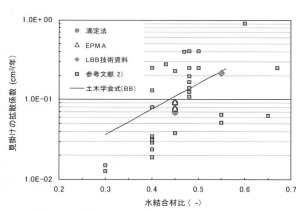

図4　各種BBにおけるW/CとD_{ap}の関係
　　　表面塩化物イオン濃度

た。また、土木学会コンクリート標準示方書に示される高炉セメントのD_{ap}とW/Cの関係式を図中に示すが、本研究で得られたD_{ap}は学会式に近く、概ねLBBのD_{ap}も学会式で近似できるものと考えられる。

4．まとめ

- コアの圧縮強度は、60〜68N/mm²を示し28日強度に比べ1.6〜1.8倍となっており、弾性係数の低下も認められず構造物として安定した状態であることが確認できた。
- 塩化物イオン濃度を異なる分析方法で測定した結果においても、D_{ap}は既往文献値の範囲内であり、今後の耐久設計に適用できる可能性が示された。

謝辞：本研究を進めるにあたり貴重なご意見を賜りました（国研）港湾空港技術研究所の山路徹構造研究領域長に感謝の意を表します。

【参考文献】

1) 島崎泰他：海洋環境下に長期暴露した各種セメントを用いたコンクリートの物性と鉄筋腐食, セメントコンクリート論文集、No.65, pp.326-333（2011）
2) 豊福俊泰他：塩害に対応した高耐久性PC橋の建設に関する16年間にわたる研究、プレストレストコンクリート、Vol56、No5、pp48-55(2014)

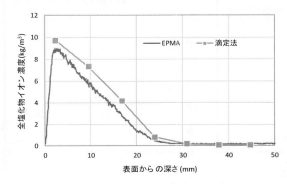

図2　塩化物イオン濃度の分布

海洋環境下に10年暴露したシラスを細骨材としたコンクリートの塩害抵抗性

鹿児島大学　大学院　理工学研究科　　〇　里山永光
　　　　　　　　　　　　　　　　　　　武若耕司
　　　　　　　　　　　　　　　　　　　山口明伸
鹿児島工業高等専門学校　　　　　　　　福永隆之

1. はじめに

鹿児島県では南九州一帯に分布するシラスを細骨材として使用するコンクリート（以下、シラスコンクリートと称す）の土木・建築構造物への実用化への取り組みが進められている。著者らは、さらに、シラスコンクリートの海洋コンクリート構造物への適用をめざして、海洋環境下でのシラスコンクリートの性能について研究を進め、これまでの曝露試験結果からシラスコンクリートが通常のコンクリートと比較して、高い遮塩性を有していることを確認している[1]。本稿では曝露後10年を経過したシラスコンクリートの塩害に対する抵抗性の調査結果を報告する。

2. 実験概要

う実験に使用したコンクリートの示方配合を表1に示す。セメントには普通ポルトランドセメント（密度:3.15g/cm³、以下OPC）および高炉セメントB種（密度:3.04g/cm³、以下BB）を、粗骨材には鹿児島県鹿児島市産砕石（Gmax:20mm、表乾密度:2.64g/cm³、吸水率:1.03%）を、細骨材に鹿児島県横川町産シラス（表乾密度:2.15g/cm³、吸水率:7.59%、微粒分量:25.39%）または鹿児島県産海砂（表乾密度:2.48g/cm³、吸水率:3.03%）を用いた。また、混和剤として、普通砂コンクリートにはセメントに対してリグニン系AE減水剤を用い、シラスコンクリートでは、セメント並びにシラス細骨材中の75μm以下の微粒分量に対してポリカルボン酸系高性能AE減水剤を用い、さらに、いずれに対しても空気量の調整のためAE剤も添加した。コンクリートの水セメント比（以下、W/C）は40、50、60%の3水準である。なお、今回の調査の対象とした供試体は、コンクリート中の塩化物イオン量測定用に作製した15×15×15cm立方体供試体で、塩化物イオンの浸透面を一側面として試験面以外をエポキシ樹脂で被覆したもの、並びに、鉄筋の腐

表1　供試体配合

供試体名	W/C (%)	s/a (%)	単位量（kg/m³）				
			W	C	S		G
					海砂	シラス	
普通砂 OPC	40	41.5	175	438	660	-	994
	50	42.5	176	352	703	-	1017
	60	44.0	182	303	738	-	1004
普通砂 BB	40	41.0	171	428	654	-	1006
	50	42.0	173	346	696	-	1027
	60	44.0	180	300	738	-	1004
シラス OPC	40	32.0	212	530	-	408	1036
	50	34.0	212	424	-	458	1064
	60	35.0	212	353	-	489	1087
シラス BB	40	31.5	205	513	-	406	1055
	50	34.0	204	408	-	465	1079
	60	35.5	207	345	-	499	1085

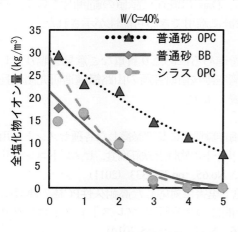
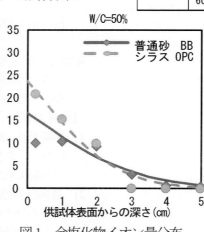
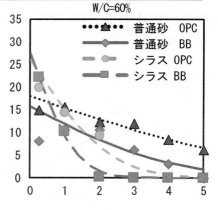

図1　全塩化物イオン量分布

食状況を確認するために、10×10×40cm の角柱供試体に D10 鉄筋をかぶり 2cm、3cm 位置に、埋設したものである。曝露試験は、鹿児島湾の谷山港内にある曝露試験施設の干満帯位置に供試体を設置し、行った。

3．結果および考察

図1に、干満帯曝露10年経過後のコンクリート中の全塩化物イオン濃度分布を、拡散方程式の解による近似結果と併せて示す。この図から、シラスコンクリートでは、いずれのセメントを用いた場合も、表面から3cm以深への塩化物イオンの侵入はほとんど確認されず、普通砂コンクリートを使用したコンクリートと比較して高い塩分浸透抑制効果を有していることが示唆された。

また、図1の結果の近似により求めた表面塩化物イオン量、並びに見かけの塩化物イオン拡散係数とW/Cの関係をそれぞれ、図2ならびに図3に示す。シラスコンクリートでは、表面付近の塩化物イオン量は普通砂コンクリートに比べ大きいものの、見かけの拡散係数は10分の1程度まで小さくなる傾向を示し、これは、骨材として用いたシラスの一部がポゾラン反応を起こすことでコンクリートが緻密化され、実質的には、表層部付近までで塩分の浸透がほぼ止まっている状況が示唆された。

また、図3に示す拡散係数とW/Cの関係から、曝露10年の結果において普通砂OPCおよび普通砂BBはそれぞれ、土木学会コンクリート標準示方書[2]の提案式とほぼ一致する値となっていたが、シラスコンクリートの拡散係数は水セメント比の如何によらず、両者より明らかに小さく、このことからも、シラスコンクリートがW/Cに関わらず高い遮塩性を有していることが再確認された。

図4は、内部鉄筋の腐食面積率の測定結果を示したが、一般に鉄筋腐食性の高いW/C=60%のコンクリートにおいても、シラスコンクリートの腐食面積率は普通砂を使用した場合に比べ極めて低く、また、かぶり3cmにおいては、W/Cの如何によらず、鉄筋の腐食はほとんど確認されなかった。シラスはポゾラン反応を示すことから、コンクリートの緻密化を図る一方で、コンクリート中のpHを低下させ、腐食発生限界塩化物イオン濃度に影響を及ぼすことが懸念されるが、実際には、普通砂コンクリートに比べ極めて高い防食性を示す結果となった。

4．まとめ

干満帯での曝露10年の試験結果から、シラスを細骨材

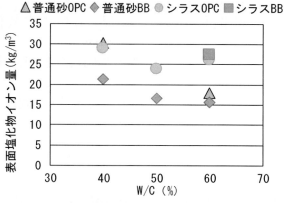

図2　表面塩化物イオン量

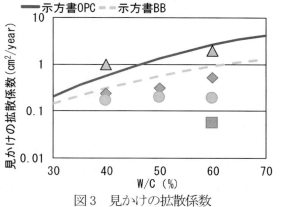

図3　見かけの拡散係数

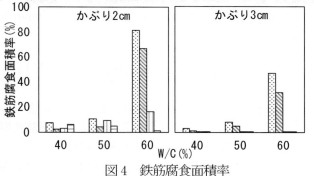

図4　鉄筋腐食面積率

として使用したコンクリートは普通砂を用いた通常のコンクリートに比べ、塩化物イオンの浸透抵抗性が極めて高く、高い鉄筋防食性を有することを再確認した。

謝辞：本研究は国土交通省九州地方整備局鹿児島港湾空港整備時事務所からの委託研究により実施したものである。関係者各位に謝意を表する。

【参考文献】
1) 大園理貴ほか：実海洋環境下で長期暴露実験を行ったシラスコンクリートの防食性、コンクリート工学年次論文集 Vol.36、No1、pp. 988-993、(2014)
2) 土木学会：コンクリート標準示方書、維持管理編、pp171-175(2013)

[3211]

長期暴露されたコンクリートにおける非定常電気泳動試験による拡散係数および見かけの拡散係数の比較

港湾空港技術研究所　材料研究グループ　　　　山路徹
　　　　　　　　　　　　　　　　　　　　　　○与那嶺一秀
鹿児島大学　大学院理工学研究科海洋土木工学専攻　審良善和

1. はじめに

塩化物イオン拡散係数を求める方法は様々なものがある。近年では非定常電気泳動試験に関する検討が多く行われている[1)2)]。しかし、実海洋環境におけるコンクリートの塩化物イオン浸透性状との相関は不明確である。

本研究では、海水中に約8年間暴露された、高炉スラグ置換率が異なるコンクリート試験体に対し、非定常電気泳動試験を行った。また、塩化物イオン濃度分布から求めた見かけの拡散係数D_{ap}との比較検討を行った。

2. 実験概要

コンクリート試験体（φ100×175mm）を自然海水中に約7.9年暴露[3)]した後の試料（暴露面から80mm以深）に対し、Nordtest NT BUILD 492[4)]に準拠し非定常電気泳動試験を行った（印加電圧60V）。配合を表1に示す。普通ポルトランドセメントを高炉スラグ微粉末で置換した。置換率50%以外は試験体の中心から採取したφ50mmの試料を用いた。なお、拡散係数は下式より求めた。

$$D_{nssm} = \frac{0.0239(273+T)L}{(U-2)t}\left(x_d - 0.0238\sqrt{\frac{(273+T)L \cdot x_d}{U-2}}\right) \quad (1)$$

ここに、D_{nssm}：非定常電気泳動による拡散係数（×10^{-12}m²/s）、U：印加電圧(V)、T：温度(℃)、L：試験体厚さ(mm)、x_d：塩分浸透深さ(mm)、t：通電時間(h)である。

また、上記試験体より得られた塩化物イオン濃度分布をFickの拡散方程式の解で回帰し、見かけの拡散係数D_{ap}を算出した[3)]。

3. 実験結果

(1) 非定常電気泳動試験結果

図1に通電時間と塩分浸透深さの関係を示す。両者の直線勾配はスラグ置換率とともに減少した。

図2に置換率とD_{nssm}の関係を示す。なお、文献1)2)のD_{nssm}および文献5)の設計値（特性値）D_kも示した。D_{nssm}はスラグ置換率の増加とともに減少した。

(2) 長期暴露後の見かけの拡散係数D_{ap}

図3に塩化物イオン濃度分布を示す。スラグ置換率の増加とともに内部の濃度が低下している。

図4にD_{ap}とD_{nssm}（単位を cm²/y に換算）を示す。なお、暴露1.1年のD_{ap}も示した。D_{ap}も置換率とともに低減している。D_{nssm}と比較すると、1.1年の値と同等で7.9年の値よりも大きくなった。なお、7.9年時の置換率40～60%でのD_{ap}は文献5)のD_kと同程度の値となった。

表1　配合および電気泳動試験時の試験体直径

置換率	W/C	W	C	BFS	S	G	直径
0	0.5	160	320	0	857	995	φ50
20	0.5	160	256	64	808	995	φ50
40	0.5	160	192	128	802	995	φ50
50	0.5	160	160	160	800	995	φ100
60	0.5	160	128	192	797	995	φ50
80	0.5	160	64	256	792	995	φ50

細骨材：大井川水系陸砂（表乾密度2.58g/cm³）、粗骨材：青梅産砂岩砕石（2.66g/cm³）

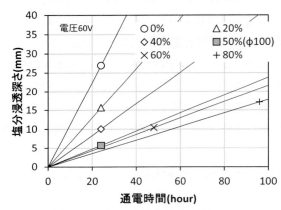

図1　通電時間と塩分浸透深さの関係

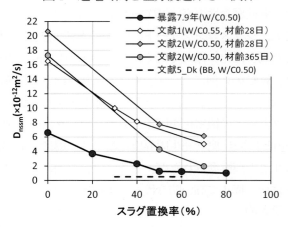

図2　D_{nssm}と置換率の関係

（3） D_{ap} と D_{nssm} の比較

図5に暴露7.9年の試験体より得られた D_{ap} と D_{nssm} の関係を示す。両者には比例関係が見られた。また、D_{ap} の方が小さく、D_{nssm} の約1/3程度であった。なお、暴露7.9年時の D_{ap} と、文献1)2)の材齢28日の D_{nssm} も比較しているが、この場合、D_{ap} は D_{nssm} の約1/8程度であった。D_{nssm} の方が大きい理由としては、通電時においては非通電時に通過できない微小な空隙をイオンが通過できること等が考えられる[2)6)]。

上述のように D_{nssm} と D_{ap} は一致しない。また、NaCl溶液浸せきによる D_{ap} と自然海水暴露時の D_{ap} は一般に異なる[7)]。本試験から拡散係数の設計値 D_k[5)]を求める手法を確立させるためには、実環境での長期暴露試験により得られる D_{ap} と若材齢時（例えば28日）の D_{nssm} を比較検討するのが望ましいと考えられる。

4．まとめ

自然海水中に約8年間暴露された、高炉スラグ置換率が異なるコンクリート試験体において、非定常電気泳動試験により求めた D_{nssm} と見かけの拡散係数 D_{ap} の両者には比例関係が見られた。また、上記の D_{ap} は D_{nssm} の1/3程度の値であった。

謝辞

本検討の一部は鉄鋼スラグ協会および土木学会「高炉スラグ微粉末を用いたコンクリートの施工指針改訂小委員会」の支援により実施した。また、試験実施の際には土木研究所・中村英佑氏にご助言頂いた。ここにお礼申し上げる。

【参考文献】

1) 原沢蓉子、細川佳史、伊代田岳史：通電時間およびセメント種類が非定常状態電気泳動試験の拡散係数に与える影響、コンクリート構造物の補修、補強アップグレード論文報告集、第13巻、pp.27-32 (2013).
2) 中村英佑、皆川浩、宮本慎太郎、久田真、古賀裕久、渡辺博志：通電後の塩化物イオン浸透深さを用いたコンクリートの遮塩性能の評価、土木学会論文集E2、Vol. 72、No. 3、pp. 304-322 (2016).
3) 与那嶺一秀、山路徹、審良善和：長期海洋暴露試験に基づく高炉スラグ微粉末の置換率を変化させたコンクリートの塩分浸透性に関する検討、第44回土木学会関東支部技術研究発表会講演概要集 (投稿中).
4) Nordtest NT BUILD 492,"Chloride Migration Coefficient from Non-steady State Migration Experiment", Nordtest, Finland (1999).
5) 土木学会：2012年制定 コンクリート標準示方書［設計編］、pp.154-155 (2013).
6) 金沢貴良、菊地道生、佐伯竜彦、斉藤豪：セメント系硬化体の空隙表面の電気的性質がイオン拡散性状に及ぼす影響、セメント・コンクリート論文集、Vol.67、pp.378-385 (2013).
7) 例えば、山路徹、審良善和、大里睦男、森晴夫：異なる試験方法により求めた銅スラグ細骨材コンクリートの塩化物イオン拡散係数の比較、土木学会コンクリート技術シリーズNo.86、pp.433-440 (2009).

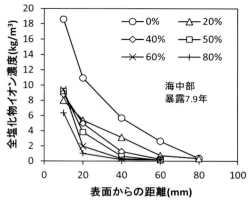

図3　塩化物イオン濃度分布（暴露7.9年）

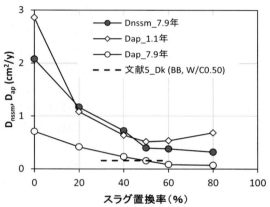

図4　D_{ap}、D_{nssm} と置換率の関係

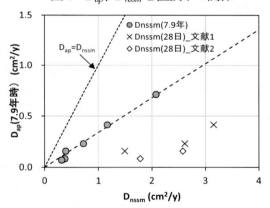

図5　D_{ap} と D_{nssm} の比較（暴露7.9年後）

高炉スラグ微粉末を多量に用いた長寿命コンクリートの耐塩害性

ゼニス羽田株式会社　技術部　　　〇石田孝太郎
NPO法人持続可能な社会基盤研究会　辻幸和
　　　　　　　　　　　　　　　　横沢和夫
　　　　　　　　　　　　　　　　万木正弘

1. はじめに

高炉スラグ微粉末をコンクリート製品に置換率で75％と積極的に使用することで耐塩害性と耐硫酸性を高めることを可能にした、低炭素型の長寿命コンクリートの製造とその品質については、すでに報告した[1]。

本研究は、長寿命コンクリートの耐塩害性に重点を置いた実験結果を報告する。長寿命コンクリート（以下、LLコンクリートと略称する。）は、高炉スラグ微粉末のセメントに対する置換率を75％まで高めたこと、膨張材を用いたこと、そして細骨材に高炉スラグ細骨材を混合したことにより、耐硫酸性だけでなく耐塩酸性を少なくとも普通コンクリートの2倍までに高めたことが大きな特徴である。膨張材の使用は、多量に用いた高炉スラグ微粉末の活性を高めるとともに、コンクリート構造物の耐久性に大きな影響を及ぼすひび割れを制御するためである[2]。

2. 実験概要

2.1 コンクリートの配合

コンクリートの配合を表-1に示す。配合1は、振動成形および遠心成形のコンクリート製品に一般的に適用されているものであり、配合2は、配合1に膨張材を40 kg/m³置換したものである。両配合ともLLコンクリートと比較するベースとしたものである。

配合3と配合4は、耐塩害性に優れたコンクリート製品への適用を主目的として、高炉スラグ微粉末の置換率を75％まで高めたものである。そして、水粉体比W/Pを34.4％、細骨材に天然砂と高炉スラグ細骨材を混合したものを用いており、両者は膨張材の単位量の40 kg/m³置換の有無が異なっている。

セメントは普通ポルトランドセメントを、高炉スラグ微粉末はJIS A 6206（コンクリート用高炉スラグ微粉末）に適合する高炉スラグ微粉末4000を、膨張材はJIS A 6202（コンクリート用膨張材）に適合するエトリンガイト系のものをそれぞれ用いた。また、細骨材には陸砂と高炉スラグ細骨材を、粗骨材には砕石2005を、そして化学混和剤にはJIS A 6204（コンクリート用化学混和剤）に適合する高性能減水剤を、それぞれ用いた。

2.2 練混ぜおよび養生

LLコンクリートの練混ぜには、容量が60ℓのパン型試験練りミキサを用い、練混ぜ量は20～30ℓとした。練混ぜの手順は、セメント、高炉スラグ微粉末、膨張材、細骨材をまず30秒間混合した後、水と高性能減水剤を加えて60秒間練り混ぜた。そして最後に、粗骨材を加えて60秒間練り混ぜた。

養生は、前置き時間を4時間以上とり、昇温が15℃/hで50℃の温度で蒸気養生を6時間行い、その後は蒸気を切って自然放冷した。そして、材齢1日で脱型後、常温で気中養生を行った。なお、脱型後の気中温度が10℃程度以下となる場合は、簡易の20℃恒温箱を使用した。

脱型後の養生は、気中養生を14日間行った後、水中養生を14日間行った。

2.3 試験方法

コンクリートの圧縮強度試験は、直径100mmで高さ200mmの円柱供試体を用い、JIS A 1108に従った。

膨張・収縮量試験は、100×100×400mmの角柱供試体を用い、JIS A 6202の附属書2（参考）（膨張コンクリート

表-1　コンクリートの配合

配合名	W/P[1] (%)	s/a (%)	Sg[2]/P (%)	Air (%)	単位量（kg/m³）								備考
					水 W	セメント C	BFS[3]	Ex[4]	細骨材 陸砂	細骨材 Slag[5]	粗骨材	混和剤 (%)	
配合1	40.3	39.0	0.0	2	157	390	0	0	715	0	1144	0.70	製品用ベースコンクリート
配合2	40.3	39.0	0.0	2	157	350	0	40	715	0	1144	0.70	製品用ベースコンクリート
配合3	34.4	39.0	75.0	2	134	97.5	292.5	0	365	376	1167	0.35	耐塩害性コンクリート
配合4	34.4	39.0	75.0	2	134	57.5	292.5	40	365	376	1167	0.35	耐塩害性コンクリート

1)P＝C＋BFS＋Ex, 2)高炉スラグ微粉末置換率, 3)高炉スラグ微粉末, 4)膨張材（エトリンガイト系）, 5)高炉スラグ細骨材

の拘束膨張及び収縮試験方法）のA法に準拠した。各配合について2体とし、その平均値を用いた。

耐塩害性試験は、JSCE-G 572-2013 「浸せきによるコンクリート中の塩化物イオンの見掛けの拡散係数試験方法（案）」にて行った。直径100mm、高さ200mmの円柱供試体を作製して用いた。脱型後14日水中養生を行い、高さを150mmに両端部を切断除去して、試験に供した。

3．膨張・収縮性状

図－1に、気中養生とその後の水中養生したA法一軸拘束供試体における膨張性状・収縮性状の測定結果を示す。この図より、高炉スラグ微粉末の置換率を75%に高めても、コンクリート製品用に用いている比較用の配合2の供試体とほぼ同じ膨張量を示していることが認められる。また、気中養生を14日した後に水中養生すると、膨張量は増加することも確認された。

耐塩害性を高めるためには、コンクリート製品のひび割れを制御することが求められ、その対策として膨張材の適用が想定される。本実験結果は、高炉スラグ微粉末の置換率を75%に高めても、所定の膨張量が得られることを示している。

4．圧縮強度

圧縮強度の結果を表－2に示す。水粉体比が34.4%で、図－1に示したように一軸拘束膨張ひずみで（150～200）×10^{-6}程度膨張しても、LLコンクリートの強度低下はほとんど生じていない。膨張材の使用による強度の低下が懸念されるが、本実験の配合4のLLコンクリートでは、その懸念はほとんどなく、十分な圧縮強度の発現が確認できた。

5．耐塩害性

試料の採取深さと全塩化物イオン量の関係、並びにそれらの値のフィッテング曲線を、図－2に示す。浸漬期間が3か月から1年におけるLLコンクリートの塩化物イオンの見掛けの拡散係数D_{ap}を、表－3に示す。高炉スラグ微粉末を置換率で75%用いた配合4のLLコンクリートは、用いない配合1の普通コンクリートに比較し、1/3程度の小さい見掛けの拡散係数となった。

6．まとめ

高炉スラグ微粉末の置換率を75%に高め、膨張材と高炉スラグ細骨材を併用することにより、耐塩害性に優れた長寿命コンクリートを製造できることを報告した。本実験で、以下のことが明らかになった。
(1) 長寿命コンクリートの膨張・収縮性状と圧縮強度は、普通コンクリートとほぼ同様であった。
(2) 長寿命コンクリートの耐塩害性は、普通コンクリートの3倍程度以上に高められた。

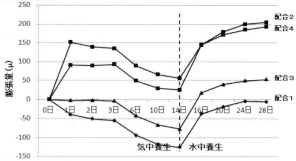

図－1　一軸拘束膨張・収縮ひずみの経時変化

表－2　圧縮強度（N/mm²）

配合	配合の特徴	材齢（日）	
		1	14
配合1	製品用普通コンクリート W/P=40.3%　膨張材なし	28.3	47.6
配合2	製品用普通コンクリート W/P=40.3%　膨張材あり	32.9	49.9
配合3	LLコンクリート　BFS置換率=75% W/P=34.4%　膨張材なし	36.0	43.4
配合4	LLコンクリート　BFS置換率=75% W/P=34.4%　膨張材あり	38.7	47.2

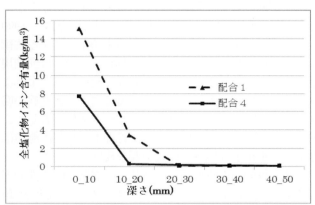

図－2　試料の採取深さと全塩化物イオン量の関係並びにフィッテング曲線（3か月の浸漬）

表－3　塩化物イオンの見掛けの拡散係数 D_{ap}（cm²/年）

浸漬期間	3か月	6か月	1年	2年
配合1	2.01	0.59	―	0.70
配合4	0.65	―	0.22	―

参考文献
1) 石田孝太郎ほか：高炉スラグ微粉末を利用した長寿命コンクリートの製造、第69回セメント技術大会講演要旨　2015、pp. 242-243（2015）
2) 横沢和夫ほか：多量に高炉スラグ微粉末を用いた長寿命コンクリートのCPC梁の曲げ性状，コンクリート工学年次論文集、Vol.38、No.2、pp.535-540（2016）

コンクリート橋梁の耐久性能等と融氷剤排水止水性能等に関する考察

国立大学法人三重大学　地域イノベーション推進機構　　〇桜井宏
㈱クリテック工業　　　　　　　　　　　　　　　　　　若林勇二
　　　　　　　　　　　　　　　　　　　　　　　　　　石戸杏奈
国立大学法人北海道大学名誉教授　　　　　　　　　　　佐伯昇

1. はじめに

1.1 背景
現在、我国は道路等の交通施設をはじめ膨大な社会基盤維持が課題となっている。筆者等は、1980年代より、コンクリート構造物の耐用年数予測システムを開発した(1,2)。設計、施工、使用材料等のデータの内的要因や、気温、凍結融解回数や海岸からの距離等の外的要因を入力すると強度低下、表面劣化、中性化深さ、鉄筋腐食面積等が指標的に算定できるシステムを内外に先駆けて開発した。しかし、積雪寒冷地において、冬季間道路交通の安全性を確保してきたスパイクタイヤが、路面が削られ派生する粉塵（車粉）公害が原因で、1990年6月「スパイクタイヤ粉じんの発生防止に関する法律が発布施行され、1991年には禁止施行、翌年には罰則規定施行により、融氷剤が冬季間大量に使用されるようになると、融氷剤に大量に含まれる塩分による、鉄筋の腐食や凍結融解作用等によるコンクリート劣化が著しく、内陸でもコンクリート橋梁の維持管理上の耐久性能等に融氷剤排水止水性能等が重大影響を及ぼしている。

1.2 目的
本研究はコンクリート橋梁の耐久性能等と融氷剤排水止水性能等に関し、コンクリート橋梁の耐久性能等へ橋梁床版端部の橋梁伸縮装置の止水性能等が及ぼす影響等に関する考察を行う。

2. 検討方法
筆者らが抽出調査した積雪寒冷地のコンクリート橋の事例から、その被害状況等に関して、公開資料等の分析(3,4)、現地踏査や技術者、研究者等のヒアリング等を通じて調査検討し、耐久性向上に必要な要件を考察する。

3. 検討結果及び考察

3.1 検討結果
1) 現地調査結果　筆者らが調査した積雪寒冷地のコンクリート橋の事例では、北海道だけではなく、積雪寒冷地の東北や中部山岳地方でも、例えば、視察させて頂いた国道18号線妙高大橋（ＰＣ箱桁橋）は、内陸の積雪寒冷地にあり、冬季間交通の安全性を確保するために、大量の融氷剤が散布されている。同橋梁施工時の昭和47年は、積雪寒冷地では、スパイクタイヤの使用が可能であったため、大量の融氷剤散布が想定されていなかった。

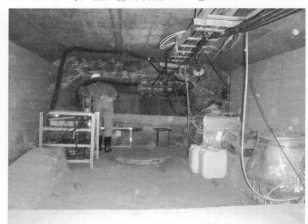

写真1　妙高大橋PC箱桁内部劣化とモニタリング状況

融氷剤の融水が橋梁伸縮装置ジョイント部から、床版下面や箱桁内に浸水し、PCケーブルのシース内に融氷剤排水が滲出し、PCが著しく腐食し、現在安全性を確保するためアウトサイドケーブルで補強している(写真1)。
2)橋梁伸縮装置止水性能　特に、橋梁伸縮装置の止水性が低下した場合の補修が重要で、それが容易に可能になる様な技術開発と、同装置の止水性能の耐用年数の向上が必要だ。また、積雪寒冷地等の各地域のニーズを良く把握し、さらに、交通安全性向上のため首都圏等でも頻繁に使用される傾向もあり、各地域の寒さのレベルや融氷剤の使用量等を把握し適切に対応する事も重要だ。

3.2 考察
1)外的要因としての塩分量の評価について　従前は、潮風などの海岸からの距離が卓越してきたが、現在は、コンクリート橋の凍結融解と塩害による複合劣化が顕著で、事例のように内陸でも融氷剤によって著しく加速し、橋梁にもたらされる塩分量そのものを外的要因の因子にする事が必要不可欠である。
2)内的要因として、近年橋梁伸縮装置の止水性能が影響し、橋梁床版や支承部、橋脚への影響は、舗装の止水性能、排水樋管の設置形状及び橋梁伸縮装置等の止水性能等に依存する内的要因の設計要因が卓越する傾向がある。それらの形状や設計、施工の要因（写真2）が重要とな

り止水性が保たれているかを検査する維持管理が必要だ。特に止水性を確保するためには、止水機能を果たす部位の適切な設計や施工と維持管理が重要となっている。

①コンクリートカッター

②箱抜き部処理（斫り）

③一車線組立品の吊り下ろし・配置

④レベル出し・直線性出し・固定

⑤取付・溶接

⑥取付完了
（コンクリート打設前／ガムテープで養生）

⑦コンクリート打設

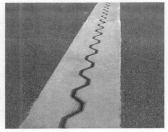
⑧施工完了

写真2　止水型橋梁縮装置施工状況（既設橋梁用取替）

3)橋梁技術者及び研究者のヒアリング　特に、近年問題になっている橋梁の維持管理上の課題として、橋梁の床版や支承部、橋脚等の部材への融水剤の劣化への影響は、舗装の止水性能や排水樋管の設置形状や橋料伸縮装置等の止水性能等に依存するため（写真3）、適切で耐久性があり、止水ゴムの取り換え可能な技術が必要で、止水機能を果たす部位の設計施工と維持管理が重要となっている。

4．まとめ

コンクリート橋梁の耐久性能等と融水剤排水止水性能等に関する考察の結果以下の結論を得た。
①社会基盤の更新は必要不可欠であるが、国や自治体等の債務や累積赤字額が相当に高く、事業の予算化も厳しく、耐用年数を向上するためには、新規建設においては、環境条件、供用条件に対応した耐久性設計や、特に融水剤を使用する条件では、融水剤融水の橋梁部材への滲出を防止するため、橋梁コンクリート床版舗装や橋梁伸縮装置等の止水性能等の向上が必要不可欠である。
②橋梁の維持管理や耐久性上の問題となる、止水機能を持った橋梁伸縮装置の止水部のゴム等の容易な取り換え技術の開発も必要だ。

写真3　止水型橋梁伸縮装置経年供用状況
（札幌市南十九条橋の事例）

【謝辞】本研究調査に御指導と御協力頂いた土木研究所寒地土木研究所、国土交通省北陸整備局、同関東整備局、同北海道開発局、北海道、札幌市、東日本高速道路、ドーピー建設工業、日本高圧コンクリート、ショーボンド建設北海道支店、岩田地崎建設、クワザワ、ROY、レイスマネージメントシステム、長岡科学技術大、北大、東工大、北海学園大、北海道科学大、東洋大、北見工大、日大、三重大等の関係各位様に深く感謝致します。

【参考文献】1）桜井宏，鮎田耕一，鈴木明人，百崎和博：コンクリート構造物の経年変化推定のための劣化要因の検討と考察，コンクリート工学年次論文報告集，第9巻第1号，pp. 549～554、1987, 6
2）S. SAKURAI, T. AOKI, K. MOMOZAKI, A. SUZUKI: Simulation and Evaluation of Deterioration of Reinforced Concrete Structures, IABSE REPORT Volume 54. IABSE COLLOQUIUM DELFT pp. 319～328, 1988
3）小泉倫彦、樋口敏、原崎郁夫：直轄国道橋の支承・伸縮装置の点検、北陸技術事務所技術情報管理室
4）村下剛、小林健一、大平英生、斎藤玄：一般国道18号妙高大橋の損傷と現況報告について、国土交通省北陸整備局高田河川国道事務所

コンクリートにおける吸水および塩分浸透に及ぼす養生条件の影響

	広島大学　工学部	○ 久堀泰誉
	広島大学　大学院工学研究院	半井健一郎
	広島大学　大学院工学研究科	森優太

1. はじめに

近年、コンクリート構造物の高耐久化が求められている。コンクリート構造物の耐久性を定量的に評価する上で耐久性指標（以下：DI）を明確にすることは重要である。DI とは、定量的に耐久性評価をするためのパラメータであり、閾値の設定により耐久設計につながるとされている[1]。DI には、耐吸水性や耐塩分浸透性、耐凍害性などがある。コンクリートの吸水特性は、凍害や硫酸による劣化と関係があることが報告されており[2]、重要な指標といえる。たとえば、ASTM C1585-13（以下：ASTM 規格）を用いた吸水試験では、含水率を調節した供試体の吸水量を経時的に計測し、横軸に時間の平方根、縦軸に吸水量とした時の 1 分から 6 時間までの傾きを初期吸水速度係数とし、評価指標とする。これまで数多くの研究があるものの、吸水試験の評価指標の有効性や他の評価手法との比較に関する検討は少ない。

そこで本研究では、ASTM 規格を用いた吸水試験から得られる吸水速度係数と急速塩分浸透試験（JSCE-G 571-2003）から得られる塩分浸透深さを比較することにより、両試験の関係性や有効性を議論することとした。

2. 供試体概要

使用したコンクリートの配合を表1に示す。セメントに高炉スラグセメント B 種を用い、水セメント比を 0.50 とした。吸水試験および塩分浸透試験に用いるコアを採取するための壁状供試体を作製した。壁状供試体の寸法は、幅 800mm×高さ 300mm×部材厚さ 600mm である。この供試体は、型枠存置による封緘養生を行い、打込み面はアルミテープを貼り付けた。材齢 1d、7d、28d で脱型後、雨掛かりのない屋内で気中曝露した。なお、脱型後に測定面以外からの供試体の乾燥を防止するために、上面、端面、底面にはアルミテープを貼り付けた。およそ材齢 6 か月において、直径 100mm のコアを、各養生条件で 2 体ずつ採取した。その後、長さ 50mm に切断加工し、吸水試験、急速塩分浸透試験の供試体とした。供試体は型枠に接していた面を吸水面、塩分浸透面とした。

なお、本研究におけるコア分析に加えて非破壊試験を

表1　コンクリートの配合表

配合名	W/C	単位量（kg/m³）			
		W	C	S	G
BBC	0.50	170	340	778	983

実施したが、別報にて報告予定である。

3. 試験概要

3.1 吸水試験（ASTM 規格：ASTM C1585-13）

吸水開始前に供試体内部の含水率調整を行う。作製した供試体は、飽水処理を行い、その後、温度 50℃、相対湿度 80%に設定した乾燥炉で 3 日間乾燥した後、15 日間密封容器で静置した。その後、側面をアルミテープ、上面をラップで被覆し、吸水試験面を水道水に浸して、質量変化を測定した。

3.2 急速塩分浸透試験（JSCE-G 571-2003）

吸水試験に用いた供試体のアルミテープ、ラップを外し、供試体の側面のみをエポキシで被覆した。水道水での飽水処理後、電気泳動法による塩分浸透試験を行った。なお、陰極側を 0.5(mol/L)の塩化ナトリウム水溶液、陽極側を 0.3(mol/L)の水酸化ナトリウム水溶液とした。塩化ナトリウム水溶液側が、吸水試験面と同じ供試体表面（型枠面）である。36 時間の通電後、供試体を割裂し、硝酸銀水溶液を割裂面に噴霧した。呈色しなかった長さを浸透深さとして記録した。

4. 試験結果と考察

吸水試験によって得られた吸水量と時間の平方根の関係を図1に示す。養生期間によって、吸水量が大きく変化していることがわかる。養生が不十分であると内部構造が粗になるため、吸水量が増加したと考えられる。ASTM 規格では、図1のグラフの傾きを初期吸水速度係数として定義し、評価指標として用いる。なお、6 時間までの傾きを初期吸水速度係数と定義しているが、得られた関係は直線となっておらず、決定係数は規格の 0.96 以上を満足していない。特に養生期間が十分ではないときに顕著で、これは、表面と内部の材料特性の不均質性

によるものと考えられる。そこで本研究では、直線性の高い、図2に示すような吸水試験開始後30分までの傾きを起点初期吸水速度係数と定義し、ASTM規格の初期吸水速度係数と同様に検討を行った。図2に示されるように、30分までの吸水特性は、養生期間によらず$t^{1/2}$則に従い、得られた決定係数は規格をわずかに満足しないものの、大きく改善された。

急速塩分浸透試験の塩分浸透深さと初期吸水速度係数の関係を図3に示す。吸水量と同様に養生期間により塩分浸透深さが変化している。ASTM規格で定義されている初期吸水速度係数と塩分浸透深さに関係性は見られるものの、起点初期吸水速度係数と塩分浸透深さの相関がさらに高かった。

ここで、吸水開始後30分および6時間における吸水浸透深さを式[1]によって推定し、塩分浸透深さと比較した。

$$Lw = \frac{h*i}{m_t} \quad [1]$$

ここで、Lw：吸水浸透深さの推定値(mm)、i：吸水量(g)、h：供試体高さ(mm)、m_t：事前の含水率調整における3日間乾燥による質量減少量(g)である。

図3に吸水浸透深さの推定値と塩分浸透深さの実測値を示す。推定された吸水浸透深さは、30分時点での値が6時間時点よりも塩分浸透深さ近くなった。つまり、吸水試験開始後30分での吸水範囲が、今回の塩分浸透範囲とおおよそ合致したことで、高い相関が得られたものと考えられた。

5．まとめ

初期吸水速度係数と急速塩分浸透試験から得られる浸透深さには良好な関係性があった。$t^{1/2}$則に従う吸水開始から30分までの起点初期吸水速度係数を求めることで、さらに高い相関性が得られることが分かった。

【謝辞】
本研究は、国土交通省の「道路政策の質の向上に資する技術研究開発」による研究助成を受け、実施したものである。ここに記して謝意を表する。

6．参考文献

1) M. G. Alexander et al.: A framework for use of durability indexes in performance based design and specifications for reinforced concrete structures, Materials and Structures, 41. 5, pp. 921–936 (2008)
2) D. P. Bentz et al.: Sorptivity-based service life predictions for concrete pavements, 7th International Conference on Concrete Pavements, Orlando (2001)

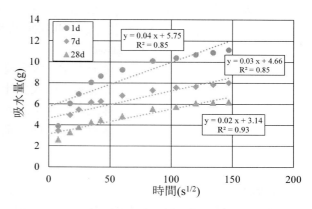

図1　吸水試験結果

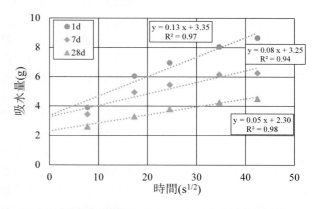

図2　吸水試験結果（図1の30分までを拡大）

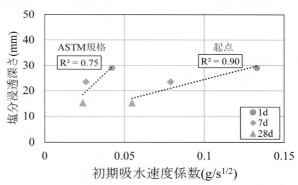

図3　初期吸水速度係数と塩分浸透深さの関係

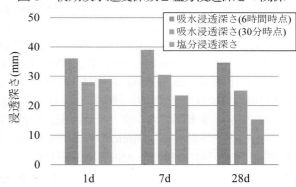

図4　吸水浸透深さ（推定値）と塩分浸透深さ（実測値）

膨張材を混和したコンクリートのアルカリシリカ反応の特徴とフライアッシュによる抑制効果

金沢大学　大学院自然科学研究科　　　〇菊地弘紀
北陸電力株式会社　志賀原子力発電所保修部　久保哲司
株式会社太平洋コンサルタント　解析技術部　広野真一
金沢大学　理工研究域　　　　　　　　　鳥居和之

1. はじめに

道路橋の大規模更新・修繕事業の一環で、RC床版の取り替えが始まっており、工事期間の短縮や経費削減の目的で、高耐久プレキャストPC床版が採用されている。また、プレキャストPC床版を接合する間詰め部には膨張コンクリートが規格化されている。この際に、凍結防止剤の散布環境下でのアルカリシリカ反応(ASR)と塩害による複合的な劣化を生じさせない目的で、プレキャストPC床版と間詰め部に打設する高強度・膨張コンクリートはフライアッシュ(FA)コンクリートを使用することとしている。しかし、本コンクリートのASRに及ぼす膨張材の影響やFAによる抑制効果に関してはこれまで検討されていない[1]。そこで本研究では、富山県常願寺川産の反応性骨材を使用した高強度・膨張コンクリートのASRの特徴を調べるとともに、FAによる抑制効果とそのメカニズムについて実験的検討を行った。

2. 実験概要
2.1 使用材料と配合

コンクリートは、早強セメント(T社、密度:3.14g/cm^3、ブレーン値:4410cm^2/g、略号HC)を使用して、設計基準強度を50N/mm2 (28日材齢) および拘束膨張量を (200±50)×10^{-6} とした。膨張材 (石灰系) は低添加型汎用品 (T社、密度:3.16g/cm^3、ブレーン値:3400cm^2/g、略号Ex) を使用した。また、FAは七尾大田火力発電所産の分級品 (密度:2.39g/cm^3、ブレーン値:4650cm^2/g、Ig.Loss:2.0%、平均粒径:7μm、略号FA) を使用した。常願寺川産の川砂 (密度:2.62g/cm^3、吸水率:1.85%) および川砂利 (密度:2.60g/cm^3、吸水率:1.45%、Gmax:25mm) は、化学法 (JIS A1145) およびモルタルバー法 (JIS A1146) により、いずれも「無害でない」と判定されたものである。3種類のコンクリートの配合を表1に示す。コンクリート試験体 (75mm×75mm×400mm) は初期養生 (1ヶ月) 後に2種類のASR膨張試験に供した。

2.2 試験方法
(1) 飽和NaCl溶液浸漬法 (外来アルカリ型) によるASR膨張試験

コンクリート試験体 (セメント以外からのアルカリ添加無し) を温度50℃の飽和NaCl溶液に完全に浸漬し、浸漬期間にともなう長さ変化を測定した。

(2) 湿気槽養生法 (内在アルカリ型) によるASR膨張試験

コンクリート試験体 (アルカリ (Na2Oeq (13kg/m3)) をNaClにて練り混ぜ時に添加) を温度40℃の湿気槽に保管し、養生期間にともなう長さ変化を測定した。

(3) 偏光顕微鏡観察と示差走査熱量分析

薄片研磨試料 (厚さ:20μm) を偏光顕微鏡にて観察し、水酸化カルシウム (CH) の残存と骨材のASR進行状況を観察した。また、示差走査熱量分析 (DSC) により、フライアッシュのポゾラン反応の進行とフリーデル氏塩 ($C_3ACaCl_2・10H_2O$) の生成状況を調べた。

3. 試験結果および考察
3.1 NaClによるASR発生機構

外来および内在アルカリ型の浸漬 (養生) 期間6ヶ月における膨張コンクリート ((HC+Ex) 試験体) のDSC曲線の一例を図1に示す。飽和NaCl溶液浸漬法では、コンクリートへのNaCl溶液の浸透過程でフリーデル氏塩

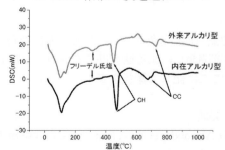

図1　膨張コンクリート (外来および内在アルカリ型、(HC+Ex) 試験体、浸漬 (養生) 期間6ヶ月) のDSC曲線

表1　膨張コンクリートの配合

配合名	目標空気量(%)	W/C(%)	s/a(%)	単位量(kg/m^3)						化学混和剤((HC+FA+Ex)×%)	
				W	HC	Ex	FA	S	G	SP*	DF**
HC	4.5	35	45	165	471	—	—	755	915	0.5	0.1
HC+Ex					449	22	—	755	915		
HC+FA+Ex					382	22	67	747	905		

SP*:ポリカルボン酸系高性能AE減水剤,　DF**:消泡剤

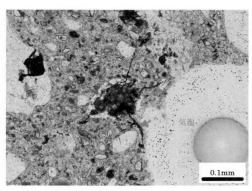

写真1 膨張コンクリートの偏光顕微鏡観察結果（試験開始時）（左：(HC+Ex)試験体、右：(HC+FA+Ex)試験体）

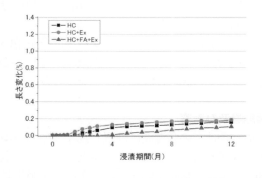
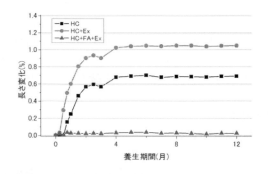

図2 膨張コンクリートの長さ変化（左：飽和NaCl溶液浸漬法、右：湿気槽養生法）

が生成し、その際に解離したNa^+イオンとCHとの反応により細孔溶液のOH^-イオン濃度が上昇する。これは浸漬期間とともに外部から内部へと順次進行する。一方、湿気槽養生法では、試験開始時点で上記の反応によりASRが発生する条件が試験体全体ですでに醸成されている。これまでの研究により、ASR膨張は細孔溶液中のOH^-イオン濃度（すなわちASRゲル生成量）に支配され、膨張材やフライアッシュの混和による影響も統一的に解釈できると考えている。

3．2 コンクリート試験体の微細組織観察

膨張コンクリート（セメント以外からのアルカリ添加なし）の薄片研磨試料（試験開始時）による偏光顕微鏡観察結果を写真1に示す。(HC+Ex)および(HC+FA+Ex)試験体には、膨張材に由来するCHクラスターがセメント硬化体に多く残存しており、この周囲には放射状の膨張ひび割れが観察された。同時に、細骨材内部にひび割れの発生が認められた。この膨張ひび割れの発生頻度と規模は、(HC+Ex)試験体よりも(HC+FA+Ex)試験体が低減されていた。ただし、本試験体は無拘束条件下のものであり、拘束条件下ではひび割れ発生が軽減されることに十分な注意が必要である。

3．3 コンクリート試験体のASR膨張挙動

飽和NaCl溶液浸漬法および湿気槽養生法におけるコンクリートの長さ変化を図2に示す。飽和NaCl溶液浸漬法では、塩水が試験体内部まで浸透した段階で、まず砂粒子からASRの反応が始まった。このため、浸漬1ヶ月後に(HC+Ex)試験体、次いでHC試験体に膨張が発生した。それに対して、(HC+FA+Ex)試験体は初期段階の膨張が抑制されていた。これはFA混和により塩分浸透が表面部に限定されたためであると考えられる。一方、湿気槽養生法では、HC試験体と(HC+Ex)試験体は初期段階から大きな膨張が発生したが、養生期間2ヶ月後は膨張がほぼ停止した。これは内在アルカリが早期に消費されるとともに、膨張量がほぼ限界値に近づいたためである。それに対して、(HC+FA+Ex)試験体は膨張が発生しなかった。また、コンクリート試験体のひび割れ性状に関しては、コンクリートの膨張量に比例してひび割れ本数および密度ともに増加したが、内在アルカリ型は微細なひび割れが多数発生するのに対して、外来アルカリ型はひび割れ本数が少ないが、大きな幅のひび割れが卓越するという特徴があった。

4．4．まとめ

本研究では、高強度・膨張コンクリートのASRによる膨張挙動とFA混和による抑制効果について実験的に検討した。その結果、高強度・膨張コンクリートでは残存するCHの影響によりASR膨張が促進された。しかし、外来および内在アルカリ型で、本コンクリートのASR膨張挙動およびひび割れ性状が大きく相違するが、いずれもFAの混和によりASR膨張を効果的に抑制できた。

【参考文献】
1) 鈴木雅博ほか：分級フライアッシュを用いた収縮補償コンクリートの材料特性に関する検討、コンクリート工学年次論文集、Vol.38、No.1、pp.135-140（2016）

異なる湿度条件下におけるASR反応膨張に関する基礎的研究

名古屋大学　大学院環境学研究科	○小寺周
	丸山一平
株式会社太平洋コンサルタント　営業推進部・セメントコンクリート営業部	小川彰一
国立環境研究所　福島支部汚染廃棄物仮研究所　主任研究員	山田一夫

1. はじめに

アルカリシリカ反応（ASR）を生じたコンクリート部材の将来挙動予測に資するデータは十分ではない。本研究ではASRの湿度に依存する挙動を明解にする目的で、異なる含水状態の試験体を用い異なる湿度環境におけるひずみの経時的な変化に着目した実験を行うこととした。

2. 実験概要

2.1 試験体の作製

表1に使用したセメントの化学組成を示す。表2に示す使用材料を用いて表3に示す調合で反応性のモルタルをR（Reactive）、非反応性のモルタルをN（Normal）として表し2種類のモルタルを作製した。反応性骨材はYamadaらの実験[1]に用いられた骨材Bを用いた。本研究では、アルカリ量の決定は、コンクリート単位体積当たり5.5kgと3.0kg相当となるよう、セメント中のアルカリ濃度を同定した上で決定した。試験体の作製にあたってモルタルをϕ100×200mmの軽量型枠に打込み、20℃±1℃の一定条件下で封緘養生し、材齢3日で脱型した。ϕ100×200mmのモルタルをダイヤモンドカッターにより厚さ約10mmに切断したものを試験体として用いた。

2.2 測定条件

試験体の長さ変化を経時的に測定するにあたって、脱型後の処理に2通りの測定条件を設定した。一方は材齢3日にダイヤモンドカッターを用いて切断した後、基長を測定し、各湿度条件に静置した。こちらを通常条件（Normal）と呼ぶ。他方は材齢3日において、105℃、窒素環境下で7日間乾燥をさせた後、各湿度に試験体を静置した。この処理条件を105℃乾燥条件（105℃）と呼ぶこととした。両条件とも温度は20℃±1℃である。

2.3 湿度条件

設定した湿度条件は飽水（Wet）、相対湿度95%、90%、85%、80%、60%の6水準である。試験体数は1水準それぞれ2体とした。飽水条件では試験体を、純水50gを含ませた不織布で覆い、アルミバックを用いて封緘した。

2.4 計測

乾燥前後の試験体の長さを、レーザー変位計を用いて測定した。1試験体につき3か所の直径を測定し、その平均値をもってその試験体のひずみを算出した。

3. 実験結果及び考察

図1に通常条件での各湿度に静置した4種類のモルタルが平衡に達するまでのひずみの経時変化を示す。全体的な挙動としては、材齢1週までに大きな変化が生じ、質量変化は8週までで概ね挙動が落ち着いているが、RHは、相対湿度95%と90%の条件で特に顕著に8週以降もひずみの変化が生じており、これらはASRの反応、ゲルの生成、それの吸湿による膨潤挙動によって決定されたものと考えられる。それぞれの最終値を比較すると反応性の無いNH、NLに対して、ASRの生じているRH、RL

表2　使用材料

材料	記号	物理的性質等
セメント	C	普通ポルトランドセメント、密度：3.16g/cm^3
細骨材	SB	反応性骨材[1]、表乾密度：2.49g/cm^3、吸水率：2.79%
	SL	石灰石砕石、表乾密度：2.63g/cm^3、吸水率1.74%

表3　モルタルの調合

モルタル種類	単位量(kg/m^3)				
	W	C	SB	SL	NaOH
RH	279	558	407	1002	4.590
RL	279	558	407	1002	1.365
NH	279	558	0	1432	4.590
NL	279	558	0	1432	1.365

表1　使用したセメントの化学組成

ig.loss (%)	化学組成(mass%)												
	SiO$_2$	Al$_2$O$_3$	Fe$_2$O$_3$	CaO	MgO	SO$_3$	Na$_2$O	K$_2$O	TiO$_2$	P$_2$O$_5$	MnO	Cl$^-$	合計
2.49	20.41	5.22	3.07	64.34	0.95	2.09	0.37	0.36	0.28	0.36	0.09	0.020	100.05

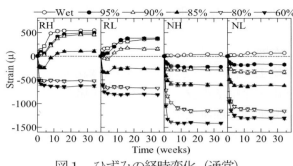

図1 ひずみの経時変化（通常）

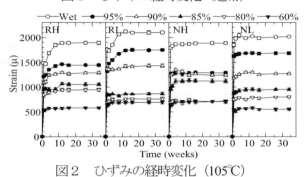

図2 ひずみの経時変化（105℃）

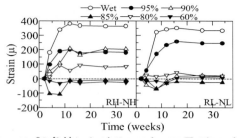

図3 105℃条件におけるRHとNH及びRLとNLのひずみの差（調湿後2週を原点）

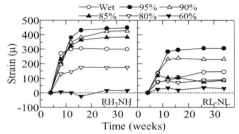

図4 通常条件におけるRHとNH及びRLとNLのひずみの差（調湿後4週を原点）

は、差分として大きな差が生じている。単純に考えるとNH、NLとRH、RLの差がASRによるひずみと考えられ、この検討の場合相対湿度60%でもASRが生じているということになる。骨材の収縮に対する応答が異なっており、反応性骨材Bを含んだ方が収縮は小さいか、あるいは、調湿後1、2週間で骨材にASRが生じてコンクリートのひずみに影響したものと考えられる。

図2に105℃乾燥条件で一度、断水及び水和停止を行った試験体を各湿度に静置した4種類のモルタル試験体の平衡に達するまでのひずみを示す。全体的な挙動として調湿後1週で8割以上の変化が確定し、調湿後4週以降は極めて安定した挙動を示した。ここで、各湿度でのASR反応性の有無を評価する目的で、105℃乾燥条件の試験体について、ASRを生じない試験体で吸湿によるひずみ変化が落ち着く調湿後2週を原点として考え、RHとNH及びRLとNLの差を図3にプロットした。RHとNHの差をとったものは相対湿度90%以上でASRによる膨張ひずみが確認された。相対湿度80%においても80μ程度の膨張が確認されているが、相対湿度85%では膨張は確認されなかった。これらは、吸湿の速度とASRの膨張速度の兼ね合いで決定されるものであり、湿度に依存した水分移動の問題も内在している。RLとNLの比較からは、相対湿度90%以上で明らかな膨張が確認されており、相対湿度85%と80%ではひずみが下がってから膨張する挙動が確認される。ASRを生じた試験体において、NHやNLの吸湿による膨潤が、RHやRLよりも相対的に速く生じることによって、見かけ上一旦収縮するように見られることが生じうる。このASRは初期材齢4週間及び105℃乾燥中に生じたものの可能性も高いた

め、調湿後のASR影響とは考えにくい。このことから、本図からはASRは相対湿度90%以上で生じたものと考えられる。

次に、通常条件において調湿後4週を原点としてRHとNH、RLとNLの差分をとったものを図4に示す。RHとNHの比較では、相対湿度80%の条件であっても、調湿後8週以降も膨張を継続しており、調湿後16週から膨張ひずみが収束する傾向を示した。これは、乾燥プロセスであっても試験体の内部に水分が残存していることから、その水分の影響によって内部にASR反応性が確保されているために生じたものと考えられる。RLとNLの比較の観点からは、相対湿度85%、80%、60%でも膨張挙動が調湿後4週から8週の範囲で確認できる。しかし、これらの挙動はすぐに安定している。このことから、これらも乾燥プロセス中に残存した水によって反応性が確保されただけであり、調湿後に継続的にASRが生じたものとは考えられない。以上を総括すると本研究で用いたASRが生じる湿度は相対湿度90%以上であり、それ以下では生じないと考えられた。

4．まとめ

本研究で用いた骨材のASR反応性は相対湿度90%以上で生じ，それ以下ではひずみの観点では無視し得るほど小さいことを確認した。

【参考文献】

1) K. Yamada. et al : CPT as an evaluation method of concrete mixture for ASR expansion, Construction and Building Materials, Vol.64, pp.184-191 (2014)

アルカリシリカ反応に伴う膨張メカニズムに関する一考察

東北大学　工学部　建築・社会環境工学科	○大澤紀久
東北大学　大学院工学研究科　都市・建築学専攻	五十嵐豪
国立環境研究所　福島支部　汚染廃棄物管理研究室	山田一夫
東北大学　大学院工学研究科　都市・建築学専攻	西脇智哉

1. はじめに

コンクリートに生じるアルカリシリカ反応（ASR）に関する研究は、1980年代後半に大きく進展したものの、ASRによる膨張メカニズムや、ASRに起因するコンクリート構造物の劣化問題には未だ議論が残る。コンクリート構造物の長期供用には、ASRに対する適切な評価・対策が不可欠であり、それにはコンクリートの膨張メカニズムの理解が必要である[1]。

本検討では、ASRの膨張メカニズムおよび膨張挙動の温度依存性メカニズムの解明を目的に、反応性骨材を用いて基礎的な実験を行った。

2. 実験概要

ASRによって生じるアルカリシリカゲル（ASG）の拘束/滲出状況について、水セメント比の依存性を観察するために、反応性骨材をアルカリ水溶液に浸漬、またはアルカリ総量が $5.5\ kg/m^3$ の水セメント比が異なるコンクリートに含まれると考えられるセメントペースト内に埋設し、一定期間後に切断し、反応状況を観察した。

また、ASRに伴う膨張の温度依存性をもたらすメカニズムを考察するために、NaOHを添加した上で反応性骨材を埋設した角柱試験体を異なる温度で養生し、長さ変化の測定、および断面観察を行った。

2.1 使用材料

結合材は普通ポルトランドセメント（密度：$3.16\ g/cm^3$）、粗骨材は急速膨張性の安山岩砕石（以下、R骨材、表乾密度：$2.69\ g/cm^3$、寸法：20-5mm）である。

2.2 ASG拘束の水セメント比依存性観察

R骨材を入れたPP製広口ビンに、1.5 mol/L NaOH水溶液に過飽和のCa(OH)₂を添加した混合水溶液、または過飽和Ca(OH)₂水溶液、NaOHを添加したW/C=1.0、0.5の普通セメントペーストを均質となるよう投入、密封し60℃で1週間静置した。なお、調合はR骨材が粗骨材中の30%、残りの粗骨材と細骨材が非反応性骨材のコンクリートを想定し、非反応性骨材分を除いて定めた（表1）。静置後、切削油で湿式切断し、断面をアセトンで洗浄後、KNO₃飽和溶液により20℃、95%RHに調湿したデシケータ内で1週間静置後に断面観察を行った。

表1　調合表 (g/100ml)

シリーズ	水	セメント	R骨材	NaOH	Ca(OH)₂	増粘剤
混合水溶液	70.1	0	70.1	4.2	3.9	0
過飽和Ca(OH)₂水溶液	70.1	0	70.1	0	3.9	0
W/C=0.5	51.5	103	30.9	0.55	0	1.0
W/C=1.0	63.9	63.9	30.9	0.55	0	2.0

表2　調合表 (kg/m³)

水	セメント	R骨材	NaOH	増粘剤
160	320	309	5.5	5.32

2.3 ASRの温度依存性観察実験

NaOHを添加したW/C=0.5の普通セメントペースト中にR骨材を埋設した、40×40×160 mmの角柱試験体を作製した（表2）。角柱試験体は、1.5 mol/L NaOH水溶液を添加した不織布で包み、ポリエチレン袋内に真空包装し、60、38、20℃環境でそれぞれ湿潤養生し、1週毎に長さ変化率を測定した。併せて、切断用に作製した同調合、同養生の角柱試験体を観察面が40×80mmとなるように前述と同様の切断、デシケータ内での静置後、五十嵐らの手法[2]を参考に蛍光観察を行った。

3. 実験結果および考察

3.1 ASG拘束の水セメント比依存性

養生後の骨材と試験体の断面を写真1に示す。左上に示す混合水溶液浸漬後のR骨材では、反応性鉱物が溶解した痕跡が確認された一方、右上に示す過飽和Ca(OH)₂水溶液浸漬後のR骨材では、ASRの発生を示す痕跡は確認されなかった。次に、ペースト試験体に着目すると、左下に示すW/B=0.5でのR骨材では切断によって骨材内から滲み出たASGがみられるが、右下に示すW/B=1.0でのR骨材では殆ど確認されなかった。これらの観察結果から、反応性骨材内で生成されたASGは、骨材単独では拘束されず、周囲の緻密なセメントペーストマトリクスの存在によって骨材内に拘束されると考えられた。

3.2 ASR の温度依存性

異なる温度で養生し、NaOH を添加した角柱試験体の長さ変化を図1に、蛍光観察写真を写真2に示す。図1より、60℃では材齢初期から、38℃では材齢4週からASR に伴う膨張挙動が確認され、20℃では材齢8週までに明確な膨張挙動は確認されなかった。写真2より、60℃では材齢1週からASG が明確に観察されたが、材齢の経過に伴う ASG の増大はみられず、減少している。38℃では材齢2週から ASG が明確に観察され、材齢の経過に伴い増大している。20℃ではわずかに ASG が観察されるものの、明確な増大は確認されなかった。このことから、高温環境では、低温環境と比べて ASG が多く生成されるが、ASG の拡散係数の増加に伴うペーストマトリクスへの滲出も増加していると考えられ、高温環境では、低温環境と比べて ASG の生成量に対して骨材内に拘束される量の減少が、本検討や Lindgård et al. の検討[3]にみられる、材齢の進行につれて、低温環境の膨張量が高温環境を上回る挙動の原因であると推察された。

4. まとめ

本検討で得られた、ASR の膨張挙動に関する基礎的知見を以下にまとめる。

1) 断面観察の結果、反応性骨材内に生じた ASG は、骨材単独で拘束されることはなく、周囲の緻密なセメントペーストマトリクスの存在によって骨材内に拘束されることが考えられた。
2) 蛍光観察の結果、角柱試験体にみられた膨張挙動の温度依存性は、ASG の生成および ASG の拡散の温度依存性による ASG の拘束／滲出挙動の変化に起因していることが推察された。

謝辞

本研究は、原子力規制庁委託高経年化技術評価高度化事業の成果の一部である。ここに記して謝意を表する。

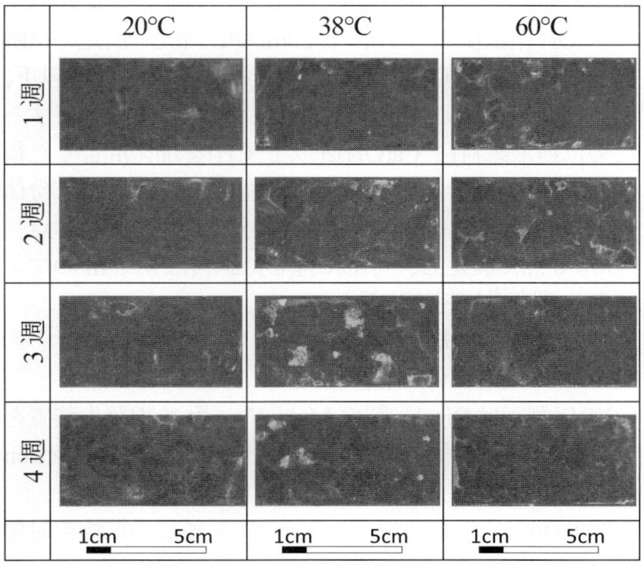

【参考文献】

1) 山田一夫:アルカリシリカ反応入門①アルカリシリカ反応の基礎〜骨材の反応性と試験方法〜、コンクリート工学、Vol.52、No.10、pp.912-919（2014）
2) 五十嵐豪、山田一夫、小川彰一：ゲルフルオレッセンス法による ASR ゲルの観察条件に関する一考察、コンクリート工学年次論文集、Vol.38、No.1、pp.1047-1052（2016）
3) J. Lindgård et al.: Alkali-silica reaction (ASR) -Performance testing : Influence of specimen pre-treatment, exposure conditions and prism size on alkali leaching and prism expansion, Cement and Concrete Research, Vol.53, pp.68-90（2013）

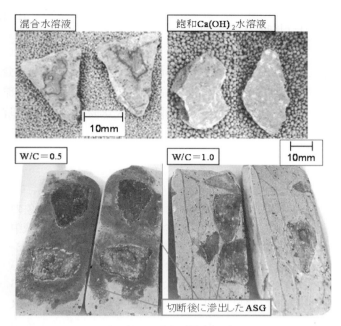

写真1　断面観察写真

図1　角柱試験体の長さ変化

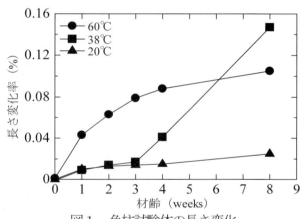

写真2　蛍光観察写真

反応性骨材と遅延性骨材を用いた ASR ゲルのキャラクタリゼーション及び生成物の予測

北海道大学　工学部　環境社会工学科	〇野口菜摘
北海道大学　工学院　環境循環システム専攻	森永祐加
北海道大学大学院　工学研究院　環境循環システム部門	BaingamLalita
	名和豊春

1. はじめに

アルカリ骨材反応(ASR)はコンクリートの劣化現象の一つである。反応性骨材に含まれるシリカと細孔溶液中に存在するアルカリイオンが反応することによりカルシウムアルカリシリケート及びアルカリシリケートゲルが生成し、これらの物質が吸水することでコンクリートが膨張し、ひび割れが生じる。ASR の対策として、ASR 反応性の早期判定試験方法を構築することは重要である。しかし、骨材の種類によっては早期判定試験方法で誤った判定がなされることがあることが指摘されている[1]。

本研究では膨張挙動の異なる2)反応性骨材と遅延型骨材において ASR ゲルのキャラクタリゼーションを行い、さらに地球化学モデリングにより ASR ゲルの生成反応過程の一般化を試みた。

2. 実験概要
2.1 使用材料と試料作製

遅延型骨材として岐阜県で採取した砕石（以下 Yo）、反応性骨材として岩城硝子(株)のパイレックスガラス7740(以下 PG)を用いた。Yo チャートと PG の化学組成を表1に示す。各試料は篩で粒度を調整し、150μm～500μm の粉末を試験の供した。

ASR の反応性を観察するために、5g の粉末試料を 1M の NaOH 溶液(以下 NH)溶液 20ml 中に加え、所定の材齢に達するまで 70℃に設定した恒温槽で熟成させた(以下、粉体+NH)。また、ASR に対する Ca^{2+} の影響を検証するために粉末試料に $Ca(OH)_2$(以下 CH)を加え混合した後に粉体+NH 試料と同様の手順を踏んだ(以下、粉体+NH+CH)。Yo チャートは、24 から 576 時間までの 8 点、PG は 6 点に設定し、材齢に達した試料は 45μm のフィルターで濾過し固液分離を行った。

2.2 測定手法
（1）XRD・Rietveld 法

XRD 測定は Rigaku 製の Multi Flex 用 X 線発生装置を用い、Rietveld 解析には Sietronics 社製の Siroquant Version 4.0 を用いた。また Rietveld 解析に際しては、Portlandite、Quartz、Corundum の3種類の鉱物を対象とした。水和試料の鉱物量は Rietveld 解析より得られた定量値に、既報[3]と同様の手法に基づいて強熱減量補正を行い算出した。

（2）^{29}Si MAS NMR

^{29}Si MAS NMR の測定には Bruker 社製の MSL400 を用いた。基準物質に Q_8M_8 を用い、PG 試料においてはパルス幅 1.7μs、待ち時間 15s とし、Yo 試料においてはそれぞれ 5μs、45s とした。7mm の試料管を用いて回転数 4kHz で測定した。^{29}Si MAS NMR のスペクトル解析には Win-nuts を用いた。

（3）ICP-AES

Si イオンの濃度は島津製作所社製の ICPE-9800 を用いて測定を行った

3. モデル概要

ASR の反応物の予測には地球化学コード PHREEQC の相平衡モデルを用いて行った。平衡定数及び化学反応式は既報に従った[4]。また、入力値としては SiO_2 の溶解量及び実験の初期条件を用いた。またモデル値との比較対象として表す実測値に関しては、NMR より得られた Q_3 を N-S-H、Q_1+Q_2 を C-N-S-H と仮定した。これは、膨張に寄与する ASR gel はポリマー度が高く gel 中の Ca は微量であるためである[5]。

4. 実験結果と考察
（1）Si の溶解量と液相のイオン濃度

図1に Ca 無添加系での Si の液相濃度の比較結果を示す。図2よりこの系では生成物量(Q_3)が微小であることから、反応した SiO_2 量と液相の Si は関連性が高い。PG は反応性が高く、反応初期で Si 濃度が増大し、5日～7日でおおよそ一定になった。一方、Yo は、線形的に Si の濃度が増加し、PG に比べて Si の溶解が遅延することが確認された。Ca 添加系において、^{29}Si-NMR から算出した溶液中の Si 濃度は溶解量に対して液相のイオンは

表1 実験に供した骨材の化学組成(%)

	SiO_2	Al_2O_3	Fe_2O_3	MgO	Na_2O	K_2O	P_2O_5
Yo	93.3	4.61	0.65	0.71	0.1	0.15	0.25
PG	86.9	5.32	0.21	1.02	5.07	0.61	0.73

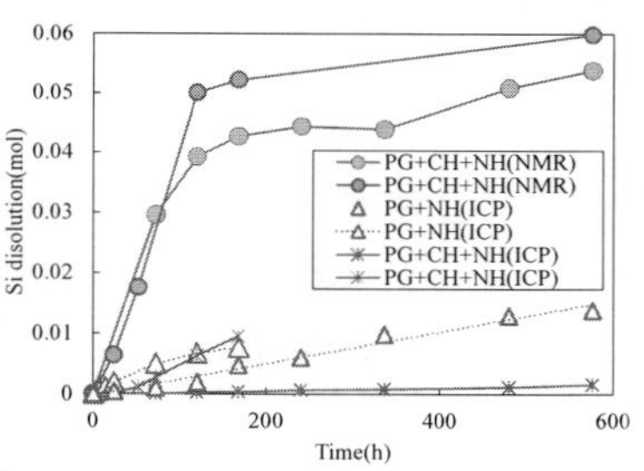

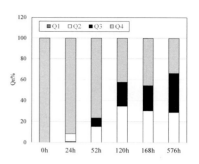

図1: 骨材中のSiO2の溶解量及び液相中のSi濃度 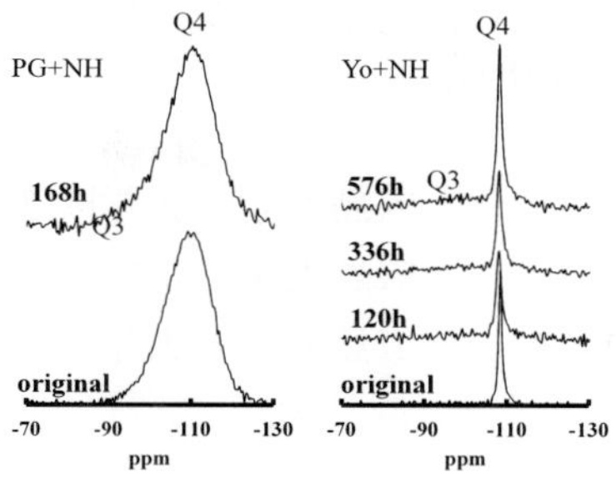
図2: CH無添加系の²⁹Si MAS NMRスペクトル
図3: PG+NH+CHの29 Si MAS NMRの解析結果

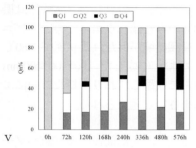
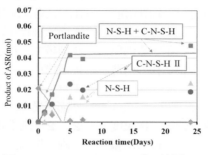
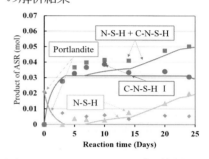

図4: Yo+NH+CHの²⁹Si MAS NMRの解析
図5: PG+NH+CHのモデル結果
図6: Yo+NH+CHのモデル結果

非常に小さく、この差は骨材から溶解したSiO₂が反応物であるC-N-S-Hに消費された量であると考えられる。また、Caの添加により、反応の速度が増加する傾向は両骨材で一致した。これは、Farshadら[4]の報告にあるようにCaがSiO₂の溶解に関する触媒として作用したことによるものであると考えられる。

（2）²⁹Si MAS NMRの測定結果

図3及び図4にそれぞれPG、Yo+NH+CHの²⁹Si MAS NMRのスペクトル解析結果を示す。PGでは24時間でQ₁が1.1%程度存在しているものの、52時間以降ではQ₂及びQ₃サイトのみで構成されていることが確認された。一方、Yo試料においては576時間においてもQ₁が多く存在している。PGとYoでは生成物の組成あるいは構造が異なることが確認された

（3）モデル結果

モデル結果は反応性骨材であるPGは早期(4日)から、遅延系骨材であるYoは6日から徐々にN-S-Hが生成し、14日以降で急激にN-S-Hが生成されるという傾向を示し、実験値を精度よく再現した。前述の通りN-S-Hは膨張に寄与すると考えると、反応性骨材であるPGを含有したモルタルは早期から膨張し、遅延性骨材であるYoを含有したモルタルではPGに比べ遅延して膨張するという予測が得られ、早期及び遅延骨材の膨張挙動[2]を説明することができた。

4．まとめ

ASRにおいて、反応性骨材と遅延性骨材では生成物の鉱物組成が異なり、PGは早期から、YoはPGに比べN-S-Hの生成時期が遅延することにより両骨材では膨張挙動が異なることが示唆された。

【参考文献】

1) 岩月 栄治ほか、ASTM C1260及びJIS A5308によるASRモルタルバーの膨張挙動と微細構造、コンクリート工学年次論文集 Vol.24 No.1 pp687-692 2002

2) Kawamura et al,: ASR gel composition and expansive pressure in mortars under restraint.,Cement and concrete composites 26.1 (2004): 47-56.

3) 森永 祐加ほか、熱力学的モデルに基づくC3Sの水和反応に及ぼす相対湿度の影響の解析、セメントコンクリート論文集、Vol.68 pp22-29

4) Lalita Baingam: Characterization and Modeling of Alkali-Silica-Reaction of Reactive siliceous Materials in Conducting Model and Mortar Experiments Ph.E desserration Hokkaido University

5) セメント・コンクリート化学とその応用、セメント協会 (2006)

6) Farshad Rajabipour et al.:Alkali-silica reaction:Current understanding of the reaction mechanisms and the knowleage gaps. Cement and Concrete Research Vo.76 (2015) pp13-146

[3219]

画像相関法による ASR が生じたコンクリートのひずみ分布の可視化に関する基礎的研究

広島大学　大学院工学研究科　〇寺本　篤史
広島大学　工学部　荒木風太
広島大学　大学院工学研究科　大久保孝昭

1. はじめに

アルカリ骨材反応（ASR）は，反応性骨材と細孔溶液中に含まれるアルカリイオンとの化学反応によるゲルの生成及びゲルの吸水によりコンクリートが膨張する現象で，膨張の程度によっては，コンクリート構造物の構造性能を低下させる可能性を有している。

ASR によるコンクリートの膨張現象の観測は，マクロには数多く研究が実施され，アルカリ量や温度，拘束度などをパラメータとした莫大な量の実験結果が過去に報告されている。一方で，ASR によるコンクリートのマクロな膨張は，局所的な膨張圧及び，膨張圧によるひび割れで生じているにも関わらず，コンクリート内部のひずみ分布に関する知見はほとんど報告されていない。

本研究では，画像相関法により ASR が生じているコンクリート内部のひずみ分布を観察し，ひび割れの生成過程とマクロな膨張量の関係を整理するとともに，画像相関法に適した実験系を明らかにすることを目的とする。

2. 実験概要

本実験は 100mm*100mm のコンクリート切断面を対象とし，ASR の進展過程において撮影した画像から画像相関法によって切断面のひずみ分布を得ることを目的とする。また，画像を撮影する材齢において切断面の直行方向の長さ変化及び超音波伝播速度することで，画像相関法から得られるひずみ分布の確からしさの検証を行う。

2.1 試験体概要及び養生方法

本実験で使用した調合を表1に示す。

今回使用した急速膨張性骨材と同じ産地の骨材を用いた既往研究において，この産地の反応性骨材は反応性骨材使用率 30% で膨張率が最大となった結果が示されていることから残りの 70% 分に関しては非反応性骨材を使用した。

試験体は 100*100*400mm のコンクリートから，厚さがそれぞれ概ね 1cm，3cm，5cm の試験体を各 2 体取り出し，各試験体の表裏面を撮影対象とした。試験体は撮影面に触れないよう側面のみを濡れウエスで覆い，ビニル製袋で密閉し十分な湿潤環境が保たれた状態で，60℃ 恒温槽中で養生した。なお，作成した 100*100*400mm のコンクリートは縦打ちで成型しており，打設方向による膨張異方性の影響は小さいと考えられる。

2.2 画像相関法

画像相関法を適用する上で，変形前後の輝度値パターンの変化を計測するために，試験体表面にランダムパターンを記す必要がある。そこで，白色のアクリルスプレーで試験体表裏全面を白く塗布した後，黒色のアクリルスプレーで試験体表面に黒色の斑模様を作成した。

画像撮影は促進材齢 0，1，2，5，10 週において 20℃ 環境下で実施した。

2.3 長さ変化及び超音波伝播速度試験

100mm 角の断面の各直行方向に対して，長さ変化測定並びに超音波伝播速度測定を実施した。長さ変化測定にはマイクロメータ（ミツトヨ製）を，超音波伝播速度測定には Pundit PL-200（Proseq 社製）を使用した。使用したトランスデューサーは縦用 54kHz である。

測定材齢は，画像相関法と同様であるが，長さ変化測定については促進 10 週のみ実施していない。

3. 結果及び考察

3.1 長さ変化及び超音波伝播速度試験結果

それぞれの厚さの試験体のマイクロメーターによる長さ変化試験の結果を図1に，超音波伝播速度損失率の経時変化を図2に示す。図より厚さ 1cm の試験体はほとんど膨張しておらず，超音波伝播速度の低下も認められない。このことから 1cm 試験体では面内方向に有効な ASR 膨張・劣化が生じていないと考えられる。

3.2 画像相関法の試験結果

画像相関法を行う際には 2 章で述べたようにランダムパターンが必要となる。しかし，本実験では，一部の試験体について養生中にスプレーで描画したランダムパターンがはがれる現象が確認された。はがれが確認されたものは表1に示す通り薄い試験体に集中している。特に，

表1　試験体調合

W/C (%)	s/a (%)	単位量 (kg/m³)					混和剤量	
		水 (W)	セメント (C)	細骨材 (S)	粗骨材(G) 反応性	粗骨材(G) 非反応性	減水剤 (C×%)	AE 調整剤 (C×%)
50.0	45.0	160	320	821	309	724	1.45	0.001

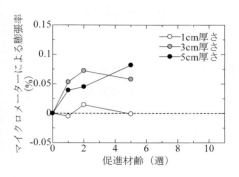
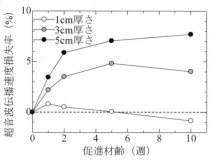
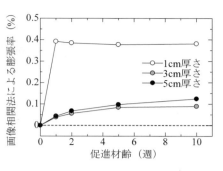

図1 各試験体のマイクロメーターによる長さ変化

図2 各試験体の超音波伝播速度損失率の経時変化

図3 各試験体の画像相関法による長さ変化

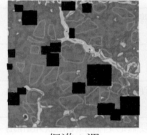
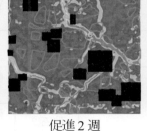
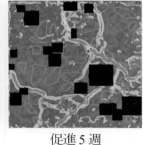
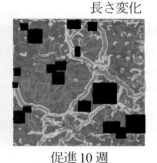
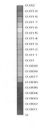

促進1週　　促進2週　　促進5週　　促進10週

図4　画像相関法により得られたひずみ分布の経時変化

1cmの試験体で表裏両面にはがれが発生している点に着目すると，はがれの要因としてはそり要因に加えて，ASRゲルの染み出しによるはらみなどが考えられる。以上より，薄い試験体は本計測に適していないと結論づけることができる。

次に，画像相関法によるひずみ分布から軸方向の累積ひずみを算定したものが図3である。図3から，1cmの試験体は過大な膨張率を示しており，はがれが生じていない試験体についても何らかの変形が生じている可能性が高い。一方，厚さが3cm, 5cmの試験体では，一般的なASR膨張に見られる膨張挙動を示しており，図5に示すマイクロメーターとの比較からも良い一致がみられることから，画像相関法によって適切にひずみを取得できているものと考えられる。

また，図4に示すひずみ分布の経時変化をみると，促進材齢の経過に伴ってひび割れと考えられる過度な膨張ひずみの進展が確認される。

ここで，図4には，反応性骨材の位置を黒で，非反応性骨材を赤線で示しているが，過度な膨張ひずみが集中している点は必ずしも反応性骨材近辺に限定されず，非反応性骨材に隣する場所においても発生していることが確認できる。このことは，ペシマム調合を有するコンクリートにおいて，非反応性骨材の配置がマクロな膨張に

表1　試験体の表層はがれ

試験体厚さ	試験体	はがれ
1cm	1-表	×
	1-裏	×
	2-表	○
	2-裏	×
3cm	1-表	×
	1-裏	○
	2-表	○
	2-裏	○
5cm	1-表	○
	1-裏	○
	2-表	○
	2-裏	○

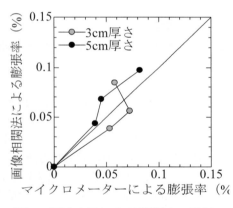

図5　測定方法による膨張率の比較

寄与している可能性が示唆するものである。

4．結論
　本論文では，ASRが生じているコンクリート内部の面的なひずみ分布の経時変化を把握する手法として，画像相関法による手法を実施した。その結果，ひずみ分布は適切に取得できているものの，薄い試験体は本手法に適さないことが明らかになった。

謝辞：本研究は第29回セメント協会研究奨励金の補助を受け実施しました。また，画像相関法の実施に際し名古屋大学丸山教授より貴重なご意見をいただきました。記して謝意を示します。

[3301]

粗骨材に砂利を使用したコンクリートの強度向上に関する検討

住友大阪セメント株式会社　セメント・コンクリート研究所　　〇永井勇也
　　　　　　　　　　　　　　　　　　　　　　　　　　　　　小田部裕一
　　　　　　　　　　　　　　　　　　　　　　　　　　　　　宮原健太

1. はじめに

コンクリートに使われる粗骨材の種類には、砕石のような人工骨材や玉砂利のような天然骨材が挙げられる。コンクリートの強度性状は、粗骨材の表面形状や最大寸法によって左右されると言われており、例えば、粗骨材の表面形状の場合、粗骨材とペーストの付着強度に影響を及ぼす[1]。また、粗骨材の最大寸法の場合、寸法が大きくなると、ブリーディング量の増加により粗骨材下面の欠陥が増大し、強度が低くなる傾向にある[2]。

本検討では、粗骨材の表面形状や寸法を問わず、コンクリート強度を増加させる練混ぜ方法について検討した。

2. 実験概要

2.1 使用材料およびコンクリートの配合

使用材料を**表1**に示す。本検討では、普通ポルトランドセメント（記号：NC）を使用した。細骨材は山砂（記号：S）、粗骨材は硬質砂岩砕石（記号：砕石①、砕石②）、玉砂利（記号：玉砂利①、玉砂利②）を使用した。コンクリート配合は**表2**に示すとおりである。

2.2 コンクリートの練混ぜ方法

コンクリートの練混ぜ方法を**図1**に示す。Case1は、セメント全量、細骨材全量、粗骨材全量を投入し15秒空練りを行った後、混和剤を含む水を投入し90秒練混ぜ排出する一括練り工法とした。Case2は、第1工程で水とセメントの一部、粗骨材を全量投入し60秒練混ぜた後、第2工程で混和剤を含む水、残りのセメント、細骨材全量を投入し90秒練混ぜ排出する分割練り工法とした。分割練り工法では、Case2(a)として、第1工程の水セメント比を10%、セメント量を全体の10%とした。また、Case2(b)として、第1工程の水セメント比を5、20%、およびセメント量を全体の5、60%の2水準とした。

2.3 試験方法および評価方法

コンクリートの養生条件は、標準水中養生とした。圧縮強度は、φ100×200mmの試験体により材齢28日で測定した。曲げ強度は、□100×100×400mmの試験体により材齢28日で測定した。本検討では、Case1-砕石①の強度結果を基準とし、粗骨材の表面形状や最大寸法および練混ぜ工法による強度性状を比較検討した。

表1　使用材料

材料	記号	物性・密度
セメント	NC	普通ポルトランドセメント ρ：3.15g/cm³
細骨材	S	山砂 ρ：2.57g/cm³
粗骨材	砕石①	硬質砂岩砕石(Gmax:20mm) ρ：2.65 g/cm³
	砕石②	硬質砂岩砕石(Gmax:40mm) ρ：2.63 g/cm³
	玉砂利①	玉砂利(Gmax:20mm) ρ：2.62g/cm³
	玉砂利②	玉砂利(Gmax:40mm) ρ：2.60g/cm³

表2　コンクリートの配合

配合	W/C (%)	単位量(kg/m³)						
		C	W	S	砕石①	砕石②	玉砂利①	玉砂利②
砕石①	35	443	155	713	998	—	—	—
砕石②		443	155	713	—	986	—	—
玉砂利①		443	155	713	—	—	982	—
玉砂利②		443	155	713	—	—	—	980

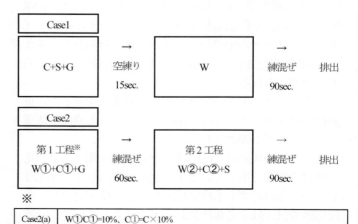

図1　コンクリートの練混ぜ方法

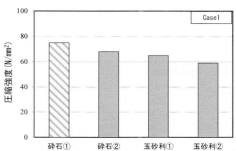

図2　粗骨材の表面形状と最大寸法による強度の関係

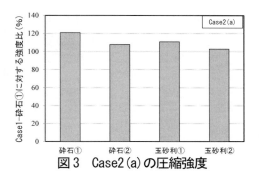

図3　Case2(a)の圧縮強度

3．実験結果

図2に粗骨材の表面形状と最大寸法による強度の関係を示す。図2より、圧縮強度は砕石①のケースが75N/mm^{2}と最も大きな値を示した。表面形状の異なる玉砂利①のケースは 7N/mm^2、最大寸法の異なる砕石②のケースは10N/mm^2 砕石①のケースを下回った。また、表面形状と最大寸法の両者が異なる玉砂利②のケースは 16N/mm^2 砕石①のケースを下回り、最も小さな値を示した。

図3および図4に分割練り工法の圧縮強度試験結果を示す。図3に示すCase2(a)とした場合、砕石①のケース、砕石②のケース、玉砂利①のケースの圧縮強度は、いずれもCase1-砕石①のケースを大きく上回る結果となった。更に、粗骨材の表面形状や最大寸法の影響により、Case1で最も小さな値を示した玉砂利②のケースにおいても、Case1-砕石①のケースを3%上回る結果となった。一方、図4に示すCase2(b)とした場合、いずれのケースにおいても、Case1-砕石①のケースの値を下回る結果となり、Case2(a)のような強度増加効果は得られなかった。

図5に曲げ強度試験結果の一例、**写真1**にコンクリートの断面性状を示す。Case2(a)とした場合、曲げ強度は圧縮強度と同様に、いずれのケースにおいてもCase1-砕石①のケースを上回る結果となった。破断面に着目すると、**写真1**に示すように、一部では粗骨材界面で剥離しているものの、大半が粗骨材断面で破断していることがわかる。一方、Case2(b)とした場合、曲げ強度はいずれのケースにおいてもCase1-砕石①のケースを下回る結果となった。破断面に着目すると、**写真1**に示すように、大半が粗骨材界面で剥離しているということがわかる。

これらの結果から、Case2(a)のような分割練り工法とすることで、粗骨材の表面形状や寸法を問わず強度増加効果が得られることがわかった。これは、上記した条件とすることで、第1工程において粗骨材界面に被膜が形成され、付着強度が増加したものであると推察される。

4．まとめ

Case2(a)のような分割練り工法とすることで、粗骨材の表面形状や最大寸法を問わず、強度増加効果が得られることが明らかとなった。

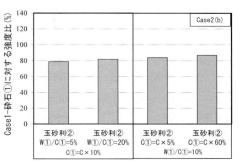

図4　Case2(b)の圧縮強度の一例

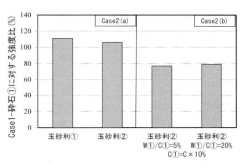

図5　曲げ強度の一例

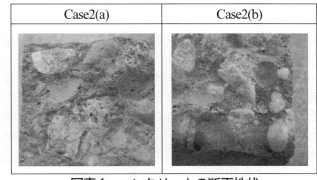

写真1　コンクリートの断面性状

【参考文献】
1) 日本コンクリート工学会：コンクリート技術の要点、p.62（2014）
2) 川上英男：粗骨材とコンクリート強度に関する基礎的研究(その1)、日本建築学会論文報告集、pp19-27、(1969)

非鉄スラグ細骨材を使用したコンクリートの細骨材界面の状況と力学的性質に関する実験的研究

東京理科大学　大学院工学研究科　○原品武
東京理科大学　工学部　　　　　　今本啓一
　　　　　　　　　　　　　　　　清原千鶴
（一財）建材試験センター　　　　真野孝次

1. はじめに

既往の研究において、非鉄スラグ細骨材を天然骨材の代替として用いた場合、強度向上効果ならびに収縮低減効果があることを実験的に確認している[1]。そこで本報告では、非鉄スラグ細骨材を使用したことで得られた効果の要因の1つとして非鉄スラグ細骨材界面に形成される遷移領域に着目し、骨材界面の性状が非鉄スラグ細骨材を用いたコンクリートの物性に及ぼす影響について検討を行った。以下はその報告である。

2. 実験概要
2.1 実験計画

本実験に使用した細骨材は、製造工場の異なる2種類のフェロニッケルスラグ細骨材[2]（以下、FNS）および2種類の銅スラグ細骨材[3]（以下、CUS）とし、比較のために砕砂（以下、NS）を用いて検討した。

コンクリート実験における要因と水準を表1に示す。コンクリート試験体のW/Cは50%とし、FNSおよびCUSの混合率は0、30、50、100%とした。FNS、CUSの使用による強度特性および収縮低減効果を検討した。

2.2 実験方法

材齢7、28日おいて圧縮強度試験（JIS A 1108）を行った。試験体は、恒温室（温度20℃）にて封緘養生を行い、材齢7日で脱型し、その後標準水中養生（温度20℃）を行った。乾燥収縮試験は、材齢7日より乾燥を開始し、試験体中央部に埋設した埋込みゲージによりひずみの測定を行った。

骨材界面の観察用試験体として、コンクリート試験体と同様のW/C:50%とし、表1に示す非鉄スラグ細骨材をそれぞれ100%使用したモルタル試験体を用いた。モルタル試験体はコンクリート試験体と同条件で養生を行い、材齢180日にて既往の研究[4]を参考にアセトンに浸漬させ水和を停止させた後、SEM写真撮影にて骨材界面の状況を観察した。SEM写真および元素分析スペクトルより反応層の厚さを測定した。

3. 結果および考察

(1)強度試験：強度試験結果を図1に示す。FNSおよびCUSを用いたコンクリート試験体の圧縮強度は、いずれの材齢においてもNSと同等以上の値となっており、またFNS(HS)およびCUS(MS)においては混合率が増加するに従い、圧縮強度が増加している。

(2)乾燥収縮試験：乾燥収縮ひずみの測定結果を図2に示す。乾燥収縮ひずみは、NSを使用したコンクリートに比べFNSおよびCUSを混合使用したコンクリートの方が小さくなっている。また、FNS(HS)においては混合率が増加するに従い、乾燥収縮ひずみが低減している。

(3)細骨材界面の状況：SEM写真および元素分析スペクトルを図3、4および5に示す。FNS(HS)は、SiO_2とMgOが主成分である。図4におけるスペクトル18のMg量が多く、FNS(HS)のMgが溶出しセメントペースト層と反応していることが推測される。この傾向は図3中のスペクトル19、17でも同様である。一方、図5におけるスペクトル20では、Mg量がスペクトル18より少なく、反応が弱いことが推測される。そこで、ここでは、Mgのスペクトル量が減少した点とスペクトル量が高い点の中間点を反応層として算出した。その結果、FNS(HS)の反応層は約2μmと推定した。他の試料においても同様にスペクトル図を比較することで反応層の厚さ

表1　要因と水準

	普通骨材	フェロニッケル細骨材		銅スラグ細骨材	
	砕砂 (NS)	FNS (OS)	FNS (HS)	CUS (MS)	CUS (SS)
最大粒径(mm)	5.0	1.2	5.0	2.5	2.5
表乾密度(g/cm³)	2.62	3.06	3.02	3.49	3.50
吸水率(%)	0.98	0.51	2.05	0.30	0.68
非鉄スラグ細骨材混合率(%) 0	○	—	—	—	—
30	—	○	○	○	○
50	—	—	○	○	○
100	—	—	○	—	—

セメント：普通ポルトランドセメント(密度3.16g/cm³)
粗骨材：砕石(表乾密度2.64g/cm3、吸水率0.66%)
混和剤：AE減水剤、空気量調整剤

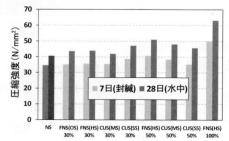

図1　骨材種類と圧縮強度

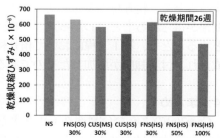

図2　各骨材種類と乾燥収縮ひずみ

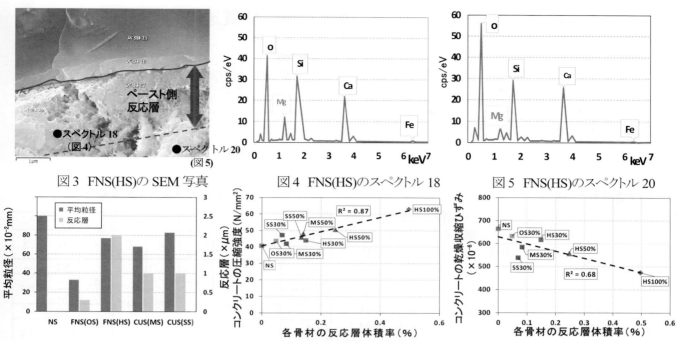

図3 FNS(HS)のSEM写真　　図4 FNS(HS)のスペクトル18　　図5 FNS(HS)のスペクトル20

図6 各細骨材の平均粒径と反応層厚さ　　図7 反応層体積率と圧縮強度　　図8 反応層体積率と乾燥収縮ひずみ

は混合率に依存しないとして求めた(図6参照)。得られた反応層の厚さを用いて算出した反応層体積率と圧縮強度および乾燥収縮ひずみの関係について検討を行った。

反応層体積率の算出手順は以下のとおりである。非鉄スラグ細骨材を球体とし、反応層の厚さは一定値としてSEM観察により得られた値を用いた。また、細骨材の粒径は平均粒径を用いた。式(2)よりコンクリート試験体中の細骨材1個の反応層体積を算出し、コンクリート試験体中の非鉄スラグ細骨材の個数は非鉄スラグ細骨材容積比を用いた式(3)より求め、非鉄スラグ細骨材1個の反応層体積と非鉄スラグ細骨材の個数を用いて式(4)より反応層体積率を求めた。

$$V = 4/3\pi r^3 \quad (1)$$
$$V_1 = 4/3\pi r_1^3 - 4/3\pi r^3 \quad (2)$$
$$N = V_2 \times 細骨材容積比/V \quad (3)$$
$$V_3 = (V_1 \times N/V_2) \times 100 \quad (4)$$

ここに、V：細骨材体積(mm^3)
　　　　r：骨材の平均粒径/2(mm)
　　　　r_1：骨材の平均粒径/2＋反応層長さ(mm)
　　　　N：細骨材の個数(個)
　　　　V_2：コンクリート体積(mm^3)
　　　　V_3：反応層体積率(%)

コンクリート中の非鉄スラグ細骨材の反応層体積率と材齢28日圧縮強度の関係を図7に示す。図に示されるように反応層体積率が増加するに伴いコンクリートの圧縮強度が高くなる傾向にあり、反応層体積率と圧縮強度の関係は相関が高い。FNS(HS)が、NSと比べて1.5倍強度が高くなった

のは反応層の厚さも要因の1つであると考えられる。

コンクリート中の非鉄スラグ細骨材の反応層体積率と乾燥期間26週の乾燥収縮ひずみの関係を図8に示す。図に示されるように反応層体積率が増加するに伴いコンクリートの乾燥収縮ひずみが低くなる傾向にあり、反応層体積率と乾燥収縮ひずみの関係は、相関がみられる。反応体積率が大きなものは、収縮ひずみが小さくなり収縮抑制効果が大きいことが確認できた。これらのことから、非鉄スラグ細骨材においては細骨材の比表面積だけでなく[5]、細骨材界面の反応により、コンクリートの収縮低減に寄与していることが推察される。今後、細骨材界面構造の詳細な特性およびコンクリートのその他の特性について検討を進める必要があるものと考える。

4. まとめ

本報告において、非鉄スラグ細骨材周りに形成される反応層体積率と圧縮強度および乾燥収縮ひずみは、相関が高いことが確認でき、非鉄スラグ細骨材においては、反応層の形成が、コンクリートの力学的特性が向上する要因の1つであることが示唆された。

【参考文献】
1) 真野孝次ほか：非鉄スラグ細骨材を使用したコンクリートの圧縮強度・乾燥収縮、日本建築学会関東支部研究報告集、2017-03(発表予定)
2) 日本建築学会：フェロニッケルスラグ細骨材を用いるコンクリートの設計施工指針・同解説、1998、2
3) 日本建築学会：銅スラグ細骨材を用いるコンクリートの設計施工指針(案)・同解説、1998、3
4) 内川浩ほか：硬化モルタル及びコンクリート中の遷移帯厚さの評価並びに遷移帯厚さと強度との関係の検討、コンクリート工学論文集、第4巻2号、pp.1-8、1993.7
5) 原084武ほか：非鉄スラグ細骨材を使用したコンクリートの収縮ひび割れ特性に関する実験的研究、第70回セメント技術大会講演要旨、pp.162-163(2016)

CaO・Al₂O₃骨材を用いたコンクリートの物質透過性の検証

芝浦工業大学　工学部　〇中西縁
　　　　　　　　　　伊代田岳史

1. 研究背景および目的

近年、カルシウムアルミネートを主原料とした新しい人工骨材（以下 CA 骨材）の研究が進められている。CA 骨材は、水およびセメント水和物である $Ca(OH)_2$ と反応することでハイドロカルマイトを析出する。ハイドロカルマイトには、コンクリート中に侵入した塩化物イオンをフリーデル氏塩として固定化する能力があるといわれている。一方で、複合材料であるコンクリートは、骨材とセメントペーストとの間に遷移帯が存在し、一般的に、ポーラスな脆弱層であることからコンクリート中の弱点とされている。コンクリート内部への劣化要因の侵入を防ぐためには、この遷移帯の改質が必要と考えられている。そこで、CA 骨材の水和反応によるハイドロカルマイトと、塩化物イオンとの反応によって析出するフリーデル氏塩によって CA 骨材界面が緻密化し、遷移帯の改質につながるのではないかと考えた。本研究では、CA 骨材を使用したコンクリート遷移帯改質効果の確認を目的として、各種試験を実施した。

2. 実験概要
2.1 配合・使用材料

表-1 に本研究で使用したコンクリートの計画配合を示す。各配合は単位水量を一定にし、セメント種類は普通ポルトランドセメント（以下 N、密度 $3.16\ g/cm^3$）と、一般に各種抵抗性が低いとされている低熱ポルトランドセメント（以下 L、密度 $3.22\ g/cm^3$）を使用した。練混ぜ水として、水道水および 3%濃度の NaCl 水溶液（以下、塩水）を用いた。表中の記号の「CA」は CA 骨材の有無、S は練混ぜ水として塩水を用いたことを示している。養生方法は、塩水を用いた供試体を水中養生した場合の塩化物イオン溶出を避けるため、すべて封かん養生とした。粗骨材には CA 骨材（密度 $2.86\ g/cm^3$、F.M.6.80）および大分県津久見市上青江胡麻柄山系新大分鉱山の砕石（以下、普通骨材、密度 $2.70\ g/cm^3$、F.M.6.62）を使用し、細骨材には千葉県君津市産の天然山砂（密度 $2.62\ g/cm^3$、F.M.2.47）を使用した。

2.2 簡易透水試験

試験体の事前処理として、φ100×200mm のコンクリート供試体を材齢 21 日、49 日で 50mm 幅に切断し、再度 7 日間封かん養生の後、材齢 28 日、56 日から 7 日間 40℃の乾燥炉に静置した。乾燥による質量減少量が全体質量の 1%以下になったことを確認し、簡易透水試験に用いた。

試験体には、漏水の無いよう試験体上面にシリコンシーリング材を用いてプラスチックカップを固定し、初期重量を初期値と設定した。容器内に 100cc の水を注入し、計測時に排水して水の減少量と試験体の重量を測定した。試験体重量の増加分と初期重量から、吸水率を計算した。測定後、再度容器に 100cc の水を注入し、144 時間まで測定を繰り返した。

2.4 骨材界面の観察

CA 骨材界面の改質状態を観察するため、デジタルマイクロスコープと、走査型電子顕微鏡（SEM）を用いて観察を行った。

3. 実験結果・考察
3.1 圧縮強度試験

図-1 に材齢 28 日、56 日での圧縮強度試験結果を示す。粗骨材を CA 骨材に置換することで、天然骨材を使用した場合と比較すると、N を用いた供試体では強度が増加し、L を用いた場合はわずかではあるが強度が減少した。

3.2 簡易透水試験

図-2、3 に材齢 28 日での簡易透水試験結果を示す。図中の数値は、試験開始から 144 時間時点での吸水率を示している。この結果から、CA 骨材と塩水を用いた配合では、N、L どちらのセメントを用いた試験体においても吸水率が減少した。試験の結果より、骨材界面に生成した水和物による遷移帯改質効果の可能性が考えられた。

表-1　コンクリートの計画配合

記号	セメント種類	W/C (%)	単位量 (kg/m³)				
			W	C	S	G	CA
N	N	50	170	340	852	951	—
N-CA						—	1007
N-CA-S						—	
L	L				854	954	—
L-CA						—	1010
L-CA-S						—	

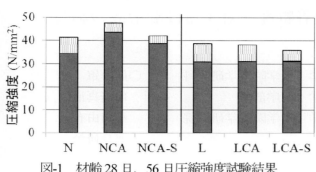

図-1　材齢28日、56日圧縮強度試験結果

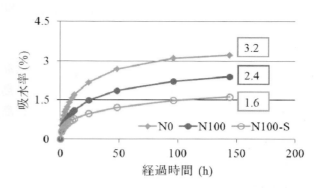

図-2　材齢28日 N配合簡易透水試験結果

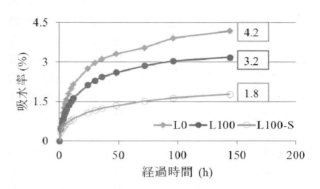

図-3　材齢28日 L配合簡易透水試験結果

3.3 骨材界面の観察

図-4に、セメント種LにCA骨材と塩水を用いた配合における骨材界面のSEMによる撮影の結果を示す。骨材界面において、六角板状の生成物が多数確認された。

この生成物の組成を確認するため、粉砕したCA骨材を用いたペースト供試体を作製し、粉末X線回折(XRD)を用いて生成物の特定を試みた。図-5に、セメント種Lに粉砕したCA骨材と水、塩水を用いた配合のXRD測定結果をそれぞれ示す。測定結果より、粉砕したCA骨材に水とCHが反応することでハイドロカルマイトが生成され、ハイドロカルマイトに塩化物イオンが反応すると、フリーデル氏塩が生成されることが確認された。既往の研究[1]から、SEMにより確認されたこの骨材界面の生成物は、塩化物イオンと反応したことによるフリーデル氏塩の可能性があるといえる。

4. まとめ

1) Nを用いた供試体において、CA骨材を用いた場合圧縮強度が増加した。結果から、CA骨材による生成物は、強度には直接寄与しない可能性がある。
2) 簡易透水試験では、N、Lどちらを用いた供試体においても、CA骨材と塩水を用いることでコンクリート内部への吸水率が減少した。
3) SEMによる骨材界面の観察結果より、骨材界面に生成物が析出されていることを確認され、これが骨材界面の緻密化に寄与していると考えられる。
4) XRDによる測定結果より、粉砕したCA骨材に水とCHが反応するとハイドロカルマイトが、塩化物イオンが反応するとフリーデル氏塩が生成されることが確認された。

以上より、CA骨材を用いたコンクリートは、水やCH、塩化物イオンが存在した場合、ハイドロカルマイトやフリーデル氏塩などの水和生成物により、遷移帯が改質する可能性が考えられた。

【参考文献】

1) 伊藤慎也、盛岡実、伊代田岳史、丸山一平：カルシウムアルミネート系骨材による遷移帯の改質効果：日本材料学会、材料65(11)、787-792、2016-11

謝辞：この研究はデンカ株式会社との共同研究である。

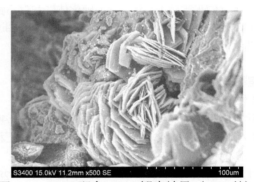

図-4　L-CA-S配合 SEM観察結果（1300倍）

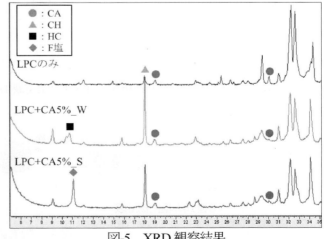

図-5　XRD観察結果

セメントペーストにおける鉛の吸脱着特性に対する接触溶液の影響

広島大学　大学院工学研究科　〇周少軍
広島大学　工学部　山﨑真治
広島大学　大学院工学研究院　小川由布子
河合研至

1. はじめに

廃棄型社会から循環型社会への転換に向けてコンクリート分野では、高炉スラグ、焼却灰等の利用が強く求められている。しかし、廃棄物・副産物を活用する際の問題の一つとしてコンクリートからの重金属の溶出がある。これまでにコンクリート中における重金属の拡散・固定に関する研究が行われてきた。著者らは、銅、亜鉛、鉛に関する範囲では、セメントペーストの重金属固定能は極めて高いことを明らかとし[1]、その一方で、セメント硬化体と接する溶媒が塩化カルシウム溶液の場合には、セメント硬化体からの重金属の脱着が比較的生じやすいことも報告している[2]。すなわち、重金属の溶出は、コンクリートの置かれる周辺環境に依存し、接触溶液によって大きく異なる場合がある。

そこで、本研究では、セメント硬化体における鉛の吸着特性に対する接触溶液種類の影響およびその相違の原因を把握することを目的とした。

2. 実験概要

2.1 供試体概要

使用するセメントペーストの水セメント比を0.40とし、普通ポルトランドセメントと脱イオン水をそれぞれセメントと混練水として使用した。

試料として用いたセメントペーストは20℃で28日間封かん養生した後、アセトンに浸せきして水和進行を停止した。吸着試験前に150μm以下に粉砕して試料とした。

2.2 吸着試験

図1に示すとおり、セメントペースト粉末試料1gを20mlの脱イオン水、濃度10%のNaCl溶液、KCl溶液、LiCl溶液、$MgCl_2$溶液、$CaCl_2$溶液に添加し、10時間撹拌後、硝酸鉛(II)溶液を1ml添加し、さらに6時間撹拌した。撹拌後、0.45μmメンブランフィルタを用いて吸引ろ過し、ろ液の鉛の濃度を原子吸光光度計を用いて測定し、平衡濃度および吸着量を算出した。添加した硝酸鉛溶液は、鉛の濃度を4、10、16および25g/Lとした。

2.3 粉末X線回折分析

粉末X線回折により、吸着試験前のセメントペーストおよび吸着試験後の残渣の組成を定性分析した。

3. 試験結果および考察

3.1 吸着試験結果

図2および図3に、各溶液を用いた吸着等温線を示す。セメントペーストにおける鉛の吸着は、接触溶液ごとに式[1]に表されるFreundlich型の吸着等温線に回帰することができた。

$$V=aP^{1/n} \quad [1]$$

ここに、P:平衡濃度(ppm)、V:吸着量(mg/g)、a、nは定数

すなわち、鉛は、本試験のいずれの溶液の場合も水の場合と同様にセメント水和物表面に分子間力により物理吸着されていると考える。

接触溶液に$CaCl_2$溶液を用いた場合、他の場合と比較して、著しく吸着量が小さくなった。これは、既往研究[2]と同様の結果であった。その他の溶液の場合について

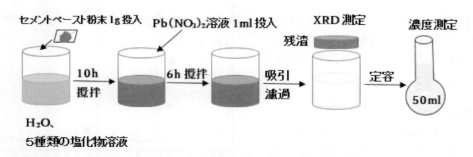

図1　吸着試験のフロー

比較すると、MgCl₂溶液の場合は吸着量が一番大きく、その後、NaCl、KCl、H₂O、LiClの順で大きかった。図中のかっこ内に示したpHをみると、MgCl₂の場合に中性側に近づいている。既往の研究[3]によると、pHが小さいほど吸着量が大きくなると報告されており、MgCl₂の場合、pHの低下が吸着量の増加の一因と考えられる。一方、MgCl₂以外の溶液での吸着量は、pHの高低との相関が無く、pH以外の共存イオンの影響が強く現れた結果と考えられるが、これらのメカニズムは明らかにできなかった。

3．2 XRD 分析結果

各溶液の吸着試験において、最も吸着量が多い残渣のXRD分析結果を図4に示す。試験前のセメントペーストと比較すると、残渣にはハイドロカルマイトが生成されている。この他特異な物質は同定されなかった。

3．3 吸着試験及び脱着試験の比較

筆者らは、既往の研究[2]として各種塩化物溶液を用いた鉛の脱着試験を行っている。この脱着試験後にセメントペーストに吸着している鉛量を、脱着試験前の吸着量から脱着量を差し引くことにより求め、脱着試験時の平衡濃度との関係を求めた。溶液がNaClの場合とCaCl₂の場合について、本研究での吸着等温線と共に図4に示す。溶液種類に関係なく、既往研究から得られた結果が本研究より得られた結果より大きい傾向が見られた。

本研究と既往研究の結果で近似線の傾きがほぼ等しいことから鉛の吸着サイトの親和性は相違ないと考えられる。ただし、鉛の吸着前にNaCl、CaCl₂が接触したときには、吸着サイトが減少するものの吸着後にNaCl、CaCl₂が接触しても吸着可能なサイトとして残っているものと考えられる。

4．まとめ

本研究では、セメント硬化体における鉛の吸着特性が接触溶液種類によって異なりが明らかとなった。しかし、このメカニズムについては今後の検討課題とする。

【参考文献】

1) 河合研至ほか：コンクリートに添加した重金属の長期溶出挙動、セメント・コンクリート論文集、No.5、pp.636-641(2004)
2) K. Kawai et al.: Desorption properties of heavy metals from cement hydrates in various chloride solutions, Construction and Building Materials, Vol. 67, Part A, pp 55–60 (2014)
3) 河合研至、宮本祐輔、坂中謙太：セメント硬化体中における重金属の拡散・吸着、セメント・コンクリート論文集、No.61、pp.123-128(2007)

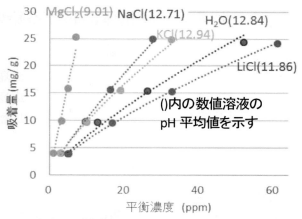

図2　各溶液における鉛の吸着等温線

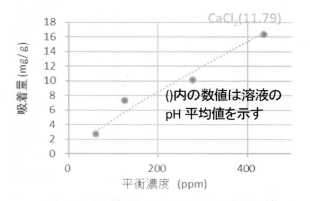

図3　CaCl₂溶液における鉛の吸着等温線

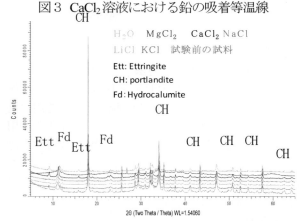

図4　試料と残渣のXRD結果―25g/l 硝酸鉛溶液投入

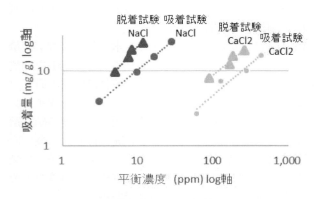

図5　吸着試験と脱着試験の比較

セメント硬化体における鉛の吸着特性に対するpHの影響

広島大学　工学部　　　　　　　○　山﨑真治
広島大学　大学院工学研究科　　　周少軍
広島大学　大学院工学研究院　　　小川由布子
　　　　　　　　　　　　　　　　河合研至

1. はじめに

近年、セメント・コンクリート分野においてコンクリート材料に産業廃棄物類を有効利用することで環境負荷低減を目指す動きが活発化しているが、産業廃棄物等を再利用したコンクリートには、人体や環境に悪影響を及ぼす重金属が溶出する危険性があることに加え、重金属溶出は様々な条件で異なった挙動を示すことが知られている。既往の研究[1]において、重金属溶出の因子の一つとされる重金属の吸着特性に接触溶液のpHが及ぼす影響についてpHの低い方が、吸着量が多くなるという傾向が示されている[1]が、pHの変動幅が小さいことや内部の化合物の変化について検討を行っていない。そこで本研究では、溶液のpHが変化した場合のセメント硬化体における重金属吸着特性およびその内部変化について把握することを目的として、実験的に検討を行った。

2. 実験概要
2.1 試料作製方法と養生方法

試料は水セメント比0.40のセメントペーストとし、作製には普通ポルトランドセメントと脱イオン水を用いた。ポリプロピレン製の容器に打ち込み、パラフィルムを用いて封緘し室温20℃の恒温室において28日間養生を行った。本実験では28日養生後のセメントペーストを150μm以下に粉砕し試料とした。

2.2 試験項目と試験方法
(1) 吸着試験

本研究では、セメント硬化体の吸着特性に対するpHの影響を検討するため、2種類の方法を用いて接触溶液のpHを調整して吸着試験を行った。

第1の方法は接触溶液を脱イオン水とし、接触溶液量と試料質量の比である液固比を変えることでpHを調整する方法である。吸着試験の一連の流れは既往の研究[1]に従い、まず粉末状にしたセメントペーストを脱イオン水に添加し、10時間撹拌した後に、所定の濃度の硝酸鉛(□)溶液を5ml添加し、さらに6時間撹拌した。撹拌後の溶液を吸引ろ過して、ろ液中の鉛の濃度を原子吸光光度計によって測定し、平衡濃度および鉛の吸着量を求めた。試験方法は図1に示すとおりである。

第2の方法は、接触溶液に硝酸溶液を加えることでpHを調整する方法である。既往の研究[1]においては、硝酸溶液を最初の脱イオン水へ添加をすることでpHを調整しているが、本試験では、試料となるセメントペーストに対して、まず脱イオン水のみでの撹拌を行い、その後に硝酸溶液を添加し十分に撹拌を行うことでpHがより安定となるように調整を行った。まず粉末状にしたセメントペースト5gを脱イオン水に添加し、10時間撹拌した後に硝酸溶液を所定量添加し、さらに6時間撹拌してpHを安定させた。その後、所定の濃度の硝酸鉛(□)溶液を5ml添加し、さらに4時間撹拌した。なお、硝酸鉛(□)溶液を投入後の撹拌時間は第1の方法と異なるが、予備試験を行って4時間～6時間において吸着量はほとんど変化しなかったため、本試験では4時間とした。また、接触溶液は、脱イオン水量と硝酸溶液量の総量を100mlとし、すべての溶液において液固比を20(ml/g)とした。試験方法は、図2に示すとおりであり、各段階においてpHを測定している。

図1　吸着試験のフロー(液固比によるpHの調整)

図2　吸着試験のフロー(硝酸溶液によるpH調整)

(2) XRDによる内部化合物の分析

吸着試験の後の残渣を真空脱気し、XRDを用いて定性分析を行い、内部の化合物の相違を検討した。

3. 実験結果および考察
3.1 吸着試験結果

図3に2つの方法による吸着試験結果を示す。鉛の吸着は、いずれのpHにおいてもFreundrich型の吸着等温線に分類することができ、また、pH調整方法に関係なくpHが小さくなるほど、吸着量が増えることが示された。ただし、pHが12以下の場合、吸着量はほとんど同程度となった。pHの変化によって吸着量が変わる要因として、重金属水酸化物の溶解度がpHによって異なる[2]ことが考えられる。pHが13から11へと小さくなっていくにつれて鉛の水酸化物の溶解度は下がっていくことから、pHが小さくなるにつれて、鉛が難溶性化合物となってセメント硬化体組織へより強く固定され、吸着量が増加したと考えられる。また、図4に本研究と既往の研究[1]の結果を比較した図を示す。既往の研究[1]の実験結果は、上述したpHと吸着等温線の関係と異なったが、これは試験方法の違いが原因であると考えられる。本試験は、セメントペーストおよび脱イオン水、硝酸の総撹拌時間は16時間であるのに対して、既往の研究[1]においては10時間であるため、撹拌時間が異なることによる水和反応の進度の差が吸着量の差に関係している可能性があると考えられる。

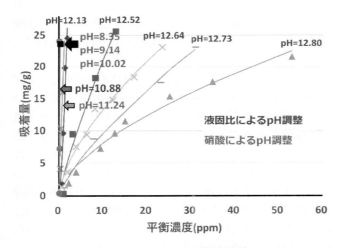

図3　鉛に対する吸着試験結果

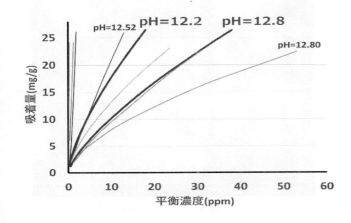

図4　既往の研究[1]結果との比較

3・2 XRD分析結果

図5に硝酸溶液を用いてpH調整を行った残渣の分析結果を示す。吸着前のセメントペーストと比べてPortlandite、Ettringite、AliteおよびLarmiteの減少が確認された。また、液固比によってpHを調整した場合のXRD分析結果は、分析可能な残渣量が得られた液固比が50(ml/g)および20(ml/g)のうち、吸着量が最も高い残渣についてそれぞれ分析した。しかし、それぞれのpHは平均で12.73、12.80であり、pHの変化が0.07と非常に小さかったため、ほとんど同様なピークを示した。なお、吸着試験終了後の残渣に含まれていると考えられる鉛の化合物に関しては、全ての分析結果においていくつか類似したピークは存在したが、部分的に一致するものがほとんどであり、同定するまでには至らなかった。

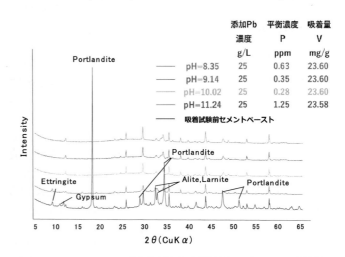

図5　XRDによる分析結果(硝酸溶液によるpH調整)

4. 結論

接触溶液のpHを変化させ、鉛の吸着試験を行った結果、pH調整方法に関係なくpHが小さくなるにつれて吸着量が増える傾向が示された。

XRD分析を行った結果、硝酸を用いてpH調整をした吸着試験の残渣は、液固比で調整した残渣に比べてPortlandite、Ettringite、AliteおよびLarmiteの減少が確認されたが、鉛の化合物に関しては同定するまでには至らず、吸着量のpH依存性のメカニズムまでは明らかにすることができなかった。

【参考文献】
1) 河合研至、宮本祐輔、坂中謙太：セメント硬化体中における重金属の拡散・吸着、セメント・コンクリート論文集、No.61、pp.123-128(2007)
2) 貴田晶子、野馬幸生：廃棄物の溶出特性、廃棄物学会誌、Vol.27、No.5、pp.410-421(1996)

セメント硬化体に生成するカトアイトの検討

株式会社太平洋コンサルタント　電力・原子力技術部　　　　　　　　　　柴田真仁
株式会社太平洋コンサルタント　営業推進部 兼 セメント・コンクリート営業部　○小川彰一
株式会社太平洋コンサルタント　営業推進部　　　　　　　　　　　　　　青山弥佳子
地方独立行政法人　東京都立産業技術研究センター　事業化支援本部　　　渡邊禎之

1. はじめに

長期間供用されたコンクリートや蒸気養生等によって高温履歴を受けたコンクリート、特に Al 含有量が多くなる高炉スラグを用いたコンクリートにおいて、水和生成物にカトアイト(katoite、$Ca_3Al_2(SiO_4)_{3-x}(OH)_{4x}$)が生成する。カトアイトはハイドロガーネット (hydrogarnet、$Ca_3Al_2(OH)_{12}$)と連続的な固溶体を形成することが知られているが、例えば、鉱物学やセメント化学の分野では、用いられる名称と化学構造とが文献上で必ずしも一致して用いられてなく、katoite、hydrogarnet、hydrogrossular 等と想定される化学式の記載がないまま表現され、しばしば混乱を招くことがある。

セメント硬化体中のカトアイトの研究においては、その生成に時間を要することから、試薬を用いた水熱合成の試料を用いた検討が行われる場合が多いが、このカトアイトが常温環境下におかれたコンクリートで生成するカトアイトとどのような差異があるのか課題が残る。

本研究では、セメントを出発原料としてカトアイトを生成させ、同時に生成する C-S-H を溶解することでカトアイトを得、NMR を用いて $Ca_3Al_2(SiO_4)_{3-x}(OH)_{4x}$ における Si の固溶について考察を行った。

2. 実験方法

2.1 カトアイトの合成

W/C=60%、50℃で3ヶ月水中養生した普通ポルトランドセメントペーストの硬化体を粉砕し、試薬の水酸化アルミニウム($Al(OH)_3$)および水を加えてスラリーとして 80℃で7日間養生した。それぞれの質量比は 8:2:50 とした。これは、カトアイト $Ca_3Al_2(SiO_4)_{3-x}(OH)_{4x}$ において最も安定と考えられる x=2 よりも大きい 2.4 であり、合成時における Al 水和物が残存することを懸念したためである。養生したスラリーは、残存した C-S-H およびシリカゲルを溶解させるために、サリチル酸メタノール(SM)処理2回および KOH 溶液処理1回を行い、真空乾燥させて合成試料とした。

2.2 試料の分析

合成試料は、蛍光 X 線分析(XRF)による化学組成、粉末 X 線回折(XRD)による鉱物組成、電子顕微鏡(SEM)による二次電子像の観察とエネルギー分散 X 線分光法(EDS)による組成分析、^{29}Si および ^{27}Al ついて固体核磁気共鳴分析 (NMR)に供した。

3. 結果および考察

合成試料の化学組成を表1に、SEM 像を写真1に示す。形態的には長期材齢のコンクリートに見られるカトアイトと類似していた。XRF による化学組成分析から Fe や Mg 等の成分も残存しているが、Si/Al モル比が約 1.8、SEM/EDS 分析では約 2.0 となっており、高い Si の固溶比を示した。

図1に粉末 X 線回折の結果を示す。出発原料としたセメントペーストでは既にカトアイトの回折線が認められるが、さらに $Al(OH)_3$ を添加して合成した試料は、水酸化カルシウムの回折線や C-S-H のハローはほぼ消失し、カトアイトの回折線のみとなった。

ここで、図1にはカトアイト $Ca_3Al_2(SiO_4)_2(OH)_4$ およびハイドロガーネットの PDF データを合わせて示しているが、結晶構造に入る Si の量と結晶格子パラメータとは線形関係があることが知られており[1]、リートベルト法による Si の固溶比は求めていないが、試料の回折線は x=2 の $Ca_3Al_2(SiO_4)_2(OH)_4$ に近い組成を示すと考えられる。また、カトアイト以外に残存する物質は XRD の回折線では確認されず、後述するように ^{29}Si-NMR において Q2、Q3 および Q4 スペクトルが認められないことから C-(A-)S-H、シリカゲルは含まれていても少ないと推察し

写真1　二次電子像

表1 合成試料の化学組成

含有率(%)									
SiO_2	Al_2O_3	Fe_2O_3	CaO	MgO	SO_3	Na_2O	K_2O	ig.loss	計
10.8	20.7	2.6	41.7	1.3	1.4	0.0	0.0	21.4	100.0

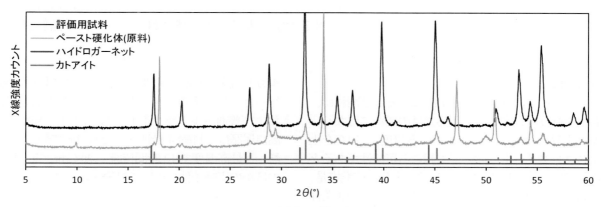

図1 粉末X線回折

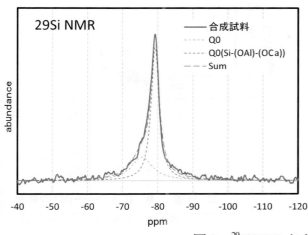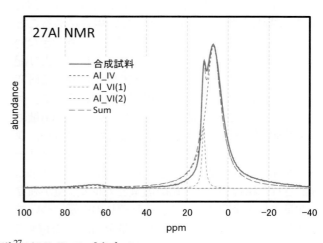

図2 ^{29}Si-NMR および ^{27}Al-NMR スペクトル

た。カトアイト以外にSiおよびAlの残存物がないと仮定すると、カトアイトの組成は$Ca_3Al_2(SiO_4)_{1.8}(OH)_{8.8}$となり、カトアイトとして80%以上含有するものと推測している。

図2に^{29}Siおよび^{27}AlのNMRスペクトルを示す。^{29}Si-NMRでは、-80ppm付近にSiとCaの結合したQ0[Si(OAl)$^{VI}_{4-x}$(OCa)$_x$]が主に観測された。一方、^{27}Al-NMRでは、ショルダーとなっている12ppm付近にハイドロガーネットのAlの6配位OHによるAl_VI(1)が認められた。また、ハイドロガーネット構造であるAlの6配位OHが、Al-O-Siになることよって高磁場側にシフトしたと考えられる7ppm付近のスペクトル(Al_VI(2))が認められる。Al_VI(2)のAl量は少なく、^{27}Al-NMRの結果からもSiの固溶比は高いと考えられる。なお、既往の試薬を用いた合成試料では、これらVI配位のAlは、Al_VI(1)が12.3ppm、Al_VI(2)が4.2ppmと報告[1]されているが、本合成試料では^{29}Si-NMRではシリカゲルが認められないのに対してSiが多く残存しており、Al_VI(2)は4.2ppmよりも低磁場側である可能性がある。

4．まとめ

セメントペーストを出発原料とし、$Al(OH)_3$を添加して80℃、7日間養生でカトアイト生成させ、C-S-H、シリカゲルを除去して合成物を得た。化学組成は$Ca_3Al_2(SiO_4)_2(OH)_4$に近いと推定され、セメント水和物において長期的にこのような組成のカトアイトが生成すると考えられる。

【参考文献】

1) J.M.R. Mercury et al : Solid-State ^{27}Al and ^{29}Si NMR Investigations on Si-Substituted Hydrogarnets, Acta Materialia Vol.55, No.4, pp.1183-1191(2007)

コンクリート中の硫酸塩およびアルカリ量が DEF 膨張に及ぼす影響

岩手大学　工学部　　　　　　　　　〇昆悠介
岩手大学　理工学部　　　　　　　　羽原俊祐
　　　　　　　　　　　　　　　　　小山田哲也
岩手大学　大学院工学研究科　　　　田中舘悠登

1. はじめに

エトリンガイトの遅延生成(DEF)によるひび割れは、蒸気養生を行うコンクリート製品だけの問題ではなく、断熱温度上昇にともないコンクリート温度が 70℃を上回るマスコンクリートにおいても起こる可能性があると指摘されている[1]。DEF ひび割れは、十分な硫酸塩、材齢初期の高温履歴、供用時の十分な水分供給の 3 条件が重なった場合に、起こる可能性があると指摘されている[2]。言い換えるとこの条件がそろった場合においても、DEF ひび割れが生じる場合と生じない場合があることを示している。コンクリートの高温履歴が回避できない場合でも膨張が生起しない条件を、様々な材料および配合において検討する必要がある。DEF 膨張に関する研究は多く、さまざまな材料条件が提案されている中で、コンクリート中の硫酸塩(SO_3)量およびアルカリ(R_2O)量によって膨張/非膨張の域を区別できることが明らかになった[3]。これまで、硫酸塩量とアルカリ量はコンクリートへの添加により増量されてきたが、硫酸アルカリとして検討された場合が多く、硫酸塩量とアルカリ量が独立して増量された研究は少なく、それぞれの影響については、不明であった。本研究では硫酸塩量を$CaSO_4 \cdot 2H_2O$(二水石こう)、アルカリ量をNaOHで増量し、単位セメント量が $300kg/m^3$ のコンクリートの粗骨材を除いたモルタル部の配合を用いて、硫酸塩量およびアルカリ量が DEF 膨張に及ぼす影響を検討した。

2. 実験概要

早坂は、先行研究結果に自身の結果を加え、コンクリート中の硫酸塩量及びアルカリ量と DEF 膨張の関係(図1)について検討した[3]。膨張有/膨張無の判定は、アルカリ骨材反応の基準である 0.1%に着目し、0.1%以上を膨張する、0.1%未満を膨張しないとした。これらの結果、セメントの種類に関わらず、DEF 膨張する実験例が認められるが、硫酸塩量が $9kg/m^3$ 以下かつアルカリ量が $3kg/m^3$ 以下では膨張する実験例は認められなかった。実験例の多くが左下から右上に多く分布するのは硫酸カリウムで硫酸塩量、アルカリ量が増量されているためである。ここでは、硫酸塩量を$CaSO_4 \cdot 2H_2O$(二水石こう)、アルカリ量を NaOH で増量し、広い範囲で検討(図2)を行った。使用するセメントは、市販の早強(以下、HPC)および普通ポルトランドセメント(以下、NPC)である。高温履歴は、材齢 4 時間から 20℃/hr で最高温度まで加熱し、最高温度で 12 時間持続、-20℃/hr で降温した。そのほかの実験条件については表1に示す。

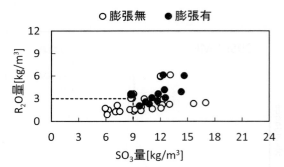

図1　コンクリート中の硫酸塩量およびアルカリ量と DEF 膨張の関係[3]

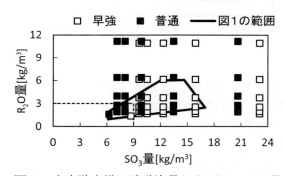

図2　本実験水準の硫酸塩量およびアルカリ量

表1　使用材料、配合および実験条件

セメント	早強ポルトランドセメント(HPC) (SO_3=2.90%, R_2O=0.45%) 普通ポルトランドセメント(NPC) (SO_3=2.08%, R_2O=0.53%)
配合	水：セメント：細骨材＝0.55：1：2.5
細骨材	盛岡市黒川産砕砂(粗粒率=2.89)
薬品	$CaSO_4 \cdot 2H_2O$, NaOH　(試薬)
最高温度	90, (80), (70), (20)℃

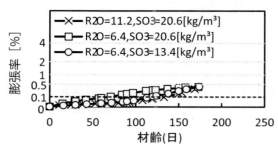

図3 材齢に伴う長さ変化(NPC,90℃)

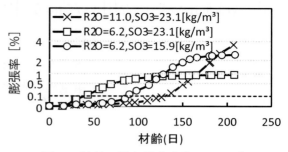

図4 材齢に伴う長さ変化(HPC,90℃)

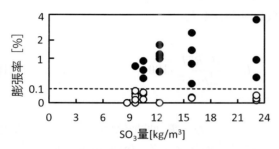

図5 硫酸塩量とDEF膨張率の関係
(HPC,90℃)(材齢195-229日)

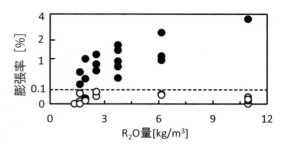

図6 アルカリ量とDEF膨張率の関係
(HPC,90℃)(材齢195-229日)

3．実験結果

NPCを用い、高温履歴後20℃水中保管したモルタル供試体のうち、0.1%以上膨張した3水準の経時的な膨張率変化を図3に示す。また、HPCで同じ添加量の水準を図4に示す。材齢150日において、図3では膨張率が0.5%未満であるのに対し、図4では0.5-2%と大きい。膨張は25日から100日の間に発生し、膨張開始後の膨張量は、HPCはNPCに比べて、大きいことがわかる。

HPCで、90℃高温履歴がある場合、コンクリート中の硫酸塩量とDEF膨張率の関係を図5、またアルカリ量と膨張率の関係を図6に示す。水準間で異なるが、材齢は195-229日である。硫酸塩量やアルカリ量が増加しても膨張しない水準も多く含まれるが、膨張する場合にはそれらの増加に伴って膨張率が大きくなっている。アルカリ量が3.75kg/m^{3}ではすべての水準で膨張が認められる。硫酸塩量が9kg/m^{3}以下は一水準のみであるが、膨張は認められない。アルカリ量が3kg/m^{3}以下では膨張した水準と膨張していない水準が認められる。

先行研究結果と今回の実験の全水準を合わせ、0.1%以上の膨張の有無を判定した結果を図7に示す。硫酸塩量が少なく、アルカリ量が多い水準では膨張が認められない。硫酸塩量が多い場合、アルカリ量にかかわらず膨張が認められる。硫酸塩量が9kg/m^{3}以下かつアルカリ量が3kg/m^{3}以下ではいずれの水準も膨張が認められない。

4．まとめ

硫酸塩量とアルカリ量を独立して増量し、90℃での高温履歴を与えた場合のDEF膨張の可能性の有無につい

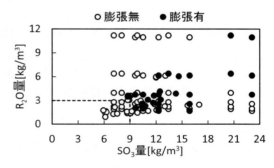

図7 硫酸塩量およびアルカリ量と
DEF膨張の関係

て検討した。NPCの膨張する組成範囲は狭いが、HPCの場合には、硫酸塩量が少なくアルカリが多い水準ではDEF膨張が認められず、硫酸塩量が多い場合、アルカリ量にかかわらずDEF膨張が認められる場合がある。硫酸塩量が9kg/m^{3}以下かつアルカリ量が3kg/m^{3}以下ではいずれの水準もDEF膨張は認められない。

【参考文献】

1) マスコンクリートのひび割れ制御指針 2016, 日本コンクリート工学会, ISBN978-4-86384-081-2-C3050, (2016)
2) 羽原俊祐ほか：コンクリートのDEFによる硫酸塩膨張の生起条件の検討、コンクリート工学年次論文報告集、Vol.28、p.743-748、(2006)
3) 早坂万葉：マスコンクリートにおけるエトリンガイトの遅延生成(DEF)膨張の可能性の検討、修士論文(岩手大学)、(2015)

電気泳動試験を活用した海水中のイオンが空隙構造に与える影響の把握

東京理科大学　理工学研究科土木工学専攻　　○直町聡子
東京理科大学　理工学部土木工学科　　　　　加藤佳孝
　　　　　　　　　　　　　　　　　　　　　江口康平

1. はじめに

コンクリート構造物の塩害を考える場合、海水中に存在するCl^-以外のイオンとセメント水和物との反応を考慮する必要がある。その中でSO_4^{2-}は、モノサルフェート（AFm）と反応し膨張性を有するエトリンガイト（Ett）を生成すると考えられている[1]。Mg^{2+}は、表層で水酸化カルシウムと反応しブルーサイト（MH）層を生成し、さらに奥層ではケイ酸カルシウム水和物との反応に伴い脆弱であるケイ酸マグネシウム水和物（MSH）を生成すると報告されている[1]。つまり、海水中のSO_4^{2-}、Mg^{2+}による前記したような変化(空隙構造の変化と総称する)に伴い、Cl^-の移動が変化することが考えられるが、現時点では不明な点が多く残されている。そこで、Ettに着目しCl^-の電気泳動試験から、SO_4^{2-}およびMg^{2+}とセメント硬化体の反応が空隙構造に及ぼす影響を検討した。

2. 実験概要
2.1 海水の多種イオンとセメント硬化体の反応

W/C50%のセメントペーストを$\phi5\times10$cmに打設し、水中養生91日間後に精密カッターを用いて厚さ3mmに切断した。ペースト1に対して溶液2の質量比となるように、試料を20日間浸せきした。浸せき溶液種類は、セメント硬化体と反応することが報告されている、海水中のイオンであるSO_4^{2-}とMg^{2+}に着目し、次の3種類とした。NaCl3.0%（NC）、NaCl3.0%+$Na_2SO_4$0.41%（NCNS）、NaCl3.0%+$MgSO_4$0.41%（NCMS）。濃度は、海水中のCl^-、SO_4^{2-}濃度を参考に設定した。

XRD測定試料は、浸せき終了後、試料を粗粉砕して24時間40度環境下で乾燥した後、150μmの篩を全通するまで微粉砕し、内部標準物質としてコランダムを内割りで10%添加しエタノールを用いて湿式混合した。リートベルト解析はPDXLを用い、結晶構造はICSDデータベースを用いた。

XRDの測定試料の前処理と同じ状態にするために、24時間40度環境下で乾燥した試料を用い、JSCE-G571-2003に準拠し電気泳動試験した。通常1日毎に陽極側Cl^-を計測するが、厚さが3mmの供試体であるため、1時間毎通電10時間まで陽極側Cl^-を測定した。式[1]より、実効拡散係数D_eを算出した。

$$D_e = \frac{J_{cl}RTL}{|z|Fc\Delta E}\cdot 100 \quad [1]$$

ここに、D_e：実効拡散係数(cm^2/年)、J_{cl}：塩化物イオンのフラックス($mol/cm^2/s$)、R：気体定数(8.31J/mol/K)、T：絶対温度測定値(K)、z：価数(-1)、F：ファラデー定数(96500C/mol)、L：供試体厚さ(3mm)、ΔE：電位差(15V)。

2.2 熱力学的相平衡計算

セメント硬化体と各溶液の相組成の計算は、PhreeqCを用いた。相平衡計算の熱力学データベースは、cemdata07を用いた。なお、各鉱物の水和度は100%とし、固相と溶液の比率は、本研究の固液比とあわせて計算した。

3. 実験結果
3.1 化合物定量結果

Cl^-移動に及ぼす影響を検討するために、F塩およびSO_4^{2-}により生成するEttに着目し、XRD/リートベルト法により算出した結果を図1に示す。図1より、F塩（凡例F）に着目すると、NCとNCNSは同程度であり、NCMSは少ない。またEttは、硫酸塩を含む溶液ではNCよりも多く、若干ではあるがNCNSに比べてMg^{2+}共存のNCMSの方が、Ett変化量が大きい。

3.2 電気泳動試験による実効拡散係数

電気泳動試験より算出したD_eは、NC=3.41cm^2/年、NCNS=1.66cm^2/年、NCMS=4.79cm^2/年であった。NCにSO_4^{2-}のみ添加の場合（NCNS）は、NCよりD_eが小さいためCl^-移動が抑制されている。一方SO_4^{2-}、Mg^{2+}が共存する場合（NCMS）は、NCよりもD_eが大きくなった。

4. Ett生成量と実効拡散係数D_eの関係

Ettは、生成に伴う体積膨張により水和物を破壊するという報告[2]や、多くの水分子を吸着することで高い膨張

性を有するという報告[1]があり、2種類の膨張が考えられている。つまり、Ettにより空隙構造が変化し、Cl⁻移動に影響を及ぼしていると考え、図1の単位質量当たりのペースト中Ett質量からEttの密度（1778kg/m³）[3]を用いて体積を算出し、NCに対するNCNS、NCMSのEtt体積変化量を求めた結果とD_eの関係を図2に示す。NCNSと比較してNCMSは、若干Ett体積変化量が多く、D_eが大きくなる傾向を示した。NCNSはNCよりも、D_eが小さいことからCl⁻移動が抑制されていると考えられる。つまり、既往の研究の多くはEtt生成が劣化に繋がると報告しているが、前述したEttによる膨張は、Cl⁻移動の抑制に影響していると考えられる。さらに、図1のF塩に着目すると、NCMSのF塩が非常に少ない。相平衡計算結果から、NCに対するNCNS、NCMSのF塩、Ettの質量比を求めた結果を図3に示すが、F塩はNCMSが3種類の溶液中で最も生成することが確認でき、図1の実験結果とは異なる傾向を示した。本研究の実験では、相平衡計算とは異なり、溶液中のイオンとセメント硬化体の反応に加えて、溶液中イオンの浸透の影響が含まれている。このことから考えると、F塩の生成量が少なかったNCMSの場合は、Cl⁻の浸透が抑制されていると考えられる。Ett体積変化量は、相平衡計算結果および実験結果ともにNCMSの方がNCNSよりも多いため、Ett生成によりCl⁻浸透を抑制していると考えられる。さらに既往の研究によるとMg^{2+}が共存する場合、MHの生成でイオン浸透が抑制されると報告されている[4]。以上のことから、Cl⁻の浸透が抑制されているとすればD_eは小さくなると考えられるが、図2に示したようにNCMSのD_eは大きくなった。つまり、NCMSの場合、浸せき初期はEtt生成に伴う空隙構造の変化およびMH層の生成によりCl⁻移動が抑制（D_eの減少）されるが、さらにEtt生成に伴った体積膨張の進行と脆弱なMSH生成により空隙構造が変化してCl⁻移動が促進（D_eの増加）されたと考えられる。

5. まとめ

Mg^{2+}の共存によりEttは相平衡計算と実験結果は多く生成することが確認され、F塩は相平衡計算では多いが実験結果は少ないことが確認できた。また、エトリンガイト生成に伴い体積膨張が生じ実効拡散係数が減少する空隙構造の変化が生じるが、さらにエトリンガイト生成に伴った体積膨張が進行し実効拡散係数が増加する空隙構造の変化が生じていると予想された。エトリンガイトの生成量のみで、空隙構造の変化を把握するのは難しいと考えられる。

【参考文献】
1) 吉田夏樹：硫酸ナトリウムの結晶成長によるコンクリートの劣化現象、学位論文、東京工業大学（2011）
2) 小川彰一：耐硫酸塩性を有する混合セメントの材料設計、学位論文、東京工業大学（2015）
3) Magdalena Balonis:The influence of inorganic chmical accelerators and corrosion inhibitors on the mineralogy of hydrated portland cement Systmes,ph.D,AGH-University (2010)
4) 山路徹：海洋に位置するコンクリート構造物の耐久性能照査手法に関する研究、港湾空港技術研究所資料、No.1232（2011）

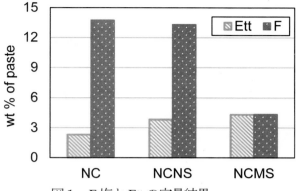

図1　F塩とEttの定量結果

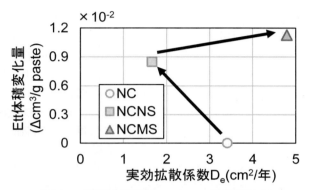

図2　実効拡散係数D_eとEtt体積変化量

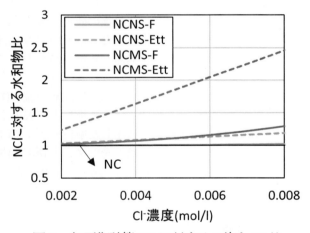

図3　相平衡計算NCに対するF塩とEtt比

[3309]

コンクリートの硫酸劣化予測に対する流水作用の考慮

広島大学　工学研究科　　〇坪根圭佑
広島大学　工学部　　　　満島那奈美
広島大学　工学研究院　　小川由布子
　　　　　　　　　　　　河合研至

1. はじめに

　土木構造物の硫酸による劣化事例が下水道施設、工場等で顕在化しており、深刻な問題となっている。人の目につきにくい下水道施設の多くはこの硫酸劣化が進行しており、その劣化予測は急務である。正確な劣化予測は修復時期、費用面において大きな影響を与える可能性がある。しかしながらコンクリートの硫酸劣化における劣化因子は非常に複雑であり劣化予測が困難である。
　コンクリートの硫酸劣化を評価する際、硫酸への浸漬試験は不可欠であり、既往の研究[1]では供試体を硫酸へ浸漬させ、侵食深さ、中性化深さを測定し、劣化について検討している。またコンクリートは硫酸侵食によりセメント硬化体主成分である水酸化カルシウムと反応し、膨張性のある脆弱な二水石膏を生成し、劣化を進行させることも報告[1]されている。しかしながら実現象において流水作用が生じる下水に対して既往の研究の多くは硫酸の中に各供試体を静置し、流れのない溶液中での検討を行っているため、流水作用を考慮した検討が不十分である。
　そこで本研究ではコンクリート供試体に硫酸の流水作用を考慮したコンクリートの侵食深さを解析上で表現することを目的とした。本研究で使用した解析モデルでは硫酸によるコンクリートの剥落条件をセメント硬化体内部において生成される二水石膏量と空隙量で表現した。

2. 実験概要
2.1 使用材料

　結合材には、普通ポルトランドセメント（密度3.16g/cm³、比表面積3,360cm²/g）、高炉スラグ微粉末（密度2.91g/cm³、比表面積4,520cm²/g）、フライアッシュ（密度2.34g/cm³、比表面積3,820cm²/g）、シリカフューム（密度2.25g/cm³、比表面積16.5m²/g）を使用し、ここではそれぞれ OPC、BFS、FA、SF と略記する。細骨材には石英斑岩砕砂（表乾密度、2.60g/cm³、吸水率1.06%）を、粗骨材には石英斑岩砕石（表乾密度2.62g/cm³、吸水率0.69%、最大寸法20mm）を用いた。またコンクリートのW/Bを0.55とした。表1に本研究で使用したコンクリートの配合を示す。

表1　コンクリート配合表

Specimen	MS (mm)	Slump (cm)	Air (%)	W/B	(kg/m³)							(cc/m³)
					W	OPC	BFS	FA	SF	S	G	AE
NC	20	10.0±2.0	5±1.5	0.55	169	309	0	0	0	810	974	309
BFS30					167	214	92	0	0			
FA30					162	208	0	89	0			
SF20					164	240	0	0	60			

2.2 流水作用を付加させた浸漬試験方法

　供試体は材齢28日まで水中養生し、100x100mmの1面を暴露面として浸漬試験を行った。流水作用はポンプを用いて人工的な流れ(0.7m/s)を作成し、流水浸漬試験とした。供試体は暴露面が底面に対して垂直、かつ流れに対して平行となるように静置した。硫酸濃度は5%(0.9mol/L)、pH=1(0.09mol/L)とし、500日間浸漬させた。なお、硫酸溶液は2週間ごとに硫酸を添加して濃度調節を行った。

2.3 測定項目

　本研究では経時的に侵食深さを測定するとともに、コンクリート硬化体内部の化学成分、空隙量を測定した。
　侵食深さは初期断面から硫酸浸漬によって剥落した長さと定義し、ノギスを用いて測定した。
　化学分析として、材齢28日時点での試料について粉末X線回折/リートベルト解析により C_3S、C_2S、C_3A、C_4AF、Portlandite、Calcite、Ettringite、Gypsum、Monosulphate、Quarz、Albite、Corundum を定量した。また非晶質量については Corundum を内割りで10%添加することで算出した。
　空隙量の測定は、材齢28日時点のコンクリートを破砕し、2.5mm から 5mm のモルタルを試料とした。採取したモルタルは直ちにアセトンに24時間浸漬し水和を停止させ、真空脱気した。その後、水銀圧入式ポロシメータにより細孔径分布試験を行った。

3. 硫酸劣化のモデル

　本研究で使用した解析のフローを図2に示す。硬化体中の化学成分および空隙量は、上記で得られる測定値を初期値として定義した。各硫酸濃度において水和生成物、セメント鉱物を硫酸と反応させた。セメント硬化体中の各成分 h の単位時間当たりの変化量は、セメント中の成

分、硫酸の反応速度係数 K_h とその時点での硫酸濃度およびセメント中の成分濃度 C_h を用いて表現した。各成分の反応速度を式[1]で表す。

$$r_h = dC_h/dt = -K_h \times S^{m_h} \times C_h \quad [1]$$

ここに、r_h：成分 h と硫酸の反応速度、K_h：成分 h と硫酸の反応速度定数、C_h：成分 h の濃度、S：硫酸濃度、m_h：成分 h と硫酸のモル比

生成した二水石膏は、細孔の充填に寄与する二水石膏と膨張に寄与する二水石膏に分配し、細孔の充填に伴う拡散係数の低下は、Garboczi らの研究[2]を基とした式（図2）を用いた。また、式[2]のとおり、腐食生成物による体積増加量が、硬化体中の総細孔量の a 倍を超えた場合に、供試体表面の腐食部が剥落すると定義した。これらの反応による体積変化を供試体の長さ変化に換算し、侵食深さを経時的に表現した。

$$\sum V_h / V_{pore} \geq a \quad [2]$$

ここに、V_h：成分 h（二水石膏）の体積、V_{pore}：硬化体中の総細孔量

4．実験および解析結果

図3および図4に硫酸濃度 5%および pH=1 における侵食深さの実験結果と解析結果を示す。なお、拡散係数の初期値は NC 供試体の実験結果に近似するよう設定した。5%の浸漬試験では NC、BFS30、FA30 の順で侵食深さが大きくなった。硫酸濃度 pH=1 の浸漬試験ではすべての供試体で剥落、膨張現象ともにほとんど生じなかった。剥落の条件式[2]における a の値を混和材ごとに変化させることで解析結果は実験値とおおむね一致し、劣化現象を評価することができた。硫酸濃度 5%において混和材置換した供試体は a が 1 を超える場合にも腐食部を保持できることがわかった。一方で混和材置換していない NC 供試体は a が 1 未満で腐食部が剥落した。これは流水作用による腐食部の剥落が影響しているものと考えられる。pH=1.0 においては 5%の結果と同様、混和材置換した供試体では a が 1 以上となる結果を示した。

5．結論

本研究では、解析モデルを用いて硫酸の流水作用を考慮したコンクリートの侵食深さを検討した。その結果、a の値を変動させることで、侵食深さをおおむね再現することができ、硫酸の流水作用を考慮した劣化予測を可能

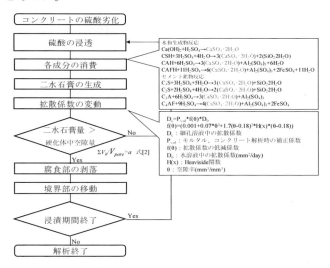

図2　解析フローチャート

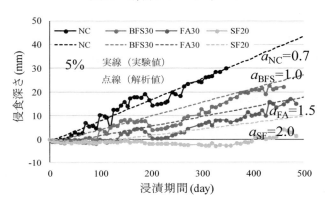

図3　硫酸濃度 5%における実験および解析結果

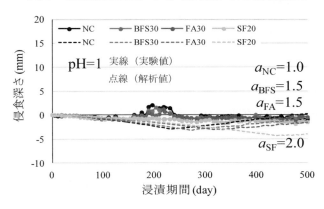

図4　硫酸濃度 pH=1 における実験および解析結果

【参考文献】
1) 蔵重勲：硫酸によるコンクリート劣化のメカニズムと予測手法、東京大学学位論文、pp.90-94（2002）
2) Garboczi. E. J. and Bentz. D. P.：Computer simulation of the diffusivity of cement-based materials, Journal of Materials Science, Vol.27, pp.2083-2092 (1992)

高炉スラグの添加が凍結融解での膨張-収縮に及ぼす影響

北海道大学　工学院　環境循環システム専攻　　　　○森永祐加
　　　　　　　　　　　　　　　　　　　　　　　　堀江諒
北海道大学大学院　工学研究院　環境循環システム部門　名和豊春

1. はじめに

近年、社会資本の維持管理コストの増大から、更なるコンクリートの耐久性の向上が求められており、凍害劣化をはじめとする各種劣化機構の解明や長期予測を行う必要があるといえる。

凍害劣化の要因としてはスケーリング、ポップアウト及び、ひび割れが挙げられるが、その中でひび割れは、凍結融解の繰り返しによりセメント硬化体内の細孔内水が内部応力をもたらすことにより生じる疲労劣化として説明されているが詳細なメカニズムの解明には至っていない。

また、産業副産物の利用として需要が高まっている高炉セメントや高炉スラグ微粉末を用いたセメント、コンクリートの凍結融解劣化に関する研究報告は少ない。よって本研究では凍結融解による膨張-収縮挙動に対するスラグ添加の影響について、スラグセメントによって生成物である C(-A)-S-H の性状を関連付け、考察を行った。

2. 実験概要
2.1 試料条件及び供試体の作製

本研究では白色ポルトランドセメント(以下、WPC)及び高炉スラグ微粉末(以下、BFS)を使用した。ペーストの練り混ぜは水粉体比(以下 W/B)を、0.3 及び 0.5、BFS 置換率は 0、25、50%とし、モルタルミキサーを用いて低速で30秒、高速で60秒間練り混ぜた。作製したペーストはブリーディング水がなくなるまで定期的に練り返しをした後、40×40×160mm の直方体に成型した。打設から24時間後に脱型したものを、70日間40℃の水酸化カルシウム飽和溶液中で養生を行い、厚さ5mm にダイヤモンドカッターで切断したものを各種測定に供した

(1) 凍結融解による膨張-収縮試験

供試体の表面にひずみゲージを0、45、90°でひずみゲージを貼り付けた。20℃において相対湿度98%に設定した密閉袋の中で凍結融解試験を行った。昇降温速度条件は 0.083℃/min とし、-10℃から-40℃降温、-40℃で120分温度を保持、-40℃から10℃まで昇温する温度プログラムを与え温度毎のひずみを測定した。

また、昇降温度によるひずみゲージの補正に際しては、線熱膨張係数が非常に低い石英ガラスを用いて補正を行った。

2) XRD Rietveld 法

XRD 測定は Rigaku 社製の Multi Flex 用 X 線発生装置を用い、Rietveld 解析には Sietronics 社製の Siroquant Version 4.0 を用いた。解析方法は先行研究に従った。

(3) ^{29}Si MAS NMR 測定

^{29}Si MAS NMR の測定には Bruker 社製の MSL400 を用いた。基準物質に Q_8M_8 を用い、パルス幅 1.7μs、待ち時間 10s とし、7mm の試料管を用いて回転数 4kHz で測定した。^{29}Si MAS NMR の解析には Win-nuts を用いた。

(4) サーモポロメトリー

サーモポロメトリーには、セイコーインスツル社製 DSC6220 を用いた。測定する試料は、測定前に、RH98%環境下で 24h 静置し、表乾状態にしたものを DSC 用ホルダーに封入し測定に供した。リファレンス試料はアルミナ粉末を用いた。昇降温速度条件は 2℃/min とし、-10℃から-60℃降温、-60℃で15分温度を保持、-60℃から10℃まで昇温する温度プログラムを与え測定した。空隙量の算出には永谷ら[1]が提案した式により行った。

3. 実験結果及び考察

W/B=0.3 の膨張-収縮挙動においてはスラグ置換率が25%の試料において多少傾向が異なるものの、凍結過程では収縮、融解過程では膨張挙動がみられた。一方、W/B=0.5 のスラグ置換率0%、25%では凍結過程において、-20℃以下で収縮し、それ以下では膨張するという傾向が得られた。また、スラグ置換率 50%の試料は-20℃から-40℃までは収縮し、-40℃以下では膨張するという傾向がみられ、2000με 程度の残留ひずみも確認された。図3に表したサーモポロメトリーの結果より、W/B に関わらずスラグ置換率の増加に伴い-40℃以下での凍結水量が増加するという傾向が得られた。これより、W/B=0.5、

Table1. WPC 及び BFS の化学組成 (%)

mass %	SiO_2	Al_2O_3	Fe_2O_3	CaO	MgO	SO_3	Na_2O	K_2O	P_2O_2
WPC	20.8	5.4	0.2	67.5	1.56	2.78	0.6	0.36	0.44
BFS	34.03	14.36	0.83	43.28	6.51	0	0.18	0.31	0.46

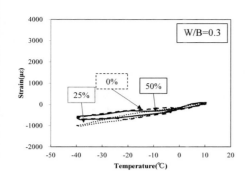
図1 W/B=0.3 試料におけるスラグ添加率と膨張収縮挙動の関係

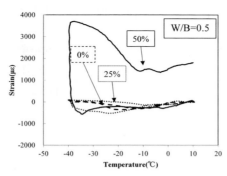
図2 W/B=0.5 試料におけるスラグ添加率と膨張収縮挙動の関係

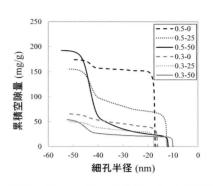
図3 サーモポロメトリーによる温度と累積空隙量の関係

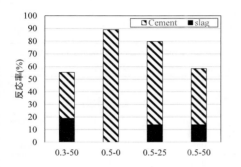
図4 水セメント比及びスラグ添加率による反応率の推移

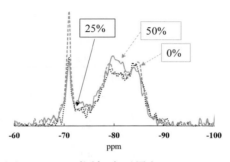
図5 スラグ添加率が異なる W/B=0.5 試料における ^{29}Si MAS NMR スペクトル

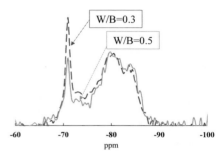
図6 W/B の異なるスラグ添加率が50%の試料における ^{29}Si MAS NMR スペクトル

スラグ添加率 50%の試料においては，図 2 に示した，-40℃以下での膨張は，-40℃以下の凍結水量の増大に起因することが想定される。また、反応率と膨張挙動の関連性として、図4に示すようにスラグ置換率の増加に伴い高炉セメントの反応率は減少しているという傾向がみられ、反応率と膨張を比較すると、セメントやスラグの反応率は膨張挙動と直接関連していないことが示唆された。

なお、スラグから生成される C(-A)-S-H はセメント単味の C-S-H と組成や形状が異なり、前者は繊維状であるのに対して後者は前者に対し Al が多く含まれることによってホイル状の形態を有することが報告されており 2)、反応率が同じでも、形状や組成の差異が-40℃以下の膨張挙動に影響を与えることが想定される。図 5 に示す W/B=0.5 の 29Si MAS NMR のスペクトルからも、スラグ添加率が0%と25%でのC-S-H 中のSiの結合を示すスペクトルと、スラグ添加率が 50%では異なり、後者では-81.0ppmの化学シフトで示されるQ2p(1Al)が3)卓越することが確認される。すなわち、スラグ 0%、25%に比べ、50%の試料ではC(-A-S-H)中のSi鎖の架橋部のAlが増加しており、スラグ置換率 0%、25%と異なる構造の C(-A)-S-H が生成していることと考えられる。なお, 図6で示したスラグ置換率が 50%での W/B=0.3 と 0.5 での，NMR スペクトルは概ね一致しており，C(-A)-S-H の構造変化も膨張挙動に影響を与えないことが示された。

【参考文献】
1) 永谷 佳之ほか、サーモポロメトリーを用いたセメント硬化体における細孔構造の定量化、セメントコンクリート論文集、Vol.66、pp119-126
2) I.G. Richardson: Tobermorite/jennite- and tobermorite/calcium hydroxide-based models for the structure of C-S-H: applicability to hardened pastes of tricalcium silicate, h-dicalcium silicate, Portland cement, and blends of Portland cement with blast-furnace slag, metakaolin, or silica fume, Cement and Concrete Research 34(2004) pp1733-1777
3) Xiaolin Pardal et al,: ^{27}Al and ^{29}Si Solid-State NMR Characterization of Calcium-Aluminosilicate-Hydrate, Inorg.Chem 51(2012), pp.1827-183

点過程としての気泡間距離の特性値とASTM C457法により求められた気泡間隔係数の一致性

大成建設株式会社	○室谷卓実
株式会社淺沼組	古東秀文
金沢大学	五十嵐心一

1. はじめに

耐凍害性の判断ではフレッシュ時にて空気量を計測し、硬化時においてASTM C457の手順に従って気泡の規則配置に対応した気泡間隔係数を求めるのが一般的である。しかし、ASTM C457に規定された計測には多大な労力と経験を要し、日常的に実施できる簡単な試験とは言い難い。これに対して、著者らは実際の分布構造のまま簡単に気泡系を評価できる方法として、点過程としての取り扱いを提案し、これによって求められる気泡間隔特性値が気泡間隔係数と矛盾しないことを示した[1]。その提案法では、スキャナーを用いて取得した低倍率画像にて気泡を点で表し、その点過程統計量を求めればよい。この点過程統計量の計算も、フリーの統計ソフトウェアRにてそれを目的とするパッケージが提供されているので、プログラミングや空間統計解析に関する高度な知識を全く必要としない。

一方、気泡を点過程として解析することの妥当性として、解析対象の低倍率画像に関して、気泡間隔係数の定義に基づく距離を求めると、それが提案法における特性値とよく一致することを挙げてきた[1]。しかし、この一致性とは、ある低倍率画像を取得して、その気泡系を異なる方法で評価したとき、得られた距離に関する特性値が両者にて一致することであった。すなわち、あるコンクリートに関して、ASTM C457に規定された観察倍率と手順に従って得た気泡間隔係数と低倍率画像中の気泡間距離が一致するという意味ではなかった。

そこで、本研究においては、同じコンクリートを用いて、著者らの提案方法に基づいて求めた低倍率画像の気泡間隔特性値と、従来のASTM C457の手順に従って厳密に求められた気泡間隔係数との比較を行う。そして、その異同の程度から、著者らが提案している低倍率画像中の気泡系の点過程統計量に基づく評価方法の適用性について論じることを目的とする。

2. 実験概要
2.1 解析対象のコンクリートの配合とASTM C457に基づく気泡解析結果

解析対象のコンクリートは、日本コンクリート工学会

表1 コンクリートの配合

配合	W/C (%)	S/a (%)	目標スランプ (cm)	空気量 (%)	単位量(kg/m³)				AE減水剤 (C.wt%)	AE剤 (C.wt%)
					W	C	S	G		
SL18	55	49.3	18±2.5	4.5〜	185	337	860	894	1.1	0.002
SL8	55	48.4	8±2.5	4.5〜	167	304	881	950	1.1	0.002

表2 リニアトラバース法による計測結果

配合	空気量(フレッシュ) (%)	空気量(硬化) (%)	トラバース全長 (mm)	全弦長 (mm)	気泡数 (個)	平均弦長 (mm)	気泡間隔係数L_1 (μm)
SL18	6.3	6.0	2549	154	775	0.200	228
SL8	6.7	6.1	2555	155	944	0.165	178

「コンクリート中の気泡の役割・制御に関する研究委員会」(委員長:濱幸雄室蘭工業大学教授)にて実施された気泡組織測定のラウンドロビン試験にて用いられたものである[2]。建築用と土木用の2配合があり、それらの配合を表1、およびASTM C457リニアトラバース法によって計測された結果を表2に示す。

2.2 点過程としての簡便評価法
(1) 気泡画像取得

提供されたコンクリート供試体から、厚さ5mm程度の円板状試料(直径100mm)を5断面切り出し、軽度な研磨を行った。市販のスキャナーを用いてその断面画像を取得した。このときの解像度は847dpi、約30μm/画素である。その後セメントペーストをフェノールフタレイン呈色させ、再び画像を取得した。さらに断面を黒色インクにて染色した後白色粉末を気泡に充填し、その画像を取得した。取得した各画像を重ね合わせ、画像間の差分から骨材および気泡の2値画像を取得した。

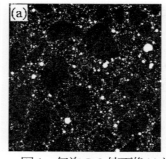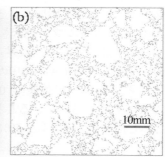

図1 気泡の2値画像(a)と点過程としての分布図(b)

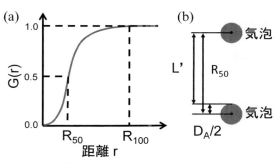

図2 最近傍距離関数のメディアン値(a)と気泡間隔係数L'の定義(b) （D_A:平均気泡径）

（2）最近傍距離関数 G(r) と気泡間隔特性値 L' の計算

気泡画像中の個々の気泡の重心点座標 x_i を画像解析ソフトウェアにより求め、これを点過程 $X_c=\{x_i ; i=1,\cdots,n\}$ とした。気泡の2値画像およびその点過程変換の例を図1に示す。気泡の重心点座標データを R に読み込み、点過程解析用パッケージ「spatstat」を使用して、点間距離を評価する最近傍距離関数 G(r) を計算した。また、最近傍距離関数の累積確率 50% に対応する距離をメディアン距離 R_{50} と定義し、気泡間隔特性値 L' を式[1]にて求めた。距離を r とするときの最近傍距離関数 G(r) と R_{50}、および R_{50} と L' の対応を図2に模式的に示す。

$$L' = R_{50} - \frac{D_A}{2} \quad [1]$$

3．結果および考察

表3に提案法により求めた気泡特性を示す。空気量はリニアトラバース法による計測結果よりも大きな値を示し、低倍率画像であるために微細な気泡を検出しないことによる減少は認められない。また、広視野の観察に基づくため、気泡数は表2の結果よりも圧倒的に多い。

気泡間隔特性値 L' と表2の気泡間隔係数 L_1 を比べると、SL18 配合にて 44μm、SL8 配合で 79μm ほど提案法にて大きく評価している。また、スキャナーで得たその低倍率画像にて気泡間隔係数 L_2 を求めると両配合とも気泡間隔特性値との差は小さくなり、SL18 においては1画素寸法以下で、ほぼ等しい値となる。これらの結果は、低倍率にて微細な粒子を計数できないことが気泡間隔を大きく評価することをもたらすが、その差は必ずしも大きくはないこと、およびそのような微細な気泡の、空気量としての寄与は小さいことを示している。

図3に提案法とリニアトラバース法で求めた気泡特性値の対応を示す。SL8 配合にて ASTM C457 の結果との差が大きくなるが、ASTM C457 測定結果の大小関係との間には矛盾はない。さらに計測がより簡単であるメディアン距離 R_{50} の変化の傾向も気泡間隔係数の変化傾向と一致している。標本数が限られるために厳密な意味で

表3 提案法により求めた気泡特性

配合	空気量(%)	気泡数(個)	メディアン距離R_{50}(μm)	平均気泡径D_A(μm)	気泡間隔特性値L'(μm)	気泡間隔係数L(μm)
SL18	6.7	4257	375	205	272	254
SL8	6.8	6985	346	178	257	233

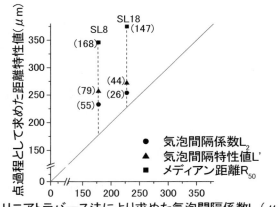

図3 提案法の気泡間距離特性値と ASTM C457 に従う気泡間隔係数の対応 （（ ）内数値は気泡間隔係数との差(μm)）

相関を論ずることはできない。しかし、点過程として簡単に求められる距離特性値は、ASTM C457 の気泡間隔係数との間に良好な相関を十分に期待させる結果のように思われる。

4．おわりに

著者らが提案してきた点過程として気泡系を簡単に評価する方法は、実際の気泡分布のままの気泡間距離の評価が可能であるだけでなく、従来の気泡間隔係数とも矛盾しない値が得られる。作業時間を含めて高々数分で求められることを考慮すれば、さらにデータを蓄積してその適用性を明確にしていく意義は大きいと思われる。

謝辞

本研究を遂行するにあたり北海道立総合研究機構北方建築総合研究所、谷口円博士より解析試料の提供を受けた。ここに記し謝意を表す。

【参考文献】

[1] 古東秀文、室谷卓実、五十嵐心一：汎用ソフトウェアの適用によるコンクリート中の気泡の空間分布構造の高度な画像解析の簡易化、セメント・コンクリート論文集、Vol.70 (2017)（印刷中）

[2] 谷口円ほか：気泡組織計測に関わるラウンドロビン試験、コンクリート工学年次論文集、Vol.38、No.1、pp.993-998 (2016)

凍結融解作用により生じる円柱供試体のひび割れと RCはり部材のひび割れの違い

国立研究開発法人　土木研究所　寒地土木研究所　　○林田宏

1. はじめに

積雪寒冷地における道路橋のRC床版は、疲労と凍害の複合劣化を受け、耐荷力が低下し、陥没に至る場合もある。しかし、劣化後の構造性能評価方法は十分に確立されていない。また、構造性能評価を行う際には、劣化したコンクリートの力学特性が必要となる。劣化後の力学特性に関しては、主に角柱や円柱供試体を用いた実験的な検討が行われている[1]。しかし、凍害を受ける実際のコンクリート構造物では、写真1に示すように、角柱供試体では見られないような方向性を持ったひび割れが発生している場合も多い。このようなひび割れがコンクリート構造物の構造性能に与える影響は大きく、劣化後の力学特性を求める際にも、ひび割れの方向と作用力の方向を考慮する必要がある。

そこで、凍結融解作用により生じる無筋コンクリートのひび割れと鉄筋コンクリートのひび割れの違いを明らかにするため、以下の検討を行った。

2. 実験概要

2.1 供試体

(1) RCはり供試体

RCはり供試体の形状寸法および配筋状況を図1に示す。この供試体は昭和39年の道路橋示方書で設計された床版を参考に、梁状化後の梁幅を想定したものである。早期に凍害劣化を顕在化させるために、コンクリートにAE剤を使用せず、水セメント比を68%と大きめに設定した。なお、セメントには普通ポルトランドセメントを、骨材には粗骨材最大寸法20mmの砕石を用いた。

(2) 円柱供試体

無筋コンクリートの供試体はφ100×200mmの円柱とした。使用したコンクリートはRCはりと同じである。

2.2 凍結融解試験

円柱については、相対動弾性係数が概ね20%となるまで、JIS A 1148 A法に準じて凍結融解試験を行った。

RCはりについては、相対動弾性係数が概ね20%に相当する超音波伝播速度に達するまで凍結融解試験を行った。なお、凍結融解試験条件は、気中凍結水中融解で、温度履歴は図2に示すとおりである。

2.3 ひび割れ調査

円柱供試体とRCはりから採取したφ100mmのコアに蛍光エポキシ樹脂を含浸させた後、切断し、マイクロスコープを用いて微細ひび割れのレベルまで観察を行った。

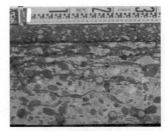

写真1　凍害を受けた床版のひび割れ[2]

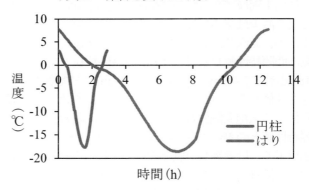

図2　凍結融解試験の温度履歴

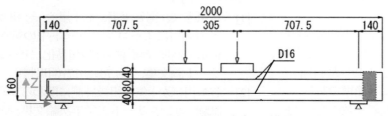

図1　梁状化後の床版を模擬したRCはり供試体

3. 実験結果および考察
3.1 RCはり供試体

RCはりでは、方向性を持ったひび割れが発生していた（写真2右側）。具体的には、XY断面ではY方向に平行なひび割れはあまりないが、X方向に平行なひび割れが断面右側に多く発生していた。また、YZ断面ではY方向に平行なひび割れが多く発生し、Z方向に平行なひび割れが断面右側に発生していた。このひび割れの方向性の原因として鉄筋拘束の影響が考えられる。すなわち、凍結融解によるコンクリートの膨張については、X方向には主鉄筋により拘束されるが、Y方向、Z方向には鉄筋がないため拘束されない。したがって、上記のような方向性を持ったひび割れが発生したものと考えられる。

また、(a)黄枠の拡大写真に着目すると、RCはりのひび割れは、骨材界面や界面に生じたひび割れが繋がるように発生していることが確認できる。

3.2 円柱供試体

円柱では、RCはりのような方向性を持ったひび割れは見られない（写真2左側）。(b)緑枠の拡大写真に着目すると、極めて幅の狭いひび割れが多数、発生していることは確認できるが、明確な方向性は確認できない。

また、円柱のひび割れは、骨材界面に加えて、ペースト部にも発生しているように見えるが、このひび割れは、面外方向の骨材界面と繋がっているものと考えられる。

上記のように、極めて幅の狭いひび割れが方向性を持たず、多数、発生しているため、全体写真（写真2左側）では、個々のひび割れが識別できず、モルタル部分が全体的に白く光っているように見える。なお、円柱の中心部が白くなっていない（樹脂が入っていない）原因として、ひび割れの幅が極めて狭いため、中心部まで十分な圧力が掛からなかった可能性がある。

4. まとめ

以上の実験により、凍結融解作用によるひび割れに関して、次のことが明らかになった。
1) 鉄筋コンクリート（はり）では、鉄筋拘束の影響で方向性を持つひび割れが骨材界面沿いに発生する。
2) 無筋コンクリート（円柱）では、極めて幅の狭いひび割れが、方向性を持たず、多数、発生する。

【参考文献】
1) 例えば、林田宏ほか：疲労と凍害の複合劣化を受けたコンクリートの力学特性評価に関する基礎的検討、コンクリート構造物の補修、補強、アップグレード論文報告集、第14巻、pp.149-156（2014）
2) 澤松俊寿ほか：46年間供用した寒冷地における道路橋RC床版の劣化損傷状況、土木学会第68回年次学術講演会講演概要集、1-414、pp.827-828（2013）

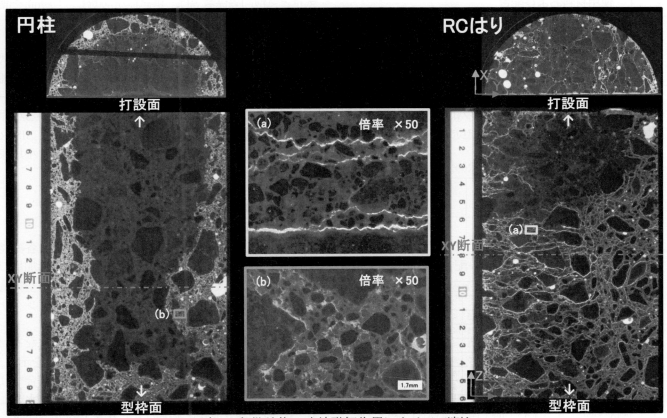

写真2　各供試体の凍結融解作用によるひび割れ

中空微小球を添加したコンクリートのスケーリング抵抗性に及ぼす練混ぜ時間の影響

岩手大学　大学院工学研究科　　　〇田中舘悠登
岩手大学　理工学部　　　　　　　　羽原俊祐
　　　　　　　　　　　　　　　　　　小山田哲也
デンカ株式会社　インフラ・無機材料部門　五十嵐数馬

1. はじめに

積雪寒冷地域では、凍結防止剤の散布下でスケーリング劣化が問題となっている。スケーリング抵抗性（凍結融解抵抗性）を向上させるため、硬化コンクリート中の空気量の確保が重要な課題となっている。運搬、圧送、締固め等の各施工工程により空気量が減少することが報告されており、コンクリートのスケーリング抵抗性の低下が懸念されている。新たな空気の導入方法として、空気を包む小径の球体型の混和材（中空微小球：SBD）が開発され、凍結融解抵抗性、添加方法、練混ぜ方法等が検討[1,2]されている。

本研究では、中空微小球を用いたコンクリートの練混ぜ時間および添加量が、空気量およびスケーリング抵抗性におよぼす影響を検討した。

2. 実験概要
2.1 使用材料および配合

本研究では、塩化ビニルアクリロニトリルを発泡させた中空微小球を用いて検討を行った。表1にその性状を示す。粒形が40μmであり、エントレインドエアと同程度の大きさである。実験は2シリーズで行った。シリーズ1は、コンクリートにおいて、添加量と添加後の練混ぜ時間が空気量およびスケーリング抵抗性に及ぼす影響を検討した。添加方法は、練り混ぜたコンクリートに中空微小球を添加し、その後45または90秒間練り混ぜ、供試体を作製した。シリーズ2は、空気量約4.5%のAEコンクリートに、中空微小球を添加し、空気量とスケーリング抵抗性について評価した。セメントは、普通ポルトランドセメントを使用した。細骨材は、紫波町地内産陸砂（S1）と紫波町赤沢産砕砂（S2）を使用した。粗骨材は、盛岡市黒川産砕石（G）を使用した。表2に、各水準の配合を示す。シリーズ1では、流動性の確保のため減水剤を使用した。シリーズ2では、AE助剤とAE減水剤を使用した。

2.2 空気量測定方法

フレッシュ時の空気量は空気室圧力法のエアメータにより空気量を測定した。加えて、コンクリートを5mmふるいでウェットスクリーニングし、モルタル部の空気量をモルタル用エアメータにより測定した。硬化後の空気量と気泡間隔係数等は、供試体を切断し、切断面を測定面とし、画像処理の面積比法により測定した。

2.3 スケーリングの評価試験

スケーリング抵抗性は、ASTM C 672法に準拠した試験方法により、材齢28日まで水中養生した供試体で評価した。シリーズ2では、5mmふるいでウェットスクリーニングしたモルタル部を、本研究室で提案している小片凍結融解試験[3]により評価した。モルタル部を、JIS R 5201の40×40×160mmの角柱供試体を作製し、小片凍結融解試験を行った。

3. 実験結果及び考察
3.1 練混ぜ時間の影響

各水準の空気量を表3に示す。配合名の後ろに各練混ぜ時間を示す。シリーズ1では、中空微小球の添加量の増加に伴い、空気量が増加した。コンクリートの空気量では、練混ぜ時間による空気量の差は小さい。コンクリート中のモルタル部の体積割合は約0.66%であり、モルタル部の空気量は、コンクリートの1.5倍程度になる。練混ぜ45秒間では実測値の方が大きくなる傾向を示し、90秒間では理論値の方が小さい。モルタル部の場合では、添加量1.5, 3.0kg/m³において、45秒間練り混ぜた水準より、90秒間練り混ぜた水準の方が0.7%程度小さい値を

表1　中空微小球の性状

粒度範囲(μm)	平均粒径(μm)	嵩密度(g/L)
10-100	40	20

表2　コンクリート配合

シリーズ	配合名	W/C (%)	s/a (%)	Air (%)	単位容積質量(kg/m³)					
					W	C	S1	S2	G	中空微小球
1	Plain	49.3	49.0	1.5	175	335	438	457	1055	0
	1.5S			2.2	175	335	434	452	1045	1.5
	3.1S			3.0	175	335	429	447	1033	3.1
	6.2S			4.6	175	335	419	437	1009	6.2
2	4.4A			4.4	168	341	423	441	1019	0
	7.4A			7.4	168	341	404	422	974	0
	4.4A+1.5S			5.5	168	341	416	434	1003	1.5
	4.4A+3.0S			6.5	168	341	408	428	988	3.0
	4.4A+4.5S			7.0	168	341	407	424	980	4.5

表3 各水準の空気量

シリーズ	配合名	フレッシュ時空気量(%)		硬化後空気量(%)
		コンクリート	モルタル	
1	Plain	1.5	2.8	0.6
	1.5S-45s	2.2	4.2	1.5
	1.5S-90s	2.5	3.5	1.0
	3.1S-45s	3.0	4.5	2.3
	3.1S-90s	3.0	3.8	2.1
	6.2S-45s	4.6	5.6	3.4
	6.2S-90s	4.6	5.5	2.8
2	4.4A	4.4	7.9	2.9
	7.4A	7.4	13.5	4.6
	4.4A+1.5S-20s	5.5	9.2	3.7
	4.4A+3.0S-20s	6.5	11.5	4.4
	4.4A+6.0S-20s	7.0	13.0	5.0

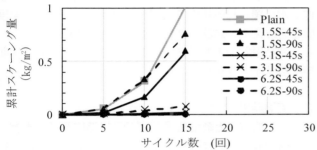

図1 練混ぜ時間とスケーリング抵抗性の関係

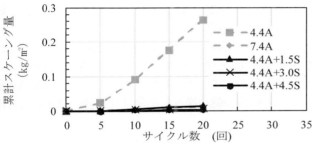

図2 AE剤と中空微小球を併用したコンクリートのスケーリング抵抗性

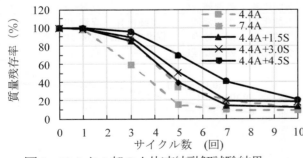

図3 モルタル部の小片凍結融解試験結果

示した。シリーズ1のASTM C 672法によるスケーリング試験結果を図1に示す。現段階での凍結融解サイクルは15回でサイクル数が少ないものの、添加量が多くなるほど、スケーリング量が小さくなる。練混ぜ時間がスケーリング量に及ぼす影響については、1.5, 3.0kg/m₃添加した場合では、90秒間練り混ぜた水準は、現段階でスケーリング量が多くなる。90秒間の練混ぜによるスケーリングが多くなるのは、モルタル部の空気量より、練混ぜ途中で一部の中空微小球が破れたためと考えられる。

3．2 AE剤と中空微小球を併用した場合

シリーズ2では、練混ぜによる中空微小球が破れるのを防ぐため、コンクリートに添加後20秒間で練り混ぜ、試料作製した。シリーズ1の結果と同様に添加量の増加に伴い、空気量が増加する。また、フレッシュ時の空気量が7.0%程度の水準では、空気の導入方法に関係なく、モルタル部の空気量は13%程度である。

シリーズ2のASTM C 672法によるスケーリング試験結果を図2に示す。現段階では、ベースの空気量4.4%のAEコンクリートでは、スケーリングが生じている。中空微小球を添加した水準では、スケーリング量が少なく、スケーリング抵抗性が向上する。

モルタル部の小片凍結融解試験結果を図3に示す。3サイクル後から質量残存率の低下が生じており、ASTM C 672法と同様に、空気量4.4%のAEコンクリートは劣化が顕著である。中空微小球を添加した水準では、添加量が増加するほどスケーリング抵抗性が向上する。7.4Aと4.4A+3.0Sはフレッシュ時の空気量が7.0%程度と同程度であるが、中空微小球を添加した4.4A+3.0Sの方が、質量残存率が高くスケーリング抵抗性が高い。中空微小球を添加することで、スケーリング抵抗性が向上する。スケーリング抵抗性が向上するのは、7.4Aに比べて、4.4A+3.0Sの方が、硬化後の空気量が多く、硬化過程での空気量の減少が少ないためと考えられる。

4．まとめ

中空微小球を添加することで、スケーリング抵抗性が向上する。練混ぜ時間を長くすることで、スケーリング抵抗性の低下が生じる。練混ぜ時間を短くし、AE剤と中空微小球を併用した場合、スケーリング抵抗性の向上が認められ、AE剤のみで空気を導入した場合よりも有効である。

【参考文献】

1) 宇城将貴ほか：中空微小球の混和による耐凍害性の向上メカニズムの検討、セメント・コンクリート論文集、Vol.69、pp.490-495 (2015)
2) 羽原俊祐ほか：ソルトスケーリング抵抗性に及ぼす小径空気泡混和材の導入効果、セメント・コンクリート論文集、Vol.69、pp.484-489(2015)
3) 小山田哲也ほか：スケーリング劣化を考慮した新しい凍結融解試験法の検討、コンクリート工学年次論文集、Vol.33、No.1、pp.935-940(2011)

炭酸化による細孔構造の変化が凍結融解抵抗性に及ぼす影響に関する検討

住友大阪セメント株式会社 セメント・コンクリート研究所 ○宮薗雅裕
東京大学 生産技術研究所 岸利治

1. はじめに

実環境に長期間曝された構造物は、乾燥や乾湿繰返し等の環境要因によって、コンクリートの細孔構造が粗大化し耐凍害性が低下するとされている[1]。一方、炭酸化されたコンクリートは毛細管空隙の周囲に存在する水酸化カルシウムが炭酸カルシウムに変化することで組織が緻密化する。本検討では、促進中性化をさせた後に乾湿繰返しを与えたモルタル供試体について、細孔径分布の測定と凍結融解試験を実施し、炭酸化の有無が乾湿繰返しによる細孔構造の変化および凍結融解抵抗性に及ぼす影響を確認した。

2. 実験の概要
2.1 使用材料および配合

モルタル供試体の配合はW/C=55%、S/C=2とした。試験の際に水和反応によって細孔構造が緻密化する影響を排除するため、結合材には早強ポルトランドセメントを使用し、40℃の水中で28日間の前養生を施すことで水和反応を促進させた硬化体を用いた。

2.2 実験方法
(1) 試験水準

試験水準は表1に示すように、前養生条件と、その後の乾燥・湿潤条件とした。前養生条件を炭酸化有としたケースは、温度20℃、相対湿度60%、CO_2濃度10%の促進中性化試験槽に供試体を静置した。前養生後の中性化深さは約8mmであった。前養生条件を炭酸化無としたケースは、温度20℃、相対湿度60%の室内に供試体を静置した。乾燥の条件は、相対湿度23±5%、温度40℃とした。湿潤の条件は、40℃の水酸化カルシウム飽和溶液中に浸漬とした。乾湿繰返しは、先述の乾燥、湿潤と同様の条件で、乾燥3日間と湿潤1日間を1サイクルとして1,4,7回の乾湿繰返しを与えた。

(2) 細孔径分布測定

細孔径分布の測定には水銀圧入ポロシメータを使用し、水銀の加圧・減圧を段階的に繰返し実施する方法[2]を用いた。供試体中にインクボトル形状の空隙がある場合、減圧後も供試体中に水銀が取り残される。本検討では、加圧の際に供試体に圧入される水銀量を総空隙量、減圧の際に排出される水銀量を連続空隙量、減圧後も供試体中に取り残される水銀量をインクボトル空隙量とした。

(3) 凍結融解試験

凍結融解試験は、供試体をゴム製の容器内に供試体全体が水に覆われる状態で設置し、ブライン液により温度履歴を与えた。試験条件は、温度範囲を20℃〜-20℃とし、凍結融解の1サイクルを12時間で与え、15回の凍結融解サイクルを与えた。

3. 実験結果
3.1 炭酸化と乾湿繰返しが細孔構造に及ぼす影響

炭酸化有の供試体と炭酸化無の供試体それぞれについて、乾湿繰返し回数0,1,4,7回において細孔径分布を測定した。図1に総空隙量および総空隙量に占める連続空隙の割合を示す。連続空隙の割合は、炭酸化無の場合、乾湿繰返し回数に従い増加した。一方、炭酸化有の場合、乾湿繰返し1回目以降はほぼ横ばいであった。さらに、炭酸化有の場合、乾湿繰返しによる総空隙量の変化は炭酸化無と比較して小さかった。炭酸化による組織の緻密化と、その後の乾湿繰返しを受けた場合の細孔構造変化

表1 試験水準

試験水準	前養生条件	乾燥・湿潤条件
炭酸化無 + 水中浸漬	炭酸化無 気中28日間	湿潤 28日間
炭酸化無 + 促進乾燥		乾燥 28日間
炭酸化無 + 乾湿繰返し		乾湿+湿潤 1,4,7回
炭酸化有 + 水中浸漬	炭酸化有 促進中性化 28日間	湿潤 28日間
炭酸化有 + 促進乾燥		乾燥 28日間
炭酸化有 + 乾湿繰返し		乾湿+湿潤 1,4,7回

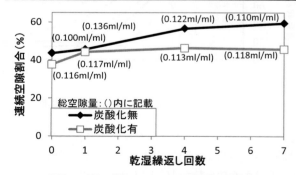

図1 乾湿繰返しによる連続空隙割合

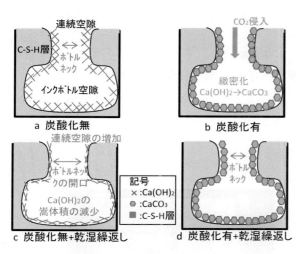

図2 細孔構造のモデル図

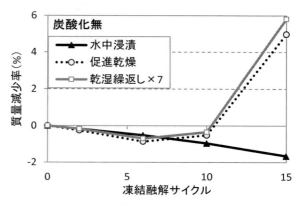

図3 質量減少率（炭酸化無）

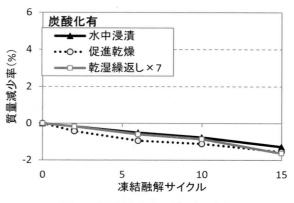

図4 質量減少率（炭酸化有）

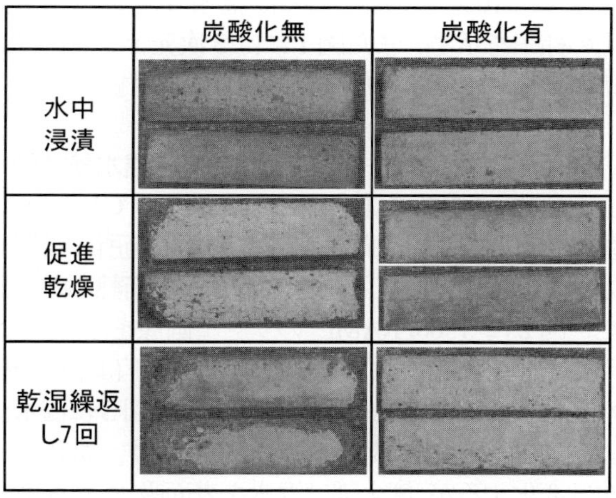

のモデルを図2に示す。毛細管空隙は、水和生成物であるケイ酸カルシウム水和物や水酸化カルシウムで充填しきれなかった箇所であり、連続空隙やボトルネックのように入口の空隙径が小さいインクボトル空隙が存在する。また、空隙の周囲は、水和の際に細孔溶液から遊離生成した水酸化カルシウムが多数存在すると考えらえる（図2a）。炭酸化無の場合、乾燥によって水酸化カルシウム結晶間に存在する水分が蒸発する際に表面張力が作用し、水酸化カルシウムの嵩体積が減少することが推察される。ボトルネック箇所の水酸化カルシウムの嵩体積が減少した場合、インクボトル空隙が開口し連続空隙が増加することが考えられる（図2c）。乾湿が繰返される場合、先述の現象が蓄積され連続空隙が増加していくと考えられる。連続空隙の増加は、供試体表層から内部への水分移動を容易にするため、凍結融解抵抗性に影響する可能性を示している。一方、炭酸化有の場合、二酸化炭素によって、水酸化カルシウムが炭酸カルシウムに変化する(図2b)。炭酸化カルシウムは緻密な構造であるため、乾湿繰返しによる細孔構造の変化が小さいと考えられる(図2d)。

3.2 炭酸化と乾湿繰返しが凍害抵抗性に及ぼす影響

炭酸化有の供試体と炭酸化無の供試体それぞれについて、水中浸漬、促進乾燥、乾湿繰返し7回を与えた後に凍結融解試験を実施した。質量減少率を図3、4、試験終了後の外観状況を写真1に示す。炭酸化無の場合、乾湿繰返し7回の供試体は、凍結融解10サイクル以降、供試体の隅角部を起点にスケーリングが発生した。一方、炭酸化有の場合は、何れの供試体についてもスケーリングは認められなかった。

4．まとめ

炭酸化をさせていない供試体に、乾湿繰返しを与えた場合、毛細管空隙中の連続空隙の割合が増加し、凍結融解抵抗性が低下した。一方、炭酸化をさせた供試体は、

	炭酸化無	炭酸化有
水中浸漬		
促進乾燥		
乾湿繰返し7回		

写真1 凍結融解15サイクル終了後の外観状況

乾湿繰返しを与えた場合においても、細孔構造の変化が小さく、凍結融解抵抗性が低下しなかった。

【参考文献】

1) 青野義道ほか：乾燥による硬化セメントペーストのナノ構造変化と耐凍害性への影響，コンクリート工学論文集，Vol.19，No.2，pp.21-34，(2008)
2) 吉田亮，岸利治：水銀の漸次繰返し圧入による空隙の連続性抽出と有効圧力範囲に関する研究，生産研究，Vol.60，pp.516-519，(2008)

サーモグラフィからみたコンクリート表面凹凸品質推定の考察

神戸市立工業高等専門学校　都市工学科　〇髙科豊
水越睦視

1. はじめに

コンクリートのスケーリング剥離表面部の品質把握は困難を要する。また既存の評価には、超音波伝播速度の表面走査法による速度変曲点から凍害深さを調べることが現状の方法としてある。しかし表面凹凸は超音波速度の受送信端子が固定できず、大きなばらつきを与える。

また速度の変曲点が生ずるためには、劣化部と健全部が深さ方向に明確な品質差が存在しないと探査できない。

本研究はサーモグラフィからコンクリート表面凹凸等を含む品質推定の可能性の検討を目的とする。

2. コンクリート表面凹凸差を持つ供試体の作成

40×40×05cm の AE 標準コンクリート（W/C55%）の平面供試体半面部に、融雪剤(塩化カルシウム溶液30%)、稀釈水を浸漬し、自動水中凍結水中融解試験を行った。

写真1に 10cycle(凍結4時間、融解4時間)の供試体の劣化の様子を示す。また図1には3次元デジタル写真の形状計測による深さ方向の剥離分布を示す。

3. 片面剥離コンクリート表面への流下温水熱挙動

上記の片面剥離供試体は冷凍庫（−20℃）に48時間保管し、サーモカメラ撮影（7.5Hz 計測）箇所に設置し、上方から温水（100℃）を流下し、表面熱挙動を計測した。図2に 1500FRAME のサーモ画像を示す。なお、流下終了は1215FRAMEである。温水流下は平面一様に給水されることを確認しながら行った。図3に温水流下による劣化部と健全部の熱挙動相違を示す。数秒で温度分布は変化するが、健全部は温水を表面吸水しないため、内部の冷却蓄熱の影響を受け、低温状態を保とうとする。逆に劣化部は表面組織が疎なため、温水を吸水し、高温部として区別できる。FRAME（時間）の進行に伴い、温度勾配が急変する画素部から、形状との対応が計れた。また時間温度勾配を指標化することで、表面の凹凸形状だけでない表層から内部への品質も評価できると考える。

4. 鉄筋露出コンクリート表面への温水流下熱挙動

写真2に、写真1と同様な劣化過程作用で鉄筋が露出する剥離コンクリート表面供試体を作成した。

写真1　コンクリート片面剥離供試体

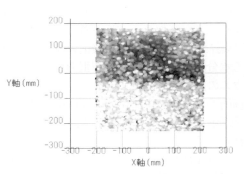

図1　3次元デジタル写真形状計測による深さ分布

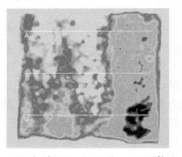

図2　温水流下によるサーモ画像と検量線（A,B,C）

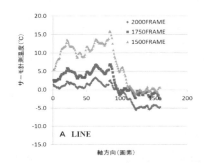

図3　温水流下による劣化部と健全部の熱挙動相違例

写真2　鉄筋露出コンクリート表面供試体

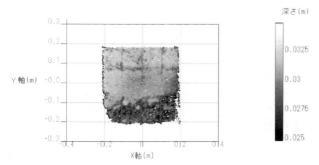

図4　3次元デジタル写真形状計測による深さ分布

図5　温水流下によるサーモ画像(1825FRAME)

鉄筋D10を縦3本×横3本を底部埋設した供試体は、隅角部等の劣化等が、埋設しない供試体に比べて大きい。
　凍結融解作用時の鉄筋は膨張収縮挙動を拘束するため、コンクリート劣化は促進する。図4は鉄筋剥離供試体の3次元デジタル写真による形状計測深さ分布を示す。
　図5はサーモ画像を可視画像に重ねたもので、劣化部と健全部の区分や表層部の品質等が、各画素の時間温度勾配変化から検討できる。

5．発砲ビーズ内部欠陥を持つコンクリート表面熱挙動

　写真3に発砲ビーズによる欠陥部を持つコンクリート供試体を示す。上記劣化2体のコンクリートと同配合の欠陥部のみを持つ供試体を作成対象とした。また供試体平面を16ブロックに分割し、超音波速度トモグラフィ法により、各ブロックの品質を計測速度から評価した。さらにコンクリート表面への温水流下熱挙動実験を同様に行い、両試験の結果をブロックごとに基準化し、統合した換算超音波伝播速度を算出した。
　図6に示す通り、表層05cm内の欠陥部はサーモ温度

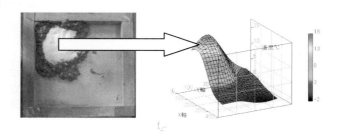

写真3　発砲ビーズ欠陥部を持つ表面サーモ挙動結果

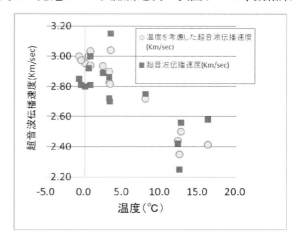

図6　サーモ温度を考慮したトモグラフィ法の向上

結果からも容易に探査できるが、さらにサーモ計測温度を考慮した超音波伝播速度により、各ブロックの品質の評価精度は向上した。

6．まとめ

　本研究はサーモグラフィから剥離を持つコンクリート表面の品質推定について検討した。表面凹凸はデジタル写真3次元計測で点群データとして取得できる。
　また写真を点群網に貼り付けることで、鉄筋や錆汁等の現場状況の管理を容易にできる。さらにサーモ温度と熱挙動操作により、表層部の疎密性を根拠に、剥離損傷の形状の大きさだけでなく、表層部品質を相対的に評価できる可能性がある。
　また超音波伝播速度計測との併用化を算定することで、かぶりコンクリート部位の点検精度の向上に簡易非破壊的立場から貢献できる。

謝辞：神戸市立高専のコンクリート材料実験室で、水越先生、上中先生に実験助言等、大変お世話になりました。また日工（株）研究助成のご協力に感謝申し上げます。

【参考文献】
1）寒地土木研究所報告第133号，独立行政法人寒地土木研究所，平成23年3月

第71回セメント技術大会講演要旨 2017

著者名索引

[あ]

相川　豊 86, 92
青山弥佳子 252
赤坂春風 154
秋冨里奈 6
審良善和 10, 224
浅香　透 124
新　大軌 58, 100, 144
阿部夢時 44
網本明洋 152
綾野克紀 158
荒木慶一 116
荒木風太 240
有馬克則 162

[い]

飯久保　励 160
五十嵐数馬 266
五十嵐　豪 236
五十嵐心一 262
井川秀樹 14, 138
井口　舞 172
石井泰寛 134
石川哲吏 30
石川　学 112, 216
石川嘉崇 112, 216, 218
石関浩輔 94
石田孝太郎 226
石田征男 172
石戸杏奈 228
泉尾英文 164, 186
板谷義紀 120
市川　聡 124
伊藤孝文 188, 204
伊藤貴康 50, 88
井野椋太 190
今本啓一 98, 244
伊代田岳史 12, 96, 102, 104, 188, 204, 246
岩井　久 220
岩城一郎 136, 146
岩崎昌浩 134

[う]

植木康知 128, 220
植田由紀子 92
上野　敦 186
上原義己 78
植村幸一郎 128
鵜澤正美 14
宇城将貴 56, 210
内田俊一郎 46, 110
梅垣哲士 40, 42

梅田純子 8
梅村靖弘 60
裏　泰樹 144

[え]

江口健太 166
江口康平 256
江口秀男 138
江良和徳 142

[お]

大川　憲 12
大久保孝昭 240
大澤紀久 236
太田博光 118
太田真帆 104
大塚勇介 128, 220
大西雄大 58, 100
大西利勝 182
大野麻衣子 46
岡田　裕 182
緒方英彦 6, 200
小川彰一 234, 252
小川由布子 248, 250, 258
小澤満津雄 144, 154, 196
小田部裕一 194, 242
小柳秀光 108
小山達也 44
小山田哲也 254, 266

[か]

郭　度連 190
梶尾知広 48
加藤弘義 106, 176
加藤佳孝 84, 256
門田浩史 18
金沢智彦 8
金森藏司 148, 150
上川容市 180
神谷雄三 162
亀田昭一 174
河合研至 248, 250, 258
川上宏克 72
閑田徹志 94

[き]

菊池史織ラニヤ 200
菊地弘紀 232
岸　利治 80, 206, 268
岸良　竜 146
橘高義典 138
木村祥平 178
清田正人 160, 164

清原 千鶴 ... 98, 244
桐山 宏和 ... 184

[く]

葛間 夢輝 ... 66, 68, 70
九里 竜成 ... 94
久保 哲司 ... 232
久堀 泰誉 ... 230
藏本 悠太 ... 56, 122
栗原 諒 ... 132
胡桃澤清文 ... 22
黒岩 義仁 ... 178

[こ]

小泉 公志郎 ... 60
江 詩唯 ... 98
小島 彩 ... 36
小嶋 芳行 ... 40, 42
小寺 周 ... 234
古東 秀文 ... 262
小西 和夫 ... 50, 88
小林 哲夫 ... 180
小林 創 ... 24, 26
小梁川 雅 ... 180
小山 智幸 ... 58
今 敬太 ... 16
昆 悠介 ... 254
近藤 勝義 ... 8
近藤 拓也 ... 140

[さ]

齋藤 啓太 ... 42
斎藤 豪 ... 20, 28, 32, 34, 36, 38, 54, 108, 156
斎藤 朋子 ... 216
佐伯 竜彦 ... 20, 28, 32, 34, 36, 38, 54, 108, 156
佐伯 昇 ... 228
坂井 悦郎 ... 52, 62, 64, 72, 86, 90, 92
境 徹浩 ... 50
阪口 裕紀 ... 154
坂元 利隆 ... 214
坂本 直紀 ... 30
佐川 孝広 ... 94
佐川 康貴 ... 208
崎原 康平 ... 78
桜井 宏 ... 228
佐々木 彰 ... 182
佐々木 崇 ... 166, 168
佐藤 賢之介 ... 20, 32, 54, 156
佐藤 成幸 ... 80
佐藤 正知 ... 170
佐藤 智泰 ... 186
佐藤 弘規 ... 86
佐藤 正己 ... 60
佐藤 喜英 ... 184
佐藤 良一 ... 174
里山 永光 ... 10, 222

[し]

重田 輝年 ... 162
品川 英斗 ... 20
篠部 寛 ... 90
柴田 真仁 ... 252
島 裕和 ... 120
島崎 大樹 ... 72
周 少軍 ... 248, 250
白神 達也 ... 130
白濱 暢彦 ... 114
新見 龍男 ... 106, 176

[す]

末木 博 ... 96
杉本 裕紀 ... 132
杉山 卓也 ... 22
須田 裕哉 ... 28

[せ]

関 俊力 ... 148, 150
瀬古 繁喜 ... 148, 150

[そ]

添田 政司 ... 142
曽我 亮太 ... 218

[た]

高市 大輔 ... 156
高科 豊 ... 270
高田 佳明 ... 120
高橋 恵輔 ... 74, 76
高橋 俊之 ... 50, 88
高橋 正男 ... 34
高林 龍一 ... 88
瀧波 勇人 ... 180, 186
竹谷 未来 ... 70
武若 耕司 ... 10, 222
田篭 滉貴 ... 12
田中 彰悟 ... 54
田中 健貴 ... 66, 70
田中舘 悠登 ... 254, 266
谷辺 徹 ... 196
田村 晟 ... 40
田村 朋香 ... 130

[ち]

茶林 敬司 ... 106

[つ]

辻 幸和 ... 226
椿 龍哉 ... 198
坪根 圭佑 ... 258
鶴木 翔 ... 34

[て]

寺本篤史 240

[と]

土肥浩大 114
富山　潤 28
虎谷秀穂 126
鳥居和之 232

[な]

羅　承賢 8
直町聡子 256
中居直人 110
永井勇也 194, 242
中西　縁 246
中村弘典 160
中山英明 178
半井健一郎 164, 166, 168, 230
名和豊春 22, 24, 26, 44, 48, 66, 68, 70, 212, 238, 260

[に]

西村和朗 84
西脇智哉 236
二戸信和 62, 90, 92, 100
庭瀬一仁 170

[ぬ]

沼波勇太 52

[の]

野口貴文 192
野口菜摘 238
野田潤一 162
野村博史 192

[は]

櫨原弘貴 142
畑　実 14
畑中　晶 212
畑中重光 82
羽原俊祐 254, 266
馬場　悠 130
濱田秀則 208
林　建佑 218
林田　宏 264
原品　武 244
原田　宗 36, 38
原田　匠 18
針貝貴浩 32
坂野広樹 124

[ひ]

氷置　泰 130
東舟道裕亮 78
引田友幸 110
樋口和朗 140
兵頭彦次 146, 172
兵頭正浩 6, 200
平尾　宙 62, 112
平本真也 128
広野真一 232

[ふ]

福田功一郎 124
福永隆之 10, 222
藤井隆史 158
藤原　斉 158
麓　隆行 144

[ほ]

細川佳史 46, 110, 218
保利彰宏 210
堀　水紀 158
堀江　諒 260
本間一也 136

[ま]

前島　拓 136, 146
前田拓海 16
前田悦孝 220
増谷直輝 84
町島祐一 118
松井久仁雄 30
松澤一輝 64
松田　明 116
松田弦也 118
松野信也 30
真野孝次 244
丸山一平 116, 132, 234
馬渡大壮 170

[み]

三坂岳広 188
三島直生 82
水越睦視 270
水島　潤 202
水野博貴 102, 104
溝渕裕美 46
満島那奈美 258
宮内雅浩 64, 86, 90
宮川美穂 58
宮口克一 52, 134, 136
宮里心一 140
宮薗雅裕 268
宮原健太 194, 242
宮本一輝 74
宮本圭介 202
宮本正紀 22

[む]

向　俊成 62

室谷卓実 262

[め]

目黒貴史 108

[も]

本居貴利 176
森　嘉一 96
森　泰一郎 16, 52, 56, 122, 210
森　優太 230
森　喜彦 160
盛岡　実 16, 56, 122, 134, 168, 210
森川翔太 100
森田浩一郎 178
森永祐加 44, 48, 68, 238, 260

[や]

安井賢太郎 190
山口明伸 222
山﨑真治 248, 250
山路　徹 224
山下牧生 18, 114
山田一夫 234, 236
山田和夫 148, 150
山田正健 142
山田義智 78
山本久留望 202
山本　哲 154
山本大介 208
山本光洋 120

[ゆ]

万木正弘 226

[よ]

横井克則 140
横沢和夫 226
横室　隆 138
横山勇気 206
吉田浩一郎 184
吉田慧史 24, 26, 212
吉田雅彦 164
吉田泰崇 38
吉武　勇 202
吉成健吾 12
吉本慎吾 176
吉本　徹 174
与那嶺一秀 224
世森裕女佳 14

[り]

李　春鶴 190, 214

[わ]

若林勇二 228
渡邊禎之 252
渡辺雅昭 168

[アルファベット]

Baingam Lalita 238
Elakneswaran Yogarajah 24, 26, 48, 212
Henry Michael 152
HO Si Lanh 166
Jansson McNamee Robert 196
Pavel Trávníček 198
Sanjay Pareek 116
Subedi Parajuli Sirjana 196
Zeinab OKASHA 208

セメント技術大会企画専門委員会

委員長	細川 佳史	太平洋セメント株式会社
副委員長	小田部 裕一	住友大阪セメント株式会社
委　員	大塚 勇介	日鉄住金高炉セメント株式会社
	中村 明則	株式会社トクヤマ
	内藤 浩一	太平洋セメント株式会社
	高橋 俊之	宇部興産株式会社
	芦村 正憲	宇部興産株式会社
	上村 豊	デンカ株式会社
	黒岩 義仁	三菱マテリアル株式会社
事務局	永田 利貴	
	雨宮 真吾	
	佐々木 健一	

CODEN : SKPOER
ISBN 978-4-88175-141-1 C3050 ¥4750E

第71回セメント技術大会 講演要旨　2017

2017年4月30日　発行　　　定価5,130円（本体4,750円+税）

発　行　所　　一般社団法人　セメント協会
東京都中央区日本橋本町1丁目9番4号　〒103-0023
電話（03）5200-5053（図書販売）

編集・発行者　東京都北区豊島4丁目17番33号　〒114-0003
一般社団法人　セメント協会　研究所　谷村　充

印　刷　所　　東京都中央区湊1丁目1番16号　エクセルアート株式会社